L'HISTOIRE DES SCIENCES
TEXTES ET ÉTUDES

LE CHIMISTE Claude-Louis BERTHOLLET (1748-1822)

SA VIE SON ŒUVRE

par

Michelle SADOUN-GOUPIL

Avec huit planches

Ouvrage publié avec le concours du Centre National de la Recherche Scientifique

PARIS
LIBRAIRIE PHILOSOPHIQUE J. VRIN
6, PLACE DE LA SORBONNE, V[e]

1977

PRÉFACE

La période la plus brillante de l'histoire de la chimie française est sans nul doute celle qui s'étend de la fin du XVIIIe siècle au début du XIXe. Elle débute en 1775 avec la découverte par Lavoisier du rôle de l'oxygène dans les phénomènes d'oxydation, première étape importante dans sa lutte contre la doctrine du phlogistique. Elle se termine peu après 1815 avec le déclin définitif de la Société d'Arcueil qui, pendant près d'une quinzaine d'années, avait réuni autour de Laplace et de Berthollet une élite de jeunes physiciens et chimistes, pour la plupart frais émoulus de l'École polytechnique.

A la fin du XIXe siècle, la publication des six volumes d'*Œuvres* de Lavoisier avait permis à Marcelin Berthelot et à Édouard Grimaux de dresser un premier bilan de la « révolution chimique » réalisée par Lavoisier et ses disciples. Depuis lors, et singulièrement depuis 1935, de nombreuses études ont été consacrées au développement de la chimie française au cours de cette période d'éclat. A côté de quelques travaux importants de chercheurs français, au premier rang desquels ceux d'Hélène Metzger et, plus récemment, ceux de Maurice Daumas, les recherches des écoles américaine et britannique, animées notamment par Henry Guerlac, Charles C. Gillispie et Roger Hahn et par Douglas McKie, Maurice Crosland et William A. Smeaton ont progressivement pris une place prépondérante dans ce domaine auquel plusieurs historiens soviétiques ont également apporté d'intéressantes contributions. Ce foisonnement de travaux a permis d'apporter d'importants compléments à la documentation disponible et d'en améliorer l'analyse, d'étendre l'éventail des directions de recherche et d'en renouveler les méthodes, enfin d'enrichir, de rectifier et d'affiner nos connaissances concernant cette période décisive de l'histoire de la chimie.

A une époque où la valeur profonde de l'effort scientifique se trouve volontiers remise en cause et où certains tentent de discréditer de telles études en les qualifiant d'historiographiques, voire d'anecdotiques, il est réconfortant de constater que, dépassant aussi bien les barrières idéologiques qui les avaient souvent séparés que les querelles épistémologiques plus récentes ou les modes éphémères, les historiens des sciences des différents pays manifestent par leurs travaux une convergence sans cesse plus affirmée dans leurs approches, leurs méthodes de recherche, d'analyse et d'interprétation.

Les sujets d'études disponibles en ce domaine n'en sont pourtant pas épuisés. C'est ainsi que certains aspects de l'évolution des techniques et des doctrines chimiques au cours de cette période restent encore mal connus ou insuffisamment analysés et que la vie, la carrière, l'œuvre et l'influence de quelques-uns des savants les plus représentatifs de ce mouvement n'ont pas encore été l'objet des analyses approfondies qu'elles méritent. Tel est le cas en particulier – et de façon assez surprenante – de Claude-Louis Berthollet qui, malgré la variété et le nombre de ses contributions, l'influence qu'il exerça et le renom mérité qu'il avait acquis auprès de ses contemporains, est resté quelque peu à l'écart des recherches récentes. Certes divers aspects de sa vie et de son œuvre se trouvent évoqués dans certains travaux de M. Daumas, M. Crosland, W.A. Smeaton ou S.C. Kapoor, mais sans qu'en soit abordée une véritable étude d'ensemble (1).

C'est à cette tâche d'un intérêt indiscutable que s'est consacrée Michelle Sadoun-Goupil dans cet ouvrage, animée par le double souci de restituer l'activité de Berthollet dans un contexte scientifique, humain et socio-politique aussi complet que possible et de replacer son œuvre aussi bien dans la dynamique du progrès de la chimie de son époque que dans les perspectives ultérieures de la naissance de la chimie physique ou de la mise en lumière du rôle essentiel des composés non stoechiométriques. J'ai personnellement suivi l'élaboration de cet ouvrage avec d'autant plus d'intérêt que j'avais autrefois préparé, sous la direction de Gaston Bachelard, une monographie analogue sur la carrière et l'œuvre scientifique d'un des amis les plus intimes de Berthollet, le mathématicien Gaspard Monge.

Médecin par formation, chimiste par vocation, Berthollet fut sous l'Ancien Régime médecin du duc d'Orléans puis directeur des Teintures auprès de la manufacture royale des Gobelins. Travaillant d'abord seul, puis en liaison assez étroite avec Lavoisier, il se révéla comme un chercheur de valeur intéressé à la fois par les théories, les expériences et la technologie chimiques. Confronté aux phases successives de la Révolution, il participa à l'effort de guerre de l'an III puis aux travaux de plusieurs commissions créées par la Convention. Professeur à l'École normale de l'an III puis à l'École polytechnique, ses missions en Italie puis en Égypte le mirent en relations avec Bonaparte qui lui conserva toujours son appui.

L'observation faite en Égypte des circonstances particulières de la formation du carbonate de sodium dans le lac Natroun attira son attention vers la théorie de l'affinité. Il consacra dès lors l'essentiel de ses recherches et de ses réflexions à l'élaboration d'une théorie des réactions chimiques dont une première synthèse apparaît dans son *Essai de statique chimique* de 1803. Du fait de son style peu clair, d'une certaine confusion entre les notions de composés chimiques et de mélanges, source d'une ardente polémique avec Joseph-Louis Proust, l'*Essai* n'eut qu'un succès limité et provisoire et les idées de Berthollet ne révélèrent leur valeur et leur signification profonde que lors de la formation et des progrès ultérieurs de la chimie physique.

1. Mentionnons en particulier les nombreux passages consacrés à Berthollet dans l'ouvrage bien connu de M. Crosland : *The Society of Arcueil. A view of French science at the time of Napoléon I* (Cambridge, Mass., 1967) et la récente notice que lui consacre S.C. Kapoor dans le *Dictionary of scientific Biography* (t. II, New York, 1970, p. 73-82).

Plus qu'à cette œuvre, c'est à son activité ancienne, à ses autres écrits et surtout à son rôle d'animateur, aux côtés de Laplace, de la Société d'Arcueil, l'un des foyers les plus actifs de la recherche physico-chimique pendant les premières années du XIXe siècle, que Berthollet doit son renom parmi ses contemporains. Pour le chimiste d'aujourd'hui ses mérites essentiels se partagent entre sa participation aux travaux de l'école de Lavoisier, ses recherches sur les teintures, son rôle à la Société d'Arcueil et surtout celui de précurseur de certaines des conceptions les plus importantes de la chimie physique actuelle.

Ces divers aspects de la biographie intellectuelle de l'œuvre et de l'influence de Berthollet se trouvent présentés de façon claire et détaillée dans l'ouvrage de M. Sadoun-Goupil. La richesse de son information, la qualité de sa documentation et l'intérêt de ses annexes bibliographiques, son style volontairement simple et dépouillé évitant tout recours à un vocabulaire inutilement hermétique, situent cet ouvrage parmi les travaux d'histoire des sciences qui nous paraissent les plus utiles et les plus riches d'enseignements.

Accessible à tous ceux qui, à des titres divers, s'intéressent à l'histoire intellectuelle pendant la période révolutionnaire, cet ouvrage apportera, en même temps qu'un tableau d'ensemble du développement de la chimie au cours de cette période, une biographie précise et vivante d'un des principaux artisans de ce progrès. Les historiens des sciences et les chimistes y trouveront de plus de nombreuses informations nouvelles, d'utiles analyses, ainsi que de féconds sujets de réflexion et de discussion.

René TATON

TABLE DES MATIÈRES

CHRONOLOGIE

1708	5 août	Naissance de Louis Berthollet à Collonges-sous-Salève.
1737	15 janvier	Mariage de Louis avec Philiberte Donyer, à Annecy.
1748	9 décembre	Naissance de Claude-Louis à Talloire.
1766	automne	Départ de Claude-Louis pour Turin.
1770	4 janvier	Licence en médecine à Turin.
–	17 mai	Doctorat en médecine à Turin.
–	fin de l'année	Arrivée à Paris.
1772	à 1774	Protection de Théodore Tronchin et obtention du poste de « médecin ordinaire » au service de Mme de Montesson.
1776		Premières publications : *Observations sur l'air* et « Mémoire sur l'acide tartareux » paru dans le *Journal de physique.*
1778	25 février	Lettre de naturalisation envoyée de Versailles et enregistrée au Parlement le 21 mars suivant.
–	29 mai	Soutenance de la première thèse de médecine (thèse cardinale) devant la Faculté de médecine de Paris.
1779	début janvier	Mariage avec Marguerite-Marie Baur.
–	septembre	Prospectus d'un projet de cours.
1780	février	Lecture de trois mémoires sur la causticité.
–	22 avril	Élection comme adjoint à l'Académie royale des sciences (classe de chimie).
–	2 octobre	Docteur régent de la Faculté de médecine de Paris.
–	8 octobre	Naissance d'Amédée-Barthélemy et baptême à la paroisse Saint-Eustache, à Paris.
1781	janv.-févr.	Lecture de trois mémoires sur la décomposition du nitre.

1781	20 avril	Présentation à la Faculté de Médecine de Paris d'un premier grand ouvrage de chimie, non publié par la suite.
–	27 juin	Présentation du même ouvrage devant l'Académie.
1783	juin	Premières expériences sur la synthèse de l'eau faites dans le cercle de l'Arsenal, réuni autour de Lavoisier, que Berthollet fréquente depuis quelque temps.
–		Rencontre avec Charles Blagden.
1784	15 février	Mort de P.J. Macquer.
–	24 février	Berthollet est nommé « Directeur des teintures » à la Manufacture des Gobelins, en remplacement de Macquer.
–	5 septembre	Charles Blagden correspondant de Berthollet à l'Académie.
1785	6 avril	Séance publique de l'Académie où Berthollet annonce son adhésion définitive au système de Lavoisier.
–	23 avril	Associé chimiste de l'Académie.
–	18 juin	Mémoire sur l'alcali volatil (analyse de l'ammoniaque).
–	juillet	Berthollet découvre les propriétés décolorantes de la solution de chlore et commence à mettre au point son procédé de blanchiment.
–	décembre	Il annonce la découverte des chlorates.
1786	mai	Travaux sur les aciers avec Vandermonde et Monge.
1787		Nouvelle méthode de nomenclature chimique établie par Lavoisier, Guyton de Morveau, Fourcroy et Berthollet.
–	sept.-oct.	Voyage au Creusot pour étudier la fabrication des produits ferreux.
–	2 mai	Lecture du mémoire décrivant les propriétés explosives du chlorate.
–	15 décembre	Lecture du mémoire sur l'analyse de l'acide prussique (cyanhydrique).
1788		Traduction de l'*Essai sur le phlogistique* de Kirwan.
1789	3 avril	Présentation à l'Académie du premier volume des *Annales de chimie.*
–	avril	Installation à Aulnay et aménagement d'un laboratoire.
1790		Achèvement de la rédaction des *Éléments de l'art de la teinture.*
1791	9 mars	Présentation des deux volumes des *Éléments* à l'Académie.

1791		Son poste aux teintures est supprimé.
–	19 novembre	Nommé membre du Bureau de Consultation des Arts et Métiers.
1792	20 janvier	Nommé pensionnaire à l'Académie, en remplacement de Lavoisier promu trésorier.
–		Nommé Commissaire général des Monnaies, il habite l'Hôtel des Monnaies.
1793	23 août	Nommé membre de la Commission temporaire des Arts.
–	7 septembre	Berthollet, Vandermonde et Monge sont chargés de rédiger un ouvrage sur la fabrication du salpêtre.
–	21 septembre	Décret instituant la récolte obligatoire du salpêtre par lessivage des caves ; Berthollet et Monge sont chargés de la direction des opérations.
–	15 novembre	Nommé membre de la Commission des Poids et Mesures par arrêté de la Convention.
–	décembre	Création de la raffinerie de salpêtre de Saint-Germain-des-Près ; Monge et Berthollet doivent la superviser.
1794	janvier	Création de la poudrerie de Grenelle dont Monge et Berthollet doivent assurer la surveillance.
–	19 février	Début des cours révolutionnaires sur les poudres, aciers et canons ; Berthollet enseigne la fabrication des poudres.
–	11 mars	Berthollet est membre de la Commission chargée d'organiser l'École centrale des Travaux publics.
–	avril	Membre de la Commission d'Agriculture et des Arts.
–	7 novembre	Nommé professeur à l'École normale de l'an III.
–	9 novembre	Nommé professeur à l'École centrale des Travaux publics.
1795	6 juillet	Présentation du « mètre-étalon » devant le Comité d'Instruction publique ; Berthollet signe le procès-verbal.
–	20 novembre	Nommé membre de la Première classe de l'Institut national nouvellement créé.
1796	mai	Départ pour une mission en Italie.
–		Rencontre avec Bonaparte.
1797	novembre	Retour d'Italie.
1798	début de l'année	Préparation de l'Expédition d'Égypte.
–	mai	Départ pour l'Égypte ; Berthollet est convoqué à Bordeaux, mais l'embarquement se fait à Toulon.
1799	janvier	Voyage dans la vallée des lacs de Natroum, près du Caire.

1799	février	Expédition de Syrie, que Berthollet accompagne. Épidémie de peste.
–	22 août	Départ d'Alexandrie avec Bonaparte.
–	9 octobre	Retour à Paris.
–	oct.-nov.	Lecture à l'Institut des « Recherches sur les lois de l'affinité ».
1799	25 décembre	Berthollet est nommé sénateur.
1800	décembre	Gay-Lussac devient l'assistant de Berthollet.
1801		Installation à Arcueil (première lettre retrouvée, datée d'Arcueil, le 11 septembre).
1803	12 janvier	Nommé, par Bonaparte, Sénateur de Montpellier.
–	6 juin	Présentation des deux volumes de l'*Essai de statique chimique* devant l'Institut.
–	2 octobre	Membre de la Légion d'honneur lors de sa création.
1804		Publication de la seconde édition des *Éléments de l'art de la teinture.*
–	24 août	Ascension en ballon de Gay-Lussac et Biot.
1805	14 juin	Grand officier de la Légion d'honneur.
–		Réponse de Berthollet à Proust dans le *Journal de Physique* au sujet de la controverse sur les proportions des éléments dans les combinaisons.
1806	mars-mai	Lecture devant l'Institut des « Nouvelles recherches sur les lois de l'affinité » (troisième suite de recherches...).
–		Président du corps électoral des Pyrénées-Orientales.
1807		Parution du premier volume des *Mémoires d'Arcueil.*
–	février-mai	Difficultés financières arrangées grâce à l'aide de Napoléon.
1808	19 mars	Bénéficiaire choisi par Napoléon d'un majorat nouvellement créé en Westphalie.
–	26 avril	Établi comte de l'Empire, comme tous les sénateurs.
1809		Traduction du *Système de chimie* de Th. Thomson ; Berthollet rédige une longue introduction et participe à la diffusion en France de la théorie atomique.
–		Parution du second volume des *Mémoires d'Arcueil.*
1810	14 mars	Suicide du fils de Berthollet.
1813	3 avril	Berthollet reçoit le grand cordon de l'ordre de la Réunion.
1814	3 avril	Vote au Sénat de la déchéance de Napoléon.
–	4 juin	Nommé par Louis XVIII membre de la Chambre des pairs.

1815	mars	Retour de Napoléon et début des Cents-Jours.
–	été	Phase active de la rédaction du projet de seconde édition de l'*Essai de statique chimique.*
–	19 août	Confirmation du titre de pair de France.
1816	2 janvier	Mort de Guyton de Morveau.
–	21 octobre	Dernier mémoire présenté devant l'Institut.
1817		Parution du troisième volume des *Mémoires d'Arcueil.*
1818	28 juillet	Mort de Monge.
1818-1819, hiver		Séjour et travaux de Berzelius à Arcueil.
1819	fin de l'année	Berthollet est maire d'Arcueil pendant quelques mois.
1820	26 mars	Mort de Charles Blagden dans la maison de Berthollet, à Arcueil.
1822	6 novembre	Mort de Berthollet à Arcueil.
–	9 novembre	Funérailles solennelles à Arcueil.
1823	19 février	Éloge de Berthollet, prononcé par Chaptal devant la Chambre des pairs.
1824	7 juin	Éloge de Berthollet, prononcé par Cuvier devant l'Académie des sciences.
1825		Inventaire et vente publique de la bibliothèque de Berthollet.
1826	28 mars	Éloge de Berthollet prononcé par E. Pariset devant l'Académie royale de médecine.

ABRÉVIATIONS

A.I.H.S.	*Archives internationales d'histoire des sciences*
A.N.	Archives nationales (Paris)
Ann. Ch.	*Annales de chimie,* ou *Recueils de mémoires concernant la chimie et les arts qui en dépendent*
Ann. Philos.	*Annals of Philosophy,* by Th. Thomson
Arch.	Archives
Arch. Ac. Méd.	Archives de l'Académie de médecine de Paris
Arch. Ac. Sc.	Archives de l'Académie des sciences de Paris
Arch. Éc. pol.	Archives de l'École polytechnique
Arch. Seine	Archives de la Seine
B. Brit.	*Bibliothèque britannique*
B. I.	Bibliothèque de l'Institut de France
B.N.	Bibliothèque nationale (Paris)
B.P.U.	Bibliothèque publique et universitaire de Genève
Bibl.	Bibliographie de Berthollet présentée à la fin de cet ouvrage
Bull.	Bulletin
Bull. Soc. Phil.	*Bulletin de la Société philomatique* (titres divers)
C.E.P.	*Correspondance sur l'École polytechnique*
Coll.	Collection
Essai	*Essai de statique chimique*
Fasc.	Fascicule
H.A.R.S., 17...	*Histoire de l'Académie royale des sciences pour ... Avec les Mémoires de mathématiques et de physique pour la même année (1)*
Introduction	Introduction, dans *Système de chimie de M. Thomson, professeur à l'Université d'Édimbourg, traduit de l'anglais sur la dernière édition de 1807 par M. Riffault, précédé d'une Introduction de M. C.L. Berthollet, membre de l'Institut,* Paris, 1809.
J.	Journal
J. Crell	*Crell's Chemische Annalen*

1. Cette publication annuelle de l'Académie royale des sciences comporte deux parties distinctes, paginées séparément ; c'est pourquoi nous choisissons comme abréviation : *H.A.R.S., 17..* (année de publication), *Hist.*, p. ..., ou *Mém.*, p. ...

J.E.P.	*Journal de l'École polytechnique*
J. Gehlen	*Neues allgemeines Journal der Chemie ...*
J. Méd.	*Journal de médecine, chirurgie et pharmacie*
J. Mines	*Journal des mines*
J. Nicholson	*Journal of Natural Philosophy, Chemistry and the Arts*
J. Phys.	*Observations sur la physique, sur l'histoire naturelle et sur les arts ;* puis, *Journal de physique, de chimie, d'histoire naturelle et des arts*
J. Schweiger	*Journal für die Chemie und Physik* ... (suite de *J. Gehlen)*
Lettre xx	Lettre répertoriée dans le catalogue de la correspondance de Berthollet placé à la fin de cet ouvrage (p. 305-342).
Mém.	Mémoire
Mém Ac. Turin	*Mélanges de philosophie et de mathématiques de la Société royale de Turin*
Mém. Arcueil	*Recueils de Mémoires de physique et de chimie de la Société d'Arcueil*
Mém. Inst.	*Mémoires de l'Institut national ... ;* puis *Mémoires de la classe des sciences mathématiques et physiques de l'I.N.... ;* puis, *Mémoires de l'Académie ...des sciences de l'Institut de France*
P.V.A.S.	*Procès-verbaux des Séances de l'Académie des sciences de l'Institut de France.*
Phil. Trans.	*Philosophical Transactions*
R.H.P.	*Revue d'histoire de la pharmacie*
R.H.S.	*Revue d'histoire des sciences*
R.M.A.S.	Registres manuscrits des séances de l'Académie royale des sciences (1)
Rev. Essai	Manuscrit inédit de Berthollet intitulé : « Revue de l'Essai de statique chimique » (2)
Séances	*Séances des Écoles normales, recueillies par des sténographes et revues par les professeurs,* Paris, an IV, an VI (1795, 1797), Imprimerie du Cercle social, 8 vol.
Soc. Haarlem	Société hollandaise des sciences de Haarlem (Hollandsche Maatschappij der Wetenschappen)
Wellcome	Wellcome medical historical Institute (Londres)

1. Ces registres sont établis par années (sauf le dernier, 1791-1792-1793) ; nous n'avons donc pas mentionné les tomes, mais seulement les années ; les numéros des pages renvoient à la version photocopiée, la plus accessible aux Archives de l'Académie des sciences.

2. Dans les références à ce texte placées en note, les numéros des pages indiqués sont ceux du second fascicule de notre thèse : M. SADOUN-GOUPIL, *Claude-Louis Berthollet, 1748-1822, projet inédit de seconde édition de son* Essai de statique chimique, *précédé d'une étude sur sa vie et sur son œuvre,* Thèse de troisième cycle, École pratique des hautes études, Paris, 1971.

PLANCHE I

Portrait de Berthollet
Photographie d'une gravure de A. Tardieu,
d'après la peinture de Rembrandt Peale (1814).

(Cliché Archives de l'Académie des sciences)

INTRODUCTION

Entre 1784 et 1882, la vie et la carrière du chimiste Claude-Louis Berthollet se situent à une période particulièrement riche en changements politiques, sociaux et scientifiques.

Ses études, faites dans le royaume du Piémont, à Annecy puis à Turin, sa carrière commencée sous Louis XVI et terminée sous Louis XVIII, son œuvre enfin qui débute sous le règne du phlogistique et s'achève à l'aube de l'essor de la théorie atomique, l'ont mis en contact direct avec des milieux sociaux et intellectuels très variés.

Médecin puis chimiste, à la fois académicien et administrateur d'une des plus grandes manufactures de l'Ancien Régime, il joua sous la Révolution et jusqu'au début de l'Empire un rôle qui, sans entrer dans le champ de la politique, dépasse largement le domaine strictement scientifique.

Dans ce dernier cadre, et plus particulièrement dans celui de la chimie française, Berthollet établit un pont entre le XVIIIe et le XIXe siècle. Formé par les derniers grands phlogisticiens, il a été l'un des collaborateurs les plus actifs de Lavoisier puis, en animant un cercle de chercheurs connu sous le nom de la Société d'Arcueil, il a initié à la recherche scientifique les plus grands chimistes français du début du XIXe siècle, Gay-Lussac, Thénard et Dulong.

Malgré la diversité de ces pôles d'intérêt, il n'existe aucune monographie détaillée récente concernant Berthollet. Nous avons constaté cette lacune lorsque nous avons entrepris l'étude d'un manuscrit inédit rédigé par ce chimiste en vue d'une seconde édition de son principal ouvrage l'*Essai de statique chimique.* Les recherches que nous avons menées dans le but de dater ce manuscrit et de préciser sa place dans l'œuvre de son auteur nous ont conduit à la découverte de plusieurs documents éclairant des aspects méconnus de cette œuvre et nous ont persuadé de l'intérêt de poursuivre notre premier travail (1) et d'étendre notre enquête à l'ensemble de la vie, de la carrière et de l'œuvre de Berthollet. L'ouvrage que nous présentons ici est le résultat de cette recherche.

1. Michelle SADOUN-GOUPIL, *Claude-Louis Berthollet, 1748-1822, projet inédit de seconde édition de son* Essai de statique chimique , *précédé d'une étude sur sa vie et son œuvre,* Thèse de troisième cycle, École pratique des hautes études, Paris, 1972.

Cerner les premières années d'un personnage devenu célèbre est en général une entreprise assez difficile par suite de la rareté des documents existants. Des recherches à Annecy, où nous avons bénéficié de l'aimable collaboration du directeur des Archives départementales de la Haute-Savoie, M. Mariotte, à Genève, où nous avons reçu un accueil particulièrement bienveillant, enfin à Turin, nous ont cependant permis de préciser les origines familiales de Berthollet et le milieu dans lequel il a fait ses études. Nous sommes également heureux d'avoir pu, à l'aide des documents conservés dans les Archives de la Faculté de médecine de Paris dont l'accès nous a été facilité par Mme Imbault-Huart et par le Dr M.D. Grmek, préciser l'importance jusqu'alors méconnue de sa carrière médicale.

Un drame a assombri les dernières années de notre héros. Son fils unique, Amédée-Barthélemy, qui avait commencé une carrière de chimiste orientée vers l'industrie, s'est suicidé à l'âge de trente ans dans des circonstances et pour des raisons restées obscures. Là encore, nous avons eu la chance de pouvoir éclairer quelques aspects de la vie et de la fin tragique du jeune homme.

En outre, certains épisodes mieux connus de la vie de Berthollet apparaissent sous un jour nouveau à la lecture des lettres que nous avons réunies.

Quant à l'œuvre de Berthollet, sujet de la deuxième partie de notre ouvrage, elle a été le plus souvent abordée dans des études centrées sur un de ses aspects particuliers. Nous avons essayé, quant à nous, d'en faire une analyse d'ensemble, car nous pensons que, pour bien comprendre et apprécier les ouvrages essentiels d'un savant, il est nécessaire de connaître la psychologie de ce dernier qui se découvre dans l'ensemble de ses écrits, même à travers les moins connus, ainsi que dans ses inédits et sa correspondance. Ceci est spécialement vrai dans le cas de Berthollet, créateur d'une théorie de l'action chimique, originale, complexe et délicate à saisir, fondée sur une conception subtile des affinités chimiques.

En exposant les divers épisodes de la vie de ce chimiste à la fin du XVIIIe et au début du XIXe siècle et les différents stades de sa pensée scientifique, nous nous sommes efforcé de conserver une position objective, nous abstenant de porter à posteriori des jugements trop modernistes sur des actions et des idées vieilles de plus de deux siècles. Tout au contraire, nous avons cherché à nous replacer dans le climat de l'époque, tâche difficile que nous n'avons peut-être pas réussi à mener pleinement.

L'absence d'une monographie détaillée consacrée à Berthollet se traduit également par l'insuffisance des bibliographies qui le concernent. Celles que l'on trouve dans les diverses études antérieures ne sont ni complètes ni précises, mise à part celle d'une récente thèse américaine (1). Celle que nous proposons dans la dernière partie à été établie avec le plus grand soin. Elle regroupe, avec nous l'espérons le minimum d'oublis, les ouvrages et les articles publiés par Berthollet ainsi que ses interventions devant les grandes institutions scientifiques auxquelles il appartint (lecture de mémoires, présentation d'ouvrages, etc.). La courte bibliographie d'Amédée-Barthélemy qui suit, permet d'éliminer certaines confusions qui ont été faites avec celle de son père.

1. Citée dans la Bibliographie générale, p. 343 et 377.

Quant aux manuscrits, les circonstances biographiques font que tous les papiers de Berthollet sont dispersés. Nous en avons dès maintenant entrepris le recensement et amorcé le regroupement. En plus des deux importants projets d'ouvrages inachevés présentés dans des études antérieures, nous avons réuni, d'une part l'ensemble des minutes des rapports présentés à l'Académie des sciences et conservés dans ses archives, d'autre part un groupe de près de 200 lettres dont l'inventaire analytique et chronologique complète la bibliographie que nous avons établie.

La recherche de tous les documents sur lesquels nous avons basé notre travail a été heureusement facilitée et rendue fructueuse grâce à l'appui et au concours dévoué d'un grand nombre de personnes. Nous associerons à celles que nous avons déjà nommées, les archivistes et les bibliothécaires qui nous ont toujours offert leur coopération lors de nos visites, principalement à la Bibliothèque de l'Institut et à celle de l'École polytechnique, ainsi que les collaboratrices et nos collègues du Centre Alexandre Koyré. Qu'elles veuillent bien trouver ici l'expression de nos vifs remerciements.

L'Académie des sciences de Paris nous a toujours très largement ouvert ses portes, nous a permis de consulter ses archives et nous a autorisé à publier plusieurs précieux documents que nous y avons trouvés. Nous en remercions MM. les Secrétaires perpétuels et nous exprimons notre vive reconnaisssance à Mme Germaine Gauja et à M. Pierre Berthon pour leur aide bienveillante et efficace.

Notre gratitude va aussi vers les grandes institutions étrangères qui nous ont rendu les mêmes services : Royal Society et Wellcome Institute de Londres, Société Hollandaise des Sciences de Haarlem, Bibliothèque publique et universitaire de Genève et celles qui, en nous transmettant aimablement les photocopies des lettres de Berthollet, nous ont permis d'établir le catalogue de sa correspondance.

Nous sommes également heureux d'exprimer notre gratitude envers les propriétaires de collections particulières qui nous ont transmis des documents très intéressants ; nous mentionnerons spécialement M. Roger de Candolle à Genève et M. J. Jacques, directeur de Recherche au Centre National de la Recherche Scientifique, qui, de plus, nous a accordé toute sa confiance et fait bénéficier de sa précieuse expérience dans le domaine de l'histoire de la chimie. Ses conseils et ses encouragements bienveillants nous ont beaucoup aidé dans la réalisation de ce travail, de même que ceux de Mlle Suzanne Delorme que nous associons à ces remerciements.

Nous remercions encore tout particulièrement Mme Arlette Chancrin qui, avec beaucoup de compétence et de dévouement, a assumé toute la composition de cet ouvrage.

Pour terminer, il nous reste à dire que toutes les phases de notre travail, depuis les premières recherches documentaires jusqu'à l'ultime mise au point de la rédaction, ont été suivies avec autant de vigilance que de sollicitude par M. René Taton, notre directeur de Recherche. En toutes occasions, il nous a assisté de ses conseils et de son soutien, facilitant nos démarches dans de nombreux domaines. Nous le prions vivement de bien vouloir trouver ici l'expression de notre profonde reconnaissance.

I – LA VIE DE CLAUDE-LOUIS BERTHOLLET, 1748–1822

La vie des savants prête en général assez peu aux développements qui attirent l'attention des biographes et qui intéressent le public, car leur existence est souvent paisible, parfois solitaire, et leur œuvre reste fréquemment confinée dans une région étroite du savoir humain.

Louis de BROGLIE *

* Conférence faite à la Sorbonne le 18 septembre 1940, *Continu et Discontinu en Physique moderne,* Paris, 1941, p. 244.

CHAPITRE PREMIER

LA JEUNESSE 1748-1772

1. LES PREMIÈRES ANNÉES EN SAVOIE

> «Le neuf décembre 1748, environ 5 heures après-midi, est né et le lendemain a été baptisé, Claude Louis, fils de Sr Louis Berthollet, chastelain et secrétaire de Talloires et de demoiselle Philiberte Donier, ses père et mère mariés...» (1)

Nous sommes en Savoie, sur les bords du lac d'Annecy, à Talloires, en 1748, le futur chimiste Claude-Louis Berthollet vient de naître.

Sa famille appartient à la bonne bourgeoisie savoyarde. Les Berthollet dont il est issu sont originaires de Collonges-sous-Salève, un petit bourg situé à une trentaine de kilomètres d'Annecy, au pied du mont Salève, dominant Genève qui se trouve à moins de dix kilomètres de là. On trouve ces Berthollet souvent mentionnés dans les minutes des tabellions et les rassemblements de notables ; aux XVIIe et XVIIIe siècles, ils sont châtelains, fermiers généraux ou secrétaires des seigneuries voisines. Beaucoup exercent la fonction de notaire (2).

Le grand-père du chimiste, Claude, était justement notaire à Collonges et possédait une maison à Annecy. C'était une personnalité importante, bien connue dans toute la région du Salève, et qui jouait un rôle de premier plan dans la juridiction. En 1696, il avait reçu la qualité de «bourgeois d'Annecy». Marié à Jeanne Pascal, originaire du pays de Gex, il eut une dizaine d'enfants dont Louis, né à Collonges, le 5 août 1708 (3).

Comme son père et plusieurs de ses frères (4), Louis devint notaire. Le 15 janvier 1737, il épousa, à Annecy, Philiberte Donier (ou Donyer) issue elle-même d'une famille d'avocats et de notaires de la ville (5). Nommé bourgeois d'Annecy puis secrétaire et châtelain de la commune de Talloires (6), Louis s'installa dans cette dernière pour y exercer sa charge. Propriétaire à la fois d'une maison à la ville et d'une autre à la campagne, la famille suivant les traditions régionales vécut, selon les saisons, à Annecy ou à Talloires.

De nombreux enfants naquirent dans l'une ou l'autre résidence (7). La mortalité était particulièrement importante à l'époque car, à l'âge adulte, il ne restait plus que deux enfants : Claude-Louis et une sœur cadette, Jeanne-Aimée, née elle aussi à Talloires le 1er novembre 1749 (8).

Dans la seconde moitié du XVIIIe siècle, la vie annécienne différait peu de celle qui s'écoulait dans les villes des provinces françaises. Bien qu'appartenant au royaume du Piémont, Annecy restait de langue et de culture françaises. L'influence de Genève s'y faisait également sentir et les milieux intellectuels étaient fortement imprégnés des grands courants philosophiques du siècle des lumières (9).

Les juristes et les magistrats y étaient nombreux ; siège d'une intendance, Annecy était en effet un centre judiciaire où, en 1789, résidaient 85 magistrats ou hommes de lois pour une population totale d'environ 5 000 habitants. On y trouvait 27 avocats appartenant aux familles les plus fortunées de la bourgeoisie ; leur titre, obtenu après de coûteuses études faites à Turin, leur assurait une fructueuse carrière (10). Il y avait aussi 11 procureurs ou avoués et 26 notaires qui cumulaient les activités de tabellions, secrétaires de communautés rurales et parfois châtelains.

Bien que ce tableau ait été dressé pour les années prérévolutionnaires, nous pouvons, à quelques unités près, le présenter comme celui de la société dans laquelle Claude-Louis Berthollet vécut ses premières années. Son père cumulait effectivement les charges de tabellion, secrétaire de la commune de Talloires, châtelain de celle-ci et bourgeois d'Annecy. Il disposait d'environ mille livres de revenus par an, mais vivait aussi du produit des terres qu'il possédait dans la région (11). Dans ce milieu les questions d'argent jouaient un rôle capital. Les archives des notaires et des avocats fourmillent d'actes concernant des emprunts, des échéances, des partages d'hoiries, des paiements de dot, des saisies pour dettes, etc. Les procès et les requêtes y sont très nombreux. La famille de Berthollet n'échappe pas à la règle. Est-ce le mauvais souvenir que lui avaient laissé ces tracas qui, plus tard, a poussé Claude-Louis à se désintéresser des questions financières ? C'est possible, mais il les a tant négligées que, nous le verrons, il s'est souvent trouvé dans de fâcheuses situations et n'a pas évité les soucis d'argent.

Dans le domaine intellectuel, la société cultivée dans laquelle il était élevé, était très ouverte à l'esprit nouveau. Le mouvement encyclopédique y était apprécié ; les bibliothèques des érudits comprenaient des ouvrages de Montaigne, Fénelon, Locke, Young, Helvetius, d'Alembert et Rousseau (12). On y avait le goût du théâtre et des concerts, que le chimiste a gardé toute sa vie ; on aimait aussi beaucoup les fêtes et les jeux d'argent que, par contre, il a toujours fuis.

Le jeune Claude-Louis commença ses études au collège d'Annecy : l'ancien collège chappuisien (13) dont le lycée actuel (14) s'honore d'être le successeur. Les études supérieures se poursuivaient normalement dans la capitale piémontaise, à Turin. Parfois, un stage au Collège de Chambéry les précédait. Certains biographes nous affirment que ce fut le cas pour Berthollet (15).

2. ÉTUDIANT À TURIN

C'est à l'automne 1766 que Claude-Louis partit pour Turin ; abandonnant la tradition familiale, il avait choisi les études médicales.

L'organisation de la vie et de l'enseignement des jeunes gens qui ne résidaient pas à Turin était confiée à un établissement particulier : le Collège des Provinces. Cette institution avait été créée en 1729 par Victor Amédée II «pour maintenir la jeunesse dans les études de théologie, droit, médecine et chirurgie» (16). Elle accordait des bourses aux jeunes bourgeois attestant d'une certaine pauvreté. Chaque ville «chef de province» disposait ainsi de plusieurs places ; deux étaient réservées à la ville d'Annecy : une pour le droit, une pour la médecine.

Claude-Louis Berthollet obtint cette dernière le 23 septembre 1766, son compagnon pour le droit étant Alexis de Saint-Réal mentionné dans ses premières lettres (17).

Le collège ne dispensait aucun cours ; les élèves admis y étaient logés, nourris et surveillés, tant pour la conduite que pour le travail. On insistait beaucoup sur l'assiduité religieuse, les bonnes mœurs et le sérieux des études. Chaque élève s'engageait à suivre les cours de l'Université. Le directeur et ses adjoints devaient veiller à la stricte observance de ces prescriptions (18).

Le jeune Berthollet ne dut rester qu'un an ou deux au maximum dans ce pensionnat ; ensuite il bénéficia d'une autre bourse, créée par un grand-oncle (19), qui lui permit de se loger en ville (20).

L'Université de Turin avait, elle aussi, un règlement sévère, très attaché au respect des vertus morales et religieuses (21). L'enseignement comprenait des cours théoriques et pratiques, ainsi que des stages dans les hôpitaux.

Les élèves entrant en première année devaient avoir fait «un cours complet de philosophie» (22). Ils suivaient alors pendant un an des leçons à l'École de physique ; l'année suivante se passait aux Instituts de médecine et à l'École d'anatomie ; ensuite venaient l'étude de la botanique et la pratique dans les hôpitaux.

La «Constitution pour l'université de Turin», publiée en 1772 (23), fixait la durée complète des études à cinq ans. Berthollet, lui, n'en fit que quatre puisque, le 4 janvier 1770, il était licencié et le 17 mai de la même année obtenait le titre de docteur (24).

Il était encore précisé que l'exercice complet de la médecine serait permis aux docteurs qui auraient fait un cours de pratique pendant deux ans dans un hôpital, un bourg ou une ville. Claude-Louis Berthollet suivit-il cette règle en restant deux ans à Turin après avoir obtenu le doctorat, comme nous l'affirment certains biographes ? (25) C'est possible mais non certain. Nous n'avons trouvé aucune trace d'un séjour de Berthollet dans la capitale piémontaise entre 1770 et 1772. Par ailleurs, la lettre de naturalisation du 2 février 1778, sur laquelle nous reviendrons plus loin, mentionne qu'il est venu en France à la fin de 1770 et qu'il y travaille depuis sept ans. Il y a là un point obscur que l'absence de document ne nous permet pas d'éclairer pour l'instant.

Divers témoignages en revanche nous apprennent que Turin offrait peu de moyens de compléter ses connaissances après les études universitaires (26). La plupart des jeunes gens se tournaient alors vers les grandes villes d'Allemagne, de France ou d'Angleterre.

Berthollet suivit leur exemple et, probablement à la fin de 1770, il arriva à Paris.

CHAPITRE II

L'ÉTABLISSEMENT À PARIS, 1772-1784

En cette fin du XVIIIe siècle, juste avant la tourmente révolutionnaire, Paris est un centre intellectuel, artistique et mondain qui attire de nombreux provinciaux et étrangers désireux de s'instruire, de faire fortune ou tout simplement de mener une vie plus divertissante que dans leur ville natale. Mais, si l'on peut bien s'y instruire ou s'y amuser, il est difficile d'y réussir sans être soutenu par un ou plusieurs protecteurs puissants.

C'est pourquoi le jeune Berthollet âgé de vingt-quatre ans, docteur - mais d'une université non française -, sans fortune - car sa famille le soutient peu (1) -, sollicite et obtient la protection du médecin genevois Théodore Tronchin. Quand et dans quelles circonstances l'obtint-il ? il est difficile de le dire avec précision, car nous savons peu de choses sur les premiers mois du séjour de Berthollet à Paris. Le choix de Tronchin s'explique sans aucun doute par les liens que le jeune homme entretenait avec les milieux genevois si proches de ceux d'Annecy (2). En avril 1774, il était déjà suffisamment installé pour écrire à un ancien camarade d'étude devenu un ami intime :

> «Je t'écris de Sainte-Assise où j'ai accompagné Mr et Me d'Orléans. Ils paraissent m'honorer singulièrement de leur confiance. De son côté Mr Tronchin me témoigne une estime et une bienveillance toutes particulières ; ainsi je puis sans présomption me flatter des faveurs de la fortune et me promettre le sort le plus heureux possible dans mon état»,

ajoutant, en invitant son ami à lui rendre visite, qu'il possède

> «un joli petit appartement... dans le plus beau quartier de Paris... mon adresse est rue Feydeau au coin de la rue Richelieu» (3).

Grâce à la recommandation de Tronchin, premier médecin du duc d'Orléans (4), Berthollet était entré, comme «médecin ordinaire», au service de Madame de Montesson que le duc avait épousée secrètement le 23 avril 1773 (5).

Louis-Philippe d'Orléans, le père du futur Philippe Égalité, était une sorte de mécène pour les scientifiques de l'époque. Il s'entourait de jeunes mécaniciens comme les frères Périer (6), de médecins, de chimistes, de physiciens et de naturalistes, auxquels il accordait une pension ou un poste rémunéré, dans son immense maison (7). Il mettait aussi à leur disposition un laboratoire dont il finançait en grande partie le fonctionnement. Ce rôle est en général mal connu et peu mis en valeur ; il fut cependant réel et influença favorablement les débuts de carrière de plusieurs jeunes savants dont Berthollet (8).

En 1774, ce dernier n'était encore qu'un jeune médecin dont les connaissances en chimie étaient très incomplètes. Il ne fait aucun doute que la société qu'il fréquentait dans les salons et le laboratoire de la maison d'Orléans ont favorisé à la fois son aspiration à approfondir ses connaissances et les moyens d'y parvenir. Il y avait là Madame de Genlis qui entretenait autour d'elle un grand va-et-vient de savants (9). Elle aimait organiser des séances de cours et de démonstrations dans le palais de la Chaussée d'Antin, résidence ordinaire de la famille d'Orléans (10). Il y avait aussi Théodore Tronchin, le premier protecteur du jeune homme, médecin célèbre, apprécié des princes autant que des savants. Il fut donc assez facile à Berthollet de s'introduire dès lors dans les milieux scientifiques parisiens.

Comme médecin au service de Madame de Montesson, Berthollet accompagnait cette dernière dans tous ses déplacements. Il menait en conséquence une vie errante dont témoigne sa correspondance (11).

Au début, les changements, les voyages répétés lui plaisaient ; mais quand il commença à faire des recherches sérieuses et à les exposer dans des mémoires, cette instabilité le gêna. Dans plusieurs lettres, il regrette de devoir constamment interrompre son travail. Ainsi, à Tingry, en juillet 1776, il souligne :

> «Je n'ai fait que passer vendredi à Paris, et me voici déjà à vingt lieues de distance. Je voudrais bien qu'en remettant mon mémoire aux hommes célèbres à qui vous voulez bien le communiquer vous leur fissiez savoir qu'obligé de mener une vie presqu'errante, je ne puis que faire des esquisses.» (12)

Et six ans plus tard, il tient le même langage à son correspondant anglais Charles Blagden :

> «...depuis votre départ j'ai été obligé d'être presque toujours en campagne où des occupations médicales m'ont forcé à perdre les sciences de vue.» (13)

Pendant plus de dix ans, Berthollet partagea ainsi son temps entre la pratique de la médecine et les études de chimie (14).

Pour la clarté de l'exposé, nous étudierons séparément ces deux activités en commençant par celle qu'il dut abandonner assez tôt.

1. CARRIÈRE MÉDICALE

C'est un aspect méconnu des occupations de Berthollet : il a exercé la médecine d'une manière qui dépasse les seules obligations qu'exigeait son emploi auprès de Madame de Montesson. Sa correspondance atteste qu'il s'était constitué une véritable clientèle (15).

Il est absolument certain que Berthollet a songé très sérieusement à faire une carrière médicale en France. Pour y exercer la médecine publique avec de bonnes chances de réussite, il fallait obtenir le titre de docteur régent de la Faculté de médecine de Paris (16). L'entreprise était à la fois longue et coûteuse (17). Le jeune homme s'y engagea cependant, preuve de sa détermination à se lancer dans une carrière lucrative et moins dépendante de la tutelle d'un protecteur que celle de médecin privé du duc d'Orléans. Il lui fallut franchir plusieurs étapes. Tout d'abord demander sa naturalisation française ; celle-ci lui fut accordée par «lettre expresse», datée de Versailles le 25 février 1778 (18). Dans cette lettre de «naturalité», enregistrée au Parlement le 21 mars suivant (19), le Roi, considérant que Berthollet est arrivé en France *à la fin de l'année 1770* pour parfaire ses connaissances, qu'il y travaille depuis sept ans et qu'il désire se fixer dans le royaume, le nomme sujet «regnicole». Il a ainsi le droit de s'établir où il veut dans le royaume et d'y acquérir des biens et immeubles. De plus, comme il l'a demandé on lui accorde «une dispense de tems d'étude» lui permettant de s'inscrire dès le mois suivant au cours de licence de la Faculté de médecine de Paris.

L'ensemble des épreuves de licence s'étendait sur une période de deux ans. Le candidat devait soutenir quatre thèses dont les sujets étaient laissés à son libre choix et appelées quodlibétaires. Elles ne ressemblent que de très loin aux thèses actuelles. Il n'y était pas demandé de faire un travail personnel et original sur un sujet à la pointe de la recherche ; il s'agissait surtout de montrer son aptitude à manier le raisonnement syllogistique à propos d'un thème qui pouvait très bien avoir été traité une ou plusieurs fois quelques années auparavant ; rédigées en latin et toujours publiées, elles étaient construites sur un plan très strict.

Dès le 29 mai 1779, Berthollet soutenait sa première thèse de licence appelée thèse cardinale, qui portait obligatoirement sur l'hygiène. Sous la présidence de Jean-Jacob Nollan, il traita «De variorum Liquorum Vinosorum diaeteticis proprietatibus» (20). L'année suivante, il présenta, le 2 mars, la thèse de physiologie sous la présidence de Jean-Baptiste Le Roux des Tillets et traita «De lacte animalium medicamentoso» (21) ; puis, le 20 avril, celle de chirurgie avec pour sujet : «Num Bubones critici in febribus malignis incidenci ?» (22), et Jean-Augustin Coutavoz pour président. Enfin, le 17 février 1780, il termina les épreuves de la licence avec la thèse pathologique «De Aquarium Hepatisatarum naturâ, compositione artificali & virtutibus» (23), Louis-Alexandre de Cezan était président.

Selon la règle, tous les candidats, qui avaient soutenu leurs quatre thèses avec succès, devenaient officiellement licenciés après une cérémonie solennelle. En 1780, celle-ci eut lieu le 26 août et la liste des nouveaux promus, établie par ordre de mérite, comprenait douze noms ; celui de Berthollet était le quatrième, juste après Fourcroy (24).

Pour obtenir le titre de docteur, il fallait encore soutenir deux autres thèses. Très différentes des précédentes, celles-ci consistaient en une double interrogation qui, uniquement orale, ne laisse de traces éventuelles que par la référence aux questions, dans les commentaires du doyen. Berthollet quant à lui dut, le 2 octobre 1780, répondre à la question : «An in febribus malignis pharmaca ? Emetica ?» (25).

Une dernière étape restait encore à franchir : l'obtention de la régence, donnant droit au titre de docteur régent qui exigeait deux conditions : être admis par ses aînés, eux-mêmes régents, et présider une thèse quodlibétaire. A l'inverse de Fourcroy (26), Berthollet ne rencontra pas d'hostilité parmi ses nouveaux confrères ; il fut inscrit, au début de l'année scolaire 1780-1781 dans la liste des «magistri» et, le 4 janvier 1781, il présida la thèse du bachelier de Montaigu (27).

Ainsi, après trois ans d'efforts et surtout de coûteuses dépenses (28), Berthollet en recueillait le fruit avec un titre honorifique et très envié qui donnait une position élevée dans la hiérarchie sociale et constituait un laissez-passer pour réussir dans la carrière médicale. Nul doute que c'était le but qu'il avait recherché car, après tant de débats anachroniques, il avait certes perfectionné son art de la discussion et l'usage de la langue latine, mais il n'avait rien appris de nouveau en médecine. Par contre, il pouvait espérer se constituer une clientèle choisie dans la société de riches aristocrates qu'il côtoyait dans la maison de son protecteur. Plusieurs lettres portent témoignage qu'il le fit réellement (29).

Comme le règlement l'exigeait, Berthollet participait aux principales activités de la Faculté : il assistait aux grandes cérémonies et fut plusieurs fois nommé commissaire pour l'examen de mémoires soumis à l'approbation de la Faculté (30). Lui-même, le 20 avril 1781, présenta devant ses confrères un important ouvrage qu'il se proposait de publier (31).

Lors de deux séances publiques, les 29 décembre 1785 et 15 juillet 1786, il lut deux mémoires importants : le premier sur l'analyse animale comparée à l'analyse végétale (32), le second sur l'influence de la lumière (33) qui furent ensuite publiés dans le *Journal de médecine*.

La Régence qui couronnait les études médicales donnait encore le privilège et l'obligation de professer des cours aux écoles de la Faculté (34). Nous avons retrouvé le témoignage de quelques-uns d'entre eux où Berthollet traitait de pharmacie (35), durant l'année 1785.

Quelques années auparavant, avant même d'avoir obtenu la licence, en 1779, il avait déjà projeté de donner un cours, privé celui-là, de «matière médicale chymique et pharmacologique». Dans ce but, il avait fait imprimer un prospectus (36) dans lequel, au long de quinze pages, il exposait pourquoi et comment il envisageait d'entreprendre une telle tâche (37). Il trouvait fondamental que les médecins soient instruits de la composition, du mode d'obtention et des principales propriétés chimiques des substances administrées comme remèdes à leurs malades. Déplorant la défiance et même le mépris qu'avaient encore certains confrères vis-à-vis de la chimie, il affirmait au contraire :

COURS DE MATIERE MÉDICALE CHYMIQUE ET PHARMACOLOGIQUE.

PAR M. BERTHOLLET, *Médecin de la Faculté de Paris.*

PROSPECTUS.

IL eſt ſans doute eſſentiel à ceux qui ſe dévouent à l'Art de guérir, de connoître les moyens qu'ils doivent employer, & d'avoir l'idée la plus exacte des médicaments. Cette vérité fut ſentie de tout temps ; & l'on voit les Anciens décrire avec ſoin les remedes dont ils faiſoient uſage.

A ij

Prospectus d'un cours projeté par Berthollet en 1779

> «La chimie doit ... être le flambeau qui éclaire la médecine dans le choix des moyens de guérison qu'elle emprunte à la Nature.»

Mais il voulait éviter de tomber dans l'excès opposé en concluant son opuscule par cette phrase :

> «Loin d'étendre les prétentions de la chimie, je chercherai toujours à inspirer le goût d'une médecine simple & rapprochée de la Nature»(38),

qui résume bien sa philosophie générale de la médecine telle qu'elle apparaît dans ses mémoires médicaux. Il refusait de séparer la chimie de la pharmacie qui en est le prolongement vers l'application médicale. Il exposait finalement un programme ambitieux qui traduisait un grand enthousiasme. Le prospectus se terminait par la précision : «Le cours sera annoncé par des affiches».

Malheureusement, toutes les recherches faites pour retrouver des traces de ces dernières, ou tout autre témoignage concernant ce cours éventuel(39), étant restées sans succès, nous ne pouvons rien affirmer quant à la suite que Berthollet a donnée à son projet.

Si les soins donnés à ses malades entraînaient ce dernier dans de fréquents déplacements, ils lui laissaient cependant le temps de faire des recherches ; celles qui concernent la chimie seront étudiées plus loin (40) ; celles qui intéressent la médecine sont peu connues, elles méritent cependant d'être mentionnées.

En 1776, au moment où paraissaient ses premiers mémoires de chimie, Berthollet avait déjà réuni des observations sur les calculs rénaux (mal courant dans la société qu'il soignait), au sujet desquelles il écrivait à son ami Tingry :

> «Je communiquai dans le tems les essais que j'avais faits sur le calcul, à Mr Desault anatomiste que vous connaissez peut-être ; il doit soutenir une thèse sur l'opération de la taille ; il y insère mes expériences auxquelles il en a ajouté d'autres. Je vous enverrai cette thèse et vous prierai d'en remettre une au fils de Mr Haller.»(41)

Dans ses études médicales il essayait le plus souvent possible de relier les observations pathologiques aux analyses chimiques ; ainsi, lorsqu'un de ses malades avait un accès de goutte, il faisait aussitôt l'analyse de son urine(42).

Sa bibliographie sur des sujets uniquement médicaux est courte, mais dans plusieurs mémoires chimiques, surtout parmi les premiers, on trouve des développements intéressants sur les applications médicales (43).

A chaque fois qu'il s'exprimait sur la médecine, Berthollet se manifestait partisan d'une médecine proche de la nature, comme il l'affirmait dans son projet de cours. Disciple de Rousseau comme son protecteur Tronchin, il avait gardé – et garda toujours pour discipline personnelle – de son enfance montagnarde la conviction qu'une vie aérée et «naturelle» était le plus sûr garant d'une bonne santé.

A partir de 1784, nous le verrons plus loin, Berthollet réduisit ses activités médicales et finit, quelques années plus tard, par se consacrer entièrement à sa carrière de chimiste. Néanmoins, il se souvint toujours qu'il était médecin lorsque les circonstances l'y entraînaient (44).

2. LA QUERELLE DU MESMÉRISME

Au moment où Berthollet va rompre ses liens avec la carrière médicale, se situe un épisode, marginal pour l'histoire des sciences et même pour la carrière du chimiste, mais qui éclaire un aspect mal connu, parce que rarement manifesté publiquement, de son caractère. C'est son rôle dans la querelle du mesmérisme, à laquelle il participa en tant qu'envoyé du duc d'Orléans.

Rappelons brièvement comment il fut confronté à cette affaire (45).

Franz-Anton Mesmer, médecin autrichien, venu à Paris en 1778, prétendait avoir découvert et savoir manipuler un fluide émanant des organismes vivants, le magnétisme animal, par lequel il affirmait pouvoir guérir de nombreux maux. Il avait organisé des séances de cures qui, dans les années 1780, avaient un vif succès auprès des aristocrates et des bourgeois oisifs et fortunés.

Après de longues hésitations, Mesmer avait accepté d'enseigner sa doctrine et ses méthodes aux médecins intéressés. Une société par souscription avait été fondée à la fin de 1783. Berthollet, délégué par le duc d'Orléans (46), s'y inscrivit. Il suivit les premières séances du mois d'avril 1784 ; mais rapidement convaincu du manque de sérieux de ce qu'il voyait et entendait, il exprima son opinion publiquement avec un vif éclat (47). Au mois de septembre de la même année, une commission officielle constituée par des membres de l'Académie des sciences et de la Faculté de médecine jugea sans fondements la doctrine et les pratiques de Mesmer.

Berthollet a donc précédé de quelques mois ses confrères dans leur condamnation du mesmérisme ; il le fit avec une vigueur que l'on rencontre rarement dans son comportement. Il nous apparaîtra en effet, tout au long de cette étude, de tempérament calme et courtois, très discret, quoique ferme, sur ses opinions intimes qu'il livrait peu. Ici, il prit, avec un éclat sans doute motivé par l'atmosphère de l'époque, une position très nette, uniquement guidée par un souci d'objectivité et d'honnêteté intellectuelle en faveur de ce qu'il croyait être la rigueur scientifique.

3. L'ASCENSION D'UN CHIMISTE A LA FIN DU XVIIIe SIÈCLE

Revenons aux années 1775-1776, lorsque Berthollet commence à s'installer dans la société scientifique parisienne.

Ses biographes(48) nous affirment qu'il suivit, dès son arrivée à Paris, les cours les plus célèbres du moment : ceux de Macquer, Bucquet et Rouelle. Une lettre de 1776 nous apprend que ce dernier tenait son élève en grande estime :

> «L'excellent homme (Rouelle) s'est fort échauffé dans son dernier cours de chimie au Jardin du Roy à l'occasion des notes qu'on a jointes à mon mémoire sur l'acide tartareux ; il poussa son affection plus loin, il annonça mes expériences sur l'air avec des éloges qu'elles démentiront.» (49)

Comme il le faisait vis-à-vis de plusieurs protégés, le duc d'Orléans avait mis à sa disposition un petit laboratoire dans lequel Berthollet avait entrepris des recherches sur les sujets «brûlants» de l'époque. La chimie «pneumatique» se développait avec rapidité ; l'air déphlogistiqué – l'oxygène – venait d'être découvert par Priestley et Lavoisier avait commencé ses célèbres séries d'expériences. Tous les chimistes étudiaient les gaz, et l'air en particulier.

Berthollet commença donc des recherches sur ces questions. Au début de 1776, il fit paraître dans le *Journal de physique* son premier mémoire : «Mémoire sur l'acide tartareux» (50), évoqué dans la lettre citée plus haut. Quelques mois plus tard, il publiait un petit ouvrage intitulé *Observations sur l'air*, auquel il attachait beaucoup d'importance (51).

L'année suivante, il présenta son premier mémoire devant l'Académie royale des sciences (52), amorçant ainsi un programme qu'il poursuivit jusqu'à sa mort, en 1822. En 1778, il présenta cinq mémoires sur des sujets variés. Macquer et Lavoisier étaient le plus souvent choisis comme rapporteurs de ces travaux qu'ils jugeaient en général favorablement. L'année 1780 fut particulièrement brillante : Berthollet lut treize mémoires dont les plus intéressants, qui concernent la causticité des sels, seront analysés dans la deuxième partie de cette étude. Et, dès le mois d'avril, il devint membre adjoint de cette Académie qui consacrait ainsi sa carrière de chimiste.

La liste des candidats, présentée le 15 avril 1780 pour le remplacement de Bucquet, comprenait Quatremère d'Isjonval, Grignon, Fourcroy et Berthollet. Ce dernier qui bénéficiait de la solide protection du duc d'Orléans fut nommé en premier, suivi de Quatremère (53). Le 22 avril, l'Académie reçut la lettre de M. Amelot confirmant l'élection de Berthollet comme adjoint. Dès le 3 mai, il fit sa première apparition en séance et, le 12, il appartenait à une commission chargée d'étudier un mémoire de M. de la Peyrouse «sur les propriétés du manganèse». Cette activité d'académicien ne se relâcha jamais (54).

4. RELATIONS AVEC LAVOISIER ET LES AUTRES CHIMISTES

Au sein des commissions nommées par l'Académie, Berthollet travaillait, en plus de Macquer, avec L.-C. Cadet, C.-M. Cornette et B.-G. Sage – trois chimistes peu connus maintenant (55) – et surtout avec Lavoisier. Ce dernier avait été souvent le rapporteur des mémoires de Berthollet avant son élection ; après celle-ci, les deux chimistes étendirent leur collaboration en dehors de l'Académie. Ils se retrouvaient à l'Arsenal, au cours des séances qui réunissaient, autour de Lavoisier et de sa femme, un petit nombre de jeunes savants : Guyton de Morveau, Fourcroy et deux mathématiciens qui devaient devenir des amis intimes de Berthollet, Laplace et Monge (56).

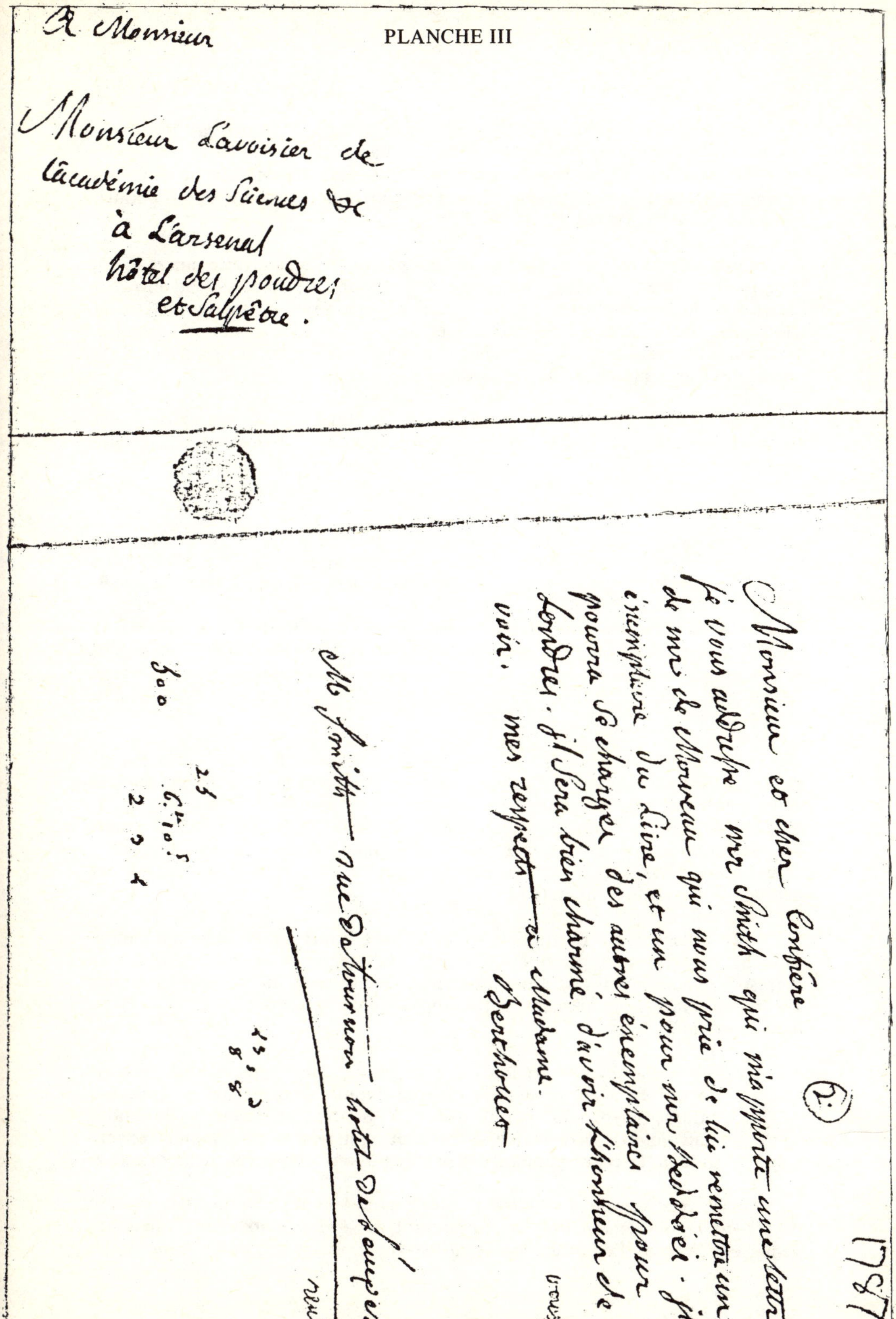
A Monsieur

Monsieur Lavoisier de l'académie des Sciences &c à L'arsenal hôtel des poudres et Salpêtre.

Monsieur et cher Confrère

je vous adresse mr Smith qui m'apporte une lettre de mr de Morveau qui nous prie de lui remettre un exemplaire du Livre, et un pour mr Bedoies. il pourra se charger des autres exemplaires pour Londres. il sera bien charmé d'avoir l'honneur de vous voir. mes respects à Madame.

Berthollet

(2)

1787

Mr Smith

Lettre à Lavoisier citée p. 18.
(Photocopie Wellcome Historical Medical Library, Londres.)
La forme de cette lettre révèle qu'elle servit à envelopper un livre.

Au cours des réunions de l'Arsenal, on discutait et on réalisait des expériences sur les sujets les plus brûlants de l'actualité chimique. Nous remarquerons une analogie assez étroite entre ce mode de collaboration et celui qui s'établit plus tard dans la propre maison de Berthollet à Arcueil, pour aboutir à la création de la Société d'Arcueil (57).

Établies dès 1780, ces relations devinrent encore plus étroites après 1785, lorsque Berthollet se rallia totalement à la théorie de Lavoisier et entraîna l'adhésion de ses confrères ; tous s'employèrent alors à faire connaître et triompher cette doctrine. Poursuivant et intensifiant leur travail en commun, ils parvinrent à former une véritable équipe de recherche, au sens actuel du terme, dont les réalisations seront examinées plus loin (58).

Il ne semble pas que les relations de Berthollet et Lavoisier se soient étendues au-delà de la simple collaboration scientifique. La seule lettre, échangée entre eux, que nous connaissions, est ainsi rédigée par le premier :

> «Monsieur et cher confrère,
>
> Je vous adresse M. Smith qui m'apporte une lettre de M. de Morveau qui vous prie de lui remettre un exemplaire du livre ... Il sera bien charmé d'avoir l'honneur de vous voir. Mes respects à Madame.» (59)

Dans le domaine scientifique, nous le verrons, Berthollet s'est montré l'héritier, le plus direct et le plus influent, de son illustre aîné. C'est autant et même plus dans le cadre des réunions de l'Arsenal que dans celui de l'Académie, que Berthollet fut mis en contact avec les milieux scientifiques étrangers.

Il fit d'abord la connaissance de l'Anglais Charles Blagden, secrétaire de la Royal Society, qui, tout en exerçant la médecine (60), s'intéressait très activement aux sciences physiques, chimiques et naturelles. Il faisait de fréquents voyages en France. Au cours de l'un d'eux, dans l'été 1783, il assista aux expériences de Lavoisier et de son équipe sur la synthèse de l'eau ; connaissant bien celles de Cavendish, dont il avait été l'assistant, il les décrivit aux savants français (61).

Entre Blagden et Berthollet, qu'avait sans doute rapprochés une similitude de formation et d'intérêts, s'établit, dès le mois d'octobre 1783, une correspondance qui devait durer quarante ans. Il avait dû y avoir entre eux un accord verbal concernant cette correspondance car Berthollet écrivait dans sa première lettre :

> «Je tarde bien à répondre à la lettre dont vous m'avez honoré. Ce qui en a été la cause c'est que depuis votre départ ... des occupations médicales m'ont forcé à perdre les sciences de vue ; mais je vais être stable à Paris et mettrais la plus grande exactitude à la correspondance que nous avons établie entre nous.» (62)

Les lettres suivantes montrent que Berthollet respecta son engagement en tenant régulièrement Blagden au courant des événements scientifiques survenus en France. Réciproquement, le savant français recevait les nouvelles d'Angleterre et se chargeait de les faire connaître à ses confrères de l'Académie. Ce rôle fut bientôt officialisé par l'Académie elle-même qui, en septembre 1784, nomma Charles Blagden correspondant étranger. Berthollet lui écrivit aussitôt :

> «Notre académie vous a mis au nombre de ses correspondants étrangers et c'est moi qu'elle a chargé de votre correspondance»,

et il ajoutait :

> «Si je vous ai donné lieu de me juger inexact aux engagemens que j'avais contractés avec vous, il n'y a pas eu de ma faute, c'est simplement que je n'ai rien eu d'intéressant à vous envoyer.» (63).

Ces relations de correspondance scientifique se transformèrent, au cours des séjours ultérieurs de Blagden à Paris, en une profonde et fidèle amitié dont témoigne la suite des lettres. Celle-ci devient alors une source précieuse de renseignements, non seulement sur les échanges franco-anglais, mais encore sur les activités et parfois même les sentiments de Berthollet (64).

La rencontre de Berthollet avec le savant hollandais Martinus Van Marum présente bien des analogies avec la précédente. Elle aussi eut lieu dans le cercle de Lavoisier et fut le point de départ d'une correspondance scientifique active qui s'étendit de 1786 à 1805 (65). Les relations entre les deux savants étant toujours restées limitées au domaine de leurs recherches et de leurs travaux, elles prirent fin lorsque Van Marum abandonna la physico-chimie pour se consacrer aux sciences naturelles.

Puisque nous venons de l'évoquer sur ces deux exemples, nous soulignerons ici l'importance, parmi les nombreuses activités de Berthollet, de sa correspondance. C'était l'une de ses préoccupations permanentes, par laquelle il a joué un rôle très utile dans le monde scientifique, à des époques particulièrement troublées par des événements politiques divers. Le catalogue chronologique et analytique de l'ensemble des lettres que nous avons pu regrouper (66), donne une idée de son étendue et de son intérêt. Nous nous y référons souvent, tant pour ce qui concerne les idées, les recherches, l'élaboration des théories et aussi la vie quotidienne de Berthollet, que pour témoigner de la fréquence et de la variété des échanges scientifiques.

Médecin, chimiste, académicien, Berthollet était devenu, au début des années 1780, un savant dont la renommée s'affirmait et qui pouvait espérer accomplir une belle carrière. En 1784, un événement vint l'orienter définitivement : il fut nommé administrateur de la manufacture des Gobelins, dans les circonstances que nous relatons plus loin. Avant d'aborder ce nouveau chapitre de la vie du chimiste, nous compléterons le tableau de ses débuts parisiens en évoquant son mariage.

5. LA VIE DE FAMILLE

Au début de janvier 1779, Berthollet s'était marié avec Marie-Marguerite Baur, fille d'un maître de musique et habitant le quartier de la Chaussée-d'Antin comme son futur mari. Le 5 janvier, ils signèrent un contrat de mariage détaillé en présence de nombreux témoins parmi lesquels figure Louis-Philippe d'Orléans lui-même qui avait tenu à doter la jeune épouse (67). Le mariage fut célébré en toute simplicité (68).

En octobre 1780 naquit Amédée-Barthélemy, le fils unique, qui devait disparaître prématurément dans de tragiques circonstances (69).

Nous ne savons presque rien sur la vie privée de cette petite famille. Jomard, dans sa notice sur Berthollet dit :

> «Son choix fut parfait et vint ajouter aux jouissances de l'esprit les charmes de la félicité domestique dont il était digne.» (70)

Il semble que ce soit la vérité, mais nous ignorons tout de la personnalité de Madame Berthollet. Elle eut toujours à côté de son mari une vie effacée, l'accompagnant dans les visites officielles et recevant ses amis, surtout à l'époque napoléonienne. Elle rencontrait souvent Madame Monge à laquelle elle était liée depuis le mariage de son frère, Jean Baur, avec une jeune sœur de celle-ci.

Son mari se déchargeait sur elle du soin de gérer leur fortune (71). A la mort de celui-ci, en 1822, restée entièrement seule, elle vendit peu à peu les biens qui lui restaient et fut recueillie par une ancienne amie chez laquelle elle s'éteignit en 1828 (72).

CHAPITRE III

LA CARRIÈRE D'UN CHIMISTE : ADMINISTRATEUR ET ACADÉMICIEN À LA FIN DE L'ANCIEN RÉGIME 1784 – 1790

1. SUCCESSION DE MACQUER

En disparaissant, le 15 février 1784, Pierre-Joseph Macquer laissait plusieurs places vacantes :

– la chaire de chimie au Jardin du Roi ;

– le poste de «directeur des teintures», encore appelé «administrateur du commerce au département des teintures» ;

– celui de «commissaire de l'Académie à la Manufacture de Sèvres».

A ce dernier poste, il fut remplacé par Jean Darcet.

Au Jardin du Roi, qui devint en 1790 le Muséum d'Histoire naturelle, Buffon, qui en était alors l'Intendant, nomma Antoine-François Fourcroy pour remplacer Macquer. Berthollet était également candidat. La préférence accordée à Fourcroy s'avéra très heureuse car ce dernier, déjà connu et apprécié dans ses cours privés, se confirma comme un professeur particulièrement brillant ; ses cours étaient suivis par une foule d'auditeurs enthousiastes (1). Berthollet, au contraire, ne fut jamais ni bon orateur, ni bon pédagogue, comme nous le verrons à propos des cours donnés à l'École normale et à l'École polytechnique (2).

A la direction des teintures, le ministre concerné (3) – de Calonne à l'époque – choisit Berthollet comme successeur de Macquer. Là encore, il faut reconnaître que le choix fut heureux car, s'il n'était pas lui-même un manipulateur très habile, Berthollet savait très bien diriger les expériences et organiser un laboratoire ; il confirma ces aptitudes tout au long de sa carrière.

Pour obtenir ce poste, il avait bénéficié de l'appui solide quoique indirect du duc d'Orléans. Sa demande (4) était nominalement appuyée par Madame de Montaran (5).

Le 24 février, de Calonne adressait à Berthollet une lettre qui lui proposait la place d'«administrateur du commerce» au département des teintures de la manufacture des Gobelins. Les charges imposées et les traitements correspondants y étaient précisés en ces termes :

> « Il [faut] constater la nouveauté et l'utilité des découvertes chimiques qui sont présentées comme intéressantes pour la manufacture et pour le commerce. Le travail que cette partie exige n'est pas considérable aussi le traitement annuel accordé n'était que de 2 000 F.
>
> Il est une autre [charge] qui avait été particulièrement recommandée à feu M. Macquer et pour [laquelle]... il avait un traitement de 4 600 F. [Elle] ... consiste dans la recherche de tous les différents procédés relatifs aux teintures et dans la confection d'un traité théorique et pratique relatif à cet art, rédigé d'après les expériences chimiques qui peuvent constater les avantages de ces procédés, en un mot dans l'exécution de l'excellent prospectus que M. Macquer avait fait paraître à ce sujet.» (6)

Le ministre poursuivait par cette recommandation qui entraîna définitivement Berthollet hors de la carrière médicale :

> «Vous concevrez, Monsieur, qu'une entreprise aussi étendue exige un travail assidu, qui ne pourrait se concilier avec l'exercice habituel et journalier d'un autre état qui vous forcerait à une vie ambulante ; et c'est pour cette raison que j'ai désiré savoir si votre intention était de renoncer à l'exercice de la médecine.
>
> Il paraît par la réponse que vous avez faite à M. de Montaran que vous ne tenez à cette profession qu'autant qu'il sera nécessaire pour reconnaître les bontés du Prince qui vous honore de sa confiance et de sa protection...»

Il engageait ensuite son nouvel administrateur à publier rapidement «quelque partie de l'ouvrage qu'avait commencé M. Macquer» et à cet effet annonçait qu'il lui faisait remettre les papiers de son prédécesseur. Enfin un post-scriptum de la main même du ministre, faisait état d'une sollicitation de la veuve de Macquer à laquelle on avait répondu par une pension de 600 F, ce qui ramenait le traitement de Berthollet à 6 000 F (7).

Ainsi, après avoir servi pendant dix ans un grand prince de l'Ancien Régime, Berthollet accédait à une situation indépendante. Les postes qui permettaient cela étaient rares à l'époque et, de ce fait, très recherchés, ce qui faisait écrire à Madame Roland :

> «C'est Mr Berthollet qui a attrapé les 2 000 écus de Mr Macquer pour la teinture. C'est la meilleure place des sciences dit Mr Fourcroy (8) qui crie étrangement que les savans ne sont pas mieux payés.» (9)

2. INSTALLATION DANS LA NOUVELLE SITUATION

Comme il s'y était engagé en acceptant son nouveau poste, Berthollet abandonna l'exercice de la médecine, progressivement et presque à regret, semble-t-il. Le témoignage le plus direct nous en est donné par lui-même dans deux pièces inédites écrites en 1790. La première (10) est une lettre adressée au ministre Tolozan, le 2 février, sur la demande de ce dernier, pour préciser ses activités de 1784 à 1790. La seconde est un rapport plus concis que le précédent, sans adresse et sans date, mais écrit en toute certitude à la fin du mois d'août 1790 (11). Ces deux documents, qui prennent parfois le ton d'une justification de son emploi du temps, constituent cependant des comptes rendus précis des principales occupations du chimiste pendant la période qui nous intéresse ici. Nous en citerons, à plusieurs reprises, les passages les plus significatifs. Le premier, long de sept pages in-folio, commence ainsi :

> «Vous m'avez fait l'honneur de me demander un précis des travaux dont je m'étais occupé depuis que l'on m'avait confié les fonctions que j'exerce...
>
> J'étais attaché en qualité de médecin à feu Mgr le duc d'Orléans et je commençais à exercer la médecine publique avec assez d'étendue lorsque j'obtins la place vacante par la mort de Mr Macquer... Je fus rappelé par là à mes goûts et à mes occupations chéries.»

Après avoir rappelé les prescriptions de la lettre de nomination, Berthollet poursuivait :

> «Aussitôt je renonçai à toutes les pratiques éloignées et je me bornai à celles qui par leur proximité prenaient le moins d'un tems qui n'était plus à moi ; je pris un aide et, depuis lors, j'en ai eu un sans interruption, de sorte que mon laboratoire n'a jamais cessé d'être en activité et que par là, deux personnes se sont trouvées consacrées aux vues de l'administration qui a eu un laboratoire de chimie à sa disposition.»

Plus loin, il insistait encore sur l'abandon de la médecine :

> «Depuis la mort de Mgr le duc d'Orléans, j'ai continué à restreindre la pratique de la médecine ; mais, retenu par d'anciennes liaisons, par la confiance qui s'était changée en amitié, quelquefois par la commisération, je ne pouvais rompre entièrement la pratique de la médecine.»

On lui avait peut-être fait des reproches à ce sujet car, dans le rapport du mois d'août, il réaffirmait :

> «Le Ministre exigea que je bornasse la pratique de la médecine à ce que pourrait exiger la place de médecin auprès de feu Mr le duc d'Orléans.

«Jusque là je n'avais cultivé la chimie que sous les auspices du Prince. J'établis un laboratoire pour le consacrer aux travaux auxquels je venais de m'engager et, depuis lors, j'ai eu à mes frais un aide qui a toujours tenu mon laboratoire en activité.

«Non seulement je restreignis dans des limites étroites la pratique de la médecine pendant la vie de Mr le duc d'Orléans, mais, négligeant toute espérance de fortune, j'ai à sa mort abandonné entièrement la médecine ; je me suis procuré une retraite près de Paris et tous mes momens y sont dévoués à la partie de la chimie qui est destinée à éclairer les arts.» (12)

Le duc d'Orléans mourut le 18 novembre 1785 ; Berthollet, libéré de toute obligation à son égard, put enfin se fixer à Paris. Il déplorait cependant la disparition de son protecteur dans une lettre à Guyton de Morveau :

«Avec bien d'autres avantages, j'ai perdu par la mort de cet excellent homme, la faculté de me servir de son adresse pour la poste.» (13)

Parmi les avantages évoqués, il y avait l'usage du laboratoire ; le nouvel administrateur des teintures dut aller faire ses expériences dans divers laboratoires qui nous restent d'ailleurs très mal connus. Il souhaita rapidement organiser lui-même, conformément à ses goûts et à ses besoins, cet auxiliaire indispensable de ses travaux. Il n'y arriva cependant qu'au début de 1789.

Ayant habité successivement à la Chaussée d'Antin, près de la maison d'Orléans (14), puis au faubourg Saint-Germain, il acquit alors une propriété à la campagne, près de Paris, dans un lieu nommé Aulnay. Le 30 avril 1789, il écrivait en effet à son ami genevois Jean Senebier :

«... je me suis fait une petite retraite près de Paris, où je me propose de passer toute la belle saison et d'y jouir de la nature et de l'étude, et... j'ai tout abandonné pour m'occuper des arrangements qu'elle exigeait ... je fais construire un laboratoire dans ce moment.» (15)

En choisissant une telle résidence secondaire, Berthollet obéissait à la fois à ses goûts personnels qui le portaient à rechercher le calme et le contact de la nature, à la mode de l'époque qui voulait que les familles aisées abandonnent pendant la belle saison la vie parisienne – jugée déjà trop agitée ! – et enfin aux nécessités de sa charge qui exigeait un travail soutenu et sans distractions.

La propriété d'Aulnay est souvent évoquée dans la correspondance de Berthollet (16) et dans celle de Monge (17). Pendant les mois troublés qui marquèrent les premières années de la Révolution, il s'y retira et hébergea ses amis ; il y exerça même les fonctions de juge de paix et de commandant de la garde nationale (18).

Au retour de la campagne d'Italie, il écrivait à sa femme à propos de cette maison :

«... Aulnay aura pour moi peu d'attraits pendant longtems ... on pourrait chercher à le louer si cela ne te déplaisait pas.» (19)

La propriété dut être vendue au retour d'Égypte au moment de l'acquisition du domaine d'Arcueil (20) (21).

3. ESSOR DE LA CARRIÈRE DE CHIMISTE

Libéré de la tutelle d'un protecteur, des contraintes dues à une clientèle sans doute pleine d'exigences, Berthollet put consacrer tout son temps à ses recherches. Ses travaux se situent alors dans deux domaines complémentaires, la chimie pure et la recherche fondamentale d'une part, la chimie appliquée et la technologie d'autre part. Le premier champ de préoccupations s'accorde surtout aux activités de l'académicien ; le second à celles de l'administrateur.

L'ensemble de l'œuvre de Berthollet sera analysé en détail dans la deuxième partie de cette étude. Nous nous limiterons donc ici à en mentionner l'essentiel qui est étroitement lié à sa vie et à sa carrière. Pour la commodité de l'exposé nous allons séparer arbitrairement des travaux qui furent réalisés simultanément et qui, dans le développement de la pensée scientifique de leur auteur, forment une suite continue ; ce point de vue sera justement repris dans les chapitres qui leur sont entièrement consacrés. Il faut encore noter que tous ces travaux, quel que soit le domaine dans lequel ils s'intègrent, sont dominés par le conflit qui opposait la théorie de Stahl à celle de Lavoisier.

a) CHIMIE PURE

Des travaux collectifs importants sur des sujets fondamentaux, sont associés à des études personnelles traitant le plus souvent de problèmes particuliers. La lecture de la liste des interventions de Berthollet à l'Académie révèle l'intensité variable de cette dernière activité : mémoires et rapports s'y succèdent à un rythme irrégulier, parfois très rapide.

Si, de ce point de vue, 1780 avait été une année particulièrement fertile, 1785 en fut une autre, avec sept rapports présentés, la collaboration à six commissions et la lecture de cinq mémoires. L'un d'entre eux est resté notamment célèbre par les conséquences qu'il entraîna. C'est le « Mémoire sur l'acide marin déphlogistiqué», lu à la séance publique du 6 avril. Berthollet y annonçait officiellement qu'à la suite de son étude de la formation et des propriétés de cet «acide» – le chlore –, il adoptait définitivement la théorie antiphlogistique.

C'était là le point final d'une lente évolution commencée depuis plusieurs années (22). Son adhésion au nouveau système de Lavoisier, à la suite d'un profond et minutieux examen critique qui apparaît dans divers mémoires, de 1780 à 1785, entraîna celle de plusieurs autres jeunes chimistes, parmi lesquels Fourcroy et Guyton de Morveau (23). Bientôt, tous ceux qui, quelques années plus tôt avaient commencé à se rencontrer autour de Lavoisier, à l'Arsenal, se retrouvèrent unis pour soutenir la nouvelle théorie ; ils s'occupèrent alors activement de la propager et de la faire triompher.

Trois réalisations importantes naquirent de cette collaboration que l'on peut comparer à celle qui s'établit actuellement au sein de certaines équipes de chercheurs.

Il y eut d'abord l'établissement d'une nouvelle nomenclature chimique, désirée et même ébauchée depuis quelques années et qui fut achevée avec la publication, dans l'été 1787, d'un ouvrage rédigé en commun par Guyton de Morveau, Lavoisier, Berthollet et Fourcroy (24). Puis, l'année suivante, parut la traduction française, annotée et commentée par les mêmes auteurs auxquels s'étaient joints Laplace et Monge, de l'*Essai sur le phlogistique* (25) de Richard Kirwan. L'intérêt majeur de l'ouvrage réside dans les longues notes qui suivent chaque chapitre de l'auteur anglais et qui sont des réfutations point par point de la théorie phlogistique.

Largement diffusés tant en France qu'à l'étranger, notamment par Berthollet qui entretint à leur sujet une correspondance étendue, ces deux ouvrages jouèrent un rôle important, parfois décisif, dans la lutte entreprise par les jeunes savants français pour faire accepter leur système.

Pour assurer encore plus amplement la propagation de ses idées, le petit groupe réuni autour de Lavoisier fonda une nouvelle revue scientifique. La principale publication dans laquelle les mémoires de chimie trouvaient place, le *Journal de physique* (26), se montrait en effet hostile à la nouvelle théorie. Le premier volume des *Annales de chimie* (27) parut en avril 1789 avec le privilège de l'Académie ; présenté devant elle, il avait reçu un commentaire élogieux de la part des commissaires chargés de l'examiner (28). Les volumes se succédèrent ensuite rapidement et de manière assez régulière. Jusqu'à la création de sa propre revue scientifique (29), en 1807, Berthollet fit paraître dans les *Annales de chimie* de nombreux mémoires et articles (30). Par ailleurs, il se chargea fréquemment de la publication de textes que lui adressaient ses divers correspondants (31). Là encore, Berthollet joua un rôle de premier plan dans la diffusion des travaux scientifiques, rôle qui se prolongea jusqu'à la fin de sa carrière.

Quant à son œuvre personnelle dans le domaine de la chimie pure, on la trouvera peut-être assez restreinte, Berthollet s'intéressant alors surtout à des questions de chimie appliquée au cours des travaux suscités ou commandés par les exigences de son poste d'administrateur, parfois aussi par l'Académie (32).

Cependant, il fit des études approfondies, quelquefois couronnées par une découverte intéressante, sur des sujets bien limités, variés et souvent indépendants les uns des autres. Dans ses interprétations, il ne dépassait pas le cadre des théories particulières et n'envisageait encore aucune synthèse.

De ce point de vue, ses travaux les plus intéressants concernent l'analyse, la composition et les propriétés de plusieurs substances et de leurs dérivés.

Ce fut en premier lieu la découverte, en 1785, de la composition exacte du gaz ammoniac (33); puis, deux ans plus tard, celle de l'acide prussique – acide cyanhydrique – qui forme le pigment appelé bleu de Prusse (34). Par ce résultat et celui qu'il pressentait dès lors concernant l'acide sulfhydrique, Berthollet posait un délicat problème, la théorie de Lavoisier affirmant que tous les acides sont formés à partir d'oxygène ; nous retrouverons ce problème plus loin.

Enfin, il faut mentionner en raison de toutes leurs conséquences, les recherches sur le chlore et ses dérivés. Commencées dès 1785, elles se poursuivirent jusqu'en 1816 (35). Berthollet leur attachait beaucoup d'importance. Malgré une interprétation de base erronée dont il eut beaucoup de mal à se

PLANCHE IV

Lithographie de Delpech représentant Berthollet
période révolutionnaire

(Cliché Archives de l'Académie des sciences)

défaire, il découvrit les propriétés décolorantes de la solution de chlore, l'existence et les propriétés explosives du chlorate : deux découvertes débouchant sur des applications pratiques intéressantes.

Dans le monde des savants français et étrangers, Berthollet était devenu un personnage important. Diverses sociétés scientifiques lui avaient ouvert leurs portes : la Royal Society de Londres en 1785, la Société hollandaise des sciences de Haarlem en 1786 (36), l'Académie des sciences de Turin en 1787 (37).

b) CHIMIE APPLIQUÉE (38)

Ses travaux dans ce domaine plus concret le rendirent célèbre parmi les industriels, les techniciens et même les ouvriers.

Sa découverte des propriétés décolorantes de la solution aqueuse de chlore le conduisit à proposer un nouveau procédé de blanchiment des fils et des tissus. Sa mise au point, délicate, exigea plusieurs années et le concours de plusieurs collaborations (39). Ce n'est qu'en 1795 que parut une description complète de la nouvelle technique (40). Néanmoins, dès 1787, cette dernière était déjà employée, timidement en France, sur une plus grande échelle en Angleterre. Berthollet ne tira aucun avantage financier de sa découverte ; il déclina toutes les offres qui lui étaient faites pour l'exploiter et laissa ce soin aux autres (41). Par contre il y gagna en renommée : son procédé s'appela le «berthollage» et les solutions chlorées décolorantes les «lessives de Berthollet» (42).

La découverte du chlorate de potassium et de ses propriétés explosives entraîna Berthollet à s'occuper de très près des poudres et des mélanges détonants en dirigeant lui-même des expériences parfois dangereuses (43). A plusieurs reprises, le gouvernement l'engagea à des recherches sur ce sujet.

C'est également sur la demande du gouvernement que Berthollet s'intéressa à la fabrication des produits ferreux – fers, fontes et aciers – au cours de diverses séries d'études faites pour la plupart en collaboration avec Monge et Vandermonde en 1786.

Il y avait enfin l'ensemble des recherches sur les techniques de la teinture, suscitées directement par ses fonctions d'administrateur aux Gobelins et auxquelles Berthollet consacrait une grande partie de son temps. En 1790, il avait terminé la rédaction de son premier grand ouvrage : les *Éléments de l'art de la teinture* (44), qui est un véritable traité de technologie chimique et sur lequel nous reviendrons. La publication des deux volumes de ce traité, à l'époque troublée où il fut achevé, ne se fit pas sans difficultés ; Berthollet dut faire face à des problèmes financiers embarrassants (45) ; le 9 mars 1791, il pouvait enfin le présenter, imprimé, à ses confrères de l'Académie (46). Cette œuvre devint immédiatement et resta longtemps un manuel indispensable aux ouvriers teinturiers. Traduite en anglais et en allemand (47) dès l'année suivante, elle conféra à son auteur une renommée internationale que le procédé de blanchiment par le chlore avait déjà commencé à lui donner.

CHAPITRE IV

UN SAVANT SOUS LA RÉVOLUTION 1791 – 1796

1. POSITION VIS-À-VIS DES GOUVERNEMENTS RÉVOLUTIONNAIRES

Berthollet vécut en plein centre de la Révolution française, à Paris, où il eut une activité particulièrement chargée, pendant toute sa durée.

Au début de la période révolutionnaire, il était le chimiste le plus connu après Lavoisier. Nous venons de voir comment, par ses travaux et ses découvertes, il avait acquis une renommée qui avait dépassé le monde restreint des savants pour atteindre celui des ouvriers, des techniciens et des industriels.

Néanmoins, il faut le souligner, car l'exemple de Lavoisier le montre bien, cette célébrité n'aurait pas suffi à faire choisir Berthollet par les gouvernements révolutionnaires, pour diriger, avec son ami Monge, le grand mouvement d'essor scientifique qui se manifesta à l'époque. Alors isolée, la guerre sévissant sur toutes ses frontières, la France dut créer des industries pour fabriquer les produits de première nécessité, principalement les armements et les produits alimentaires. Ces conditions stimulèrent le travail et la recherche scientifiques, ainsi qu'une collaboration étroite et fructueuse entre ouvriers et savants, lorsque ces derniers donnaient des preuves suffisantes de rigueur civique.

Les renseignements directs et précis concernant la position politique de Berthollet ne sont pas nombreux ; ils permettent cependant de donner quelques indications sérieuses sur cette question.

Il se préoccupait assez peu des problèmes purement politiques, son intérêt étant essentiellement captivé par les problèmes scientifiques ou économiques en liaison avec la chimie appliquée.

Il semble certain que ses convictions profondes sympathisaient avec les idées révolutionnaires. Malgré la protection du duc d'Orléans dont il avait heureusement bénéficié et la reconnaissance qu'il avait témoignée à ce prince jusqu'à sa mort, Berthollet n'avait jamais recherché la fréquentation des grands personnages de l'Ancien Régime. Il les avait d'ailleurs jugés bien sévèrement dans une lettre de 1776 à son ami Tingry :

«Vous riez peut-être de l'envie que je vous témoigne bonnement d'être estimé ; eh bien, je vous l'avoue, j'ai l'ambition dêtre estimé d'une espèce d'homme et c'est ma seule ambition. Je vois de près les grands et n'y trouve que frivolité, que fausseté, que sottise ; j'ai appris avec eux que les honneurs et le faste ne fesaient rien au bonheur.» (1)

Il s'était tenu soigneusement à l'écart de la cour, comme en témoigne Madame Campan dans une lettre écrite à son fils :

«Du côté des Berthollet, un des membres les plus distingués de l'Institut doit être de la même famille. Mais par dignité et par éloignement pour les gens qui approchent la Cour, il dit à Paris en 1788, à plusieurs personnes, qu'il était parent d'un Berthollet-Campan placé près de la Reine à Versailles, mais qu'il était peu disposé à l'aller entretenir de sa parenté dans la crainte de passer pour un adorateur de la fortune.»

Et la célèbre lectrice de Marie-Antoinette concluait en rendant hommage à son lointain cousin :

«Mon avis eût été d'aller au devant d'un homme qui montrait un caractère si différent de ce qu'on rencontrait sans cesse dans la position où le sort nous avait placés.» (2)

Ses idées philosophiques l'entraînaient bien plus vers le matérialisme que vers le mysticisme chrétien ; en dépit de son éducation très stricte sur le plan des devoirs religieux – peut-être en réaction contre elle –, à travers ses lettres et quelques témoignages (3), il semble nettement empreint du rationalisme sceptique des philosophes du XVIIIe siècle.

D'autre part, ses relations avec Monge et Fourcroy le classaient, avec eux, dans ce que nous appellerions aujourd'hui «la gauche» scientifique. Mais, contrairement à ses deux confrères, il n'occupa jamais de poste politique. Les divers organismes gouvernementaux qui se succédèrent de 1790 jusqu'à l'avènement de Bonaparte le chargèrent de diverses tâches d'intérêt public. Ils utilisèrent ses compétences dans les domaines variés où elles s'étaient affirmées et dans des circonstances qui, souvent, rappellent plus la réquisition que la collaboration volontaire. Comme la plupart de ses contemporains, il ne s'est pas rendu compte de la gravité des événements qui agitaient la France. Ainsi, le 9 août 1789, il écrivait à James Watt :

«La férocité des grands, l'insurrection des citoyens, la fureur du peuple, le fléau de la famine ont absorbé toute notre attention. Cependant il faut revenir aux occupations paisibles et l'on peut commencer à jouir des douceurs de l'étude.» (4)

Et le 9 novembre, au même correspondant :

«Les personnes qui n'ont point eu de prétention à défendre contre l'opinion publique, n'ont couru aucun danger dans ce pays-ci. Pour moi, j'ai été fort tranquille dans une petite campagne où je me suis retiré et si ce que je tiens du gouvernement entre dans les réformes que l'on étend sur toutes les parties de l'administration, j'y pourrai vivre dans une médiocrité qui, quoique étroite ne me donnera pas des regrets. Puisse ma patrie se délivrer des entraves du despotisme sous lequel elle a langui si longtems et jouir des avantages d'une constitution libre et je ne regretterai point ce qu'il pourra m'en coûter. » (5)

Les lettres adressées à Van Marum nous donnent le jugement de Berthollet à divers stades de l'évolution des événements politiques et quelques précisions sur des activités que les documents officiels ne mentionnent pas. Le 10 avril 1790, il notait comme le 9 août précédent :

«Les affaires publiques ont absorbé toute notre attention pendant ces derniers tems ; mais enfin le calme rétabli nous permet de mêler les occupations paisibles des sciences aux discussions politiques.» (6)

Le 5 juillet 1791, il apporte cette précision :

«Nos événements politiques ... m'ont forcé de rester à ma campagne où j'exerce les fonctions de commandant de la garde nationale et de juge de paix.» (7)

Le 3 février 1792, il décrivait ainsi la situation des savants :

«Vous craignez que nos agitations politiques ne nous ayent dispersés ; mais à part quelques petits mouvemens populaires sans suite qui ont eu lieu, notre tranquillité n'a point été troublée ; il est vrai que nous nous attendons à quelque catastrophe prochaine et nous nous y préparons ; mais les esprits sont peu disposés à s'occuper d'objets scientifiques et quoique je me sois retiré à la campagne pour pouvoir m'en occuper tranquillement, j'en suis continuellement distrait.» (8)

Le 10 avril suivant, le ton avait quelque peu changé :

«Notre situation devient bien orageuse, il est probable que cette année verra éclore de grands événemens ; mais plus les circonstances deviennent difficiles, plus la liberté prend de l'énergie.» (9)

Et le 22 semptembre, il était encore différent :

« Nous avons passé des momens bien critiques ; mais nous sommes dans une position plus satisfaisante et il y a tout lieu d'espérer que la liberté de l'Europe ne sera point étouffée en France.» (10)

Cependant, les moments les plus «critiques» n'étaient pas encore passés. Berthollet dut concentrer toute son activité au service de la nation (11). Pour la clarté de l'exposé, nous classerons les nombreuses fonctions qu'il exerça en deux catégories : ses participations à plusieurs commissions officielles et sa contribution à deux grandes institutions nouvelles dans le domaine de l'enseignement supérieur.

2. LES COMMISSIONS RÉVOLUTIONNAIRES (12)

COMMISSION DES MONNAIES

D'intérêt capital pour les finances, organisée par un décret du 10 avril 1791, elle comprenait huit commissaires généraux nommés par le pouvoir exécutif. Berthollet ne figure pas sur la première liste établie en 1791, mais sur la seconde correspondant à l'année 1792 (13). Il dut être nommé à ce poste, qui était rémunéré, en remplacement de celui de directeur des teintures qu'il avait perdu quelques mois plus tôt avec la suppression du Bureau du Commerce dont il dépendait (14). À partir de 1792, son adresse est donnée à l'Hôtel des Monnaies, devenu plus tard la Maison de la Monnaie, où était logée la plus grande partie du personnel travaillant pour la Commission (15). En octobre 1795, la Commission fut réorganisée ; Berthollet fut alors nommé par le Directoire exécutif, avec deux de ses collègues, administrateur des Monnaies (16). Il occupa ce poste officiellement jusqu'en 1799 (17).

BUREAU DE CONSULTATION DES ARTS ET MÉTIERS

Ce Bureau avait été organisé par l'Académie des sciences le 19 novembre 1791, conformément aux lois des 12 septembre et 16 octobre 1791, pour donner des avis judicieux sur les récompenses à distribuer aux artistes (18). Berthollet en faisait partie. Par un décret du 1er janvier 1793, la Convention prolongea les fonctions de ce Bureau qu'elle réorganisa ; Berthollet y fut maintenu, d'abord à titre de membre délégué de l'Académie des sciences, puis, à partir d'avril 1793, comme «employé par le Comité de Salut public» (19) (20).

COMMISSION DES POIDS ET MESURES

Le travail sur l'unification des mesures avait été ordonné par un décret du 8 mai 1790. L'Académie des sciences avait immédiatement établi plusieurs commissions chargées d'organiser les études sur cette importante question. Le nombre et la composition de ces commissions changèrent de 1790 à 1792 – il y en avait alors six – ; Berthollet ne fit partie d'aucune (21). Elles disparurent avec les académies en août 1793. C'est pourquoi, le 11 septembre, la Convention nomma une Commission temporaire des Poids et Mesures, chargée de continuer les travaux commencés sous la responsabilité de l'Académie supprimée. Les commissaires étaient désignés par le pouvoir exécutif. Berthollet ne fut adjoint à la Commission que quelques mois plus tard, et sur la demande de celle-ci, par un arrêté pris par la Convention le 15 novembre 1793 (22).

Le 23 décembre, au cours d'une séance mouvementée, la Commission fut épurée de plusieurs de ses membres, exclus pour manque de civisme ; Berthollet, lui, fut maintenu et devint même trésorier à la place de Coulomb (23). C'est à titre de commissaire des Poids et Mesures qu'il assista, le 8 janvier 1794, à la levée et à la réapposition des scellés chez Lavoisier qui, arrêté, possédait encore les instruments nécessaires à la poursuite des travaux (24).

Les travaux de la Commission souffrirent de ces troubles, aussi les nouvelles mesures ne commencèrent à entrer en vigueur qu'à la fin de 1795. La présentation du mètre étalon, l'une des réalisations majeures, eut lieu le 6 juillet 1795 devant le Comité d'Instruction publique ; Berthollet assistait à la séance (25).

COMMISSION D'AGRICULTURE ET DES ARTS

Sa création fut décidée, en même temps que plusieurs autres, en avril 1794, pour remplacer le Conseil exécutif provisoire qui venait d'être supprimé. Les membres de toutes ces commissions devaient être présentés à la

Convention par le Comité de Salut public (26). Berthollet fut ainsi nommé membre de la Commission d'Agriculture, des Arts et des Manufactures, chargée de l'économie rurale, du dessèchement, de l'éducation des animaux domestiques, des écoles vétérinaires, des arts mécaniques ... et de tout ce qui a trait à l'industrie manufacturière. A ce titre, il participa à la rédaction de plusieurs rapports collectifs qui furent publiés (27).

COMMISSION TEMPORAIRE DES ARTS

En août 1793, par trois décrets successifs, la Convention décida d'instituer des commissaires chargés d'inventorier les objets nationaux utiles à l'Instruction publique et dispersés dans divers dépôts. Trente-six commissaires furent ainsi nommés par le Ministère de l'Intérieur (28). Berthollet le fut le 23 août (29). La première réunion eut lieu le 1er septembre, mais c'est seulement le 26 que le nom de Commission des Arts apparaît dans les procèsverbaux (30).

Cette Commission subit plusieurs réorganisations. Le 25 janvier 1794, il fut précisé que les commissaires recevraient une indemnité – à condition qu'ils n'en reçoivent pas d'autre – et qu'ils devraient présenter un certificat de civisme (31). Berthollet fut maintenu et affecté, avec Pelletier, Vauquelin et Leblanc, à la section de chimie, pour inventorier les dépôts et laboratoires de chimie. Il fut encore maintenu sur les nouvelles listes établies le 6 février et le 5 mars. À cette date, la liste fut imprimée et la Commission figure sous le nom de Commission temporaire des Arts (32).

En son nom, Berthollet accomplit plusieurs missions ; ainsi le 13 juin 1794 il fut chargé avec Fortin et Charles, de procéder à l'inventaire du mobilier de Lavoisier (33) ; et le 26 février de la même année, le Comité de Salut public lui avait confié la tâche, avec Guyton et Fourcroy, de chercher et de transporter les appareils nécessaires à l'illustration des cours sur les poudres et salpêtres qui avaient lieu sur son ordre au Muséum, lui-même dépourvu de tout laboratoire (34).

COMMISSIONS D'ÉTUDES SUR LES ARMEMENTS

Elles furent créées par le Comité de Salut public de Paris. Institué en avril 1793, ce dernier devint rapidement un organisme qui dirigeait toute la vie du pays avec le pouvoir le plus absolu.

Siégeant à Paris, il envoyait en mission des commissaires chargés de prospecter les ressources, d'en mettre en route l'exploitation et aussi d'activer et de surveiller les ouvriers (35). Le problème des armements se posait d'une manière dramatique. Berthollet, dont les travaux sur la fabrication des aciers et les recherches sur les explosifs étaient bien connus, participa très activement à l'effort entrepris par toute la nation pour faire face à la guerre qui sévissait presque partout. Cette contribution se situe dans deux domaines : les aciers et les poudres.

Les aciers

Le Comité de Salut public prolongea l'œuvre de l'ancienne Académie des sciences en associant une nouvelle fois Monge, Vandermonde et Berthollet. Le 7 septembre 1793, il prenait l'arrêté suivant :

> «Le comité de Salut public arrête :
> ... 3) que le Ministre de la Guerre chargera les citoyens Monge, Vandermonde et Berthollet, de rédiger un ouvrage pratique avec des planches, pour la fabrication de l'acier de forge et de cémentation.
> 4) que cet ouvrage, au nombre de 1 500 exemplaires, sera distribué à tous les citoyens travaillant en fer et en acier qui témoigneront le désir d'établir des fabriques d'acier.» (36)

Cet ouvrage fut immédiatement rédigé après une sérieuse étude (37).

Les poudres

Les problèmes posés par leur amélioration s'étaient déjà posés avant la Révolution et, en 1777, Lavoisier avait rédigé à ce sujet un important rapport (38). Berthollet s'était lui aussi occupé des explosifs, principalement à partir de 1787 (39) et à propos de la poudre à base de chlorate dont il était l'inventeur. Cette dernière s'étant montrée très dangereuse à manipuler, on avait continué à utiliser couramment le salpêtre qui entrait pour 75 pour 100 dans la composition de la poudre à tirer. Cependant, Berthollet avait continué ses recherches sur le sujet et les avait poussées assez loin, puisqu'il écrivait en 1790 :

> «Mes expériences interrompues par l'accident (40) qui arriva à Essonnes et auquel je ne fus soustrait ainsi que M. et Mad. Lavoisier que par hasard ont été continuées et je me propose d'en publier bientôt le résultat.
> Cette poudre qui a une force très supérieure à la meilleure poudre qui soit connue, peut se faire à présent avec moins de danger que la poudre ordinaire ... elle offre de grands avantages pour les mines ... elle peut être très utile pour la défense de Cherbourg, selon l'opinion de M. Meusnier qui en dirige les fortifications, et ... son prix de revient n'excède pas beaucoup celui de la poudre à tirer.» (41)

Le 30 avril 1793, le Comité de Salut public chargeait Berthollet de diriger de nouveaux essais pour fabriquer de la «poudre au muriate» (42). Mais, toujours très délicate à manipuler, elle ne fut presque pas utilisée par les armées, où on lui préférait toujours la poudre au salpêtre. De grands efforts furent entrepris pour augmenter les qualités et la production de cette dernière. Dès 1790, l'Académie avait nommé, sur l'instigation du Ministre des Finances, une commission formée de Berthollet, Darcet et Fourcroy, laquelle, chargée d'examiner les procédés de purification du salpêtre, présenta son rapport l'année suivante (43). En 1793, le Comité de Salut public, en quête de nouvelles sources du précieux sel, décréta que tous les citoyens devraient lessiver leurs caves ; les eaux de lessivage seraient ensuite concentrées et purifiées pour en extraire le nitrate ; Berthollet et Monge furent chargés de diriger l'ensemble des opérations (44). Ils durent également accepter la responsabilité des deux plus grands établissements de traitement de la poudre : la raffinerie de salpêtre créée à Saint-Germain-des-Près en décembre 1793 et la poudrerie de Grenelle créée en janvier 1794 (45).

Les cours révolutionnaires (46)

Toutes les recherches et les travaux sur les armements étaient complétés par des cours. Au début de février 1794, un arrêté avait institué l'éducation obligatoire des ouvriers concernés ; deux citoyens de chaque district devaient être envoyés à Paris pour y apprendre la fabrication des canons et celle de la poudre.

Les cours s'ouvrirent le 19 février ; Berthollet, Fourcroy et Guyton enseignaient les techniques de préparation de la poudre à l'amphithéâtre du Muséum ; Monge et Hassenfratz celles de la fabrication des canons. Cette série de cours fit l'objet d'une publication collective (47).

3. RÉORGANISATION DE L'ENSEIGNEMENT SUPÉRIEUR

Les autorités révolutionnaires avaient, dans le domaine de l'enseignement, une très lourde tâche à remplir. En faisant disparaître les ordres religieux, elles avaient détruit un grand nombre d'établissements scolaires ; elles avaient également supprimé plusieurs écoles supérieures de l'Ancien Régime et, ainsi, complètement désorganisé un enseignement qui, pour les matières scientifiques en particulier, n'était déjà pas très développé (48).

A tous les degrés – primaire, secondaire et supérieur – il fallait créer rapidement, et sur des bases en accord avec les idées nouvelles, des écoles capables de fonctionner immédiatement. Cette organisation fut confiée au Comité d'Instruction publique (49), institué le 4 septembre 1792, qui s'occupa principalement de l'enseignement supérieur. Les premières réalisations furent l'École polytechnique et l'éphémère École normale de l'an III. Berthollet figure parmi leurs fondateurs et leurs premiers enseignants.

L'ÉCOLE NORMALE DE L'AN III (50)

Au niveau secondaire, l'enseignement devait être assuré par les écoles centrales. Pour former les professeurs auxquels il allait être confié, le Comité d'Instruction publique avait projeté des écoles normales qui donneraient une instruction élémentaire et accélérée à 1 200 citoyens. La création des écoles normales fut décrétée le 30 novembre 1794 ; la liste des professeurs, présentée par Lakanal devant la Convention le 7 novembre suivant, fut adoptée aussitôt. Elle comprenait Berthollet, Daubenton, Haüy, Lagrange, Laplace et Monge. Le règlement, rapporté le 14 janvier 1795, prévoyait une école à Paris et plusieurs en province (51). Dans la réalité, seule celle de Paris fonctionna ; ses cours avaient même commencé dès le 1er janvier à l'amphithéâtre du Muséum, l'ancien Jardin du Roi, où ils continuèrent d'avoir lieu jusqu'à leur fin.

Les leçons étaient réparties très régulièrement, suivant les matières, à des jours fixes de chaque décade du nouveau calendrier (52). Le règlement prévoyait qu'à chaque séance les cours seraient recueillis par des sténographes, revus par les professeurs, imprimés et ensuite distribués aux élèves. Le règlement permettait aux auditeurs de poser des questions dès la séance suivante. L'ensemble des textes, cours, questions et réponses, nous ont été ainsi transmis (53) et constitue une source très intéressante de renseignements sur tous les savants appelés à enseigner dans cette école. Dans le cas particulier de

Berthollet, ces cours constituent une étape importante de l'évolution de sa pensée ; ils feront l'objet d'une analyse détaillée dans la seconde partie.

Le nombre de leçons pour chaque matière était fixé à 16 et le programme général était très ambitieux. Malheureusement, la réalisation d'un projet aussi grandiose, conçu dans l'enthousiasme révolutionnaire, ne fut pas une grande réussite. Les écoles de province ne s'ouvrirent jamais et celle de Paris ne fonctionna que quelques mois.

Cet échec partiel s'explique aisément. Les élèves arrivèrent à Paris selon le nombre prévu de 1 200 qui est déjà bien élevé, avides d'apprendre, mais de formation très hétérogène. Ils trouvèrent devant eux des savants de grande valeur mais, sauf quelques exceptions, sans véritable expérience pédagogique. C'est pourquoi les cours n'étaient adaptés ni au niveau ni au très grand nombre des élèves. Par ailleurs, la plupart des professeurs étaient surchargés de tâches diverses qui les forçaient à s'absenter souvent (54). Dans ces conditions tous les cours prévus ne purent avoir lieu. Le dernier se tint le 19 mai 1795 dans une atmosphère troublée, créée par la vie politique agitée du Directoire.

L'ÉCOLE CENTRALE DES TRAVAUX PUBLICS : L'ÉCOLE POLYTECHNIQUE (55)

Berthollet figure parmi les fondateurs et les premiers professeurs de cette célèbre école dont son ami Gaspard Monge fut le véritable et grand créateur (56).

Le projet d'une école qui donnerait une formation commune à tous les ingénieurs civils et militaires fut adopté par le Comité d'Instruction publique qui créa le 11 mars 1794 une commission chargée de l'organiser. Cette Commission, dite des Travaux publics, comprenait : Monge, Lamblardie, Berthollet, Fourcroy, Chaptal, Guyton, Prieur de la Côte d'Or et Hassenfratz. Elle s'installa au Palais Bourbon et travailla principalement d'avril à juillet 1794. La chute de Robespierre et les troubles qui suivirent retardèrent la réalisation de ses plans. Le 24 septembre, la Convention adoptait les mesures d'établissement de l'école ; le 9 novembre, elle nommait les professeurs et, le 30, l'école s'ouvrait sous le nom d'École centrale des Travaux publics. Le 29 septembre 1795, une première réorganisation, sans en changer les premières structures, transformait son nom en celui d'École polytechnique, nom qu'elle a toujours gardé depuis.

Ses organisateurs avaient voulu inaugurer avec elle un mode d'enseignement nouveau, adapté aux progrès des sciences et aux besoins actuels de la nation. La chimie y était l'objet d'une attention toute particulière, motivée à la fois par des raisons pratiques – la nécessité de créer rapidement de nouvelles industries – et théoriques – elle venait de prendre un essor spectaculaire (57). Son enseignement comprenait des cours magistraux et des travaux pratiques, nouveauté toute «révolutionnaire».

Jusqu'en 1799, la durée totale des études était fixée à trois ans et les élèves répartis en trois divisions. A chacune d'elles, pour la chimie, étaient affectés : un professeur – appelé instituteur –, un adjoint et un préparateur-répétiteur. Dès novembre 1794, Berthollet fut nommé instituteur de la deuxième division (58). Ses cours avaient lieu deux fois par décade, le matin des quatrième et neuvième jours. Les manipulations correspondantes occupaient le reste de ces journées (59).

En 1799, la durée des études ayant été réduite à deux ans, Guyton assura l'enseignement de la deuxième année tandis que Berthollet se chargeait d'un cours de perfectionnement de très haut niveau (60). En septembre 1805, il abandonna totalement son instruction (61). Mais il resta fidèle à l'École qu'il avait longtemps servie : il demeura toujours membre du Conseil d'Instruction et, depuis sa création en décembre 1799 jusqu'en 1816, siégea constamment au Conseil de Perfectionnement. Ces deux organismes avaient pour rôle de rechercher et de faire appliquer les mesures capables d'améliorer le niveau et le rendement des études. Les procès-verbaux de leurs séances (62) montrent tous les efforts qui furent faits dans ce but ; Berthollet y était actif et fut souvent élu président.

Officiellement, il enseigna de novembre 1794 à septembre 1805. Dans la réalité, il y eut des interruptions assez longues où il fut remplacé par Chaptal ou Chaussier (son adjoint) : de mai 1796 à octobre 1797, pendant la mission en Italie ; de mai 1798 à octobre 1799, pendant la campagne d'Égypte.

Que savons-nous sur le contenu de ses cours ? A la différence de ceux professés à l'École normale, leur texte n'est pas conservé. Un résumé du cours de l'année 1795 est imprimé dans le *Journal de l'École polytechnique (63) ;* il concernait les substances animales et fut vraisemblablement repris l'année suivante. Le plan du cours de l'année 1803 existe sous forme manuscrite (64) ; Berthollet traitait des problèmes difficiles exposés dans son *Essai de statique chimique (65)* publié la même année. Des notes prises par un élève (66) nous apprennent que l'année suivante il faisait un cours de chimie appliquée aux arts traitant essentiellement des problèmes posés par les teintures et qu'il était en train de résoudre pour la publication de la seconde édition des *Éléments de l'art de la teinture (67).*

BERTHOLLET PROFESSEUR

Malgré sa participation à la vie active des deux premiers grands établissements d'enseignement supérieur de la nouvelle société instaurée par la Révolution, Berthollet ne fut pas un brillant professeur. Plusieurs témoignages attestent le fait. Ainsi, le futur mathématicien J. Fourier, élève de l'École normale, le décrivait en ces termes dans une lettre du 18 mars 1795 :

> «Berthollet est le plus grand chimiste que nous ayons, soit en France, soit chez les étrangers ; il n'est pas âgé et d'un extérieur assez ordinaire. Il ne parle qu'avec la plus extrême difficulté, hésite et se répète dix fois en une phrase et paraît embarrassé dans les moindres détails d'une expérience (68).

E.F. Jomard, qui fut l'élève de Berthollet à l'École polytechnique, le suivit en Égypte, devint son ami, son collaborateur pour l'ouvrage monumental de la *Description de l'Égypte* et enfin son meilleur biographe, confirme, en termes plus doux, la description de Fourier :

> «Quoique son débit ne fût pas animé comme chez Fourcroy et chez Monge, il serait injuste de lui refuser un rang honorable parmi les professeurs de l'ancienne École polytechnique. C'était la même simplicité, le même défaut de prétention que chez Lagrange. Ce qui manquait d'éclat à ses leçons, elles le gagnaient en profondeur et qualité.» (69)

Le souvenir qu'avait gardé Raymond-Latour, jeune préparateur à l'École polytechnique, est également intéressant à citer :

> «Le docteur Berthollet professait le cours de chimie sur le règne animal ... Savant profond et écrivain distingué, il était timide et souvent embarrassé lorsqu'il voulait communiquer sa haute science à ses élèves, malgré qu'il s'énonçât avec aisance dans l'intimité. Je l'ai vu dans une de ses leçons sur l'ammoniaque, au moment de parler de la décomposition de cet alcali, l'une de ses brillantes découvertes, être obligé de s'arrêter, rougir de modestie et si fort troublé que l'illustre Monge, qui avait la parole si facile crut devoir terminer la leçon en faisant, avec son enthousiasme accoutumé, l'éloge de son collègue.» (70)

Orateur médiocre et manipulateur malhabile, Berthollet était mieux désigné pour enseigner à une petite élite qu'à un grand auditoire. Le contenu même de ses cours confirme cette opinion. Il y exposait les problèmes difficiles, à la pointe du progrès, qui faisaient l'objet de ses recherches. Sa manière de présenter les idées manque souvent de clarté et de méthode – grave défaut chez un pédagogue. Sur ce point, nous laisserons la parole à Cuvier qui, s'il ne fut pas l'élève de Berthollet, devint son confrère à l'Institut et recueillit, pour rédiger son *Éloge*, les témoignages d'autres élèves (71) :

> «Peu méthodique dans ses mémoires, peu disposé à se mettre à la portée des commençants et qui n'avait aucune facilité à parler, (Berthollet) servait la chimie dans son laboratoire, mais ne l'aurait jamais répandue.» (72)

Après avoir remarqué que si la matière était bonne, elle était souvent mal présentée, dans des exposés parfois obscurs et désordonnés, Cuvier terminait en ces termes :

> «On aurait dit que, toujours maître de sa matière, pouvant la prendre à volonté par tous les points, il supposait dans ses auditeurs la même capacité et c'est toujours de la supposition contraire qu'un professeur doit partir.»

Nous pouvons conclure de ces divers témoignages, que Berthollet n'était pas doué pour réussir une carrière professorale, il en était d'ailleurs certainement conscient, puisqu'il ne persévéra pas dans cette voie.

Par contre, nous verrons qu'il réussit une autre forme d'enseignement qu'il inaugura, d'une manière originale pour l'époque, dans le groupe de travail d'Arcueil à partir de 1802 : celle d'un chef de laboratoire, d'un «patron», au sens actuel que nous donnons à ce terme.

4. CRÉATION ET ORGANISATION DE L'INSTITUT NATIONAL

Nous terminerons l'étude des activités de Berthollet sous la Révolution, en mentionnant sa participation à la formation de l'Institut national, en octobre–novembre 1795.

Une réorganisation des anciennes académies, supprimées en août 1793, avait été prévue, dès juin 1795, par la Convention nationale ; puis, le 19 octobre suivant, cette dernière avait, dans une loi sur l'organisation de l'Instruction publique, envisagé la création d'un Institut divisé en trois classes (73).

Le 20 novembre 1795, le Directoire, qui avait remplacé la Convention, nommait les premiers membres de cet Institut ; ces derniers, qui en formaient le premier tiers, devaient ensuite élire leurs confrères (74). Une liste de ces premiers membres, dont le rôle était prédominant, avait été présentée par Lakanal à la Convention, vers la fin d'octobre ; celle qui fut adoptée par le Directoire avait subi quelques modifications par rapport à la précédente : ainsi, pour la section chimie de la première classe, Lakanal avait choisi Darcet et Fourcroy, l'arrêté du Directoire avait remplacé ces deux noms par ceux de Guyton et de Berthollet (75) ; ces derniers siégèrent donc à la première séance de l'Institut national, le 6 décembre 1795 (76) et participèrent à l'élection des autres membres de la première classe (77).

Berthollet retrouvait ainsi la place qu'il avait quittée lors de la suppression des Académies. Son activité, au sein de la nouvelle haute assemblée scientifique, fut aussi riche que celle qu'il avait développée de 1780 à 1793, au sein de l'ancienne Académie royale des sciences. Les procès-verbaux des séances nous renseignent abondamment sur elle : assidu aux séances, il présenta de nombreux mémoires, fit partie de nombreuses commissions et signa de nombreux rapports ; nous en reparlerons plus loin (78).

CHAPITRE V

MISSION EN ITALIE : MAI 1796 – NOVEMBRE 1797

Au début de l'année 1796, Berthollet fut chargé, par le Ministère des Affaires étrangères du Directoire, d'une mission assez spéciale. Il s'agissait d'aller en Italie, dans les pays nouvellement conquis par les armées françaises, recueillir divers objets précieux pour enrichir les musées français (1). Les membres de la mission, définitivement choisis le 14 mai 1796, étaient : Monge, Thouin, Berthélemy, La Billardière, Dejoux et, en dernier, Berthollet.

Ce choix pour une mission aussi particulière peut surprendre quand on considère que celles qui lui avaient été confiées jusqu'alors avaient un caractère bien différent ; ici, la tâche délicate demandée n'avait que des rapports lointains avec les compétences scientifiques ou techniques qui, auparavant, avaient seules été sollicitées (2).

On peut trouver une première justification de l'appel de Berthollet, dans le renom de «savant officiel» qu'il avait depuis le début de la Révolution, sa réputation d'intégrité et aussi, son association permanente avec Monge, plus engagé que lui dans la vie politique, pour diverses tâches d'intérêt social ou administratif.

On peut admettre aussi que la mission confiée aux envoyés en Italie ressemblait un peu à celles accomplies par les membres de la Commission temporaire des Arts à laquelle Berthollet appartenait.

Mais il faut également rappeler que ce dernier avait fait une grande partie de ses études à Turin où il avait même peut-être exercé quelque temps la médecine (3). Il avait gardé des contacts avec l'élite intellectuelle de cette ville (4) et, bien entendu, une bonne connaissance de la langue italienne.

Parti à la fin de mai 1796, Berthollet fut de retour à Paris en novembre 1797 (5). Au cours de ce long voyage, loin de ses préoccupations scientifiques, il participa comme il lui était demandé, à la recherche d'objets et d'ouvrages touchant les sciences. Il s'occupa même de la restauration de certains tableaux avant leur envoi en France (6).. Mais l'événement le plus marquant fut la connaissance qu'il fit dès le début de Bonaparte, alors Commandant en chef des Armées d'Italie.

Entre les deux hommes, s'établirent dès cette époque des liens d'amitié qui devaient durer longtemps. Ils étaient cependant bien différents l'un de l'autre. Ils l'étaient surtout par l'âge et le tempérament : Bonaparte, un jeune homme de vingt-huit ans, plein de fougue, dont la carrière débutait de manière très brillante, mais qui se savait encore inexpérimenté dans plusieurs domaines ; Berthollet, un homme mûr de quarante-huit ans, calme et assez froid, même au temps de sa jeunesse, un savant renommé qui venait de vivre la Révolution en pleine activité et de confirmer ses compétences en maintes circonstances. Le premier sut sans doute juger le second comme un éventuel collaborateur de bon conseil et sur lequel il pourrait compter ; il appréciait aussi ses compétences en chimie, science qu'il avait peu étudiée et qui l'intéressait (7).

D'autre part, le jeune général était flatté de fréquenter et de partager l'estime de membres de l'Institut aussi éminents que l'étaient alors Berthollet et Monge, avec lequel il se lia également. L'intérêt n'était peut-être pas étranger à ses sentiments puisque, dès son retour d'Italie, il obtint son élection à l'Institut (8).

Quant à Berthollet, il est difficile de bien préciser la nature de son attachement à Bonaparte. A la différence de Monge, dont l'amitié pour le futur empereur naquit en même temps et qui l'exprimait avec enthousiasme dans ses lettres (9), Berthollet n'a laissé aucun témoignage, actuellement connu, de ses sentiments intimes.

Sans doute le savant fut-il sensible, comme bien d'autres le furent, à la forte personnalité du jeune général qui recherchait sa compagnie et sa conversation.

Une preuve de son attachement est donnée par le fait qu'il suivit Bonaparte en Égypte. Il s'agissait là en effet d'une véritable aventure et d'un départ pour l'inconnu ; il fallait une confiance presque aveugle en son organisateur pour abandonner, à l'âge de cinquante ans, une vie de famille et d'études qui s'annonçait enfin calme après les temps troublés de la tourmente révolutionnaire. Sur la route du retour d'Italie, il écrivait à sa femme :

> «Ainsi je vais avoir le plaisir de t'embrasser, de revoir mes amis, de reprendre mes travaux. Après la vie oisive que je mène depuis si longtemps, il me tarde bien de les reprendre ; il me semble qu'ils vont faire et mes occupations et mes plaisirs.» (10)

Et pourtant, l'équipée égyptienne allait retarder ce projet pendant deux années encore.

CHAPITRE VI

L'EXPÉDITION D'ÉGYPTE : MAI 1798 – OCTOBRE 1799

Les documents et les études sur la célèbre expédition sont très abondants (1). Dans le cadre de cette monographie consacrée à Berthollet, nous nous limiterons aux faits qui concernent son rôle personnel et à quelques détails éclairant sa personnalité et son activité au sein de l'Institut d'Égypte.

1. LA PRÉPARATION

Bonaparte commença dès le début de 1798 à organiser secrètement sa future campagne. Il confia à Berthollet un rôle qui montre toute la confiance qu'il lui accordait : il s'agissait de recruter des savants et des jeunes étudiants pour accompagner l'armée, de réunir du matériel de laboratoire, en un mot d'assurer la préparation de toute la partie scientifique de l'expédition.

Le chimiste s'acquitta de sa délicate mission avec zèle et discrétion, en son nom et en celui de Monge, alors retenu en Italie (2). Sa détermination, son assurance tranquille dans la réussite de l'entreprise qu'il annonçait passionnante, firent beaucoup pour entraîner les personnes sollicitées. Il parvint à décider trente-neuf élèves de l'École polytechnique, ainsi que plusieurs de ses collègues à le suivre (3). La destination exacte du voyage restait soigneusement dissimulée et les suppositions étaient nombreuses. Une lettre inédite du naturaliste genevois A.P. de Candolle à son ami J. Picot, datée du 2 avril 1798, apporte un témoignage nouveau et très intéressant sur le rôle primordial de Berthollet et les bruits que suscitait cette surprenante préparation ; en voici un important extrait :

> «J'ai été voir M. Dolomieu, il part demain pour un voyage de deux ou trois ans et pour l'entreprise la plus extraordinaire dont on puisse avoir idée. Le gouvernement envoie une troupe de savants des plus distingués de Paris descendre l'Italie, s'embarquer pour Alexandrie et de là aller on ne sait où, les uns disent en Égypte, d'autres en Perse, d'autres aux Indes, mais les savants mêmes qui partent ignorent leur destination. Cette troupe est munie de tous les instruments de Physique et de Chimie dont vous pouvez vous faire idée : baromètres,

thermomètres, machines de tous genres, cornues, appareils chimiques, ingrédients, ballons etc. ... mais ce qu'il y a de plus singulier c'est qu'elle est escortée d'une armée qui sera d'une vingtaine de mille hommes. Tout cela est conduit avec le plus grand secret sous la direction de Bonaparte qui, à ce qu'il paraît, en a conçu l'idée, et de Berthollet qui seul d'entre les savants connaît le but de cette entreprise inouïe. Chacun cherche à deviner. Serait-ce pour aller s'emparer des possessions anglaises au Bengale ? Est-ce vraiment une expédition scientifique ? Quel que soit le vrai but, les sciences y gagneront. Je ne connais pas tous les savants qui en sont. Je connais seulement Berthollet, Descotils, Dolomieu, Cordier, Geoffroi, Girard comme ingénieur, Conté comme mécanicien, Coquebert comme botaniste. Lacépède, Cuvier et Desfontaines ont refusé ... Voilà mon cher non pas la nouvelle du jour car cela est peu répandu et tout cela se fait en silence, mais la nouvelle la plus curieuse du moment.» (4)

Une partie du matériel scientifique emporté avait été empruntée aux laboratoires de l'École polytechnique comme l'atteste le procès-verbal d'une séance du Conseil d'Instruction :

«Un administrateur instruit le conseil que le citoyen Berthollet a fait emballer pour le compte de l'expédition dont il est membre, des effets et matériels tirés du cabinet de chimie et du laboratoire du préparateur général ... l'administration lui prête car l'expédition est pressée ...» (5)

Pour se préparer au départ, chaque membre de l'expédition avait reçu un préordre de mission ; le port d'appareillage était précisé mais il était différent d'un groupe à l'autre. Berthollet devait se rendre à Bordeaux, selon les termes du papier officiel qu'il avait reçu fin mars 1798 :

«Paris, le 9 germinal an 6e de la République ... (27 mars 1798)

«Le Ministre de l'Intérieur
«Au citoyen Berthollet à la Monnaie à Paris

«Citoyen, le Directoire Exécutif ayant dans les circonstances un besoin plus particulier de vos talens et de votre zèle, vient de disposer de vous pour cause de service public. Vous voudrez bien vous préparer et vous tenir prêt à partir au premier ordre pour vous rendre à Bordeaux.

«Si vous êtes actuellement chargé de quelqu'emploi, ou que vous occupiez quelque place aux frais de la République, vous les conserverez pendant votre mission, et le traitement qui leur est affecté sera payé à votre famille.

«Quant au traitement extraordinaire qui vous sera dû pour les nouveaux services que vous allez rendre, il sera réglé sur les travaux auxquels vous serez employé et il vous sera tenu compte des frais de poste que vous aurez été obligé de faire pour votre route.»

«signé Le Tourneux

« Pour copie conforme Berthollet»

(de la main de Berthollet) (6)

PLANCHE V

Dessin de Dutertre
fait à bord de *L'Orient*, au départ de l'Expédition d'Égypte

(Cliché Archives de l'Académie des sciences)

2. LES VOYAGES AVEC BONAPARTE

A la fin de mai 1798, plusieurs groupes quittèrent ainsi la France par des ports différents. A Malte, tous étaient réunis ; Monge et Berthollet se retrouvèrent, partageant avec Bonaparte le confort du vaisseau *L'Orient*, aménagé spécialement pour le général en chef (7). Ce dernier prenait particulièrement soin de ses deux amis, provoquant l'hostilité des militaires envers ceux qu'ils appelaient les «savants». Ce ressentiment, qui se manifestait aussi bien parmi les officiers que parmi les soldats se renforça encore par la suite, surtout lorsque les fatigues, les privations et la rigueur des combats se firent durement sentir ; les «savants» furent accusés d'avoir entraîné l'armée dans ces mauvaises aventures pour satisfaire leur curiosité (8).

Après le débarquement à Alexandrie, afin de leur éviter les fatigues d'une longue marche à travers le désert et, croyait-il, les dangers d'une bataille, Bonaparte avait décidé que certains civils, dont Berthollet et Monge, descendraient le Nil en bateaux. Malheureusement, les embarcations furent attaquées par les mameluks. Au cours de ce dramatique épisode, Berthollet manifesta, selon les témoins, un calme remarquablement serein devant la mort (9).

A la suite de cet accident qui faillit bien causer leur perte, Bonaparte refusa de se séparer des deux savants qui l'accompagnèrent alors dans toutes ses campagnes. C'est ainsi que les deux amis participèrent à la longue et pénible campagne de Syrie qui, commencée en février 1799, dura jusqu'en juin. Berthollet eut alors l'occasion de renouer avec la pratique de la médecine. Une épidémie de peste ravagea l'armée, à tel point que les deux médecins officiels, Desgenettes et Larrey, étaient débordés. Si l'on en croit l'un des biographes de Larrey (10), Berthollet leur apporta alors une aide efficace, non seulement en soignant directement les malades, mais encore en observant que la contagion se propageait par les voies digestives, ce qui permit de prendre des mesures sanitaires en vue de stopper l'extension de la maladie. Au cours du voyage de retour, Monge tomba gravement malade ; on craignait la peste. Berthollet soigna son ami avec dévouement et L. Costaz était heureux d'écrire dans le *Courrier de l'Égypte*, le 14 juillet :

> «Le citoyen Monge est au Caire ... il a été sauvé par les soins de son digne ami, le citoyen Berthollet et par ceux du citoyen Desgenettes, médecin en chef de l'armée. La maladie du cit. Monge a été traitée sous la tente où nous avons habité pendant la campagne avec lui et le cit. Berthollet qui se trouvait ainsi à portée d'opposer dans tous les instants la puissance de l'art aux efforts du mal à mesure qu'il se manifestait.» (11)

Jomard, qui confirme ce témoignage (12), ajoute que Berthollet fit une grande partie de la route à pied, ayant abandonné sa voiture au profit des blessés et des autres malades.

3. LA VIE EN ÉGYPTE

Entre ces voyages riches d'aventures de toute sorte, il y avait de longs séjours au Caire, où les savants étaient occupés aux diverses tâches liées au programme d'activités de l'Institut d'Égypte que nous étudions plus loin. Mais ils avaient aussi le temps de reprendre leurs recherches personnelles, ce qu'ils firent avec une efficacité et une fécondité remarquables qu'explique l'atmosphère créée par les conditons très particulières de leur vie, loin de France.

La réunion quasi permanente de nombreux savants éminents (13) y provoquait des discussions et des échanges d'idées fructueux ; les observations, dans un environnement totalement différent de celui d'Europe, stimulaient leur imagination et leur créativité : Geoffroy Saint-Hilaire découvrit l'une des lois fondamentales de sa tératologie (14) ; Fourier commença ses travaux sur la propagation de la chaleur ; Malus fit ses premières recherches d'optique. Berthollet, quant à lui, découvrit le point de départ de sa nouvelle théorie des affinités.

Les moments de liberté des savants vivant au Caire étaient employés à des occupations plus délassantes, qui tentaient de recréer un peu le cadre de la vie parisienne: Geoffroy décrit certaines réunions au cours desquelles Monge, Berthollet, Fourier, Costaz et lui «trompaient leur ennui», et apporte ainsi un témoignage intéressant sur le comportement de Berthollet :

> «Il y prenait rarement la parole ... la laissant surtout à Monge et à Costaz ... Mais quand il était provoqué sur l'histoire de la chimie ou sur les remarques des voyages, ou sur la société dans laquelle il avait passé sa jeunesse, il aimait à discourir : mais pour cela il fallait qu'il y fût provoqué, qu'il y eût comme un engagement tacite, fait avec lui, pour qu'enfin il fût persuadé que ses récits paraissaient agréables ; alors il les rendait tels par un tour vif et des aperçus fins en même temps que profonds» (15),

et cette précision sur la manière dont il occupait ses loisirs :

> «Berthollet qui avait emporté de France un cabinet d'instruments de physique et de chimie, fit un cours de chimie pour et chez le général en chef ; plusieurs de ses confrères et quelques officiers à ce autorisés, profitèrent de cette instruction qui aurait pu être plus profitable, sans les interventions continuelles du principal auditeur ; celui-ci employait la moitié du temps à énoncer des doutes et à faire des objections.» (16)

Jomard insiste sur sa résistance physique et son amabilité :

> «Pendant son séjour en Égypte, Berthollet fut insensible aux privations et à la fatigue. Content de tout, ne se plaignant de rien, on eût dit qu'il jouissait de tous les agréments de la vie d'Europe ... Sa simplicité, était extrême (il était) affable et prévenant pour les jeunes chimistes de l'expédition.» (17)

Et Bourrienne, évoquant les discussions animées que Bonaparte aimait prolonger certains soirs avec ses amis, note dans ses mémoires :

«Quelqu'amitié que Bonaparte témoignât à Berthollet, il était facile de voir qu'il lui préférait Monge, et cela parce que Monge, doué d'une imagination ardente, sans avoir précisément de principes religieux, avait une espèce de propension vers les idées religieuses, qui s'harmonisait avec les idées de Bonaparte.

«A ce sujet, Berthollet, l'inséparable de Monge, se moquait quelquefois de lui ; et d'ailleurs, l'imagination froide de Berthollet, son esprit constamment tourné à l'analyse et aux abstractions, penchait vers un matérialisme qui a souverainement déplu au Général.» (18)

4. L'INSTITUT D'ÉGYPTE

L'expédition avait été conçue par son chef pour conquérir et installer un véritable empire d'Orient. C'est pour réaliser ce projet grandiose qu'il avait emmené avec lui des savants et des techniciens de diverses disciplines, qui devaient étudier le pays et sa civilisation mais aussi, et surtout, chercher les possibilités de développement et d'exploitation de ses ressources.

C'est à cette double tâche que devait se consacrer l'Institut d'Égypte créé le 23 août 1798 selon les mêmes structures que l'Institut de France (19).

L'Institut du Caire comprenait quatre classes : mathématiques, physique, économie politique, littérature et arts. Berthollet faisait partie de la seconde qui comprenait dix membres (20). Là, comme à Paris, il fut chargé de plusieurs missions d'intérêt immédiat (21). Mais il profita également du séjour dans un pays nouveau et des loisirs forcés imposés par la vie au Caire, pour enrichir ses connaissances dans divers domaines de la chimie théorique et appliquée.

Ses principales interventions à l'Institut d'Égypte furent publiées, les unes sur place dans la *Décade Égyptienne (22)*, les autres en France dans les *Mémoires sur l'Égypte (23)*. En chimie appliquée, Berthollet fit des études intéressantes sur deux substances colorantes employées en teinture, le carthame et le henné (24). En chimie théorique, il compléta ses observations sur la composition de l'air (25) ; et surtout, au cours du voyage qu'il fit en janvier 1799 dans la vallée du Natroum, près du Caire, il découvrit le processus remarquable de la formation du fameux «natron» des Anciens (26). Ce fut une étape importante dans l'élaboration de sa célèbre théorie des affinités (27).

5. LE RETOUR EN FRANCE

Bonaparte ne voulut pas se séparer de ses savants amis lors de son départ précipité et secret pour la France. Le 22 août 1799, Monge, Berthollet et lui s'embarquaient à Alexandrie ; le 9 octobre, ils arrivaient à Paris.

Berthollet allait maintenant pouvoir réaliser le vœu qu'il exprimait à sa femme deux ans plus tôt en revenant d'Italie : se consacrer entièrement aux travaux scientifiques. Il voulut cependant garder un souvenir permanent de cette longue aventure en choisissant le décor du cabinet de travail de sa nouvelle maison d'Arcueil. Selon Jomard :

> «Les meubles de ce cabinet étaient dans le style égyptien, toutes les draperies étaient ornées de lotus, d'étoiles et de fleurs diverses dessinées ... d'après les peintures des tombeaux des rois de Thèbes ... Son fauteuil était une imitation exacte de ceux qu'on admire dans ces peintures ... Les murs (étaient) décorés de perspectives des ruines de Thèbes et de Dendérah.»

Quand à son bureau, il était

> «... sculpté sur ses quatre faces à la manière des temples égyptiens et disposé de manière à recevoir tous les tomes de la *Description de l'Égypte*.» (28) (29)

La préparation de cette *Description de l'Égypte (30)*, qui occupa plus tard une place imposante dans le bureau de Berthollet, prit bientôt une place importante dans ses activités. Bonaparte avait voulu en effet laisser à la postérité un souvenir concret et durable des nombreux travaux concernant l'Égypte entrepris pendant l'expédition. Une commission, créée en 1802, fut chargée d'organiser puis de réaliser le projet ; Berthollet en assura la présidence jusqu'à sa mort.

Il fallut d'abord choisir les collaborateurs des différentes disciplines ; puis établir le programme des nombreux articles et le plan des volumes ; enfin, recevoir les textes, les réviser, les faire imprimer, illustrer ... La tâche du président était parfois lourde et délicate ; sa correspondance en porte témoignage.

Le premier volume parut en 1809 ; le dernier en 1822, l'année même de la disparition de Berthollet dont un portrait orne le quatrième volume.

CHAPITRE VII

LE SOMMET D'UNE CARRIÈRE, 1799 – 1814

1. CHOIX D'UNE VIE STUDIEUSE ET RETIRÉE

Après la tourmente révolutionnaire et les aventures du voyage en Égypte, Berthollet retrouva enfin la tranquillité. Pour bien apprécier l'orientation qu'il donna lui-même à ses activités dès son retour en France, il est intéressant de faire le point de sa situation et de dégager les choix qul eut alors à faire.

A cinquante-et-un ans, il avait déjà derrière lui une belle carrière de chimiste, au cours de laquelle il avait enrichi la science de découvertes pratiques et théoriques. De ce fait, il jouissait d'une renommée justifiée de savant éminent.

Pendant près de dix ans, il avait joué un rôle important au centre de la scène internationale et à deux niveaux différents. D'abord au service du pays, en exerçant de lourdes responsabilités, occupant des postes élevés et dirigeant de nombreux travaux ; ensuite dans le mouvement de réorganisation de la vie intellectuelle. Sans avoir encore pu reprendre ses recherches personnelles interrompues depuis 1790, il était, au moment de son départ pour l'Italie, en mai 1796, à la tête du mouvement scientifique français : membre influent de la première classe de l'Institut et du comité d'édition des *Annales de Chimie,* professeur et membre du Conseil d'Instruction de l'École polytechnique.

L'ensemble de ses deux voyages en Italie puis en Égypte représente trois années passées presque entièrement loin de Paris, c'est-à-dire hors du centre de la vie scientifique (1). Quand il revient, les grandes institutions ont subi des réformes auxquelles il n'a pas pris part. Fourcroy et Guyton dirigent seuls le comité d'édition des *Annales ;* à l'École polytechnique, on décide de supprimer l'une des chaires de chimie, Berthollet se contente d'un cours facultatif et abandonne la sienne au profit de ses deux confrères cités plus haut ; à l'Institut, il a également perdu sa prépondérance.

Sur le plan des travaux personnels, Berthollet n'a rien fait d'important depuis dix ans, tandis que de grands progrès ont été réalisés en chimie, surtout à l'étranger. Dans plusieurs lettres, il regrette vivement d'avoir si longtemps «perdu les sciences de vue» (2) et il a hâte de reprendre ses recherches avec ardeur (3).

Cependant il pourrait aussi, comme le font d'autres savants – Chaptal, Laplace, Fourcroy –, s'engager dans une carrière politique en sollicitant des postes importants auprès de Bonaparte. Comme en 1784, quand il avait eu à choisir entre la carrière médicale et celle de chimiste, il doit se décider entre une vie politique qui laisserait des loisirs pour l'étude de la science et une vie retirée tout entière vouée au travail scientifique.

Il adopte la seconde voie, sans hésitation semble-t-il. Il retrouve ses habitudes d'avant 1789, adaptées à la société nouvelle. Si le cadre extérieur change, la structure de son mode de vie redevient ce qu'elle était avant que le tourbillon révolutionnaire eût entraîné Berthollet loin de sa bibliothèque et de son laboratoire. La recherche scientifique commande toutes ses activités ; quant au cadre extérieur dans lequel elles s'exercent, il est dominé par les rapports qu'il entretient avec Bonaparte, qui deviendra bientôt Napoléon.

2. RELATIONS AVEC NAPOLÉON BONAPARTE

Nous ne reviendrons pas sur l'amitié qui unissait les deux hommes, décrite et commentée plus haut ; mais nous examinerons ici les faits concrets dans lesquels elle s'est manifestée.

L'ancien général en chef des armées d'Italie, puis d'Égypte, devenu Premier Consul et enfin Empereur, n'oubliait pas ceux qui avaient vécu avec lui les moments exaltants de sa célèbre expédition. Les témoignages contemporains s'accordent tous pour confirmer que Bonaparte avait beaucoup de considération pour «son chimiste» (4). Berthollet était assez souvent convié à Saint-Cloud ou à la Malmaison, pour des séances de Conseil ou pour des réceptions auxquelles il venait en compagnie de sa femme (5). Cuvier rapporte que, lorsqu'un problème touchant la chimie était évoqué devant Bonaparte en l'absence du chimiste, il répliquait : «J'en parlerai à Berthollet» (6) (7).

TRAVAUX PARTICULIERS

Berthollet fut en effet chargé directement par son protecteur et ami de divers travaux qui mettaient à contribution ses connaissances scientifiques et la confiance qu'il inspirait au chef de l'État.

Ainsi, en 1803, alors que ce projet était considéré comme une véritable folie, Bonaparte déclara publiquement qu'il désirait connaître l'avis de Berthollet sur la possibilité de fabriquer du sucre à partir de la betterave (8).

Plus tard, en 1808, le blocus auquel la France était soumise rendant la question urgente, Napoléon écrivit à Berthollet :

> «Est-il vrai qu'un nommé Achard ait fait à Berlin de bon sucre avec de l'érable et qu'on puisse faire également avec des navets du sucre qui est fort bon ? Faites, je vous prie, des recherches là-dessus.» (9)

Les recherches demandées furent entreprises à Arcueil. De plus, Berthollet se mit en contact avec ceux qui étudiaient en même temps la question. C'était en particulier le cas de Proust, son adversaire sur le problème des proportions dans les combinaisons (10), à qui il écrivit en 1810 :

je me suis efforcé de remplir les intentions de votre
Majesté ; mais envain -
je n'ai pû employer que les moyens indiqués dans
une feuille, parceque la chimie n'en donne pas d'autres.
je suis fortement porté à croire qu'il n'y a rien de
tracé sur les feuilles ; voici ma raison :
Lorsqu'on trace des caractères sur un papier,
quelque invisibles qu'ils soient, la matière dont on
s'est servi forme un dépôt qui diffère de la
transparence propre au papier, lorsqu'on chauffe
fortement celui ci et qu'après cela on l'interpose
entre l'oeil et la lumière ; c'est ce dont je me suis
assuré par plusieurs essais : or celui que j'ai
examiné ne laisse appercevoir aucune trace dans
cette épreuve
Comme l'on dit dans la note indicative que l'on a
essaié de faire reparaitre l'écriture dans l'eau, il n'est
pas impossible que dans cette épreuve on ait détaché
la substance qui était appliquée au papier.
je supplie votre Majesté d'agréer ma vive
reconnaissance pour ses bontés, mon dévouement sans
bornes à son Auguste personne et mon profond
respect.

26 8bre 1808

Berthollet

Lettre à l'Empereur Napoléon 1er, citée p. 54.

(Photocopie Wellcome Historical Medical Library, Londres)

«Aussitôt que j'ai reçu votre intéressante communication, j'ai écrit à ceux qui, d'après l'indication de Chaptal, s'occupent principalement du sucre de vin. Il était trop tard et je présume que peu auront pu profiter pour cette année de cet avis. Pour moi, je m'en suis servi dans des petites expériences et il m'a paru remplir parfaitement l'objet que vous vous êtes proposé ... Il paraît qu'un grand nombre de personnes s'occupent de retirer le sucre de raisin.» (11)

La même année, Berthollet publia, en collaboration avec d'autres chimistes, un mémoire sur le thème de la fabrication du sucre de raisin (12).

Berthollet fut encore sollicité pour d'autres travaux touchant le domaine de la chimie appliquée. Par exemple, la compétence, qu'il avait acquise pendant son activité à la Direction des teintures, fut utilisée lorsqu'il reçut du Ministère de l'Intérieur, à la fin de l'année 1807, la lettre suivante :

«M. le Sénateur Berthollet s'empressera de faire connaître le résultat de ses observations sur les étoffes de Lyon qui lui ont été confiées» (13),

lettre à laquelle il répondit (14) :

«J'ai reçu les échantillons que votre Excellence m'a adressés, avec les prières qui les accompagnaient. J'aurai l'honneur de lui présenter le résultat de mes observations ; mais il convient d'abord de décider si la teinture est mauvaise par elle-même, ou si l'altération qu'elle a éprouvée doit être attribuée aux circonstances locales, et, pour employer un moyen qui doit être à l'abri de toute objection, il faut pouvoir profiter du soleil.»

Quelques mois plus tard, il écrivit une seconde lettre qui traitait du même sujet en ces termes :

«Votre Excellence a désiré que je fisse un examen des teintures de deux étoffes employées à l'ameublement de Saint-Cloud ; j'ai l'honneur de présenter le résultat de mes observations ; je la prie d'agréer mon respectueux dévouement.» (15)

Dans un autre domaine, qui demandait, lui, une confiance absolue en celui à qui les analyses étaient confiées, nous retrouvons Berthollet chargé d'examiner des papiers jugés suspects. Voici en effet une lettre de Berthollet à Napoléon, qui se rapporte à cet épisode :

«Sire,

«Je me suis efforcé de remplir les intentions de votre Majesté : mais en vain.

«Je n'ai pû employer que les moyens indiqués dans une feuille, parce que la chimie n'en donne pas d'autres. Je suis fortement porté à croire qu'il n'y a rien de tracé sur les feuilles ; voici ma raison.

«Lorsqu'on trace des caractères sur un papier, quelque invisibles qu'ils soient, la matière dont on s'est servi forme un dépôt qui diffère de la transparence propre au papier, lorsqu'on chauffe fortement celui-ci et qu'après cela on l'interpose entre l'œil et la lumière ; c'est ce dont je me suis assuré par plusieurs essais. Or celui que j'ai examiné ne laisse apercevoir aucune trace dans cette épreuve...

«Je supplie votre Majesté d'agréer ma vive reconnaissance pour ses bontés, mon dévouement sans bornes à son Auguste Personne et mon profond respect.

« 26 octobre 1808 Berthollet» (16)

Pour juger le ton de cette lettre il ne faut pas oublier que Berthollet avait été comblé d'honneurs et d'argent par l'Empereur.

NOMINATION ET RÔLE AU SÉNAT

Berthollet fut nommé parmi les tout premiers membres du Sénat, dès la création de celui-ci, le 25 décembre 1799 (17). Une première liste avait été établie par les trois consuls le 24 décembre ; elle comprenait 31 membres, dont Berthollet, qui devaient se réunir le lendemain pour choisir leurs futurs confrères.

Pour bien apprécier cette nomination, il faut préciser un peu l'esprit dans lequel cette haute assemblée avait été constituée. Bien que créée par l'ensemble des trois consuls, l'influence de Bonaparte avait été prépondérante, il avait tenu à y faire entrer des savants qu'il avait toujours aimé flatter (18). C'est pourquoi, parmi les premiers membres du Sénat, nous trouvons avec Berthollet, Monge, Laplace et Lacépède. Leur formation et leur expérience politique n'atteignaient certainement pas celles qu'ils avaient dans le domaine scientifique ; mais peu importait à Bonaparte pour le rôle qu'il voulait leur faire jouer.

En effet, si, d'après la constitution dont il était le gardien, le Sénat avait de grands pouvoirs, en réalité il ne joua qu'un faible rôle dans le gouvernement. Sous le Consulat, il approuva fidèlement les décisions de Bonaparte, lui accordant successivement le Consulat à vie et l'accession au titre d'Empereur. Sous l'Empire, son rôle fut encore plus réduit ; il se contenta d'enregistrer les décrets pris par Napoléon (19).

Le Sénat aurait pu retrouver un certain pouvoir en 1814, mais, comme nous le verrons plus loin (20), il continua de se laisser manœuvrer et d'approuver les décisions prises par d'autres ; ce qui faisait écrire à Bourrienne cette sévère mais juste remarque :

> «... entraîné par ses habitudes approbatives ... (il) convertit en décret les déclarations des alliés» (21).

Dans ces conditions, on peut prévoir que, comme sénateur, Berthollet eut un rôle très modeste à jouer sur le plan national. Sans se désintéresser des affaires du pays, il était plus passionné par les problèmes scientifiques que par les problèmes politiques. Néanmoins, lorsqu'il était sollicité, il accomplissait avec conscience les tâches qui lui étaient confiées.

En février 1804, il fut nommé vice-président du Sénat. C'est à ce titre que, le 18 du même mois, dirigeant la délégation reçue par Bonaparte après la découverte du complot du général Moreau contre le Premier Consul, il prononça un discours où il exhortait ce dernier à observer plus de prudence devant les dangers qui le menaçaient, afin de pouvoir continuer à diriger les affaires publiques (22).

Malgré son faible rôle, le Sénat occupait la première place dans la hiérarchie des assemblées gouvernementales. Bonaparte avait voulu que les sénateurs soient les plus hauts dignitaires de la France, immédiatement après les trois consuls. Pour bien le marquer, il avait, par une loi du 3 nivôse an VIII (24 décembre 1799), ordonné que les sénateurs se choisissent un costume digne de leur rang. Après la sévérité des années révolutionnaires, le Directoire avait redonné le goût du faste et du décorum ; celui-ci s'accentua sous le Consulat (23). Plus tard, lorsque les grandes sénatoreries dont nous allons parler furent mises en place, un décret impérial du 24 juillet 1807 régla tout le cérémonial pompeux qui devait accueillir les sénateurs à leur arrivée dans une ville dépendant de leur sénatorerie (24).

En 1803, Berthollet fut nommé titulaire de l'opulente sénatorerie de Montpellier. Un décret du 22 nivôse an XI (12 janvier 1803) avait créé une sénatorerie par ville où siégeait une cour d'appel (25). Les titulaires furent nommés par le Premier Consul sur une liste proposée par le Sénat. Berthollet reçut l'une des dotations les plus importantes (26). Ce n'était pas une simple nomination de faveur ; elle entraînait un certain nombre de charges. Bonaparte voulait que chaque titulaire réside au moins deux mois dans sa sénatorerie et lui rédige un rapport (27).

Pour cette tâche, plus administrative que politique, Berthollet était tout à fait à sa place. Il fit plusieurs missions dans la région de Montpellier, dont témoignent à la fois sa correspondance, plusieurs dossiers conservés aux Archives nationales (28) et l'un de ses biographes habitant Narbonne, siège de la résidence de la sénatorerie (29). Une de ces missions, peut-être la première, en 1805, mit fin à la série d'articles que Berthollet publiait dans le *Journal de physique,* en réponse à ceux de Proust, pendant la controverse qui les opposait (30).

C'est encore sans doute à cause de cette haute situation dans la région qu'il fut nommé, en 1806, président du corps électoral des Pyrénées-Orientales (31).

DÉCORATIONS DIVERSES

A côté des nominations concernant le Sénat, qui lui conféraient à la fois une fortune confortable et une position élevée sinon très efficace dans la hiérarchie de l'État, Berthollet reçut de nombreuses distinctions.

Le 2 octobre 1803, il devint membre de la Légion d'Honneur et, le 14 juin 1805, il en fut nommé Grand Officier (32). Le 26 avril 1808, furent établies les lettres patentes qui le faisaient Comte de l'Empire (33), ceci au titre de Sénateur. Le 19 mars 1808, Berthollet reçut une distinction plus qu'honorifique, lors de la création à son profit d'un majorat en Westphalie, accompagné d'un don de 10 000 F (34). Enfin il reçut deux autres décorations créées par Napoléon : la Couronne de Fer et le Grand Ordre de la Réunion (35).

Ces nominations et distinctions, honorifiques et lucratives à la fois, sont considérées à juste titre, car elles en découlent certainement, comme des marques d'amitié de la part de Napoléon Bonaparte ; mais il faut aussi penser qu'elles exprimaient la reconnaissance du gouvernement français à l'un des hommes qui s'était dépensé pour le salut de la nation quand celle-ci était en danger et qui avait, par ses découvertes, augmenté le renom de la science française.

Par contre, d'autres faveurs sont plus nettement spécifiques de l'amitié de l'Empereur qui voulait mettre «son chimiste» à l'abri des soucis financiers (36). De ce point de vue, Berthollet n'était pas toujours facile à protéger, car il manifestait à l'égard de sa fortune une négligence parfois coupable que nous évoquons maintenant.

3. BERTHOLLET ET LES QUESTIONS FINANCIÈRES

Berthollet aurait pu suivre les traditions familiales en attachant beaucoup d'importance aux questions d'argent et en prenant personnellement grand soin à gérer sa fortune. C'est le contraire qui arriva. A plusieurs reprises, il refusa de sacrifier son goût de l'étude pour obtenir une situation plus fortunée. Pour évoquer ce comportement, il faut revenir quelques années en arrière.

En 1784, il avait abandonné la carrière de médecin mondain pour celle de chimiste plus conforme à ses aspirations. Or sa première situation lui donnait alors l'espérance d'acquérir une belle fortune (37), tandis que la seconde lui assurait un revenu régulier et confortable, mais d'importance modeste (38). Berthollet lui-même le soulignait lorsqu'il écrivait dans l'un de ses rapports d'activité :

> «... négligeant toute espérance de fortune, j'ai ... abandonné entièrement la médecine.»

Un peu plus tard, ayant découvert l'action décolorante de l'eau de chlore et commencé à mettre au point un procédé de blanchiment industriel, il refusa d'en assurer l'exploitation et abandonna même gratuitement ses droits aux manufacturiers français et anglais (39). Parmi ces derniers, James Watt qui, lors de son voyage en France avec Boulton en 1786, avait rencontré Berthollet et lui avait proposé une association commerciale prometteuse de fortune, s'était étonné de cette attitude désintéressée. En faisant part de sa surprise à son beau-père Mac Gregor, il concluait :

> «C'est un homme de science, un membre de l'Académie des sciences à Paris, et un physicien pas très riche, un homme très modeste et travailleur et un excellent chimiste.» (40)

Là encore, Berthollet semble avoir mis un point d'honneur à cette conduite. Dans une lettre au Bureau du Commerce, il écrivait en 1788 :

> « ... Si j'avais eu le dessein de tirer avantage de ce procédé, ne l'aurais-je pas tenu secret. Mrs Watt et Boulton ... ayant vû mes expériences me proposèrent de demander en Angleterre un privilège exclusif pour faire en commun de vastes établissemens dont ils m'offraient tous les fonds et ce n'est pas sans quelqu'étonnement

qu'ils me virent rejeter une proposition qui me promettait une fortune considérable.» (41).

Si sa fortune était modeste en comparaison de celle de l'industriel qu'il aurait pu devenir (42), elle était cependant suffisante pour lui permettre en 1789 l'achat de la maison d'Aulnay et l'installation d'un laboratoire (43). Au retour d'Égypte, il avait acquis un hôtel, rue de Bellechasse (44) et, en 1801, acheté la célèbre propriété d'Arcueil (45).

Sous l'Empire, les revenus, attachés aux divers titres qu'il avait reçus, lui assuraient une fortune plus que confortable (46). Mais Berthollet répugnait à la gérer lui-même ; il en laissait le plus souvent le soin à sa femme (47).

En 1806, son imprévoyance le mit dans une grave situation dont il sortit honorablement grâce à l'intervention amicale de Napoléon. Les grosses dépenses engagées pour l'entretien du laboratoire et des activités de la Société d'Arcueil, jointes à des affaires mal conduites, l'avaient profondément endetté. Monge et Laplace écrivirent alors à l'Empereur, qui campait en Prusse, une lettre où ils signalaient l'infortune de leur ami commun. C'est un bon témoignage sur Berthollet et ses rapports avec ses amis ; nous en citons de larges extraits :

« A sa Majesté l'Empereur et Roi,

« Sire,

« L'estime particulière et la bonté dont Votre Majesté daigne honorer Monsieur Berthollet nous font espérer qu'elle voudra bien prendre en considération le fâcheux état de sa fortune. Dans l'intention de se livrer sans distraction aux sciences, il s'est reposé depuis longtemps du soin de ses affaires sur Madame Berthollet à laquelle il avait donné une procuration ... Par une suite d'opérations mal combinée, Madame Berthollet a détourné la fortune de son mari qui, plein de confiance en elle, n'a eu aucun soupçon à cet égard, jusqu'à ce moment où, averti du désordre de ses affaires, il se voit endetté de plus de cent cinquante mille francs. Votre Majesté, qui connaît l'extrême délicatesse de Monsieur Berthollet pour tout ce qui tient à l'honneur et à la fortune, jugera de sa profonde affliction ; elle est telle que l'on doit craindre pour sa santé, si l'on ne parvient pas à ramener promptement le calme dans son âme.

« C'est dans ce dessein, Sire, qu'à l'insu de cet excellent ami, dont nous partageons vivement la douleur, nous avons recouru à vos bontés. La connaissance que nous avons prise de ses affaires nous persuade qu'il suffirait pour les rétablir d'une avance de 150 000 F, mise à la disposition de Monsieur Nord, votre notaire et celui du Sénat, pour être employés par lui à remplir les engagements contractés au nom de Monsieur Berthollet. Cette avance serait acquittée en six paiements égaux, de 25 000 F, retenus chaque année à la trésorerie du Sénat sur son traitement de Sénateur. Il lui resterait encore plus de 30 000 F de revenus pour vivre d'une manière convenable à son état.

« Si Votre Majesté daigne prendre cette mesure, elle rendra le repos à un des hommes qui lui sont le plus dévoués, au savant le plus célèbre dans la science qu'il cultive et dont il a fait les applications les plus utiles aux arts.

« Nous sommes avec le plus profond respect, Sire, de Votre Majesté, les très humbles et très obéissants serviteurs et fidèles sujets.

« Le 6 février 1807 Laplace Monge » (48)

La réponse de l'Empereur fut immédiate, c'était un don personnel de 150 000 F, accompagné de la lettre suivante datée du camp de Finkenstein, le 1er mai 1807 :

« Au Sénateur Berthollet, membre de l'Institut,

« J'apprends que vous cherchez à emprunter 100 ou 150 000 F. Je donne ordre à mon trésorier de mettre cette somme à votre disposition, bien aise de trouver cette occasion de vous donner une preuve de mon estime, et de vous être utile.» (49)

Berthollet répondit :

« Sire,

« Je jouissais du bonheur que je devais à Votre Majesté, mais, mon imprévoyante tranquillité m'avait plongé dans des embarras qui ne me laissaient pour longtemps qu'amertume et inquiétude ; Votre Majesté daigne les dissiper. Je la supplie de me permettre de déposer aux pieds de son trône le témoignage de la plus vive gratitude et d'un entier dévouement à son Auguste Personne.

« Je suis avec un profond respect, Sire, de Votre Majesté, le très humble et très obéissant serviteur et sujet.

« 14 mai 1807 Berthollet »

Après cet incident sérieux, Berthollet vécut à l'abri des catastrophes financières, du moins jusqu'en 1814, car, vivant au jour le jour, la brusque suppression de ses revenus à la chute de l'Empire le mit alors dans de nouvelles difficultés. Nous les retrouverons plus loin.

4. L'ÉPANOUISSEMENT DE L'ŒUVRE SCIENTIFIQUE

Ainsi, doté de fonctions qui lui procuraient de larges ressources sans l'accabler de lourdes charges, Berthollet put consacrer son temps, son énergie et sa fortune à son œuvre scientifique. Celle-ci se situe sur deux plans différents que nous étudierons séparément :

– l'œuvre personnelle ;
– la fondation et l'animation de la Société d'Arcueil.

La Société d'Arcueil sera le sujet du prochain chapitre. Quant à l'œuvre personnelle, elle sera étudiée en détail dans la seconde partie de cet ouvrage. Comme nous l'avons fait pour les périodes antérieures, nous n'évoquerons ici que ses traits les plus spécifiques, non dissociables de la carrière de Berthollet.

De 1799 à 1816, ses travaux sont dominés par l'élaboration, la réalisation, puis la mise au point d'une grande synthèse rassemblant tout ce qui concerne l'acte chimique. La base de cette construction est une théorie très personnelle des affinités chimiques conçues comme des attractions particulaires de type newtonien.

L'ouvrage qui expose cette synthèse, l'*Essai de statique chimique*, parut en 1803 (50). Il avait été préparé par plusieurs mémoires dont le plus important, intitulé « Recherches sur les lois de l'affinité » (51), avait été commencé en Égypte et lu dès le retour à Paris devant l'Institut (52).

Aussitôt publié, l'*Essai* ... souleva des critiques et provoqua des controverses. La plus célèbre est celle qui opposa pendant plusieurs années Proust à Berthollet, au sujet des proportions des éléments dans les combinaisons. D'autres, moins connues, eurent pour thème la théorie même des affinités.

En 1806, Berthollet fit une mise au point de cette dernière dans un long mémoire intitulé « Troisième suite de recherches sur les lois de l'affinité » (53).

Depuis 1803, la chimie s'enrichissait constamment de nouvelles découvertes tant expérimentales que théoriques ; l'électrochimie et la théorie atomique en sont les exemples les plus notoires. Berthollet, sans participer directement aux recherches dans ces deux domaines, s'y intéressait vivement. Il joua un rôle important dans la diffusion des idées et les résultats des travaux anglais en France et en Europe occidentale. Ainsi, en 1809, il suscita la traduction française de la troisième édition du *Système de chimie* de Th. Thomson, et rédigea pour elle une longue préface (54). Dans cet exposé, qui forme à lui seul un petit ouvrage de 170 pages, l'auteur présente au public français les découvertes les plus récentes et les critiques qu'elles lui ont suggérées ; une part importante est donnée à la théorie atomique. C'est le dernier texte important qu'il publia.

Tous les travaux que nous venons de résumer brièvement, ont été réalisés dans le cadre intellectuel particulier que constituait la Société d'Arcueil.

CHAPITRE VIII

LA SOCIÉTÉ D'ARCUEIL, 1801 – 1817

Durant toute la période napoléonienne, l'activité de Berthollet a été en partie consacrée à la fondation et à l'animation de la petite société de savants que l'on connaît sous le nom de Société d'Arcueil (1). Celle-ci mérite notre intérêt à divers titres. Tout d'abord, par son originalité et sa fécondité, elle occupe une place importante dans l'histoire de la vie scientifique au début du XIXe siècle. Ensuite, c'est dans son climat que Berthollet a réalisé l'œuvre personnelle que nous venons d'évoquer ; en particulier, le projet de seconde édition de l'*Essai*, inachevé et inédit, que nous analyserons plus loin, est empreint de son atmosphère et donne de nombreuses références aux travaux qui s'y réalisèrent.

La Société d'Arcueil apparut publiquement en 1807 avec le premier volume des *Recueils de Mémoires de physique et de chimie de la Société d'Arcueil (2)*. En réalité, comme nous le verrons, le groupe était formé et travaillait depuis plusieurs années déjà. Organisée en toute liberté, la Société n'avait pas de statuts officiels. Dans l'introduction qu'il rédigea pour le premier tome des *Recueils,* Berthollet annonce ainsi la création de cette nouvelle société scientifique :

> « Une société de quelques personnes qui cultivent les différentes branches de la physique et de la chimie, s'est formée en vue d'accroître les forces individuelles par une réunion fondée sur une estime réciproque et sur des rapports de goûts et d'étude, mais en évitant les inconvénients d'une association trop nombreuse.» (3)

Il en décrit ensuite le fonctionnement :

> « Elle se réunit tous les quinze jours ; le jour de la réunion est consacré à répéter les expériences nouvelles qui paraissent le mériter par leur éclat, ou qui exigent dêtre constatées, et à faire celles qui sont indiquées par quelque membre de la société, surtout lorsqu'elles demandent des appareils particuliers, ou que leur auteur désire avoir des aides, des témoins ou des conseils.»

Pour les textes imprimés dans les recueils, Berthollet précise :

> « Tous les mémoires qui doivent entrer dans le recueil de la société sont soumis à une discussion, mais leur auteur reste libre dans ses opinions et en répond seul. »

Enfin, toute l'équipe doit participer à la mise à jour et à la prise de connaissance des nouveautés scientifiques, l'une des préoccupations permanentes de Berthollet :

> « Chacun se charge de la lecture d'un ou de plusieurs journaux et des ouvrages qui sont mis au jour et qui concernent la science qu'il cultive particulièrement. Le rapport en est fait dans la réunion. »

A la différence des séances de l'Institut, organisme dont plusieurs membres se retrouvaient à Arcueil (4), il n'y avait là aucun cérémonial ; chacun apportait sa contribution personnelle avec simplicité et les idées étaient véritablement mises en commun. Ce genre de collaboration était rare à l'époque et, très vite, le souvenir des séances que Lavoisier organisait à l'Arsenal s'impose.

Il est facile d'établir un parallèle entre les deux groupes ; des analogies étroites apparaissent alors, ce qui conduit à penser que Berthollet et Laplace ont voulu recréer dans leur Société les conditions remarquablement favorables dans lesquelles ils avaient commencé leur carrière de savants.

1. LA SOCIÉTÉ D'ARCUEIL, HÉRITIÈRE DES MÉTHODES DE LAVOISIER

La mise en commun des idées et la communauté d'opinion, qui sont parmi les principales caractéristiques du travail réalisé par le groupe d'Arcueil, étaient déjà pratiquées dans le cercle de l'Arsenal. Sur ce point, nous citerons Lavoisier :

> « Si, quelquefois, il a pu m'échapper d'adopter, sans les citer, les expériences ou les opinions de M. Berthollet, de M. de Fourcroy, de M. de la Place, de M. Monge, et de ceux qui en général ont adopté les mêmes principes que moi, c'est que l'habitude de vivre ensemble, de nous communiquer nos idées, nos observations, notre manière de voir, a établi entre nous une sorte de communauté d'opinions dans laquelle il nous est souvent difficile à nous-mêmes de distinguer ce qui nous appartient plus particulièrement. » (5)

Quant aux réunions, Fourcroy décrit ainsi celles que Lavoisier organisait :

> « Il tenait chez lui, deux fois la semaine, des assemblées auxquelles étaient appelés les hommes les plus distingués dans la géométrie, la physique et la chimie ; des conversations instructives, des entretiens semblables à ceux qui avaient précédé l'établissement des académies y devenaient le centre de toutes les lumières. On y discutait les opinions de tous les savants les plus éclairés de l'Europe ; on y lisait les passages les plus frappants et les plus neufs des ouvrages publiés chez nos voisins ; on y comparait les théories avec les expériences. Les savants étrangers y étaient admis avec ... fraternité. » (6)

Le rapprochement de ce programme avec celui des réunions d'Arcueil est net. Fourcroy souligne par ailleurs que Lavoisier, tout en étant le maître incontesté du groupe, acceptait les idées opposées aux siennes et les soumettait alors au contrôle de l'expérience ; la même attitude se retrouve chez Berthollet (7). Il insiste également sur le grand privilège que recevaient les jeunes gens jugés capables de poursuivre des recherches lorsqu'ils étaient admis dans le groupe. Ils apprenaient d'abord à raisonner juste, puis, lorsqu'ils avaient fait leurs preuves, ils participaient aux expériences.

> « Ils trouvaient ainsi une école théorique et pratique en même temps ; une école dont Lavoisier était le fondateur, dont l'expérience sévèrement et rigoureusement instituée était le seul, le vrai dénominateur ; dont le mode précis et mathématique de raisonner faisait le caractère distinctif. » (8)

La Société d'Arcueil fut elle aussi une école théorique et pratique où les jeunes savants trouvaient ce complément de formation scientifique apprécié par Fourcroy aux séances de l'Arsenal.

Enfin, dans chacun des deux groupes, il y avait une collaboration étroite entre chimistes, physiciens et mathématiciens que nous considérons comme l'une des causes de la haute qualité de leurs travaux. A l'Arsenal, Lavoisier, Fourcroy et Berthollet, chimistes, étaient associés aux mathématiciens Laplace et Monge. Fourcroy souligne :

> « Parmi les grands avantages de ces réunions, celui de tous qui m'a le plus frappé ... c'est l'accord qui s'est établi entre la manière de raisonner des géomètres et celles des physiciens. La précision, la sévérité de langage, des expressions et de la méthode philosophique des uns a passé peu à peu dans l'esprit des seconds ; ceux-ci se sont rectifiés à l'école de ceux-là et moulés en quelque sorte sur leur forme. » (9)

A Arcueil, on retrouve le même échange fructueux : les chimistes comme Thénard et Descotils, les physico-chimistes, comme Gay-Lussac et Dulong, pouvaient confronter leurs idées et leurs méthodes avec les brillants mathématiciens qu'étaient Biot, Arago et Poisson. Les fondateurs du groupe réalisaient eux-mêmes cette féconde association, commencée dans leur jeunesse.

COLLABORATION DE LAPLACE ET DE BERTHOLLET

Cette collaboration entre les deux grands savants avait en effet débuté vers 1780, lorsqu'ils travaillaient tous deux avec Lavoisier.

Mathématicien et astronome avant tout, Laplace avait commencé à s'intéresser aux sciences physico-chimiques en étudiant, avec Lavoisier, en 1780, les phénomènes calorifiques (10). Plus tard, il participa aux expériences de synthèse et de décomposition de l'eau où il retrouva Berthollet. Ce dernier, dès 1785, commença à mentionner dans ses mémoires (11) les travaux de son confrère (12).

Durant la Révolution, Berthollet et Laplace furent fréquemment associés dans les diverses charges que le gouvernement leur confiait. En octobre 1793, Laplace figure même comme «habitant chez le citoyen Berthollet, Hôtel des Monnaies» (13) ; preuve qu'une certaine intimité existait déjà entre les deux hommes.

Pendant la campagne d'Égypte, c'est Laplace qui se chargeait de la correspondance entre Berthollet et l'Institut (14). Enfin, sous le Consulat et l'Empire, les deux fondateurs de la Société d'Arcueil se trouvaient souvent réunis dans les faveurs accordées par Napoléon à ses amis et confrères de l'Institut ; tous deux siégeaient au Sénat.

Sur le plan scientifique, l'intérêt de Laplace pour la physico-chimie se portait essentiellement sur les attractions entre petites particules ; dans ce domaine, il pouvait établir un parallèle avec les phénomènes astronomiques et développer ses conceptions newtoniennes de la Nature. En cela, il rejoignait Berthollet qui professait lui aussi un ardent newtonianisme, base de ses théories chimiques.

Dans l'*Essai de statique chimique* et dans les textes ultérieurs, Berthollet se réfère souvent aux travaux de son ami : d'abord celui qui concerne la chaleur, ensuite ceux qui traitent de la capillarité (15).

L'association des deux savants devint encore plus étroite lorsque, en 1805, Laplace acheta à Arcueil une propriété mitoyenne de celle de Berthollet (16). Mme Laplace, attachée au service d'une sœur de l'Empereur, étant obligée de quitter la région parisienne à la belle saison et leur fils étant par ailleurs retenu en province par des occupations d'ordre industriel, la solitude de Laplace était heureusement comblée par l'hospitalité de Berthollet et de sa femme (17).

La présence de l'auteur du célèbre *Traité de mécanique céleste* donna certainement à la Société d'Arcueil une qualité qu'elle n'aurait pas acquise si elle n'avait été fondée que par des chimistes. La contribution effective de Laplace aux travaux de cette Société se manifeste surtout par sa participation aux discussions, parfois très animées lors des réunions (18), et par l'introduction au sein du groupe des jeunes mathématiciens qu'il patronnait.

Sans vouloir minimiser son rôle dans la constitution et l'animation du groupe, il faut souligner que c'est à Berthollet que revient la part la plus importante dans la fondation et le fonctionnement de la Société d'Arcueil. Ceci apparaît nettement quand on examine les facilités et les privilèges qu'il offrait aux membres de l'équipe.

2. LE LABORATOIRE D'ARCUEIL

Berthollet avait commencé à aménager son laboratoire en même temps qu'il s'installait dans la maison à la fin de 1801. L'équipement se fit petit à petit, au fur et à mesure des possibilités financières et des besoins des recherches.

Martinus Van Marum et Charles Blagden qui visitèrent ce laboratoire durant l'été 1802 nous ont laissé une description de son état. Le premier de ces visiteurs avait surtout remarqué la machine électrostatique construite sur ses propres plans, mais qui comportait malheureusement plusieurs défauts (19). Le second d'entre eux y avait vu Gay-Lussac travailler à ses expériences sur la dilatation des gaz avec des appareils qu'il avait particulièrement appréciés (20).

En 1809, dans le deuxième volume des *Mémoires d'Arcueil,* Berthollet signale l'extension de son laboratoire à plusieurs pièces de la maison (21).

A cette époque, le groupe d'Arcueil, qui comprenait dix savants, était particulièrement actif.

Les appareils du laboratoire étaient spécialement construits par les meilleurs fabricants de l'époque. Le célèbre Nicolas Fortin (22) réalisa pour Arcueil les instruments utilisés par Gay-Lussac pour l'étude de la libre expansion des gaz (23), un nouveau type de manomètre conçu par Berthollet (24), une remarquable balance de précision et enfin une machine électrostatique aux effets «surprenants» (25). A propos de cette dernière, une machine à frottement, Berthollet écrivait en 1803 à son inventeur M. Van Marum :

> «Je me suis adressé à Fortin qui a suivi ponctuellement votre description et qui a pris tous les soins que l'on pouvait attendre de cet habile artiste. Le succès a été tel que la machine qu'il m'a faite surprend par ses effets les physiciens que la curiosité attire chez moi.» (26)

Quelques années plus tard, en 1809, lorsque Malus vint travailler à Arcueil, Berthollet lui procura les appareils nécessaires à ses recherches d'optique. Il l'annonça lui-même à Charles Blagden en avril 1809 :

> «Je lui fais préparer des appreils très commodes pour suivre ses recherches d'optique dans ma retraite d'Arcueil» (27),

et Malus, décrivant le goniomètre qu'il avait utilisé, disait :

> «Cet instrument a été construit par M. Fortin avec l'exactitude qu'il apporte dans tous les ouvrages qu'il entreprend.» (28)

Pour aménager, entretenir et faire fonctionner son laboratoire, Berthollet avait déjà derrière lui une longue pratique. L'installation d'un laboratoire personnel en 1789, les inventaires des cabinets de physique réquisitionnés sous la Révolution, l'organisation des manipulations à l'École polytechnique et les expériences faites en Égypte, l'avaient confronté avec la plupart des problèmes que posent la création et le maintien en activité d'un laboratoire de recherche. Équipé d'appareils spécialement conçus et construits pour leurs travaux, mis à leur libre disposition, ce laboratoire représentait un précieux outil aux mains des jeunes savants d'Arcueil (29).

3. L'ENSEIGNEMENT DE BERTHOLLET A ARCUEIL

L'influence directe exercée par Berthollet sur l'école d'Arcueil découle de la grande compétence qu'il avait acquise dans le domaine de la recherche expérimentale. Mal à l'aise dans le rôle de professeur «classique», Berthollet épanouit ses qualités pédagogiques dans le rôle de «patron». Présent aux expériences, prodiguant ses directives et ses conseils, il sut donner à ses jeunes chercheurs le complément d'éducation qui fit d'eux des savants de tout premier ordre. La plupart d'entre eux avaient reçu à l'École polytechnique une formation de haut niveau où les mathématiques et les travaux pratiques se complétaient harmonieusement (30) ; mais ils étaient encore inexpérimentés pour diriger leurs propres recherches.

De ce point de vue, la Société d'Arcueil, grâce à Berthollet principalement, comblait une lacune dans l'ensemble des institutions scientifiques françaises de l'époque : entre les écoles supérieures comme l'École polytechnique et les organismes de recherche comme l'Institut où n'étaient admis que des savants confirmés.

4. BIBLIOTHÈQUE ET CORRESPONDANCE SCIENTIFIQUE

Berthollet était fier, à juste titre, de sa bibliothèque où l'on trouvait toujours les ouvrages scientifiques français et étrangers les plus récents, qu'il recevait directement par l'intermédiaire de ses nombreuses relations. Il était également tenu au courant des dernières nouvelles scientifiques par sa correspondance toujours riche et étendue ; en les communiquant à l'Institut (31), il sut rendre de grands services à ses confrères, surtout pendant la période napoléonienne ; naturellement, les familiers d'Arcueil étaient les premiers informés.

5. PUBLICATION DES TRAVAUX : les *Mémoires de la Société d'Arcueil*

En créant une nouvelle revue scientifique réservée aux membres de sa Société, Berthollet leur offrait encore un privilège très estimable. Pour bien comprendre ce fait, il faut examiner comment fonctionnaient les différentes publications scientifiques de l'époque. Elles n'étaient pas en général d'un accès facile pour les débutants et la plupart d'entre elles éditaient les textes avec un long retard. Les *Mémoires de l'Institut* étaient dans ce cas : leurs volumes paraissaient souvent plus de deux ans après la lecture des mémoires qu'ils contenaient et ceux-ci émanaient uniquement des membres de la célèbre institution. Plus ouverts que les précédents, les *Mémoires des savants étrangers* demandaient des délais de publications aussi gênants (32).

Les *Annales de chimie,* fondées spécialement pour accueillir les travaux des physiciens et des chimistes, ne présentaient pas ces inconvénients. Berthollet, l'un de leurs fondateurs (33), faisait toujours partie du comité de rédaction et nous trouvons dans cette revue plusieurs mémoires des jeunes savants d'Arcueil à leurs débuts (34). Les mêmes remarques s'appliquent au *Journal de physique (35).*

En raison du grand nombre de travaux réalisés par son équipe, Berthollet jugeait insuffisante la possibilité d'accueil de ces deux périodiques ; aussi décida-t-il de fonder sa propre publication ; en outre il trouvait là un moyen de marquer publiquement l'existence et l'indépendance de la Société d'Arcueil.

6. CONSTITUTION DU GROUPE

a) LE PREMIER NOYAU

Il est intéressant d'examiner comment s'est formée cette Société qui tient une très grande place dans la vie affective et professionnelle de Berthollet. Nous le ferons en présentant, autant que possible dans l'ordre chronologique de leur venue à Arcueil, les futurs savants que Berthollet et Laplace y réunissaient. Sauf pour le premier d'entre eux auquel nous réserverons une place spéciale,

PLANCHE VII

LISTE DES MEMBRES DE LA SOCIÉTÉ D'ARCUEIL

Ces listes ont été établies d'après celles qui figurent dans les volumes des *Mémoires d'Arcueil* ; nous avons respecté l'ordre de classement et ajouté les prénoms et les dates de chacun. A droite figure la date, s'il y a lieu, de leur entrée à l'Institut.

LISTE DE 1807

Laplace, Pierre-Simon	1749–1827	1769
Berthollet, Claude-Louis	1748–1822	1780
Biot, Jean-Baptiste	1774–1862	1803
Gay-Lussac, Joseph-Louis	1778–1850	1806
Humboldt, Alexander von	1769–1859	1804*
Thénard, Louis-Jacques	1777–1857	1810
Candolle, Augustin-Pyramus de	1778–1841	1810*
Collets-Descotils, Hippolyte-Victor	1773–1815	
Berthollet, Amédée-Barthélemy	1780–1810	

LISTE DE 1809

[Mêmes noms et même ordre]

Malus, Étienne-Louis	1775–1812	1810

LISTE DE 1817

[L'ordre adopté ici est l'ordre alphabétique]

Arago, François-Jean	1786–1853	1809
Bérard, Jacques-Étienne	1789–1869	1819*
Berthollet, Claude-Louis	1748–1822	1780
Biot, Jean-Baptiste	1774–1862	1803
Chaptal, Jean-Antoine	1756–1832	1796
Candolle, Augustin-Pyramus de	1778–1841	1810*
Dulong, Pierre-Louis	1785–1838	1823
Gay-Lussac, Joseph-Louis	1778–1850	1806
Humboldt, Alexander von	1769–1859	1804*
Laplace, Pierre-Simon	1749–1827	1769
Poisson, Siméon-Denis	1781–1840	1812
Thénard, Louis-Jacques	1777–1857	1810

* Correspondant.

nous indiquerons simplement les circonstances de leur admission dans l'équipe et leurs relations avec ses fondateurs : patronage reçu et premiers travaux.

Le premier noyau du groupe était formé dès l'hiver 1801-1802, lorsque Berthollet se retira dans sa propriété pour préparer son *Essai de statique chimique*. Il comprenait alors son fils Amédée et Gay-Lussac.

Amédée-Barthélemy Berthollet

Par sa qualité de fils de la maison et par l'intérêt qu'il portait à la chimie, on doit le considérer comme le premier membre du groupe. On peut d'ailleurs penser que le désir de veiller sur le travail de son fils unique et de stimuler ses recherches est l'une des raisons qui décidèrent Berthollet à inviter d'autres jeunes gens pour travailler dans son laboratoire.

Contrairement à la règle générale que nous nous sommes fixée pour les autres personnages d'Arcueil, nous allons retracer ici la courte vie et la modeste carrière d'Amédée Berthollet. Du fait qu'il est mort à trente ans sans avoir occupé aucun poste important, les documents qui le concernent sont rares (36). Son nom tient une place très discrète dans l'histoire de la chimie, surtout si on le compare à ceux des autres membres de la Société d'Arcueil. Les biographes de son père en parlent peu et ignorent même souvent les dates de sa naissance et de sa mort (37).

Cependant, son appartenance à la Société d'Arcueil, sa collaboration avec son père, et enfin l'importance de sa mort tragique dans la vie et l'œuvre de ce dernier nous déterminent à insister sur la brève biographie qui suit.

Amédée-Barthélemy Berthollet naquit à Paris le 8 octobre 1780 (38). Le 12 décembre 1796, âgé de seize ans, il fut admis à l'École polytechnique. Mais il ne semble pas avoir pu suivre avec profit les études qui y étaient poursuivies ; sans doute était-il encore trop jeune et, peut-être aussi, insuffisamment doué pour les hautes spéculations mathématiques dont les programmes étaient chargés. Le 31 mai 1798, juste après le départ de son père pour l'Égypte, il avait demandé et obtenu un congé d'un mois qu'il fit prolonger jusqu'au 6 septembre, puis finalement, le 8 septembre, il démissionna sans avoir terminé ses années d'études.

A sa sortie de l'École, il entra dans le corps des «vélites», les jeunes gardes du général Davout, dont il portait encore l'uniforme en 1801 (39).

Il s'intéressait alors aux applications de la chimie à l'industrie ; c'est pourquoi il vint travailler dans le petit laboratoire associé à la fabrique de toiles d'Oberkampf située à Jouy (40). Il y arriva vers 1801, peu de temps avant que son père s'installe à Arcueil. Nous avons suggéré plus haut que la venue d'Amédée à Jouy avait peut-être été l'une des raisons qui décidèrent Berthollet dans le choix de sa résidence. Arcueil et Jouy sont en effet deux localités proches, dans la riche vallée de la Bièvre, au sud de Paris. Depuis longtemps, l'industrie du blanchissage des toiles y était florissante et c'est là qu'Oberkampf avait installé sa célèbre manufacture (41).

PLANCHE VIII

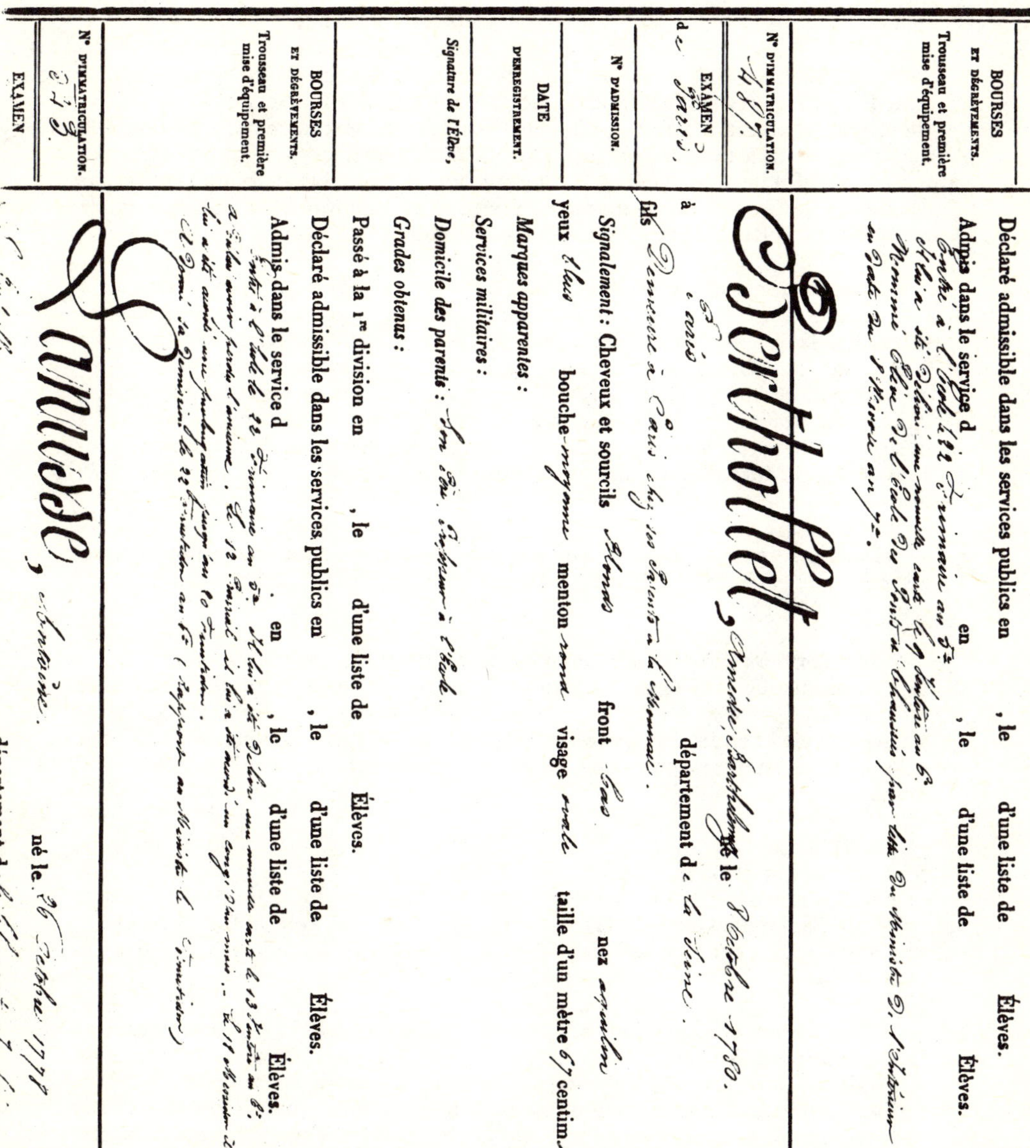

BOURSES ET DÉGRÈVEMENTS.

Trousseau et première mise d'équipement.

Déclaré admissible dans les services publics en , le d'une liste de Élèves.

Admis dans le service d en , le d'une liste de Élèves.

Entré à l'École le 22 Frimaire an 5e.
Il lui a été délivré une nouvelle carte le 9 Ventôse an 6e.
Nommé Élève de l'École des Ponts et Chaussées par lettre du Ministre de l'Intérieur en date du 8 Messidor an 7e.

N° D'IMMATRICULATION. 487.

EXAMEN de Paris.

N° D'ADMISSION.

DATE D'ENREGISTREMENT.

Signature de l'Élève,

Berthollet, Amédée, Barthélemy né le 8 Octobre 1780.

à Paris département de la Seine.

fils Demeure à Paris chez ses Parents à la Monnaie.

Signalement : Cheveux et sourcils blonds front bas nez aquilin

yeux bleus bouche moyenne menton rond visage ovale taille d'un mètre 67 centim.

Marques apparentes :

Services militaires :

Domicile des parents : Son Père Professeur à l'École.

Grades obtenus :

Passé à la 1re division en , le d'une liste de Élèves.

BOURSES ET DÉGRÈVEMENTS.

Trousseau et première mise d'équipement.

Déclaré admissible dans les services publics en , le d'une liste de Élèves.

Admis dans le service d . en , le d'une liste de Élèves.

Entré à l'École le 22 Frimaire an 5e. Il lui a été délivré une nouvelle carte le 13 Ventôse an 6e, à cause avoir perdu l'ancienne. Le 12 Prairial il lui a été accordé un congé d'un mois. Le 11 Messidor il lui a été accordé une prolongation jusqu'au 10 Fructidor.
A donné sa démission le 22 Fructidor an 6e (Rapport au Ministre le Fructidor)

N° D'IMMATRICULATION. 543.

EXAMEN

Lanusse, Antoine. né le 26 Octobre 1778

département de la Charente Inférieure

Registre des Matricules d'élèves de l'École polytechnique
fasc. 1 (1794-1802)

A partir de 1802, Amédée commença à travailler sérieusement la chimie avec son père. Il partageait son temps entre les laboratoires de Jouy et d'Arcueil. Là, il retrouvait Gay-Lussac, son aîné de quelques années ; la fréquentation de ce jeune chercheur, à la vive intelligence et aux grandes connaissances, devait être fort enrichissante pour le fils de Berthollet.

De 1803 à 1808, dans le cadre de l'équipe d'Arcueil qui se constituait, Amédée fit des recherches intéressantes, à la fois dans le domaine de la chimie théorique et de la chimie appliquée. Il aida son père à mettre au point la deuxième édition des *Éléments de l'art de la teinture,* revue et augmentée, qui parut en 1804 accompagnée de la description du procédé de blanchiment par le chlore ; le procédé avait lui-même été revu et amélioré (42). Amédée mit à profit, dans cette collaboration, les connaissances qu'il avait acquises à Jouy.

Dans le domaine de la chimie théorique, il entreprit des recherches sur la composition des substances métalliques ; sous l'égide de son père, il lut devant l'Institut, le 14 mars 1803, son premier mémoire (43) suivi d'un second, le 2 mai, sur le même sujet. Les deux textes furent réunis et publiés dans l'*Essai de statique chimique,* sous forme de notes (44). Dans ses exposés, en effet, Amédée soutenait et essayait d'appuyer sur des résultats expérimentaux les idées de son père concernant les proportions des éléments dans les combinaisons (45) ; ils furent critiqués par Proust dans un de ses mémoires paru dans le *Journal de physique* (46).

Dans les années qui suivirent, Amédée Berthollet continua ses recherches au sein de l'équipe d'Arcueil ; il lut encore devant l'Institut quelques mémoires (47).

Ses derniers travaux de chimie théorique concernaient la composition de l'ammoniaque ; les résultats établis par Berthollet en 1785 avaient été remis en question par Davy qui, à la suite de ses découvertes sur la soude et la potasse, avait cherché et trouvé de l'oxygène dans l'ammoniaque. Amédée, par de nouvelles analyses, confirma les premiers résultats de son père et les communiqua à l'Institut (48).

A la lecture des quelques lettres écrites par ce jeune homme et qui nous sont parvenues (49), il apparaît que le fils de Berthollet menait la vie facile et insouciante des fils de familles fortunées de l'époque. En 1808, il alla se fixer en Camargue, près de Marseille. Il s'était associé avec le fils de Chaptal, son ami, pour exploiter une fabrique de produits chimiques installée dans la région (50).

Nous avons retrouvé la trace de cet établissement (51). Il était situé sur la commune de Fos, au « plan d'Aren ». Construit en 1806 pour fabriquer de la soude selon le procédé Leblanc, il commença à produire en 1808. En 1811, l'usine employait une centaine d'ouvriers, en 1823 quatre fois plus. Elle appartenait à la maison Chaptal et, pendant les premières années de son exploitation, l'administration en fut confiée au fils de Jean-Antoine Chaptal.

En 1810, Amédée Berthollet se suicida. La cause de ce drame est mal connue ; certains auteurs, en l'évoquant (52), l'expliquent par la faillite de la fabrique – qui aurait de plus été la cause des ennuis financiers de Berthollet.

Ceci est inexact, l'usine était prospère. Le naturaliste A.P. de Candolle, l'un des membres de la Société d'Arcueil, donne une autre raison quand il parle de la mort d'Amédée :

> «... Nous avons passé toute la semaine dans la tristesse. Dimanche dernier nous avons appris que Berthollet le fils, jeune et excellent et plein de talents venait de se tuer près d'ici à la suite d'une légère maladie qui a sans doute attaqué son cerveau. Ç'a été un grand chagrin pour moi ; je l'aimais véritablement et il est le fils unique d'un père et d'une mère dont je sens la douleur ; Prunelle est parti pour aller à sa fabrique où son associé et ami Chaptal a besoin de consolations et sans mon cours j'y serais allé aussi.» (53)

Si l'on en croit de rares témoignages (54), le jeune homme mourut en chimiste : ayant soigneusement bouché toutes les ouvertures de la pièce dans laquelle il se trouvait, il alluma un poële à charbon et s'asphyxia lentement. Il avait préparé sur une table un cahier sur lequel il nota tous les signes de son agonie.

Ce drame eut lieu le 14 mars 1810. Ses parents firent imprimer un faire-part qui nous précise la date exacte de la mort d'Amédée (55). Berthollet reçut la nouvelle à Paris ; peut-être retenu par une obligation importante ou, plus simplement, n'ayant pas le courage d'annoncer un tel malheur à sa femme, il pria, par un court billet, un ami de le faire (56). Il fut très profondément marqué par cette perte tragique ; l'arrêt momentané de son activité, l'état de léthargie, dans lequel il resta plongé quelques mois et qui est relevé par tous ses biographes contemporains, l'attestent. Cependant il garda, dans cette douloureuse épreuve, sa grande discrétion naturelle. Ainsi, à son ami Charles Blagden, il écrivit simplement le 21 mai 1810 (57) :

> « M. Chénevix a dû vous informer de la perte désastreuse que j'ai faite de mon fils ; ainsi il faut se résoudre à rester seul. »

Ce n'est que plusieurs mois plus tard, dans l'année 1811, que Berthollet, soutenu par l'amitié de tout le groupe d'Arcueil, put reprendre ses recherches, trouvant dans l'étude de la science qu'il aimait, un dérivatif à sa peine.

Joseph-Louis Gay-Lussac

Gay-Lussac fut le plus fidèle et le plus proche disciple de Berthollet. Il devint son ami, nous pouvons même dire son fils spirituel. Arago a raconté les circonstances de leur rencontre et le début de leur collaboration (58). A la fin de l'année 1800, le futur maître d'Arcueil demanda qu'un élève terminant ses études à l'École polytechnique lui soit affecté pour l'aider dans les expériences qu'il se proposait de faire ; Gay-Lussac, qui devait quitter l'École en décembre, devint ainsi l'assistant de Berthollet.

Il seconda ce dernier pour des expériences sur le gaz nitreux en vue de compléter des analyses faites en Égypte (59) ;puis dans quelques recherches sur le traitement des tissus qui devaient compléter la seconde édition des *Éléments de l'art de la teinture (60).*

Le premier travail personnel que Gay-Lussac entreprit sous l'égide de son patron concernait la dilatation des gaz (61). Arago rapporte que, sur ce sujet, le jeune homme avait obtenu des résultats en opposition avec ceux prévus ; il avait soutenu la contradiction avec succès, gagnant ainsi l'estime de Berthollet qui lui aurait dit :

> « Jeune homme, vous serez désormais mon commensal ; je veux, c'est un titre dont je suis certain que j'aurai à me glorifier un jour, je veux être votre père en matière de science. » (62)

Sans crainte de déformer la vérité on peut affirmer que ce désir fut réalisé.

Au cours de l'élaboration de l'*Essai de statique chimique*, Berthollet confia à son assitant des expériences destinées à appuyer sa théorie des affinités (63) ; puis, lorsque celle-ci eût suscité les discussions que nous évoquerons plus loin, Gay-Lussac fit encore des analyses pour confirmer les lois sur lesquelles elle était fondée.

Plus tard, devenu lui-même un savant confirmé et renommé, Gay-Lussac resta longtemps influencé par son maître dont il continuait de recevoir et de suivre les conseils (64).

La protection particulière dont il était l'objet est nettement marquée par la recommandation spéciale que Berthollet faisait pour lui dans sa lettre de démission de son poste de professeur à l'École polytechnique :

> « Je laisse dans une école dont vos soins paternels conserveront l'éclat, un jeune ami que je recommande à votre bienveillance : Gay-Lussac commença ses essais chimiques aux laboratoires de l'École polytechnique ; vous avez déjà bien voulu lui donner une place de répétiteur. Si vous pouviez lui procurer un petit logement dans votre nouvel établissement, son infatigable activité aurait moins à perdre d'un tems précieux à la science et à ses devoirs. » (65)

Pendant toute la période où elle fut active, Gay-Lussac partagea toujours son temps entre ses autres obligations et la Société d'Arcueil. Lorsque celle-ci disparut, il resta en contact étroit avec Berthollet qu'il réconforta de sa présence et de son amitié jusqu'à sa mort. A ce moment, dit Arago :

> « On sut alors qu'il avait légué l'épée partie intégrante de son costume de pair de France à Gay-Lussac ; cette disposition testamentaire excita beaucoup de surprise. Mais on la trouvera toute naturelle si on suit la filiation d'idées qui déterminèrent le vénérable académicien.
>
> « Berthollet avait été sénateur sous l'Empire, pair de France pendant la Restauration, comme le plus illustre de nos chimistes ... Près de sa fin, Berthollet examina ... quel serait celui des chimistes vivants à qui devrait revenir cet honneur (d'être le représentant de la chimie dans le premier corps de l'état) ; son opinion fut décidément en faveur de son ami ... et il la manifestait autant que sa réserve le lui permettait, en donnant à celui-ci une partie de son futur costume de pair. Voilà ce que signifiait ce cadeau. » (66)

PLANCHE IX

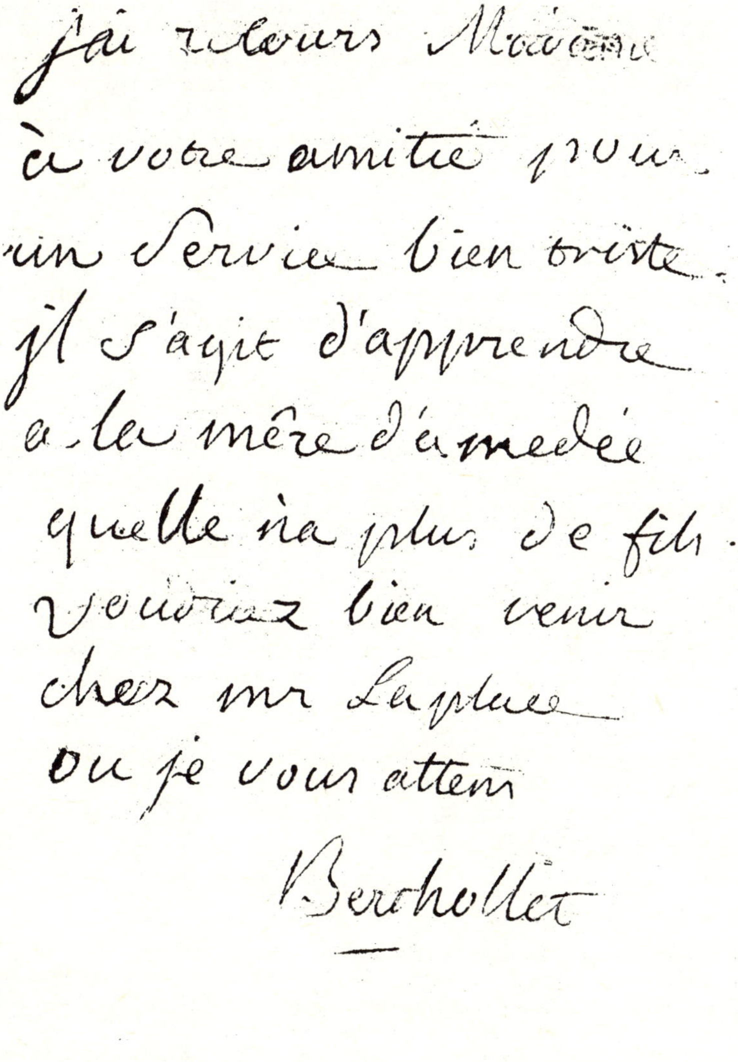

j'ai recours Madame
à votre amitié pour
un service bien triste.
il s'agit d'apprendre
a la mère d'amedée
qu'elle n'a plus de fils.
voudriez bien venir
chez mr Laplace
ou je vous attens

Berthollet

Lettre adressée à Mme Vineux, une amie de Mme Berthollet (citée p. 71).
(Collection personnelle de M. Jacques)

Louis-Jacques Thénard

L'un des biographes de Thénard relate comment Berthollet accorda son estime au jeune répétiteur de l'École polytechnique :

> « Il lui [Thénard] était tombé sous la main un corps dont s'était occupé Berthollet et qui avait reçu le nom d'acide zoonique (67). Berthollet avait donné ce corps comme nouveau, et personne ne s'était aperçu qu'une inexactitude avait échappé à ce grand chimiste. Le jeune Thénard osa la relever ; il montra que ce prétendu acide zoonique n'est que de l'acide acétique combiné avec une matière animale ... Un petit esprit aurait assurément très mal accepté cette rectification. Berthollet avait trop de noblesse dans le caractère pour ne pas reconnaître qu'il s'était trompé. Il y a plus, loin de se trouver offensé par cette hardiesse, il n'en conçut que plus d'estime pour le jeune homme qui s'était permis d'avoir raison contre lui ... et il le fit admettre ainsi que Gay-Lussac dans cette célèbre Société d'Arcueil que lui et Laplace venaient de fonder. » (68)

L'étude de l'acide zoonique par Thénard se situe en 1802. Le futur collaborateur et ami de Gay-Lussac dut venir travailler à Arcueil vers la fin de 1804 (69) (70). Le premier volume des *Mémoires d'Arcueil* contient cinq articles de lui, preuve de son activité dans l'équipe ; tous concernent des sujets de chimie.

Les relations de Thénard et de Berthollet ne semblent pas avoir dépassé le stade de l'estime réciproque du jeune chercheur envers son patron dont il recevait les conseils, l'aide et la protection.

Hippolyte-Victor Descotils

Troisième chimiste intégré au groupe d'Arcueil, moins célèbre que les deux précédents (71), Descotils – ou Collets-Descotils – avait collaboré avec Berthollet pendant l'expédition d'Égypte pour des analyses eudiométriques et des études sur certaines substances colorantes (72). Au retour, alors qu'il travaillait au laboratoire de l'École des mines et résidait à Paris, il fréquenta assez tôt le laboratoire d'Arcueil. Cependant sa participation aux travaux de la Société fut très modeste : une note dans le premier volume des *Mémoires d'Arcueil,* un mémoire dans le second ; ses charges à l'École des mines et sa mauvaise santé en paraissent la cause (73).

Jean-Baptiste Biot (74)

Au petit groupe de chimistes conviés à Arcueil par Berthollet, vint assez tôt se joindre un protégé de Laplace. Entré à l'École polytechnique dès son ouverture, J.-B. Biot avait suivi les cours de Berthollet, mais, brillant mathématicien, il avait surtout attiré l'attention de Laplace. Sous l'influence de ce dernier, il s'intéressa à l'électricité, à la chaleur, puis à l'optique. Son arrivée dans le cercle d'Arcueil transforma celui-ci en une équipe pluridisciplinaire qui, dès lors, développa des programmes de recherches sur des sujets communs à tous : la lumière, les propriétés des gaz, le magnétisme.

Le premier travail de Biot dans le cadre d'Arcueil concernait l'indice de réfraction des gaz ; il fut réalisé en commun avec Arago qui apparaît pour la première fois dans le groupe (75).

b) LES ASCENSIONS EN BALLON DE 1804

Elles entrent dans le cadre des activités de l'équipe d'Arcueil : Berthollet et Laplace en furent les instigateurs, Biot et Gay-Lussac les acteurs. Ces derniers firent une première ascension le 24 août 1804 ; l'autorisation pour la faire avait été obtenue difficilement grâce à l'intervention de Berthollet et de Laplace auprès de leur ami commun Chaptal, alors ministre de l'Intérieur (76).

A côté de la performance sportive qu'elle représentait, l'aventure avait un but scientifique auquel les deux responsables d'Arcueil étaient directement intéressés ; les jeunes gens devaient faire de nombreuses observations :

– mesure du magnétisme terrestre, pour vérifier s'il varie avec l'altitude ; celle-ci était mesurée avec un baromètre construit d'après un projet de Laplace ;
– mesure de l'électricité (statique) dans l'atmosphère ;
– prises d'échantillons d'air à différentes altitudes ; leur analyse devait permettre à Berthollet de compléter ses études sur l'atmosphère, commencées à Paris avant la Révolution et poursuivies en Égypte.

La première ascension fut une réussite, mais le troisième point du programme ne put être réalisé (77) ; Gay-Lussac recommença, seul cette fois. Il s'éleva jusqu'à 7 000 mètres, compléta les premières mesures et rapporta les échantillons d'air demandés (78).

Ces exploits attirèrent l'attention et l'intérêt d'un jeune Allemand qui revenait en France après un long voyage et qui vint bientôt se joindre au groupe d'Arcueil : Alexander von Humboldt.

c) LES NOUVEAUX MEMBRES

Alexander von Humboldt

Figure originale et intéressante du groupe, il avait une grande admiration pour Berthollet (79). Au mois d'août 1804, il revenait d'une longue expédition en Amérique du Sud. Arago, qui devait plus tard devenir son ami, décrit ainsi l'accueil que lui réserva Berthollet :

> « Berthollet reçut M. de Humboldt à son retour avec la franche cordialité et la politesse de bon ton qui caractérisaient l'illustre chimiste et dont le souvenir est gravé en traits ineffaçables dans l'esprit et le cœur de tous ceux qui eurent le bonheur de le connaître » (80).

Introduit dans le cercle d'Arcueil, Humboldt travailla d'abord avec Biot sur le magnétisme (81) ; puis avec Gay-Lussac sur l'analyse de l'air (82). Il entraîna ensuite, dans un long voyage en Italie, en Suisse et en Allemagne, son nouveau collaborateur qui dut à l'intervention de Berthollet l'obtention d'un congé exceptionnel (83)(84).

Le rôle de Humboldt dans la Société d'Arcueil est particulier. Par ses pôles d'intérêt variés, il élargissait le champ des recherches entreprises et il établissait un lien entre des membres dont les préoccupations étaient assez éloignées les unes des autres. Par ses attaches diplomatiques, il favorisait également certains rapprochements avec les étrangers ; en revanche, cette situation le fit parfois soupçonner d'espionnage et il fallut l'intervention des deux fondateurs du groupe auprès de Napoléon pour empêcher qu'il ne soit inquiété.

Augustin-Pyramus de Candolle (85)

La présence du naturaliste genevois dans la Société d'Arcueil montre l'éclectisme de ses fondateurs. Botaniste, la contribution de A.P. de Candolle se situe dans le cadre du programme de recherche concernant la lumière (86). Il reçut pour sa carrière une protection efficace de la part de Berthollet et de Chaptal ; il obtint en effet, grâce à leur appui, le poste important de professeur de botanique à la Faculté de médecine de Montpellier. Fixé dans cette ville à partir de 1809, il lui fut alors difficile de suivre les réunions d'Arcueil.

Étienne-Louis Malus (87)

Bien avant sa venue à Arcueil qui se situe en 1808, Berthollet avait eu l'occasion de rencontrer Malus à plusieurs reprises. Comme Biot, Malus avait été l'un des brillants élèves de la première promotion de l'École polytechnique ; puis, appelé à participer à l'Expédition d'Égypte, il vécut toute la campagne en qualité de militaire. Membre de l'Institut d'Égypte, section mathématique, il ne semble pas avoir collaboré effectivement à ses travaux. C'est pourtant durant son séjour en Égypte qu'il avait rédigé un premier mémoire sur la lumière (88).

Moins heureux que ses deux aînés, Monge et Berthollet, Malus ne revint en France qu'en octobre 1801. En 1807, il n'avait pas rejoint la Société d'Arcueil ; il était à Strasbourg employé à des travaux militaires, mais il s'occupait toujours d'optique. Les travaux qu'il envoyait à l'Institut furent remarqués par Laplace, chargé de les rapporter (89). En 1808, il concourut pour le prix de physique de l'Institut (90) et son mémoire, dont Laplace était encore le rapporteur, fut couronné. Malus y expose sa célèbre découverte de la polarisation de la lumière par réflexion et son interprétation de la polarisation par double réfringence. Son texte fut publié dans le second volume des *Mémoires d'Arcueil (91).*

Bien que ces sujets d'optique aient surtout intéressé Laplace, Berthollet n'y était pas indifférent, loin de là. Toute une section de l'*Essai de statique chimique* est consacrée à la lumière : nature et action chimique (92). Son intérêt personnel pour les recherches de Malus se manifestait par les appareils qu'il lui faisait spécialement préparer (93) ; il avait par ailleurs une grande estime pour ses qualités (94).

Jacques-Étienne Bérard

Fils d'Étienne Bérard, l'assistant puis l'associé de Chaptal dans son usine de produits chimiques de Montpellier, J.E. Bérard fut le plus jeune membre de l'équipe d'Arcueil (95).

En 1807, le jeune homme vint à Paris pour parfaire ses études et, sur la recommandation de Chaptal, fut admis comme préparateur dans le laboratoire d'Arcueil. Âgé seulement de dix-huit ans, il logeait chez Berthollet et vécut ainsi dans l'intimité de la famille. Il ne possédait pas la formation, ni même, semble-t-il, les qualités exceptionnelles de ses aînés (96). Cependant, il s'intéressait beaucoup aux recherches physico-chimiques. Dans le sein de l'équipe d'Arcueil, il collabora principalement avec Gay-Lussac et avec Malus.

Berthollet avait commencé par lui confier quelques analyses de sels, toujours dans le cadre de ses recherches personnelles sur la composition des substances chimiques (97). Bérard rédigea ainsi plusieurs mémoires qui furent publiés en 1809 et 1810 dans les *Annales de chimie (98).*

Ces travaux lui valurent d'être adopté comme membre de la Société ; Berthollet lui demanda ensuite de faire, avec Malus, des expériences sur les propriétés des rayons infrarouges découverts par W. Herschel. La mort de Malus ayant interrompu la collaboration, Bérard termina seul le travail commencé ; son mémoire, présenté à l'Institut en décembre 1812, fut imprimé dans le troisième volume des *Mémoires d'Arcueil (99).*

Jacques-Étienne Bérard semble avoir occupé dans la Société d'Arcueil la place laissée libre par le décès d'Amédée Berthollet, comme il faillit l'occuper dans la famille même du chimiste. Le biographe de Bérard affirme en effet que Berthollet, après la dramatique disparition de son fils, voulut adopter officiellement le jeune homme qu'il avait formé aux études scientifiques et auquel il témoignait une affection toute paternelle ; mais ce dernier refusa (100).

Nous ne connaissons aucun document confirmant que cette proposition a bien été faite par Berthollet. Néanmoins cela paraît vraisemblable. Mme Berthollet considérait le jeune homme comme son véritable fils. Une lettre de sa main, citée par Béchamps dans la biographie à laquelle nous nous référons, montre l'affection particulière qu'elle lui portait : à propos d'un prix qu'il avait remporté devant l'Académie des sciences, elle lui écrivit :

> « Voici la couronne que je me suis plu à vous tresser, mon très bon garçon ... Recevez l'assurance du constant attachement de celle que vous nommez votre bonne maman, qui en a tous les sentiments et qui désire pour vous, les jours les plus heureux. » (101).

Berthollet manifestait de son côté des sentiments d'affection analogues. C'est ainsi qu'il légua à Bérard un certain nombre de ses manuscrits (102), comme il l'aurait fait à son fils.

Pierre-Louis Dulong

Dulong fut le dernier disciple que Berthollet ait accueilli à Arcueil ; il resta également l'un des plus fidèles membres de l'équipe, puisque, en 1819, il fit encore avec Berzelius, des expériences dans le laboratoire remis en état pour quelque temps (103).

Entré à l'École polytechnique en 1801, à l'âge de seize ans (104), il put rencontrer Berthollet qui y enseignait encore. Mais, de santé délicate, il dut quitter l'École avant d'avoir terminé ses études. Il s'orienta alors vers la médecine, passa les examens nécessaires et exerça son art pendant quelques années, ce qui le rapprochait d'ailleurs de son futur patron et ami.

Finalement décidé à faire une carrière de chimiste, Dulong travailla quelque temps avec Thénard, avant que Berthollet le convie à venir à Arcueil (105). Ce dernier lui confia d'abord, comme il l'avait fait à tous ses assistants, des recherches et des analyses se rapportant à ses préoccupations dominantes : la théorie des affinités et la question des proportions des éléments dans les combinaisons. Le premier travail de Dulong en chimie, réalisé en 1811, se situe dans ce domaine ; il concerne la décomposition mutuelle des sels (106). L'année suivante, le jeune homme fit une découverte importante qui le rendit célèbre mais lui coûta plusieurs mutilations : celle du chlorure d'azote, substance très instable qui explose facilement et violemment (107).

En 1816, à une époque tardive de l'activité de la Société d'Arcueil et de celle de Berthollet, Dulong rédigea un mémoire sur les combinaisons du phosphore et de l'oxygène qui, présenté à l'Institut, fut rapporté par Berthollet (108). Dans son texte, l'auteur basait toutes ses interprétations sur la théorie atomique ; Berthollet, dans son rapport, jugea le travail très intéressant mais émit des doutes sur la validité de la théorie et sur les usages qu'on pouvait en tirer. Ce fait révèle que, malgré la grande influence qu'il avait subie de la part de son maître, Dulong sut, mieux que Gay-Lussac et Thénard à leurs débuts, préserver sa totale indépendance d'esprit.

Les relations de Dulong et de Gay-Lussac avec Berthollet présentent de nombreux points communs. Tous deux reçurent de leur maître une formation complète de chercheur et occupèrent auprès de lui et dans la Société d'Arcueil une place comparable, différente de celle des autres membres. Dans un article consacré à Gay-Lussac, Maurice Daumas, comparant leurs personnalités écrit :

> «A côté de la foi un peu laborieuse d'un Thénard, de la fougue d'un Arago, Gay-Lussac paraît assez froid et méthodique. On pourrait comparer son tempérament à celui de Dulong ; mais son intelligence scientifique semble plus achevée, plus accomplie. Dulong a été moins bien servi par les circonstances et ne donne pas l'impression d'être allé au bout de ses possibilités » (109).

L'auteur souligne ensuite que Gay-Lussac fut l'un des membres les plus actifs de la Société d'Arcueil ; ceci ne peut être dit de Dulong qui, apparu à Arcueil à une époque où l'activité de l'équipe commençait à décliner, continua cependant de fréquenter Berthollet et son laboratoire après que la Société eut cessé d'exister (110).

François Arago

Arago était apparu une première fois dans l'équipe d'Arcueil lors de sa collaboration avec Biot en 1805 (111) mais éloigné de France jusqu'en 1809, son nom n'est mentionné que dans le troisième volume des *Mémoires d'Arcueil (112)*. Mathématicien, astronome et physicien intéressé par l'optique, protégé de Laplace et ami de Biot, il avait peu de préoccupations communes avec Berthollet. Il estimait cependant beaucoup le savant, l'homme et l'hôte d'Arcueil, comme en témoignent les souvenirs qu'il a laissés (113).

Attiré très tôt par la conception ondulatoire de la lumière, il s'éloignait du newtonianisme professé par l'ensemble des savants d'Arcueil et principalement par ses deux chefs. Plus tard, il écrivit avec une certaine réserve :

> « Etre admis à Arcueil était une circonstance éminemment flatteuse mais pourrait-on assurer que les idées préconçues auxquelles les meileurs esprits s'abandonnaient plus facilement dans une réunion pour ainsi dire intime que devant un public nombreux ne fussent pas de nature à arrêter la spontanéité du génie et à courber ces recherches sous un niveau convenu ? D'autre part, le désir de donner des preuves de fécondité en présence des savants les plus célèbres de l'époque ne devait-il pas quelquefois amener les esprits enthousiastes à se jeter dans des théories hasardées ? » (114).

Il ne publia qu'un seul texte dans le troisième volume des *Mémoires d'Arcueil.*

Siméon-Denis Poisson

Si la participation d'Arago aux travaux de la Société d'Arcueil fut tardive et rare, que peut-on dire de celle de Poisson et de Chaptal dont les noms figurent dans la liste établie pour le troisième volume des *Mémoires,* mais qui n'y publièrent rien ?

Siméon-Denis Poisson, mathématicien plus que physicien, protégé de Laplace comme Biot et Arago dont il était l'ami, n'eut semble-t-il que des relations lointaines avec Berthollet.

Jean-Antoine Chaptal

A l'inverse de Poisson, Chaptal était un ami personnel de Berthollet. Leurs premières rencontres dataient du temps de leur jeunesse, lorsque le jeune docteur de la célèbre Faculté de médecine de Montpellier était venu à Paris et y avait étudié la chimie. Il avait quitté la capitale en 1781 en y laissant des amis parmi lesquels il comptait déjà Berthollet (116). Ils se retrouvèrent souvent.

L'intérêt commun des deux chimistes pour les techniques de l'art de la teinture les rapprocha d'abord ; Chaptal opta pour l'exploitation industrielle, Berthollet la refusa. Sous la Révolution, le Comité de Salut public les réunit encore, en confiant à chacun de lourdes responsabilités dans le domaine de la fabrication des poudres. Quelques années plus tard, Chaptal fut l'assistant de Berthollet pour ses cours à l'École polytechnique et il remplaça son ami pendant ses deux longues absences dues aux missions en Italie et en Égypte.

Ministre de l'Intérieur de 1801 à 1804, Chaptal retrouvait Berthollet dans le cercle de savants dont Bonaparte aimait s'entourer. A partir de 1804, les deux amis siégèrent ensemble au Sénat.

L'absence de Chaptal aux réunions d'Arcueil, avant 1810, s'explique facilement par le fait qu'il ne résidait presque jamais à Paris (117). En 1810, appelé par l'Empereur à siéger au Conseil pour le Commerce et l'Industrie, il se fixa de nouveau dans la capitale et put alors fréquenter les séances de la Société créée par Laplace et Berthollet. Mais il ne semble pas avoir participé à ses travaux qui étaient loin de ses propres préoccupations: Chaptal avait en effet depuis plusieurs années abandonné la chimie pure pour se consacrer entièrement à des tâches d'intérêt économique et industriel. S'il vint à Arcueil, ce fut plus en qualité d'ami qu'en celle de participant.

7. PLACE ET INFLUENCE DE BERTHOLLET DANS LA SOCIÉTÉ D'ARCUEIL

Le rôle de Berthollet dans la fondation de la Société vient d'apparaître : rôle primordial pour la création du cadre des réunions et des travaux, mais partagé avec Laplace pour ce qui se rapporte à la constitution du groupe.

Un second rôle, partagé également avec Laplace, concerne le choix des sujets de recherches et l'interprétation des expériences.

Deux grands thèmes leur sont communs, les propriétés des gaz et de l'atmosphère, la lumière. Quant à leurs interprétations théoriques, elles sont dominées par le newtonianisme.

Berthollet et Laplace avaient, auprès de Lavoisier, participé au développement de la chimie «pneumatique». L'étude des gaz étant maintenant devenue à la fois une branche de la physique et un secteur de la chimie, ils engagèrent leurs jeunes disciples dans cette voie. Gay-Lussac en établissant une loi fondamentale dans chacun de ces deux domaines combla au mieux leur attente (118). Les célèbres travaux sur la vitesse du son, où s'illustrèrent surtout Biot et Laplace (119), mais auxquels participèrent également Gay-Lussac et Amédée Berthollet (120), s'inscrivent dans cette ligne de préoccupations (121).

La lumière était un pôle d'intérêt encore plus général qui réunissait physiciens, chimistes et naturalistes. Différents problèmes concernant la lumière avaient déjà captivé l'attention de Berthollet : son action chimique sur certaines substances comme les solutions de chlore (122) ; son rôle dans le développement des plantes (123) ; son intervention à plusieurs niveaux sur les substances colorantes utilisées dans l'art de la teinture (124). Il ne resta donc pas étranger aux préoccupations des physiciens Biot, Arago et Malus ; il dirigea personnellement des recherches de Bérard (125) et s'intéressa de très près aux études de Gay-Lussac et Thénard sur la synthèse photochimique de l'acide chlorhydrique (126).

Le domaine de prédilection de Berthollet était sans conteste la chimie et son influence sur les jeunes chimistes du groupe est très nette. Tous commencèrent leur carrière par des recherches sur des sujets directement inspirés par les problèmes avec lesquels leur patron était confronté dans son œuvre personnelle ; nous les avons évoqués à propos de Gay-Lussac, Bérard et Dulong. Son influence s'exerçait d'une façon plus profonde au niveau des interprétations des expériences ; nous en donnerons deux exemples.

PRÉPARATION « CHIMIQUE » DU SODIUM ET DU POTASSIUM

Le premier exemple est relatif à la préparation du sodium et du potassium. Lorsque la nouvelle de la découverte de ces deux corps, par Davy, fut connue à Arcueil, Gay-Lussac et Thénard s'empressèrent de les étudier avec ardeur. Davy les avait obtenus par électrolyse ; à l'École polytechnique, on s'empressait également, sur l'ordre de l'Empereur, de réaliser une pile gigantesque qui devait, espérait-on, permettre de les préparer commodément. Berthollet suggéra alors aux jeunes savants que, d'après sa théorie des affinités, les deux nouveaux corps devaient être déplacés de leurs composés par le fer. Le procédé fut immédiatement essayé et l'expérience réussit selon les prévisions de Berthollet. Il permit aux deux Français d'étudier rapidement les propriétés physiques et chimiques de ces substances qu'ils pouvaient ainsi obtenir en quantité bien plus grande que par le procédé électrolytique (127).

LA NATURE DU CHLORE

Le deuxième exemple de l'influence profonde des conceptions de Berthollet sur l'activité du groupe d'Arcueil se rattache encore à Gay-Lussac et à Thénard. Cet exemple concerne la nature du chlore ; mais, dans ce cas, à l'inverse du précédent, Berthollet exerça un rôle négatif en empêchant ses deux disciples de découvrir la nature élémentaire du chlore. Voici les faits marquants relatifs à cet épisode.

Le 27 février 1809, Gay-Lussac et Thénard présentèrent à l'Institut un mémoire « sur l'acide muriatique oxigéné et les muriates » (128). La veille, dans une séance de la Société d'Arcueil, ils avaient lu une première version de ce texte dans lequel, sans l'affirmer d'une manière catégorique, ils suggéraient avec une certaine assurance que le chlore était un corps simple, en s'appuyant sur un certain nombre de propriétés chimiques (129).

Berthollet, qui avait étudié lui aussi ces propriétés (130), trouva l'idée de Gay-Lussac et de Thénard trop aventureuse et les engagea à beaucoup de prudence dans leur affirmation. Son influence était si forte que, dans leur texte définitif, présenté le lendemain à l'Institut, les deux amis suivirent ce conseil et se contentèrent de suggérer la nature élémentaire du chlore comme une hypothèse commode pour interpréter ses propriétés, ajoutant que, malgré leurs présomptions en sa faveur, elle était peu probable.

Deux ans plus tard, en 1811, en rédigeant l'exposé de l'ensemble de leurs recherches (131), ils confirmèrent cette opinion ; après avoir décrit certaines propriétés du gaz muriatique oxygéné, ils écrivaient en effet :

> «Dans l'état actuel de nos connaissances, les faits s'expliquent mieux en regardant l'acide muriatique oxigéné comme un être composé que comme un être simple et, par conséquent, nous préférons la première hypothèse à la deuxième. » (132)

Berthollet, dans son rapport, insistait lui aussi sur cette conclusion :

> « Après avoir balancé la double explication, ils persistent à croire que [les] faits s'expliquent mieux en regardant le gaz acide muriatique oxigéné comme un corps composé » (133),

et ceci, après avoir annoncé que Davy, lui, soutenait l'hypothèse inverse.

A cette époque, Berthollet lui-même demeurait fermement persuadé que le chlore était un composé oxygéné ; il l'affirmait dans un mémoire présenté à l'Institut en mai 1812 (134).

Ce n'est qu'en 1816, qu'il reconnut enfin que le chlore était un corps simple. Il rédigea alors une note, publiée dans le troisième volume des *Mémoires d'Arcueil* (135), dans laquelle il expliquait les raisons de son erreur ainsi que le rôle qu'il avait joué auprès de Gay-Lussac et de Thénard. Les termes qu'il emploie montrent à nouveau son honnêteté scientifique et ses qualités humaines, les voici :

> « Appuyé sur [ces faits], dont je ne doutais pas, et sur les explications qui me paraissaient découler naturellement de la composition de l'acide oximuriatique, je combattis fortement l'opinion de MM. Gay-Lussac et Thénard lorsque le premier lut, à notre réunion d'Arcueil, le Mémoire dans lequel étaient exposées les raisons qui les décidaient à considérer le gaz muriatique oxigéné comme un corps simple, et je les engageai à ne présenter cette opinion qu'avec beaucoup de circonspection. » (136)

L'une des citations précédentes – note 132 – montre qu'en 1811 encore, comme en 1809, Gay-Lussac et Thénard étaient influencés par leur patron et suivaient ses conseils de prudence. Pourtant Berthollet reconnaissait qu'en fait leur opinion personnelle lui était opposée :

> «Cependant, M. Gay-Lussac la conserva dans ses cours et MM. Ampère et Dulong l'adoptèrent dès lors ; ainsi ils ont bien droit à prétendre qu'ils ont les premiers regardé le chlore comme un être simple, quoique M. Davy ait le premier établi publiquement cette opinion, et sans connaître ce qui avait précédé.»

Nous reviendrons sur cet épisode dans l'étude de l'œuvre de Berthollet (137).

INFLUENCE DU NEWTONIANISME A ARCUEIL

Les deux chefs de l'équipe d'Arcueil, très fortement imprégnés des conceptions newtoniennes, considéraient tous les phénomènes de la Nature comme dirigés par des interactions entre des particules élémentaires. Ceci est très clair chez Berthollet lorsqu'il interprète les affinités chimiques ; il se réfère d'ailleurs directement à Newton, à ce propos, dans son *Essai* (137'). Pour lui, la chaleur – le calorique –, l'électricité et la lumière sont des fluides ayant une nature particulaire.

Le newtonianisme de Laplace se manifestait autant dans le domaine de l'astronomie que dans celui de l'optique, ainsi que dans l'étude des phénomènes de capillarité. Les jeunes membres du groupe suivirent les idées de leurs aînés et adoptèrent, eux aussi, des conceptions strictement newtoniennes. Le fait est particulièrement net en optique : pendant toute la période d'activité de la Société, aucun d'entre eux ne souleva d'objection contre la théorie corpusculaire de la lumière (138). Seul Arago avait à ce sujet une attitude très réservée (139) et c'est peut-être à cause de cette influence qu'il avait subie contre son gré et déplorée chez ses amis (140), qu'il émit plus tard le jugement que nous avons déjà rapporté sur certains inconvénients de la Société d'Arcueil (141).

ANIMATION DE L'ESPRIT D'ÉQUIPE

Si un intérêt commun pour les mêmes sujets de recherche, joint à une communauté d'idées fondamentales sur les phénomènes de la Nature a présidé à la formation du groupe d'Arcueil, il aura fallu davantage pour le maintenir en activité. Le véritable esprit d'équipe nécessite en effet un climat de confiance et d'estime réciproques qu'il est parfois difficile de faire régner. A côté des exemples de profonde amitié née pendant une collaboration de travail à Arcueil (142), il y eut aussi des inimitiés nées dans les mêmes conditions (143).

Sans chercher à conférer systématiquement le rôle principal à Berthollet, il est cependant incontestable que, par tempérament, ce dernier possédait les qualités nécessaires pour assurer le maintien de cette ambiance favorable sans laquelle la Société n'aurait pas travaillé avec le succès que nous lui reconnaissons. A côté de son caractère affable, hospitalier et accueillant, célébré par tous ceux qui, l'ayant connu, ont laissé un témoignage écrit (144), Berthollet a montré plusieurs fois au cours de sa carrière, qu'il savait rester calme et courtois dans les discussions, même les plus vives, et qu'il savait garder aussi une profonde estime pour ses adversaires (145) ; les exemples contraires sont rares (146).

Cette sociabilité était accompagnée d'une grande honnêteté scientifique ; il a reconnu publiquement en différentes occasions qu'il s'était trompé et que certaines critiques opposées à ses théories étaient fondées. Il nous semble donc certain que Berthollet sut, par son exemple et sa présence constante aux réunions, aplanir les difficultés inévitables surgies entre les membres du groupe, soit au cours de travaux réalisés en commun, soit à propos de divergences d'opinion. Malgré une bonne entente de base sur des points fondamentaux, chacun des membres gardait ses conceptions personnelles sur divers points et celles-ci n'étant pas nécessairement admises par tous, il pouvait en résulter des discussions parfois très vives (147).

RECHERCHES PERSONNELLES DE BERTHOLLET

En dehors de son rôle d'animation de la Société d'Arcueil, Berthollet eut une activité personnelle très riche, concentrée tout spécialement sur le problème des affinités chimiques. Rapidement évoquée plus haut, celle-ci sera plus longuement étudiée dans la seconde partie (148). Les recherches que Berthollet mena sur ce sujet, le furent bien entendu dans le cadre de sa maison d'Arcueil, mais ne constituent pas pour autant une participation directe aux travaux de la Société. Comparée à celles de Gay-Lussac et de Thénard, sa contribution aux travaux de l'équipe apparaît faible, car Berthollet ne publia dans les *Mémoires d'Arcueil* que quelques mémoires et de courtes notes, au demeurant d'importance secondaire (149).

Ce n'est donc pas du fait de ses recherches personnelles que Berthollet mérite dans l'histoire de cette Société la place prépondérante que nous lui avons réservée, mais beaucoup plus par le rôle de fondateur, d'organisateur et d'animateur permanent qu'il assuma.

8. BILAN DE LA SOCIÉTÉ D'ARCUEIL

Pour conclure notre étude sommaire sur cette Société d'Arcueil (150) qui a tenu une si grande place dans la vie professionnelle de Berthollet, nous tenterons de situer ce qu'elle représentait pour lui.

Elle fut, nous semble-t-il, l'aboutissement réussi de sa carrière de chimiste. S'il ne fut jamais un brillant professeur, il désirait pourtant transmettre ses connaissances et son expérience aux jeunes gens capables de les assimiler. Il trouva certainement dans le rôle de «patron» d'une équipe de recherche, le mode d'enseignement qui lui convenait. Il faut reconnaître que si ses cours avaient été un demi-échec, par contre la Société d'Arcueil fut une réussite.

Berthollet aimait beaucoup sa Société. Il en parle souvent dans ses lettres en des termes qui montrent tout l'attachement qu'il lui portait et la peine qu'il se donnait pour envoyer à l'étranger les volumes des *Mémoires,* diffusant ainsi les résultats des travaux du groupe (151).

D'autre part, il faut remarquer que si Berthollet fit bénéficier ses jeunes disciples de ses connaissances et même de sa fortune, il s'établit entre eux des échanges réciproques ; au seuil de la vieillesse, celui qu'on appelait le «philosophe d'Arcueil » reçut, en effet, de la part des jeunes gens qu'il avait réunis, la stimulation qui lui était devenue nécessaire, surtout après la disparition de son fils. A leur contact, il put garder l'enthousiasme et même une certaine ardeur pour entreprendre de nouvelles recherches en vue d'approfondir les théories qui naissaient à l'époque (152). Seul, il n'aurait peut-être pas eu devant les problèmes qu'elles soulevaient, l'attitude ouverte que nous analyserons dans la seconde partie de cette étude. Si Berthollet a donné le premier souffle à sa Société, il a été ensuite vivifié par elle. Après les quelques mois qui suvirent le dramatique suicide de son fils où il vécut dans une espèce de léthargie, il retrouva une raison de vivre dans l'étude de la science qu'il avait toujours servie. L'atmosphère du groupe d'Arcueil l'aida beaucoup à surmonter l'épreuve, l'équipe continuant ses activités autour de lui, bien qu'il fût devenu un moment inactif. Grâce à ce soutien amical et intellectuel, Berthollet reprit peu à peu le rythme normal de sa vie.

En 1813, il envisagea sérieusement d'entreprendre une nouvelle édition de l'*Essai de statique chimique,* revue et mise au point en tenant compte des nouvelles découvertes, édition qui était prévue depuis 1809 (153). Il commença à y travailler (154) ; malheureusement des événements extérieurs vinrent à nouveau retarder son projet et, finalement, empêcher sa réalisation complète.

CHAPITRE IX

LA CHUTE DE L'EMPIRE ET LES CENT-JOURS : 1814–1815

Bien que peu préoccupé par les questions de gouvernement, Berthollet fut malheureusement, de par son appartenance au Sénat, mêlé aux événements politiques marquant la chute de l'Empire. Ses projets de travail et de recherche en furent bouleversés.

1. VOTE DE LA DÉCHÉANCE DE L'EMPEREUR

Après la désastreuse campagne de France, Berthollet eut, comme tous ses compatriotes, la tristesse de voir les armées étrangères occuper Paris ; mais il eut à supporter une épreuve plus pénible ; celle de voter, comme sénateur, la déchéance et l'abdication de l'Empereur.

Avant d'essayer d'analyser les raisons, ou mieux les circonstances, qui déterminèrent le geste de Berthollet, il nous semble nécessaire de rappeler comment furent préparés et signés ces actes de déchéance et d'abdication (1).

Au début de 1814, la seule assemblée existant encore en France était le Sénat, dont tous les membres avaient été nommés, ou tout au moins confirmés par l'Empereur. Le 31 mars 1814, sous la présidence du tsar Alexandre de Russie et sous l'influence de Talleyrand, les alliés qui occupaient Paris signèrent une déclaration au Sénat, dans laquelle ils l'invitaient :

> « ... à désigner un gouvernement provisoire qui puisse pourvoir aux besoins de l'Administration et préparer la Constitution qui convient au pleuple français. » (2)

Le texte de la déclaration insistait beaucoup sur le grand service que les sénateurs rendraient à la France en renversant Napoléon qui l'avait toujours menée à la guerre et finalement au désastre.

Le soir du même jour, tous les sénateurs furent invités à dîner chez l'empereur de Russie (3) qui les assura de nouveau qu'il n'était pas l'ennemi de la France mais voulait la délivrer de ses malheurs.

Le lendemain, 1er avril, Talleyrand décida de convoquer le Sénat au complet, ce qui semblait difficile, car tous les sénateurs ne résidaient pas à Paris et, parmi les quatre-vingt-dix qui habitaient la capitale, beaucoup avaient quitté leur domicile pour une retraite où ils désiraient vraisemblablement rester à l'écart de ce qui allait se passer (4). Toute la journée, des émissaires allèrent les solliciter de porte en porte (5). Finalement, soixante-quatre d'entre eux se présentèrent à la séance et se laissèrent manœuvrer par Talleyrand. Ils commencèrent par nommer un gouvernement provisoire dont les membres avaient été choisis à l'avance. Le 2 avril, au cours d'une nouvelle séance, un de ces membres (6) proposa la déchéance de l'Empereur ; les sénateurs votèrent sa motion et le chargèrent d'en rédiger l'acte. Celui-ci fut voté dès le lendemain, 3 avril.

Berthollet figure parmi les soixante-quatre sénateurs qui se présentèrent à la convocation du tsar et de Talleyrand et qui signèrent les différents textes qui leur furent présentés (7). Il a laissé lui-même, dans une lettre à son ami Charles Blagden, un témoignage sur les circonstances dans lesquelles le Sénat avait joué un tel rôle. Ce témoignage confirme le récit des faits que nous venons de résumer et précise aussi son propre climat moral :

> « Quand les troupes étrangères entrèrent dans Paris, je m'étais retiré dans la maison de Dulong, résolu à éviter tout acte contraire aux obligations que je devais à l'Empereur ; malheureusement, quand le Sénat fut appelé, au nom de l'Empereur de Russie, je considérai qu'il était de mon devoir de citoyen de me soumettre à cette invitation, sans savoir ce qui avait été fait au préalable ; le jour précédent, la déposition de Napoléon avait été proclamée. Les minutes de ces réunions furent lues et on a obligé tous les membres présents à voter. » (8)

Le bref exposé historique fait plus haut pouvait laisser penser que le vote des sénateurs n'avait pas été entièrement libre et que ces derniers, qui, pour la plupart, n'étaient pas des hommes politiques, s'étaient laissés manœuvrer par Talleyrand et par ses collaborateurs. Berthollet dans cette lettre est encore plus affirmatif sur ce point. Les termes qu'il emploie révèlent aussi qu'il regrettait d'avoir dû apporter un suffrage qu'il n'avait pas prémédité et qu'il n'avait donné que contre son gré.

Il convient d'analyser maintenant quelques jugements qui furent alors portés sur Berthollet et sur les autres sénateurs. Le comportement de ces hommes semblait à beaucoup une trahison envers l'Empereur. Dans le cas de Berthollet, ce fut peut-être encore plus net, en raison de l'amitié qui l'avait lié à Napoléon.

Berthollet fut accusé par de nombreux contemporains (9) d'être un opportuniste, uniquement intéressé par sa fortune, incapable de reconnaissance et de fidélité, traître à l'amitié. Certains historiens ont repris ce jugement sans avoir, semble-t-il, cherché à approfondir la question (10). Ses amis, au contraire, ne voulurent pas donner à son geste une interprétation qui aurait terni sa réputation. La plupart, dans leurs écrits, omettent le fait ou bien le citent sans commentaire. Un seul, E.F. Jomard, en donne une explication qui répond aux accusations précédentes ; elle est conforme au caractère droit et honnête de Berthollet, que nous avons vu se dessiner au cours des différents épisodes de sa vie ; mais elle nous semble outrepasser ses sentiments véritables :

« Des personnes mal informées ont accusé Berthollet d'avoir manqué à la reconnaissance envers le chef du gouvernement impérial ; la vérité est que celui-ci est venu à son secours dans les circonstances difficiles dont il a été question plus haut (11) ; mais était-ce un motif pour que l'homme public sacrifiât le bien du pays au sentiment de l'affection personnelle, pour qu'il renonçât au devoir imposé par sa conscience ; devoir rigoureux qui a dû lui coûter plus qu'à tout autre quand on sait que les calculs de l'ambition n'eurent jamais accès dans son âme. Aussi les contes absurdes et même imprimés dans certains recueils historiques sur l'accueil fait en 1815, à Berthollet par Napoléon, sont indignes d'être réfutés ici. » (12)

Certains historiens récents (13) ont repris cette opinion et l'ont même développée en affirmant que Berthollet, par son geste, voulut sauver la France du chaos dans lequel Napoléon l'entraînait ; il aurait alors suivi le conseil donné dans la déclaration des alliés du 31 mars dont nous avons déjà parlé. Ceci n'est pas le sentiment exprimé par Berthollet dans sa lettre.

En fait, il paraît peut équitable de porter un jugement catégorique sur le comportement d'un personnage, pendant une période aussi troublée que celle d'avril 1814 et pour un acte accompli dans des circonstances aussi délicates ; le contexte est très complexe et, par ailleurs, les sentiments évoluent vite et manquent de netteté. Ce que nous pouvons en revanche affirmer, c'est que le vote de la déchéance de l'Empereur coûta beaucoup à Berthollet et que ce dernier n'a pas agit ainsi en vue de retirer des avantages de fortune ou de situation de la part du futur gouvernement ; son comportement, aussi bien antérieur qu'ultérieur, ne semble pas permettre de souscrire à une telle interprétation de son geste.

2. SITUATION DE BERTHOLLET SOUS LA PREMIÈRE RESTAURATION

Berthollet accepta néanmoins la dignité de pair de France qui lui fut conférée par le gouvernement de Louis XVIII, le 4 juin 1814 (14), en même temps qu'à tous les sénateurs qui avaient aidé au retour de la royauté.

Ce changement de régime politique amena une période de calme relatif qui permit à la vie scientifique de reprendre un rythme normal, après les perturbations subies depuis plusieurs mois. Berthollet appréciait beaucoup cette situation qui lui permettait de retrouver le genre de vie qu'il aimait : il se retira à la campagne pour se livrer entièrement à l'étude et à la méditation. On trouve un témoignage de cette affirmation dans plusieurs lettres qu'il écrivit à l'époque. Ainsi, le 13 août 1814, il annonçait à James Watt :

« Parmi les avantages du rétablissement de nos communications avec les pays étrangers, rien ne pouvait m'être plus agréable que de recevoir de vos nouvelles. » (15)

Puis, s'étant réjoui du passage à Paris de plusieurs savants anglais, il invitait son ami à venir lui-même, en ajoutant :

« Pour moi, je me suis entièrement retiré à la campagne et je ne vais à Paris que lorsque j'y suis appelé pour des affaires indispensables. Je commence à reprendre mes occupations que la prévoyance des événements avait interrompues depuis longtemps. »

Dans une autre lettre un peu plus tardive au même correspondant, il pouvait, le temps ayant passé depuis ces « événements », préciser un peu mieux comment il avait vécu depuis lors et vivait encore (16). Il déplorait d'abord de n'avoir pas pu bien profiter de la visite de plusieurs amis communs car, disait-il:

> « C'était un temps où mon habitation de ville et surtout celle de campagne, étaient encore occupées par les troupes alliées et où mon esprit n'avait pas encore repris tout son calme. » (17)

Puis il confirmait la reprise de son activité scientifique :

> « ... j'ai fait entièrement ma retraite à ma campagne... J'ai réuni près de moi, les objets de mes goûts et j'ai redonné de l'activité à mon laboratoire, qui languissait depuis longtemps. »

A un autre correspondant, le chimiste suédois Berzelius, Berthollet écrit de même, en décembre 1814 :

> « Les événements de l'année dernière et même la prévoyance de l'avenir qui se préparait avaient interrompu depuis longtemps nos communications avec l'étranger et nos travaux. Je ne fais que recevoir le *Journal de Thomson* et j'y vois beaucoup de vos mémoires que je m'empresse de lire et de méditer.
> « Je rentre enfin dans mon laboratoire qui m'était devenu étranger. » (18)

Et Berthollet poursuit en émettant ce souhait qui ne se réalisa pas :

> « J'espère que les arts et la paix vont jouir de la tranquillité qui leur est nécessaire. »

Ces témoignages nous intéressent tout particulièrement car ils prouvent qu'au cours de l'été 1814, Berthollet avait repris sérieusement ses travaux et ses recherches. Ceci nous permet donc de situer à cette époque le début de la rédaction du manuscrit intitulé « Revue de l'Essai de statique chimique » (19).

Malheureusement, les vœux de paix et de tranquillité que Berthollet formulait ne furent pas comblés bien longtemps ; bientôt il dut interrompre son travail et abandonner momentanément son projet de donner une seconde édition de l'*Essai de statique chimique (20).*

3. LE RETOUR DE NAPOLÉON ET LES CENT-JOURS

Le retour de Napoléon vint en effet perturber de nouveau sa vie et le placer dans une situation pénible. Le 23 mars 1814, trois jours après l'arrivée inopinée de l'Empereur à Paris, dans une lettre à son ami Charles Blagden, Berthollet, après avoir relaté la reconquête du pouvoir par son ancien protecteur conclut ainsi :

> « Pour moi, je me trouve renversé par cette révolution ; la seule circonstance qui me donne un sentiment pénible, c'est que je suis obligé de renoncer à mes occupations chéries, au moment où je m'occupais avec chaleur d'une seconde édition de mon Essai de statique chimique et où je poursuivais les expériences par lesquelles je me flattais de jeter du jour sur les théories modernes. J'ai fermé mon laboratoire et nous nous réduisons, ma femme et moi, à ce que la prudence exige. » (21)

Berthollet, qui avait accepté la Première Restauration avec l'espoir de voir la paix s'installer enfin en France, semble cependant avoir été heureux du retour inespéré de l'Empereur, en dépit des difficultés que ce retour semblait annoncer du fait de son vote du 2 avril 1814 au Sénat. Dans sa lettre à Blagden, il critique les fautes du gouvernement de Louis XVIII (22) et reconnaît :

> « Il est incontestable que la grande majorité voit avec satisfaction le retour de Napoléon ; l'audace et la rapidité de la marche en imposent à tout le monde.» (23)

Le ton de cette lettre, et celui des autres qu'il écrivit au même moment, laisse penser que Berthollet faisait partie de cette « grande majorité ». Par exemple, il assurait à Jomard, le même 23 mars 1815 :

> « Votre départ a été pour ainsi dire, le signal d'un événement bien extraordinaire. Les Bourbons payent bien cher les inepties de leur conduite et Napoléon remonte sur le trône avec l'acclamation de la partie la plus nombreuse de la nation. Il y a tout à penser que nous échapperons à la guerre civile. » (24)

Pendant les Cent-Jours, Berthollet resta à l'écart de la vie politique. Napoléon accepta simplement, sur l'insistance de Monge et de Carnot qu'il avait repris comme collaborateurs, de rencontrer celui qui, malgré lui sans doute, avait trahi son amitié par son vote malheureux au Sénat. Si nous en croyons Berthollet, Napoléon ne lui tint aucune rigueur de ce geste : dans une lettre à Charles Blagden, datée du 25 mars 1815, il écrit en effet :

> « J'ai communiqué mon embarras à Carnot qui en a parlé avec la chaleur que j'attendais de lui et l'Empereur m'a reçu comme avant. » (25)

Certains biographes expriment une opinion différente en affirmant, sans toutefois citer leurs sources, que, lors d'une audience générale, l'Empereur se contenta de lui adresser un vague sourire (26). En l'absence d'autres pièces que le témoignage direct de Berthollet et cette affirmation divergente, il est difficile de conclure sur ce qui s'est réellement passé à ce moment. Il semble cependant que Berthollet ait un peu exagéré, dans le sens qui lui convenait, la magnanimité de l'Empereur ; en effet, lorsque ce dernier nomma les membres de la Chambre des pairs qu'il se proposait de réunir, Berthollet, malgré son espoir, ne fut pas du nombre (27).

Berthollet poursuivit donc sa retraite à Arcueil, mais sa situation de fortune était devenue précaire, car il ne percevait plus aucun traitement. Il avoua d'ailleurs à plusieurs correspondants les grandes difficultés qu'il éprouvait (28). Pour les résoudre en partie, il avait un moment envisagé de louer sa maison d'Arcueil (29) ; mais il ne semble pas qu'il ait pu le faire, cette maison étant alors partiellement occupée par des soldats (30).

La chute définitive de Napoléon vint encore troubler cette retraite. Et, si le retour de Louis XVIII rendit à Berthollet une certaine tranquillité, ce fut pour lui sans joie ; ses périodes de riche activité étaient terminées.

CHAPITRE X

LES DERNIÈRES ANNÉES : 1815–1822

Pendant toute la période qui suivit le départ définitif de Napoléon et jusqu'à sa mort, survenue en 1822, Berthollet vécut presque totalement retiré à Arcueil, à la fois par désir de tranquillité et par nécessité financière.

1. SITUATION DE FORTUNE

En 1815, Berthollet se trouva ruiné une nouvelle fois. Depuis 1807, après de premiers et graves revers de fortune, il avait vécut confortablement grâce à ses ressources de sénateur (1). En décidant la disparition du Sénat, la charte signée le 4 juin 1814 anéantit toutes celles-ci en même temps. La charge de pair de France qui fut octroyée au chimiste en échange de son vote contre Napoléon ne compensa que partiellement la perte de revenu ainsi subie. Le retour de Napoléon vint encore aggraver cette situation. Il y eut alors pour Berthollet et pour sa femme, restés sans enfant, une période difficile dont témoignent de façon discrète les quelques passages de lettres cités plus haut.

Heureusement, lorsqu'il fut restauré pour la seconde fois, le gouvernement de Louis XVIII eut à cœur d'assurer une vieillesse décente à celui qui avait entièrement dévoué sa vie à la science et avait, par ses découvertes, rehaussé le renom de la chimie française. Berthollet fut maintenu dans sa charge de pair de France (2) et reçut alors un traitement qui lui permit de vivre modestement, sans excès mais sans misère.

Parlant de l'état de sa fortune, il écrit à Charles Blagden, en février 1816 :

> « Je suis bien touché de l'intérêt que vous prenez à mes arrangements personnels. Le traitement que je percevais a été réduit à 24 000 F et j'en ai reçu trois mois. C'est tout ce qui suffit à mes goûts et à ma manière de vivre. » (3)

Berthollet avait en effet des goûts simples. Durant la période napoléonienne, son train de vie était juste ce qu'il fallait pour s'accorder avec la situation de haut dignitaire de l'Empire liée à son titre de sénateur (4). Les grosses dépenses qui mirent ses finances en danger étaient dues essentiellement aux achats d'appareils et de produits pour son laboratoire ainsi qu'aux frais d'édition des *Mémoires d'Arcueil.*

Rappelons encore que Berthollet était négligent à l'égard de ses intérêts financiers et que sa fortune, dont il avait longtemps laissé tout le soin à sa femme, était mal gérée (5).

Après 1815, il suivit les conseils de son ami Blagden qui l'engageait à une grande prudence dans ses dépenses et vécut, avec sa femme, dans un modeste confort (6). Bien qu'ayant conservé leur petit appartement de Paris, mais seulement « pour les cas imprévus » (7), Berthollet préférait rester à Arcueil et n'allait dans la capitale que lorsque les devoirs dus à ses charges de pair ou de membre de l'Académie des sciences l'y obligeaient (8).

2. RAPPORTS AVEC LE GOUVERNEMENT

Le gouvernement de Louis XVIII ne tint pas rigueur à Berthollet de son ancienne amitié pour Napoléon, ni de son attitude pendant les Cent-Jours. Alors que Monge, avec lequel il avait été si étroitement associé pendant la Révolution et le début de l'Empire, était tenu à l'écart de tout honneur et presque réduit à vivre clandestinement (9), Berthollet, partageant ainsi le sort de Laplace, qui avait lui aussi bénéficié des faveurs de l'Empereur, continua d'être honoré comme par le passé.

Il garda sa place à l'Institut remanié et siégea à la nouvelle Académie des sciences de l'Institut de France (10). Il fut maintenu dans la charge de pair de France qui lui fut accordée à titre héréditaire (11). Confirmé dans son titre de comte (12), il fut encore nommé membre de l'Académie de médecine, dès sa création en 1820, et ceci parmi les tout premiers.

On peut se demander pour quelles raisons Berthollet, qui avait participé activement sous la Révolution à la défense de la nation dressée contre la royauté et, de ce fait, collaboré étroitement avec les « conventionnels régicides » dont certains demeuraient ses amis (13), qui avait été comblé de faveurs par Napoléon, « l'usurpateur », reçut cependant protection et honneur de la part de la royauté restaurée.

On pourrait d'abord penser que le nouveau régime tenait à honorer en lui un savant qui avait en de nombreuses occasions rehaussé le renom de la science française ; mais l'exemple de Monge, dont la gloire scientifique était au moins aussi grande que celle de Berthollet, montre que ce n'est certainement pas cette raison qui fut retenue par le nouveau gouvernement ; elle aurait cependant pu être suffisante. Pour trouver une raison peut-être plus vraisemblable, il faut se rappeler que Berthollet n'avait jamais été véritablement « engagé »politiquement. Nous avons déjà remarqué à plusieurs reprises (14), qu'il était avant tout un homme de science et que les questions purement politiques ne le passionnaient pas. Sous aucun des nombreux régimes qu'il avait connus, Berthollet n'avait joué de rôle politique actif. Pendant la Révolution, ses tâches et ses responsabilités s'étaient limitées aux plans scientifique et économique ; plus tard, son appartenance au Sénat ne lui avait conféré aucune influence dans le gouvernement de Napoléon. C'est seulement au moment de la première chute de ce dernier que Berthollet eut un rôle politique à jouer ; nous avons vu dans quelles conditions (15).

Sans aucun doute, le fait d'avoir, en 1814, voté la déchéance de l'Empereur, militait en sa faveur auprès du roi, cependant Berthollet montra toujours, et souvent publiquement, que son amitié restait entière à l'égard des anciens partisans de Napoléon que le nouveau régime tenait éloignés (16).

Pour résumer en quelques mots ses idées politiques, on peut dire qu'il était profondément libéral et modéré, mais qu'il savait aussi exprimer ouvertement ses opinions quand il le jugeait nécessaire. Ainsi, dans plusieurs de ses lettres écrites au début de la Restauration, il ne ménagea pas ses critiques contre les mesures prises par le gouvernement. Les deux passages cités ci-après sont intéressants à un double titre car ils témoignent de l'état d'esprit de Berthollet, à l'égard de la situation politique et sociale et ce sont ses jugements politiques les plus nets que nous connaissions.

Le 2 octobre 1815, il écrit à Charles Blagden :

> «... une politique astucieuse s'est proposée de nous réduire au plus triste état et l'on a bien réussi : une grande partie des habitants des campagnes est réduite à la plus grande misère et tous sont accablés par les contributions et par les fournitures militaires ; les esprits sont aigris et divisés, et le gouvernement trop faible pour contenir les prétentions opposées. » (17)

Et le 3 février 1816 il ajoute :

> « ... si l'on pouvait compter sur la stabilité des choses ; mais la partie dominante de la chambre des députés a des vues si étroites et des passions si dangereuses que, d'un côté, on peut tout redouter des mesures qu'elle va prendre sur le budget, pendant qu'il serait facile de remettre les finances dans un état satisfaisant et que, d'un autre, elle provoque le mécontentement général par des mesures législatives, en quoi elle est secondée par un parti considérable du gouvernement ; de sorte qu'on doit craindre que nous n'éprouvions de nouvelles agitations indépendamment des vues que peuvent avoir les étrangers qui pourront nous dominer longtemps. » (18)

Enfin, Berthollet sut manifester, dans plusieurs circonstances publiques, sa fidélité à ses amis personnels proscrits par le nouveau régime et sa désapprobation envers les mesures qui frappaient durement les anciens bonapartistes. Voici quelques exemples de cette attitude.

PROCÈS DU MARÉCHAL NEY

Le maréchal Ney n'était pas un ami personnel de Berthollet, mais ce dernier eut l'occasion de se prononcer sur son sort dans des circonstances assez particulières. Ayant rallié Napoléon à son retour de l'île d'Elbe, Ney fut, après les Cent-Jours, arrêté et traduit devant un tribunal militaire ; mais celui-ci se récusa et le maréchal fut renvoyé devant la Chambre des pairs qui commença ses débats le 21 novembre 1815. La majorité de ses membres étaient royalistes et violemment hostiles lors du vote sur la sentence à adopter, la peine de mort réclamée fut obtenue facilement (19). Berthollet fut l'un des seuls à voter contre cette proposition et à demander seulement la déportation, ce qui était certainement un acte de courage (20).

FUNÉRAILLES DE GUYTON DE MORVEAU

Ami et collaborateur de Berthollet, Guyton de Morveau s'éteignit le 2 janvier 1816 (21). Ancien conventionnel et « régicide », le roi et ses partisans le considéraient comme un banni. Voulant manifester publiquement qu'il lui avait gardé toute son estime, Berthollet prononça devant sa tombe un éloge que Jomard résume en ces termes :

> « Sans affectation, sans ostentation ... il prononça l'éloge, non de l'homme politique, mais du savant chimiste, sur sa tombe même, en présence d'un auditoire qui sut apprécier cette noble indépendance, ce tribut payé à une ancienne affection et à la vérité. »(22)

FUNÉRAILLES DE MONGE

Monge avait été durement frappé par la Seconde Restauration (23) et à sa mort, le 28 juillet 1818, il ne reçut aucun hommage officiel. Seuls ses amis et les savants avec lesquels il avait collaboré honorèrent son enterrement de leur présence. Berthollet était le premier et il prononça sur sa tombe un discours empreint d'une grande émotion. Ce fut le seul. Les élèves de l'École polytechnique n'avaient pas obtenu l'autorisation d'assister à la cérémonie, mais les nombreux anciens élèves de cet établissement étaient venus manifester leur attachement et leur reconnaissance à celui qui s'était tant dévoué à leur École. S'adressant à tous les anciens élèves, présents et absents, Berthollet, à la fin de son discours s'écria :

> « Ô vous, qui êtes sortis de cette école, si vous étiez rassemblés autour de cette tombe, combien vous mêleriez vos regrets aux nôtres ! Avec quelle sensibilité vous vous rappelleriez l'enthousiasme que Monge vous inspira pour les sciences et pour la gloire de votre pays ! En quelque lieu que vous soyez, vous pleurerez celui qui contribua si puissamment à vos progrès et qui imprima à votre jeunesse tant de reconnaissance et de vénération pour ses travaux et ses bienfaits. » (24)

Plus tard, sur l'initiative d'un groupe d'anciens élèves de l'École polytechnique, il organisa une souscription destinée à élever un monument au plus grand des fondateurs de cette École prestigieuse (25).

Ces quelques prises de position confirment le jugement de Jomard qui écrivait :

> « Un tel homme ne pouvait jamais être courtisan ni sacrifier l'amitié à la politique par faiblesse ou par ambition. » (25 bis).

Reconnaissons avec lui que Berthollet a toujours essayé de garder son indépendance de jugement et de décision vis-à-vis de tous les gouvernements qui se sont succédé en France durant sa carrière. Ce trait de caractère a été souligné à propos de l'Ancien Régime et des autorités révolutionnaires (26) ; le choix d'une retraite à la campagne, consacrée aux sciences, pendant la période napoléonienne, en est une autre manifestation. A la différence de ses confrères Fourcroy, Chaptal et même de Laplace et de Monge, Berthollet est toujours resté volontairement éloigné du pouvoir.

3. CONDITIONS PHYSIQUE ET MORALE

Depuis la mort de son fils Amédée, l'étude était devenue pour Berthollet sa seule distraction et sa meilleure raison de vivre. Il l'écrivait encore le 3 février 1816 :

> « Il me paraît que nos calamités auront l'heureux effet d'accroître le zèle pour les sciences qui sont le refuge le moins trompeur dans cette vie. » (27)

Doté d'une constitution robuste, qui lui avait déjà permis de résister aux fatigues et aux nombreuses privations subies pendant la Révolution et l'Expédition d'Égypte, il jouissait encore d'une bonne santé. Néanmoins il n'était pas exempt de toute maladie. Pendant l'été de 1815 et une partie de l'hiver qui suivit, il souffrit de crises aiguës de rhumatisme. Dans ses lettres à son ami intime Charles Blagden, il parle quelquefois de son état de santé, mais il le fait toujours avec beaucoup de discrétion. Ainsi, dans cette lettre du 3 février 1816, déjà citée, après avoir donné des nouvelles de la santé de Laplace, il ajoute cette petite phrase :

> « J'ai souffert pendant plus de dix mois d'une sciatique douloureuse et incommode ; j'en suis presque guéri. » (28)

Or dans ses lettres précédentes qui, justement, sont datées de cette période, il n'avait fait aucune allusion à cette crise qui avait pourtant dû être assez sérieuse, puisqu'un mois plus tard il ajoute ce détail :

> « J'ai abandonné le bâton qui m'était indispensable pour marcher. Je n'éprouve plus qu'un peu de gêne et de légères douleurs momentanées. » (29)

Il semble d'ailleurs que ce soit pendant cette période de douleurs physiques que Berthollet continua et vraisemblablement termina la rédaction de son dernier travail important. Nous en avons le témoignage direct dans une lettre écrite à J.-L. Proust en octobre 1815 :

> « Je me suis entièrement fixé à Arcueil ; j'y reprends mes occupations de chimie que j'avais négligées depuis longtems ; j'y ammende mon essai informe de Statique chimique ; mais la correction sera plus lonque que la composition. » (30)

Malheureusement, Berthollet ne put poursuivre bien longtemps le travail assidu qu'il voulait s'imposer afin de mettre au point le texte d'une édition complètement remaniée de son *Essai.* En effet, dès le mois d'août 1816 il écrivait à Berzelius :

> «Pour moi, je suis à la fin de ma carrière, l'étude n'est plus pour moi qu'une distraction et j'ai de la peine à suivre les progrès de la science. » (31)

Ce changement de ton par rapport à l'année précédente, nous révèle qu'à partir de l'été 1816 Berthollet abandonna son projet et il semble qu'il n'ait plus touché dès lors à l'exposé qu'il venait de rédiger (32). Il continua néanmoins à s'intéresser à l'actualité scientifique ; sa correspondance et sa participation aux travaux des commissions de l'Académie des sciences en font foi ; mais ce n'était plus là qu'une distraction.

En 1819, il éprouva cependant un regain d'intérêt pour les recherches scientifiques. Pendant l'hiver 1818-1819, Berzelius avait fait un assez long séjour à Paris et il était venu travailler dans le laboratoire d'Arcueil presque abandonné. Il avait rencontré là Pierre-Louis Dulong avec lequel il avait fait plusieurs séries d'expériences sur la composition de l'eau (33). Cette présence à Arcueil avait stimulé l'ardeur de Berthollet qui écrivait à son ami suédois en décembre suivant :

> « Il me semble qu'après une léthargie de 6 ans, je me réveille un peu pour la chimie ; du moins, elle va entrer dans mes distractions. J'ai un jeune homme, un frère de M. Bérard, que j'ai eu pendant quelques années ; il s'est formé aux manipulations. Il s'occupe à présent de mettre mon laboratoire en état. J'espère que vous le trouverez lorsque vous reviendrez, plus complet et mieux disposé pour les découvertes que vous voudrez bien y faire.» (34)

Mais ce ne fut qu'un dernier sursaut de la remarquable énergie avec laquelle il s'était consacré à la science depuis sa jeunesse. Quelques mois après avoir écrit ces lignes, il était à nouveau obligé d'abandonner une partie de ses activités (35).

En septembre 1820, il reprenait sa correspondance avec Berzelius auquel, après quelques mots d'excuse pour son long silence, il donnait des nouvelles de sa santé :

> « Pendant l'hiver dernier, ma santé a été mauvaise ; j'ai eu un catharre violent et avec la forme de la coqueluche, dont je n'ai été quitte qu'au milieu de l'été ; mais à présent, je jouis d'une santé peut-être meilleure qu'elle n'a été depuis quelques années. » (36)

A la fin de l'hiver 1819-1820, Berthollet avait eu la douloureuse émotion de voir s'éteindre dans sa propre maison d'Arcueil, son vieil ami Charles Blagden. C'était là une nouvelle épreuve pour lui qui voyait disparaître peu à peu les compagnons de sa vie (37). Il fut très affecté de cette perte et sa peine transparaît dans le récit qu'il en fait à Berzelius :

> « Au commencement du printemps, j'ai éprouvé une perte à laquelle j'ai été bien sensible. Le chevalier Blagden qui était venu à Arcueil dans le dessein d'y passer l'été et probablement d'en faire son séjour ordinaire, a été surpris d'une attaque d'apoplexie après avoir dîné avec l'apparence de la meilleure santé ; et dans quelques heures il a fini son honorable vie. » (38)

Par ailleurs, si Berthollet dans cette lettre du 4 septembre 1820 décrivait sa propre santé comme excellente, il reconnaissait néanmoins qu'il était devenu incapable de poursuivre ses recherches personnelles :

> « Dès la fin de l'année dernière, je me flattais de pouvoir reprendre les occupations chimiques, et je pris auprès de moi le frère de M. Bérard de Montpellier qui a passé plusieurs années avec moi. Mais j'ai eu le chagrin d'éprouver que j'étais tombé dans une impuissance absolue de suivre des recherches. Il faut donc que je renonce aux travaux qui ont fait le plus grand bonheur de ma vie. Cette impuissance est l'accident le plus fâcheux de ma vieillesse. » (39)

Mais il précisait ensuite qu'il n'avait pas abandonné tout intérêt pour les sciences et qu'il étudiait avec plaisir les travaux des autres savants, en particulier ceux de Berzelius et ceux de Mitscherlich sur des questions de cristallographie et de minéralogie.

L'année suivante, en 1821, Berthollet se flattait encore d'être en très bonne santé et de pouvoir en toute quiétude prendre connaissance des nouvelles découvertes :

« Il y a longtemps que je n'ai joui d'une si bonne santé ; ... ainsi, ma vieillesse se trouve exempte de toute infirmité ; et si je ne suis plus en état de me livrer aux recherches, au moins, je jouis de l'étude dans la solitude dont je tâche d'accroître les agréments. » (40)

Il exprimait encore la même opinion quelques semaines seulement avant sa mort dans une lettre écrite à J.S. Julia, professeur de chimie médicale, avec lequel il était en correspondance suivie (41). Il lui écrivait en effet, le 22 septembre 1822 :

> « J'ai appris avec beaucoup d'intérêt, l'emploi que vous continuez de faire de votre temps. C'est un grand bonheur dont il faut profiter pendant la jeunesse. Pour moi, je suis tombé dans l'âge où il faut renoncer aux travaux, mais il me reste encore la douce consolation de jouir de ceux des autres. » (42)

Pour terminer notre description de la santé physique et morale de Berthollet à la fin de sa vie, nous donnerons encore un détail apporté par E.F. Jomard et qui complète le portrait dessiné tout au long de cette étude. Ancien médecin et d'origine rurale, Berthollet connaissait les bienfaits de la vie au grand air de la campagne, où les activités physiques tiennent une grande place. Appliquant ce principe à sa propre vie, il aimait cultiver lui-même des fleurs et des arbres fruitiers dont il était très fier, dans un jardin attenant à la propriété d'Arcueil et un verger situé un peu plus loin. Les visiteurs d'Arcueil étaient en général conviés, au cours d'une aimable promenade, à venir admirer les produits de cette activité secondaire (43). Jomard ajoute que Berthollet avait toujours gardé l'habitude des longues marches à pied ; jusqu'à ses dernières semaines, selon ce témoignage, il partait seul, les matins des jours où il devait se rendre à Paris (44), et faisait en marchant le chemin séparant Arcueil de la capitale (45).

4. ENTOURAGE DE BERTHOLLET PENDANT SES DERNIÈRES ANNÉES

Nous compléterons l'évocation du cadre dans lequel Berthollet termina sa vie par celle de son environnement humain.

La Société d'Arcueil, qui lui était si chère, s'évanouit petit à petit au moment de la chute de l'Empire ; sa fin ne fut pas plus officielle que ne l'avaient été ses débuts. Dès 1814-1815, les réunions avaient cessé au milieu des troubles de la guerre et de l'occupation étrangère. Une fois le calme revenu, elles ne reprirent pas. Berthollet recevait toujours les visites de ses anciens disciples devenus souvent ses amis, mais il n'était plus en mesure d'assurer le rôle d'animateur qui jusqu'alors avait maintenu l'esprit d'équipe nécessaire à la vie de la Société. De plus le laboratoire d'Arcueil, faute d'entretien permanent, était devenu difficilement utilisable et nécessitait une remise en état importante. Berthollet entreprit celle-ci en 1819, avec l'aide du jeune frère de Jacques-Étienne Bérard, comme en témoignent les passages des lettres à Berzelius cités précédemment (46). Malgré ce dernier effort, il y eut peu de travaux réalisés à Arcueil après la fin de l'année 1815.

Il ne faudrait cependant pas croire que Berthollet vivait complètement isolé dans sa retraite ; il y recevait encore de nombreuses visites, témoignages de l'estime qu'il inspirait toujours. Parmi les anciens membres de la Société d'Arcueil, les plus fidèles, Gay-Lussac, Thénard et Dulong qui, résidant à Paris, venaient fréquemment à Arcueil ; Dulong fut le dernier à travailler dans le laboratoire (47). De même Jomard, qui depuis le début de l'entreprise collaborait avec Berthollet pour l'édition de la *Description de l'Égypte*, continuait à l'entourer de sa présence et de son amitié (48). Parmi les amis de jeunesse de Berthollet, Laplace était toujours son voisin ; quant à Chaptal, il n'oubliait pas de venir à Arcueil, lors de ses séjours à Paris (49). D'autre part, les savants étrangers de passage à Paris venaient souvent lui rendre hommage : nous avons déjà mentionné le séjour de Berzelius à Arcueil où il était l'invité de Berthollet (50). Il y eut aussi, au printemps de 1820, une courte visite de Davy (51) et celle, douloureusement achevée, de Charles Blagden.

La solitude dont parle Berthollet, dans plusieurs de ses lettres, était donc toute relative ; mais bien entendu, la présence même très affectueuse de ses amis ne pouvait combler l'absence du fils qu'il avait tragiquement perdu.

5. ACTIVITÉS ET TRAVAUX

Malgré la vitalité dont il se félicitait et le désir plusieurs fois manifesté de continuer ses études, Berthollet ne réalisa aucune œuvre importante pendant ses dernières années ; ses recherches personnelles se sont arrêtées en 1816 (52). Son activité se concentra alors sur les travaux des deux grandes institutions dont il faisait partie : l'Académie des sciences et la Chambre des pairs.

L'ACADÉMIE DES SCIENCES

Jusqu'à ses derniers jours, Berthollet fut fidèle à cette assemblée dans laquelle il siégeait depuis 1780, dont il avait vécu en participant actif toutes les transformations et qu'il avait honorée de ses plus grandes découvertes. Il était toujours assidu aux séances (53), s'obligeant pour y assister à quitter sa retraite d'Arcueil.

Entre 1815 et 1822, il ne présenta qu'un seul mémoire, en octobre 1816. Le texte n'en fut pas publié et l'original n'a pas été retrouvé (54) ; il serait pourtant intéressant à connaître, car il concernait la théorie atomique ; nous y reviendrons par la suite.

Il poursuivit sa collaboration aux nombreuses commissions nommées pour examiner divers mémoires de chimie. Dégager sa participation réelle dans ce domaine n'est pas toujours facile ; pour certains rapports, les minutes de la main de Berthollet existent (55) ; pour d'autres, le texte publié est rédigé de telle manière que l'on doit en attribuer la rédaction à Berthollet (56) ; enfin, dans certains cas, la formule employée dans les procès-verbaux : « On lit pour M. Berthollet le rapport sur ... », nous conduit à la même conclusion. Nous avons remarqué que, dans plusieurs cas où ses textes furent lus par un autre membre de l'Académie (57), Berthollet était cependant présent : faut-il voir là un signe de fatigue ou une manifestation de sa réticence à parler en public ?

LA CHAMBRE DES PAIRS

Élevé à la dignité de pair de France dès la Première Restauration, maintenu lors de la Seconde, Berthollet se fit un devoir d'honorer la haute assemblée de ses conseils dans les domaines où sa compétence pouvait s'exercer. Ainsi, à la fin de l'année 1814, il fit une étude approfondie sur les qualités des fers étrangers et sur les avantages que présenterait, pour l'économie française, leur importation à grande échelle (58). En 1819, il fit une autre étude concernant le commerce et la fabrication des salpêtres (59). Comme à l'Académie des sciences, il assistait régulièrement aux séances et participait aux discussions lorsque son avis était sollicité (60).

MAIRIE D'ARCUEIL

Une seule fois, à la fin de sa vie, Berthollet occupa un poste de représentation officielle : celui de maire d'Arcueil (61). Connaissant assez bien maintenant son caractère, nous pouvons penser qu'il n'avait pas recherché cette distinction mais que, sollicité par les autorités de la petite ville dont il était le plus célèbre habitant, il accepta d'en être l'administrateur.

Il fut nommé dans cette charge à la fin de l'année 1819, à une époque où il se trouvait en excellente santé et plein d'ardeur pour les recherches scientifiques. Malheureusement, cette bonne période ne dura que quelques mois ; au début de 1820, il fut obligé de démissionner pour raison de santé (62). Nous avons vu plus haut qu'il abandonna aussi à ce moment toute étude et même qu'il interrompit pendant de longs mois sa correspondance.

De ce temps, très court il est vrai, où il eut à s'occuper des intérêts des habitants d'Arcueil, il reste quelques témoignages (63).

6. DERNIERS MOMENTS ET MORT DE BERTHOLLET

C'est à la fin de l'été 1822, que Berthollet commença à souffrir de la maladie à laquelle il succomba le 6 novembre. Le meilleur témoignage que nous possédions sur ses dernières semaines est celui donné par Pierre-Louis Dulong, dans une lettre écrite à Berzelius le 20 novembre 1823 (64). En voici les extraits les plus significatifs :

« Nous avons assisté, Gay-Lussac et moi, à ses derniers moments. Il aurait pu pousser plus loin sa carrière s'il ne se fût pas refusé les soins nécessaires à son âge. Je n'ai jamais connu d'homme plus insensible à la douleur physique. Depuis longtemps il lui survenait de gros furoncles qui devaient le faire souffrir horriblement ; personne n'en savait rien.

« Enfin un jour, en dînant avec Chaptal à Arcueil, il se sentit défaillir et se retira pour se coucher. On sut alors qu'il avait un abcès énorme au haut d'une cuisse. Il appela un chirurgien d'un village voisin qui ne vit là qu'une affection locale et qui le traita en conséquence. Trois jours après, il survint des symptômes de la fièvre maligne. Le délire et, après une agonie assez courte, il expira avec le sourire de la bonté sur les lèvres. » (65)

Tous les autres témoignages que nous connaissons confirment celui-ci quant à la grande résistance de Berthollet aux fatigues et aux douleurs physiques ainsi que sa sérénité devant la mort, qui s'étaient déjà manifestées dans d'autres circonstances que nous avons relatées (66).

Berthollet mourut donc à Arcueil, entouré de ses plus fidèles disciples, Gay-Lussac et Dulong, le 6 novembre 1822 (67). Sa mort fut déplorée sincèrement par tous ses amis, et ils étaient nombreux. Ceux, qui étaient devenus ses fils spirituels et l'avaient constamment entouré de leur affection, en ressentirent une très vive émotion. Dulong, en évoquant à Berzelius le triste événement, écrivait :

« Personne ne pouvait sentir plus vivement que moi, la perte de notre illustre ami... » (68),

et plus loin, à propos de son enterrement, il ajoutait :

« Je n'ai jamais éprouvé d'émotion si forte qu'à cette triste cérémonie. En vous la retraçant ici, je ne puis me défendre de quelques larmes... »

Il terminait sa lettre par l'affirmation d'une très profonde amitié :

« Pour moi, qui avais le bonheur de vivre dans son intimité, c'est une perte plus cruelle encore [que pour les autres savants]. Il me reste beaucoup de connaissances à Paris, je n'y ai plus d'ami. »

Les funérailles de Berthollet eurent lieu à Arcueil, avec solennité ; les honneurs officiels dus à son rang lui furent rendus et quatre discours furent prononcés devant sa tombe, dans le cimetière d'Arcueil (69).

Avec Berthollet disparaissait le doyen des chimistes français, le dernier représentant du groupe des savants qui avaient autour de Lavoisier créé la nouvelle chimie, le fondateur de la Société d'Arcueil, dont les disciples formés à son école étaient en train d'enrichir la physique et la chimie de leurs découvertes.

Sa renommée, qui s'étendait tant en France qu'à l'étranger, était due autant à ses découvertes en chimie appliquée qu'à celles en chimie théorique. Tout le monde scientifique s'accordait à reconnaître, à côté de sa valeur de savant, ses grandes qualités humaines. Il laissait beaucoup d'amis qui le regrettèrent ; les discours prononcés sur sa tombe le furent avec une émotion sincère.

Plusieurs éloges officiels honorèrent sa mémoire. Il y eut d'abord celui de Chaptal à la Chambre des pairs, le 19 février 1823 (70). Puis celui prononcé devant l'Académie des sciences, le 7 juin 1824, par Cuvier (71). Ce dernier avait, nous l'avons déjà souligné (72), recherché et recueilli de nombreux témoignages sur Berthollet, ce qui permet d'utiliser cet éloge comme une bonne source de renseignements. Plus tard encore, le 28 mars 1826, E. Pariset prononça l'éloge de Berthollet devant l'Académie royale de médecine (73).

Quelques jours après sa mort, L.S. Auger, membre de l'Académie française, qui avait assisté à ses derniers moments (74), publia une courte notice nécrologique (75) ; cet ami, qui n'était pas un scientifique, nous y décrit l'homme bien plus que le savant. Enfin, la dernière notice consacrée à Berthollet par quelqu'un l'ayant bien connu, fut écrite par son ami E.F. Jomard. La petite biographie de cinquante-six pages, qu'il publia en 1844, est riche en renseignements précis sur sa vie et ses travaux (76) ; en faisant la part de l'amitié qui transparaît dans ses pages, elle nous a été parfois précieuse pour faire revivre un peu l'homme que fut Claude-Louis Berthollet.

Puis la personnalité de Berthollet se trouva figée dans la postérité. Peu à peu on oublia sa vie et même son œuvre en chimie appliquée ; pour la plupart des chimistes et des historiens, il apparut surtout comme l'auteur de l'*Essai de statique chimique,* c'est-à-dire comme un savant aux idées originales et abstraites.

CHAPITRE XI

L'HOMME

Au cours des pages qui précèdent, en dessinant à l'occasion de diverses circonstances de sa vie quelques traits de son caractère, nous pensons avoir déjà donné une certaine idée du personnage que fut Berthollet ; les quelques jugements de ses contemporains que nous avons cités ont pu compléter cette esquisse. Nous voudrions maintenant regrouper ces instantanés et en ajouter d'autres afin de dresser un portrait assez précis de l'homme ; le portrait du savant trouvera sa place après l'étude de son œuvre.

PORTRAIT PHYSIQUE

Avec trois portraits, un dessin à la plume et un buste sculpté, l'iconographie de Berthollet est assez riche pour nous permettre de présenter sa physionomie générale même si, parfois, elle nous déroute un peu en nous offrant des visages différents.

Selon le témoignage de Jomard qui, écrivant en 1844 , avait pu comparer les divers portraits et gravures représentant son ami, le portrait le plus beau et le plus fidèle est celui peint en 1814 par l'Américain Rembrandt Peale, venu spécialement en France pour cela. Avant de repartir, cet artiste avait lui-même fait une copie de son œuvre qui ornait la maison d'Arcueil (1). Sous forme de dessins et de gravures, elle fut très souvent reproduite (2).

Un autre portrait, qui se trouve à l'École polytechnique, représente Berthollet dans la force de l'âge (3) ; il se rapproche assez bien du croquis dessiné par Dutertre au départ de l'Expédition d'Égypte (4).

Quant au troisième portrait connu qui représente un visage plus jeune que les deux précédents, il était, selon L. de Launay qui le décrit dans sa biographie de Monge (5), la propriété de la baronne de Chaubry ; nous en avons retrouvé une reproduction conservée aux Archives de la Seine .

Le buste sculpté par Gayrard, offert en 1823 par Mme Berthollet à l'Institut (7) dont il orne toujours la bibliothèque, n'est pas très ressemblant si l'on en croit Dulong qui écrivait à Berzelius :

« [il a été] fait par un artiste qui ne l'a jamais vu et qui s'est aidé d'un portrait et des conseils de toutes les personnes qui avaient connu intimement M. Berthollet. Il n'est pas parfaitement ressemblant. » (8)

Plusieurs témoignages précisent sa silhouette générale. Jomard nous dit :

« Berthollet était d'une taille ordinaire, mais de stature très robuste ; la tête surtout était de forte proportion et d'un grand caractère. » (9)

Le fichier des sénateurs (10) contient un signalement analogue à ceux figurant sur les cartes d'identité actuelles. Nous y apprenons que Berthollet avait les yeux gris, le front élevé, le nez gros, la bouche moyenne, le menton rond et le visage plein. Ces traits se retrouvent dans les portraits. On y précise que les cheveux et les sourcils sont grisonnants, mais d'autres témoignages signalent qu'au temps de sa jeunesse et même en Égypte, ils étaient blonds. Tout ceci confirme ce que J. Fourier écrivait en 1795 à propos de ses professeurs de l'École normale :

« [Berthollet]... est d'un extérieur assez ordinaire » (11).

CARACTÈRE ET PERSONNALITÉ MORALE

Nous allons tenter de décrire la personnalité de Berthollet, après avoir remarqué toutefois combien il est difficile de décrire le caractère d'un personnage disparu depuis longtemps, à travers des témoignages et des jugements qui parfois se contredisent et dépendent beaucoup de l'opinion de leur auteur. Ainsi, Jomard, évoquant le portrait de Rembrandt Peale, écrivait :

« On aime à contempler cette image fidèle d'un savant profond, d'un ami sincère, d'un citoyen dévoué aux intérêts de son pays, au bien de l'humanité. Un doux feu brille dans ses yeux, un sourire affectueux règne sur ses lèvres, la candeur et la bonté respirent dans ses traits. » (12)

Ce sont les termes d'un ami qui l'avait très bien connu. Tout à l'opposé, et deux siècles plus tard, L. de Launay comparant les portraits de Monge et de Berthollet manifestait une grande antipathie :

« Monge, au repos, apparaît un peu rude, un peu négligé, un peu plébéien, mais avec cette bonté foncière que commencent par signaler chez lui,tous les contemporains, même les plus hostiles, avec cet idéalisme dont sa foi républicaine était la première incarnation.

« Berthollet, pincé dans son habit de velours blanc à revers rouges, les lèvres sensuelles, les petits yeux clignotants, regarde gravement d'un air sceptique et on le sent beaucoup plus disposé à d'avantageux réalismes. » (13)

Nous n'avons pas pu contempler le portrait en question (14), mais nous ne pensons pas qu'il soit possible de juger le caractère d'une personne à partir de l'examen d'un seul portrait. La prise en considération de ses différents actes est une meilleure manière d'approche, à condition de replacer ceux-ci dans leur contexte et de ne pas négliger l'ensemble pour en privilégier un seul. C'est cette dernière tendance que nous reprochons à plusieurs jugements émis par des biographes de contemporains de Berthollet. Le plus dur est celui de L. de Launay qui complétait ainsi sa description :

> « Dès lors, la réflexion de Bourrienne le montre, Bonaparte, qui démêlait avec une grande finesse les hommes en qui il pouvait se fier ... semblait pressentir que Berthollet, fait par lui Comte et Sénateur, le trahirait à la Restauration et c'est pourquoi sa faveur pour Berthollet quoiqu'il en ait donné d'abondants témoignages resta toujours moins spontanée qu'entraînée comme un reflet de son amitié beaucoup plus confiante pour Monge. » (15)

Ce jugement nous semble aussi hâtif que celui de G. Bouchard, biographe de Prieur de la Côte d'Or, qui, tirant argument du fait que Berthollet n'avait pu obtenir pour son «héros» une nomination au grade d'officier de la Légion d'honneur, écrit :

> « Pas un savant français ne jouissait auprès de Napoléon d'une audience plus large que le sénateur Berthollet, comblé par l'empereur d'honneur et d'argent. Mais ce chimiste de génie avait l'âme d'un courtisan. Il occupait une place éminente dans la haute domesticité impériale et connaissait l'éloignement que les anciens conventionnels inspiraient à son maître ; il n'intervint sans doute pas de peur d'être importun .» (16)

Si la dernière remarque peut être partiellement exacte, nous refusons d'admettre que Berthollet eut jamais « l'âme d'un courtisan ». Tous les traits de caractère que nous avons relevés tendent plutôt à prouver le contraire. Sa permanence à quelques postes de haut niveau vient bien plus de sa valeur scientifique que de son éventuel esprit de courtisanerie. Quant à l'accusation de trahison envers Napoléon par le vote de 1814 qui, selon certains historiens, noircit à jamais sa moralité, nous avons essayé de relater le plus objectivement possible les circonstances dans lesquelles Berthollet commit cette erreur ou cette faiblesse que nous n'acceptons pas de considérer comme une véritable trahison.

L'ensemble des témoignages que nous avons recueillis s'accordent à présenter Berthollet comme un homme droit et honnête, tant sur le plan matériel que sur le plan moral. Son comportement que nous avons suivi pendant toute sa vie confirme ces qualités ; la confiance qu'il sut inspirer aux différentes autorités gouvernementales en est un autre témoignage, plutôt qu'un signe de versatilité. Il joignait à cette honnêteté un profond respect de la valeur des autres, même à l'égard des adversaires les plus acharnés de ses idées ; tel fut le cas de Proust qui reçut de Berthollet une aide qui, si elle ne fut pas efficace, n'en fut pas moins réelle (17).

Il savait par ailleurs demeurer calme et courtois, même dans les discussions les plus vives, quelles soient politiques, philosophiques ou scientifiques. Certains l'accusèrent pour cela de froideur, d'autres au contraire louèrent cette qualité. Il est bien certain que ce trait de caractère joua un rôle important dans l'animation de l'esprit d'équipe qui régna dans le groupe d'Arcueil. Ce rôle s'étendait d'ailleurs hors du cadre de la petite Société, ce qui faisait écrire à Dulong :

> « La mort de M. Berthollet aura une bien fâcheuse influence sur les savants de Paris. Il contribuait beaucoup, par l'aménité de son caractère à entretenir l'harmonie entre les savants dont la rivalité et les prétentions occasionnent souvent la mésintelligence. » (18)

Ce témoignage de Dulong rejoint celui écrit beaucoup plus tôt par un jeune étudiant que l'on peut considérer comme totalement impartial. Il s'agit de Geoffroy Saint-Hilaire qui, avec beaucoup de pertinence, avait écrit à la suite d'un cours de cristallographie donné par R.J. Haüy en mars 1792 aux divers savants cités :

« *Lavoisier,* interrogeant et agrandissant toujours la pensée du sujet en question ;
Lagrange, réfléchi, disant quelquefois je ne comprends pas encore ;
Laplace, méticuleux, donnant avec autorité des leçons au professeur ;
Fourcroy, développant avec volubilité les conséquences des principes exposés, qu'il n'avait pas toujours saisis ;
Guyton de Morveau, montrant du doute surtout quand parlait le précédent ;
Berthollet, agissant contrairement, par pure complaisance de caractère. » (19)

Le respect des autres se manifestait encore par la ponctualité qu'il observait toujours et que les savants anglais appréciaient particulièrement, comme une qualité rare chez un Français (20).

S'il est assez facile de décrire le caractère de Berthollet dans ses relations avec les autres savants, il est en revanche difficile de percer ses sentiments intimes. Il fut toujours extrêmement discret sur lui-même. C'est sans doute un signe de pudeur plus que de dissimulation, car il savait s'exprimer ouvertement lorsqu'il était sollicité par ses amis, mais il ne le faisait pas spontanément (21). Les exemples les plus marquants de cette discrétion concernent sa vie de famille, la mort de son fils et sa santé.

Berthollet ne semble pas avoir eu de profondes convictions religieuses ; nous ne trouvons aucune allusion, même la plus subtile, dans ses lettres à ce sujet. Bourrienne, dans le très bref jugement que nous avons cité insiste sur son matérialisme et son « imagination froide », ce qui nous semble être une observation très juste.

Pour caractériser la philosophie qu'il avait adoptée et qui gouvernait sa vie, nous dirons qu'elle avait pour base le matérialisme et le rationalisme. Bien qu'élevé dans un milieu catholique sévère (22), il avait rejeté semble-t-il assez tôt tout spiritualisme et tout mysticisme (23). Ceci s'accorde d'ailleurs très bien avec les principes de sa philosophie chimique.

Sur le plan politique, sa position était celle d'un libéral. Sans passion pour les problèmes de gouvernement, il s'y intéressait cependant dans la mesure où ils engageaient l'avenir de son pays et il s'attachait alors principalement à leur aspect économique. Réprouvant les abus et les violations des droits de l'homme de quelque côté qu'ils viennent, il n'adhéra à aucune organisation politique et ne joua jamais un véritable rôle dans un gouvernement.

Berthollet fut essentiellement un homme de science. Ayant vécu à une époque de profonds changements sociaux, il sut adapter sa situation à ses goûts. Bon administrateur de 1784 à 1792 dans un poste qui demandait des qualités de chercheur et d'expérimentateur, il profita des avantages financiers que lui offrit Napoléon Bonaparte dès 1799 pour se consacrer entièrement aux travaux scientifiques ; en comparaison de ceux-ci, les quelques tâches liées aux charges qu'il eut à remplir, sont d'une importance minime.

C'est aussi à la science qu'il consacra l'essentiel de sa fortune: Jomard écrivait à ce propos :

> « Berthollet consacrait à ses expériences la plus grande partie de ses revenus, aussi, bien que pourvu d'emplois lucratifs, il n'eut jamais de fortune. Il vivait honorablement et l'on pourrait dire avec vérité qu'il faisait deux parts de son bien : l'une pour la science, l'autre pour l'amitié. » (24)

Pour terminer cette esquisse de la personnalité de Berthollet, nous citerons un fait qui découvre un peu plus ses goûts intimes et profonds ; pour orner son blason de Sénateur Comte, il choisit : le caducée et un appareil de chimie, symboles de ses deux vocations ; un ibis en souvenir du séjour en Égypte (25) et un chien symbole de fidélité (26).

Sa femme lui survécut six années pendant lesquelles elle dut faire face à de grosses difficultés financières. Par un testament olographe daté d'Arcueil, le 2 février 1814, elle était la légataire universelle de son mari. L'acte de succession établi le 23 avril 1823 (27) nous apprend que leurs biens étaient constitués des trois immeubles suivants : une maison et un jardin situés à Cachan, commune d'Arcueil, d'un revenu de 600 livres ; une maison sans jardin située à Arcueil, d'un revenu estimé à 900 livres ; enfin, une maison avec jardin et dépendances située elle aussi à Arcueil, d'un revenu estimé à 1 500 livres. Ce dernier immeuble est sans doute la propriété principale qui abritait le laboratoire et la bibliothèque et dans laquelle avaient lieu les séances de la Société d'Arcueil. Les biens mobiliers, quant à eux, étaient évalués à environ 8 000 livres, mais l'acte de succession n'en précise pas le détail.

Malheureusement, ces divers biens étaient sérieusement engagés dans des dettes. Nous avons la preuve de ce fait dans une démarche entreprise par Mme Berthollet dès le mois de décembre 1822 afin d'obtenir une aide financière de la part du gouvernement (28). Sa pétition, appuyée de la recommandation de M. Auger fut transmise, avec un avis favorable, au ministère de l'Intérieur. La veuve de Berthollet déclarait que sa seule ressource était la pension à laquelle elle avait droit en qualité de veuve d'un pair de France et qu'elle devait encore remplir des engagements contractés du vivant de son mari. Aucun document ne nous permet jusqu'à présent de savoir si le secours ainsi demandé a été effectivement accordé. En revanche, nous savons que le 25 décembre 1822 Mme Berthollet vendit 2 hectares de terre à Cachan (29) et qu'en 1825 la grande bibliothèque de Berthollet comprenant plus de 600 ouvrages, fut vendue aux enchères, circonstance qui nous permet d'en connaître l'inventaire (30).

Marguerite-Marie Baur, femme de Berthollet abandonna Arcueil et vécut à Paris où elle mourut, le 21 septembre 1828, chez une amie qui l'avait recueillie (31) ; elle fut enterrée auprès de son mari dans le cimetière d'Arcueil.

Les différentes propriétés avaient été vendues, en particulier la plus importante, siège de la célèbre Société chère à Berthollet et dont les bâtiments furent détruits au début de notre siècle (32). Des appareils perfectionnés que contenait le laboratoire, nous n'avons retrouvé aucune trace. Peut-être furent-ils vendus ou donnés du vivant même du chimiste.

Ainsi, comme ses papiers, tous les biens – immeubles, meubles, livres et appareils – de Berthollet se trouvèrent-ils dispersés. Nous souhaitons que quelque hasard heureux nous permette dans l'avenir, comme cela s'est déjà produit pour certains manuscrits importants, de retrouver des objets lui ayant appartenu.

II – SON OEUVRE, 1770-1816

Aucune théorie si fructueuse soit-elle ne peut tout expliquer ; il reste toujours un certain nombre de faits incompréhensibles ou troublants pour nous avertir qu'au-delà des conquêtes nouvelles il y a encore bien d'autres terres à explorer. »

Louis de BROGLIE*

« Ne cherchons donc point d'assurance et de fermeté. Notre raison est toujours déçue par l'inconstance des apparences ; rien ne peut fixer le fini entre les deux infinis qui l'enferment et le fuient. »

PASCAL**

* *Continu et Discontinu en physique moderne,* Paris, 1941, p. 184.
** *Pensées,* Fragment sur les deux infinis.

A. LA FORMATION, 1770 - 1790

La période qui s'étend de son arrivée à Paris jusqu'à l'aube de la Révolution voit la formation des idées fondamentales et de la méthode de recherche de Berthollet. Pendant ces dix-huit années, son œuvre chimique présente les mêmes caractères, que nous résumerons en trois points.

1. Berthollet entreprend des recherches sur des sujets limités, dans des domaines variéss et parfois indépendants ; ses travaux sont des études de détail souvent orientées, après 1784, vers des applications pratiques.

2. Dans ses exposés, qui sont en général des mémoires (1), les interprétations théoriques ne dépassent pas le cadre des faits particuliers (2) et ne conduisent pas leur auteur aux grandes synthèses qui illustrent ses travaux après la Révolution (3).

3. Ses recherches sont presque toujours inspirées de l'extérieur : soit par les travaux de l'Académie des sciences, soit par les nécessités de ses fonctions de directeur des teintures.

Ces trois remarques montrent clairement qu'à l'époque envisagée ici, Berthollet n'avait pas encore établi un programme général de recherches, ce qui sera le trait caractéristique de son activité scientifique à partir du retour d'Égypte en 1799.

CHAPITRE PREMIER

ENSEIGNEMENT ET INFLUENCES REÇUS PAR BERTHOLLET

La connaissance du climat dans lequel Berthollet a commencé ses études de chimie et réalisé ses premiers travaux est intéressante à plus d'un titre. La chimie est alors dans une phase de grand essor qui se double d'un malaise laissant pressentir une prochaine crise.

La chimie expérimentale est dominée par la découverte des gaz. Une branche nouvelle qui étudie leur formation, leur nature et leurs propriétés, la chimie pneumatique, est en train de naître et de se développer. Malheureusement, les nouveaux faits qu'elle met à jour sont difficiles à intégrer dans la théorie générale universellement adoptée. Pour tenter cependant d'y parvenir, les chimistes élaborent des explications ingénieuses, mais qui ne les satisfont pas entièrement (4).

Les théories sont commandées par les idées de Newton et de Stahl (5). Grâce à ces deux savants d'importance inégale certes quant à leur place dans l'histoire générale de la Science, mais comparables ici dans ce domaine particulier, la chimie s'est dotée d'une théorie générale – la première de son histoire déjà longue – basée à la fois sur les attractions entre les petites particules de matière et sur la mise en jeu d'un élément-principe porteur de nombreuses qualités : le phlogistique. En 1770, tous les chimistes sont newtoniens et phlogisticiens ; leurs divergences de vue ne se placent qu'ensuite sur le plan des interprétations particulières.

La partie de la doctrine qui occupe la place prépondérante dans l'histoire de la chimie au cours de la période 1770-1790, est celle qui concerne l'explication des réactions d'oxydoréduction. La théorie de Stahl à ce sujet est connue sous le nom de *théorie du phlogistique (6).*

Celle-ci trouve son point de départ dans un principe élémentaire, imaginé par le chimiste allemand J. Becher et repris par son compatriote G.E. Stahl, le phlogistique ou élément du feu. Cet élément-principe est essentiellement porteur de la propriété de combustibilité : il est contenu dans tous les corps combustibles et s'en dégage quand ces derniers brûlent dans l'air. D'autre part, lors de la réduction d'une terre métallique (oxyde) par le carbone ou le soufre, ceux-ci, qui contiennent beaucoup de phlogistique, le cèdent aux terres qui redeviennent des métaux. Si l'on fait abstraction de la différence du point de vue philosophique entre la notion d'élément telle qu'elle était au XVIIIe siècle et la notion actuelle, on peut considérer le phlogistique comme l'antioxygène : il joue ce rôle dans les réactions.

Le grand intérêt de la théorie bâtie sur cet élément hypothétique était que pour la première fois dans l'histoire de la chimie, la même hypothèse conduisait à l'interprétation cohérente d'un double ensemble de faits aussi importants l'un que l'autre : les combustions, d'une part, le passage d'un oxyde au métal de l'autre. Dès le milieu du XVIIIe siècle, l'adoption de la théorie de Stahl était unanime parmi les chimistes. Enthousiasmés par sa réussite à propos des oxydoréductions, ils voulurent étendre son domaine à toutes les réactions chimiques ; le phlogistique devint pour certains l'élément universel porteur de toutes les qualités et responsable de toutes les réactions.

Les développements parallèles de la chimie expérimentale qui accumulait les découvertes et ceux de la théorie du phlogistique qui essayait d'intégrer celles-ci et d'étendre son champ d'interprétation, firent apparaître des contradictions de plus en plus nombreuses entre la théorie et des faits de mieux en mieux observés. Deux de ces faits devenaient particulièrement gênants :

– l'augmentation de poids des corps au cours de leur calcination alors qu'ils perdent du phlogistique ;

– le rôle de l'air dans les combustions et les calcinations.

La formation des gaz nouvellement découverts, ainsi que leur nature, posaient d'autres problèmes difficiles.

Finalement, pour résumer l'atmosphère générale qui règne dans le monde des chimistes au moment où Berthollet commence à s'intéresser à la chimie, nous dirons qu'on y trouve à la fois un certain malaise, un désir de réforme que beaucoup sentent nécessaire et une certaine fièvre de recherches expérimentales. Mais personne ne songe encore à mettre en doute la validité de la doctrine qui a donné des preuves indéniables de fécondité.

Lavoisier va le faire publiquement dès 1774 (7). Puis, avec une méthode remarquable, il rejettera une théorie devenue à ses yeux inutile et la remplacera par une autre s'accordant à l'ensemble des faits observés.

Il n'est pas question de retracer ici, même sommairement, cet épisode capital de l'histoire de la chimie (8). En revanche, dans le chapitre suivant, nous nous attacherons à décrire la place que Berthollet y a occupée.

Berthollet, qui n'avait pas – ou presque pas – étudié la chimie à Turin (9), reçut à Paris l'enseignement direct de P.-J. Macquer et de H.-M. Rouelle. Ce dernier avait adopté dans ses cours au Jardin du roi les conceptions de son frère Guillaume-François, auquel il succédait. Par eux, Berthollet fut formé à une pratique expérimentale qui, sans avoir la rigueur de celle de Lavoisier, était cependant déjà bien établie. Il fut aussi initié à la théorie phlogistique dont les deux célèbres professeurs étaient en France les disciples les plus convaincus, en s'efforçant activement d'accorder les nouveaux faits découverts avec ses principes fondamentaux. Macquer était également un newtonien fervent : pour lui, une réaction chimique est toujours commandée par des attractions entre les particules de matière (10). Berthollet adopta cette conception à laquelle il resta fidèle toute sa vie.

Un autre chimiste avait contribué à sa formation newtonienne et phlogisticienne : le Suédois Torbern Bergman, dont il connaissait très bien les ouvrages et dont il fut, à propos des affinités chimiques, à la fois le continuateur et le contradicteur.

On peut dire que Rouelle d'abord, mais surtout Macquer et Bergman furent les premiers maîtres de Berthollet en chimie : ils furent les seuls qui exercèrent sur lui une influence profonde se retrouvant dans de nombreuses œuvres.

CHAPITRE II

BERTHOLLET ET LE PHLOGISTIQUE, 1776 - 1785

En 1776, Berthollet publia ses deux premiers exposés. Au début de l'année ce fut un petit mémoire où il donnait les résultats de ses expériences sur la décomposition de l'acide tartareux (1). A la fin de l'été parut un opuscule qui complétait les observations décrites dans le mémoire et tirait des conclusions théoriques de leur ensemble. Ce premier ouvrage de Berthollet (2), bien que d'importance modeste, mérite une analyse.

1. LES « OBSERVATIONS SUR L'AIR », 1776

Le titre est significatif ; « l'air » désigne en réalité les différents gaz qui se dégagent lors de la décomposition de plusieurs substances choisies spécialement. Berthollet aborde là le sujet de chimie qui était le plus brûlant du moment. Il était d'ailleurs très pressé de publier son texte puisqu'il écrivait à ce sujet à son ami Tingry, le 7 juillet 1776 :

> « L'abbé Fontana et Mr Lavoisier préparent beaucoup de choses sur l'air, ainsi je vous en conjure de me faire parvenir promptement mes feuilles : je vous ai marqué qu'on ne pouvait pas les envoyer par la poste ; si vous pouviez en envoyer une partie au premier bureau de France sous l'adresse de S. a. l. Mgr le duc d'Orléans, elles me parviendraient franches de port, mais on ne pourrait, je crois envoyer que trois ou quatre exemplaires à la fois ; je pense après tout qu'il vaudrait mieux les envoyer toutes en même tems par le carrosse ou par les rouliers sous l'adresse du duc pour éviter la visite. Je laisse tout à votre prudence. »

Sa parution avait même été annoncée publiquement, puisque Berthollet poursuivait :

> « L'excellent homme [Rouelle] s'est fort échauffé dans son dernier cours au Jardin du Roy à l'occasion des notes qu'on a jointes à mon mémoire sur l'acide tartareux ; il poussa l'affection plus loin : il annonça mes expériences sur l'air avec des éloges qu'elles démentiront. » (3)

Par son style clair, vif, enjoué même, par l'esprit qui l'anime, ce petit ouvrage se singularise de tout le reste de l'œuvre de Berthollet. Son auteur y livre tout à la fois les résultats de ses expériences – qualitatifs et quantitatifs –, ses interprétations des observations et des digressions sur divers sujets qui dépassent souvent le cadre de la chimie. Celles-ci sont placées sous l'autorité de Voltaire et de Rousseau. La page de titre porte en exergue une phrase du premier de ces auteurs :

> « Chacun a dit son mot ; on a longtems rêvé,
> le vrai sens de l'énigme est-il enfin trouvé ?
>
> Volt., *De la nature de l'homme.* »

L'influence du second se retrouve dans les passages où Berthollet parle de la santé et des moyens propres à la conserver :

> « La plupart des sauvages [sont] guidés par la nature avec laquelle la raison devrait toujours s'accorder pour le bonheur de l'homme. » (4)

Évoquant les propriétés de l'air déphlogistiqué – l'oxygène –, il déclare :

> « Plus l'air est privé de phlogistique, plus il est propre à entretenir la respiration. N'est-ce-point ce qui fait la salubritété & ce qu'on appelle la légèreté de l'air des montagnes ...
>
> « L'état de l'air que nous respirons influe singulièrement sur notre santé et sur notre âme (I). Je me souviens encore du charme ressenti au sommet des Alpes. Des fleurs sauvages, des eaux qui se précipitent en forme de nuage, quelques pâtres qui jouent sur l'herbe naissante, y sont un spectacle plus délicieux que tout ce que la nature, le luxe et l'élégance peuvent étaler dans les jardins. » (5)

Le texte de la note I est encore plus directement inspiré de Rousseau :

> « Je suis surpris que les bains de l'air salutaire & bienfaisant des montagnes ne soient pas un des grands remèdes de la médecine & de la morale. » (6)

Quatre vers de la *Nouvelle Héloïse,* en italien, complètent cette réflexion.

Le contenu scientifique du premier ouvrage de Berthollet est également très intéressant : de nombreux sujets y sont abordés et l'on trouve à leur propos des idées qui seront développées plus tard.

L'exposé comprend deux parties.

La première concerne essentiellement l'air fixe – le gaz carbonique – qui se dégage dans la décomposition thermique – distillation – de nombreuses substances organiques, végétales ou animales. Berthollet y analyse d'abord la décomposition de l'acide tartareux (7) en reconnaissant que le gaz qui s'en échappe est surtout formé d'air fixe ; il donne même une analyse quantitative qui manque manifestement de précision. A propos de l'acidité de l'air fixe, il écrit :

> « On a douté longtems de l'acidité de l'air fixe ; il suffisait cependant pour s'en convaincre, de l'éprouver avec de la teinture de tournesol, car il la rougit parfaitement. Les expériences de Mr le Duc de Chaulnes & de Mr Bewly (I) mettent hors de doute qu'elle ne dépend point des

acides qu'on emploie pour dégager l'air fixe ... & l'on ne saurait plus être de l'avis de Mrs Landriani (II) & Fontana (III). » (8)

Le style direct, que l'on apprécie tant dans ce texte, se manifeste dans la manière dont Berthollet présente les problèmes qu'il se pose :

« L'acide tartareux doit avoir des rapports avec les autres acides végétaux : comparons-les, & tâchons de reconnaître aussi les principes de ces derniers. » (9)

Ayant fait l'analyse du vinaigre, il conclut que ce dernier contient de l'air fixe uni à du gaz inflammable et il attribue à nouveau l'acidité du vinaigre à l'air fixe. On trouve alors un intéressant passage sur la nature de l'air inflammable – l'hydrogène :

« Cet air inflammable n'est pas une espèce d'air particulière, un premier principe : c'est ce que le célèbre auteur du dictionnaire de Chymie [Macquer] appelle principe du second ordre : c'est probablement de l'air simple saturé de phlogistique avec excès ; mais jusqu'à ce qu'on ait une idée bien claire de sa composition, il faut le regarder comme un être simple ; & comme l'on ignore s'il contient de l'eau, il faut abandonner l'opinion des Chymistes qui regardaient l'eau comme cause de l'expansion du feu dans la flamme.

« J'en dis autant de l'air fixe qui paraît cependant plus composé & beaucoup plus éloigné de l'air simple que l'air inflammable. » (10)

Berthollet se préoccupe ensuite de l'esprit de vin – l'alcool éthylique – qui lui paraît :

« ... composé d'air inflammable, de phlegme – eau – & d'un peu d'air fixe qui sert probablement d'union aux deux autres principes. » (11)

Il pense que, lors de la formation de l'éther, l'alcool perd une partie de son eau et de son air fixe et que, de ce fait :

« ... l'éther doit être de l'air inflammable uni en grande quantité à un peu de phlegme, d'air fixe & d'un autre acide ...»

Cet acide est celui dont on se sert pour faire la déshydratation de l'alcool.

La prudence du jeune auteur se manifeste dans cette réflexion qui suit ses diverses affirmations :

« Je sais qu'il y a beaucoup d'expériences à faire sur cet objet, & je mets bien de la différence entre les conséquences que je tire immédiatement de mes expériences, celles que j'en déduis moins immédiatement, & les simples probabilités. » (12)

Puis il expose ses idées sur les processus de formation de l'alcool à partir des jus de fruits : assimilation des plantes pour donner le fruit et fermentation. Au cours de cette dernière phase, il pense que l'air s'unissant au phlogistique se transforme en gaz inflammable qui se combine ensuite à l'air fixe et donne l'alcool. Le phénomène se poursuit même encore puisque l'air fixe restant s'unit « aux principes de l'esprit de vin et forme le vinaigre ».

Après cette interprétation personnelle d'une suite de réactions que nous connaissons bien (13), Berthollet déclare :

> « Je ne prétends point établir un système, & si les expériences que je médite ne vérifient pas mes idées, je les abandonnerai sans les defendre. » (14)

Ayant ainsi constaté la présence irréfutable de l'air fixe dans de nombreuses substances végétales, Berthollet reconnaît qu'il abonde également dans le règne minéral puisqu'une grande partie des montagnes en est formée (15) – les roches carbonatées. Il recherche ensuite cette présence dans le règne animal et la trouve en examinant les phénomènes de putréfaction, la composition des os et de quelques autres matières animales.

Il conclut la première partie de son exposé ainsi :

> « L'air fixe se trouve abondamment dans les trois règnes & il entre pour beaucoup dans la composition des corps ; il paraît être le seul acide des végétaux ; nous ne connaissons encore rien qui soit capable de le détruire. C'est une substance de l'espèce de l'acide vitriolique, de l'acide nitreux, etc. ... un mixte dont les propriétés sont trop différentes de celles de l'air commun pour qu'on puisse le confondre avec lui ; & je crois qu'il vaudrait mieux l'appeler acide universel si les noms n'étaient pas indifférens dès qu'on apprécie leur signification. » (16) (17)

La deuxième partie est consacrée à l'air déphlogistiqué, c'est-à-dire l'oxygène.

Berthollet s'intéresse d'abord à l'acide nitreux – notre acide nitrique – et à ses sels, les nitres, dont la décomposition libère beaucoup d'oxygène. Il interprète l'action de cet acide sur un métal en faisant intervenir à la fois l'air et le phlogistique, suivant en cela plusieurs chimistes du moment, dont Macquer :

> « Il se fait une vive effervescence & l'acide nitreux s'échappe en grande partie sous la forme de vapeurs : l'air qu'il contenait a donc été séparé & a sans doute été retenu par la substance métallique ; je crois qu'il se fait un échange, que le métal donne un peu de son phlogistique & prend l'air de l'acide nitreux. » (18)

Il annonce toute une série d'expériences futures (19) en déclarant que la détonation du nitre « ...mérite un examen particulier ; car je puis dire qu'on connaît peu ce qui se passe alors ». Il connaît bien les expériences de Priestley à ce sujet, les commente, les refait et les interprète ; mais il qualifie l'idée du savant anglais, de considérer l'air atmosphérique comme de l'acide nitreux uni à une terre et l'atmosphère comme un sel nitreux additionné de phlogistique :

> « ... une imagination bien singulière, peut-être peu digne d'un homme à qui l'on doit tant de belles choses. » (20)

Dans les passages qui suivent, Berthollet exprime très clairement son opinion sur le phlogistique ; pour connaître celle-ci sans ambiguïté laissons-lui la parole :

« Cet air pur, cet air déphlogistiqué, dont la découverte fait tant d'honneur à Mr Priestley, & qui fait partie de l'acide nitreux & de la plupart des chaux métalliques dont on peut le retirer, confirmerait, s'il en était besoin, ainsi que le remarque cet auteur, l'absence du phlogistique dans les chaux métalliques que plusieurs modernes ont révoquée en doute.

« Quoi ! les chaux & les précipités de zinc & de fer n'ont-ils pas perdu le principe qui rendait ces substances métalliques inflammables? Pouvez-vous faire reparaître sous sa forme naturelle quelque chaux ou quelque précipité métallique, sans l'union de ce principe qui forme la combustion, la chaleur, la lumière ; sans l'union du principe du feu qui se trouve accumulé dans le charbon ? » (21)

On retrouve là le langage de Macquer, dont l'élève poursuit :

«Je conviens cependant qu'on a attribué mal-à-propos plusieurs phénomènes au phlogistique qui, par exemple, paraît contribuer moins qu'on ne pense à la solubilité des métaux dans les acides. »

Berthollet se lance alors dans une longue critique des idées concernant le phlogistique que Buffon avait exposées dans son *Introduction à l'histoire des minéraux (22),* Le naturaliste avait écrit et Berthollet le cite :

« Le fameux phlogistique des Chymistes [être de leur méthode plutôt que de la nature] n'est pas un principe simple & identique, comme ils nous le représentent : c'est un composé, un produit de l'alliage, un résultat de la combinaison des deux élémens de l'air & du feu fixés dans les corps ... »

Le jeune chimiste défend les idées de Stahl et de ses disciples avec ardeur en répondant :

« La saine partie des Chymistes depuis Stahl, cet homme qui créa la vraie Chymie & qui fut un des plus grands médecins, me paraît avoir du phlogistique une idée plus juste que l'auteur d'un ouvrage immortel (I). Ils le regardent comme le feu devenu principe des corps, passant d'une combinaison dans une autre, donnant & enlevant différentes propriétés qu'ils ont examinées, formant avec l'acide vitriolique le soufre dont ils ont une toute autre idée que M. de Buffon (I) ; mais l'acide vitriolique est encore selon lui un être chimérique. » (23)

La critique se poursuit, point par point. Berthollet refuse de considérer que l'air soit l'aliment du feu :

« Les effets de l'air sont tout à fait différens de ceux du phlogistique (I) & l'air qui a servi à la combustion, n'a point été l'aliment du feu, n'a point été converti en feu ni détruit, mais il s'est chargé du principe de l'inflammabilité qui s'est dégagé du corps en combustion ; il s'est combiné avec lui par une espèce de dissolution, & la végétation peut l'en dépouiller, le rétablir & le rendre propre à entretenir de nouveau la flamme (II) : à plus forte raison l'eau n'est pas changée en feu. » (24)

Il refuse également de considérer que l'eau se change en terre, comme Buffon croit pouvoir l'affirmer en examinant la formation des coquilles des animaux :

« Si les élémens se convertissent mutuellement, rien ne le prouve encore : les corps organisés peuvent les modifier ; mais c'est peut-être tout. Les animaux à coquilles qui forment la terre calcaire, ne vivent pas d'eau distillée (III). » (25)

La discussion dévie ensuite assez longuement sur la question de la conduction de l'électricité et de la chaleur par divers corps ; avant de revenir à quelques dernières réflexions de chimie, Berthollet déclare :

« Mais voilà une digression trop systématique & trop éloignée de mon sujet : finissons : pour quelques observations, ferais-je un gros livre ? l'on écrit vingt volumes pour chaque pas que font les sciences : manie bien nuisible à leurs progrès ! » (26)

Ses dernières réflexions concernent deux acides particuliers : l'acide « sulfureux » et l'acide « spathique » (fluorhydrique), à propos duquel il conclut :

« J'avoue que les essais que j'ai faits sur cet acide, me font pencher à le regarder comme un acide particulier. » (27)

Et Berthollet termine ainsi :

« J'ai osé combattre les opinions de M. de Buffon et personne n'admire plus que moi ce grand homme. Ceux qui recherchent la vérité doivent écrire leur façon de penser sans fiel et sans ménagement. » (28)

Une première conclusion s'impose après la lecture de ce petit ouvrage : Berthollet avait bien suivi la maxime finale. Une telle entrée publique dans le monde des chimistes ne devait pas passer inaperçue. Les *Observations sur l'air* reçurent immédiatement un accueil chaleureux de la part de l'un des rédacteurs du *Journal de médecine* qui, après un compte rendu fidèle ajoutait :

« Les sciences gagneraient infiniment, et les savans pourraient suffire à la lecture de tous les livres, s'ils avaient l'heureuse précision avec laquelle M. Berthollet communique ses idées et ses expériences ; elles annoncent des connaissances profondes. » (29)

Deux autres articles du même périodique lui furent consacrés (30). Quelques années plus tard, Fourcroy, décrivant dans l'*Encyclopédie méthodique* le développement de la chimie (31), donna du premier ouvrage de Berthollet une étude détaillée qui prouve l'importance qu'on lui avait accordée.

Quant à nous, maintenant, que pouvons-nous ajouter ?

Il faut d'abord relever, comme l'avait fait le rédacteur du *Journal de médecine,* la clarté et la précision de l'exposé ; ensuite les qualités de bon observateur des expériences chimiques, qui se révèlent déjà nettement. Et pour les interprétations, Berthollet se situe ici dans la pure tradition de la doctrine du phlogistique qu'il a reçue de ses maîtres, principalement de Macquer dont il se montre le digne élève et qu'il défend avec une ardeur à peine contenue. Cette vivacité est plutôt rare ; elle se retrouve dans les critiques contre le magnétisme animal (32).

2. LES PREMIERS MÉMOIRES PRÉSENTÉS A L'ACADÉMIE, 1777-1780

A partir de 1777, les résultats des recherches chimiques de Berthollet apparaissent dans les mémoires qu'il présente à l'Académie royale des sciences. Jusqu'en 1780, date à laquelle il devint adjoint à la classe de chimie et qui correspond aussi à un début d'évolution dans ses idées sur le phlogistique, il lut vingt mémoires (33), dont cinq en qualité d'académicien, sur divers sujets dont certains sont annoncés dans les *Observations sur l'air (34)*. Parmi cet ensemble, nous retiendrons, pour l'intérêt du sujet lui-même et de la théorie qu'en donne Berthollet, les études relatives à la causticité.

LA CAUSE DE LA CAUSTICITÉ

Cette question était, depuis deux décennies, l'objet de nombreuses et vives discussions parmi les chimistes. Le savant écossais Joseph Black avait correctement expliqué la perte de la causticité des alcalis par leur union avec le gaz carbonique qu'il venait de découvrir ; il eut peu de succès immédiat. On cherchait à donner une explication unique de la cause de la causticité – c'est-à-dire la propriété d'attaquer et de détruire les substances organiques avec lesquelles elles sont en contact – de substances aussi différentes que les alcalis, les acides et certains sels. En 1764 parut la théorie d'un pharmacien d'Osnabrück, F. Meyer, qui attribuait la causticité à la présence d'un élément-principe analogue au phlogistique : l'*acidum pingue* ou *causticum,* qui est au gaz carbonique ce que le phlogistique est à l'oxygène. La théorie de Meyer trouva des partisans farouches parmi les chimistes les plus traditionalistes, adversaires de la chimie des gaz, mais aussi des contradicteurs acharnés.

Un grand nombre de chimistes, frappés par l'analogie des effets destructeurs du feu et des substances caustiques, avaient fait de l'élément du feu, le phlogistique, le principe unique de la causticité, comme il était déjà celui de la combustibilité (35).

Macquer, dans la deuxième édition de son *Dictionnaire de Chymie,* consacra un long article de quarante-trois pages à la causticité qu'il considère comme l'un des phénomènes les plus importants de la chimie (36). Il y fait un rappel et une critique des diverses théories déjà proposées pour en interpréter la cause, avant de donner sa propre théorie que Berthollet prolongera en partie. Tout en reconnaissant que l'élément du feu « possède la causticité dans le degré le plus éminent » (37) et qu'il doit contribuer « directement et par sa propre causticité à celle de certains corps, et dans certaines circonstances » (38), Macquer refuse de le considérer comme la cause unique du phénomène. Il adopte la théorie de J. Black sur la perte de causticité par les alcalis laissés en contact avec l'air, ajoutant :

> « Cette découverte, une des plus importantes qui aient été faites depuis qu'on cultive la chimie ... a déplu souverainement à tous ceux des chymistes qui se servaient si commodément de la matière du feu pour expliquer les phénomènes de la causticité. » (39)

Macquer conclut que la causticité n'est pas due à la seule présence d'un élément particulier car, finalement :

« ... [elle] n'est autre chose que la force avec laquelle les parties des caustiques tendent à s'unir aux parties des autres corps. » (40)

Dans ses mémoires sur le même sujet, Berthollet adoptera ce principe fondamental ; mais la suite de l'article est encore intéressante à relever car, s'élevant au-dessus du cas particulier pour atteindre une interprétation de tous les phénomènes chimiques dans la tradition newtonienne, qui sera reprise elle aussi par Berthollet, Macquer souhaite avoir fait :

« ... une application raisonnable [de la philosophie de Newton] aux phénomènes chymiques de la causticité, des dissolutions, combinaisons et autres de cette nature, qui, comme je l'ai dit constituent à proprement parler toute la science de la chymie. » (41)

Berthollet lut devant l'Académie quatre mémoires sur la causticité. Le premier, lu en décembre 1779, fut publié dès le mois suivant dans le *Journal de médecine (42)* ; il ne semble pas avoir fait l'objet d'un rapport à l'Académie. En février 1780, Berthollet lut, au cours de trois séances, deux autres mémoires sur le même sujet ; les commissaires désignés par l'Académie, Macquer et Lavoisier, présentèrent un rapport sur ces travaux le 12 avril suivant (43). Enfin, Berthollet lut un dernier mémoire sur la cause de la causticité en juillet 1780 (44). L'*Histoire de l'Académie ... pour l'année 1780* renferme un mémoire de Berthollet intitulé « Essai sur la cause de la causticité des sels et des précipités métalliques » (45), correspondant sans doute à une refonte d'une partie au moins des mémoires lus en février et en juillet 1780.

Dans ces deux textes publiés, Berthollet se réfère souvent à Macquer et quelquefois à Bergman. Comme le premier de ces auteurs, il distingue plusieurs causes dans la causticité des substances. C'est ainsi qu'il précise au début de son premier mémoire :

« Je ne parle ici que de la causticité des sels et précipités métalliques ; car celle des alkalis purs et des terres calcaires me paraît dépendre d'une cause différente : j'ai tâché de prouver, dans le Journal de médecine que la causticité de ces dernières substances s'exerce sur un principe qui est analogue et qui se trouve abondamment dans les substances animales. » (46) (47)

Quant à la cause de la causticité des sels métalliques, il l'attribue à l'absence de phlogistique et à la tendance qu'ils manifestent à le reprendre dans les substances qui en contiennent :

« Je vais présenter des faits qui me paraissent prouver que c'est à l'absence de feu qu'est due la causticité des substances métalliques. » (48)

Les observations qu'il présente ensuite font principalement intervenir les sels de mercure.

Berthollet précise également dans ce mémoire, qu'il a adopté les principes de Macquer, sans toutefois en suivre les applications :

« Personne ne me paraît avoir si bien développé que M. Macquer, le principe de l'action des caustiques ; c'est un effort (49) qu'ils font pour se combiner, une tendance, une suite de leurs affinités et je lui fais hommage de mes idées si elles ont quelque chose de lumineux ; mais cet illustre chimiste s'est contenté d'indiquer, sur cet objet, la marche de la nature et je m'éloignerai de lui dans l'application qu'il fait des principes qu'il a établis. » (50)

Nous ne possédons cependant pas le texte complet des mémoires de février 1780 ; mais le rapport qu'en firent Macquer et Lavoisier nous apprend que Berthollet y avait étendu ses observations à d'autres sels que ceux de mercure (51), en concluant toujours que leur causticité était due à l'absence de phlogistique, pour lequel ils ont de l'affinité et qu'ils tendent à prendre aux substances qui en sont pourvues. Cette explication entraîna un commentaire de Lavoisier qui, datant d'avril 1780, est intéressant à citer :

« Si les principes de M. Berthollet à cet égard [la cause de la causticité des sels] sont vrais, les sels métalliques doivent être d'autant plus corrosifs, d'autant plus caustiques, qu'ils sont plus dépouillés de phlogistique ; ils doivent être au contraire d'autant plus doux qu'ils approchent davantage d'être saturés de ce principe. Les faits à cet égard cadrent d'une manière frappante avec la théorie. » (52)

Un peu plus loin, Lavoisier reconnaît encore que les expériences décrites par Berthollet pour appuyer sa théorie sont « assez concluantes ». Il s'agit d'observations sur les deux chlorures de mercure et sur la causticité des acides concentrés que l'auteur attribue encore à l'absence de phlogistique et à la force qu'ils exercent pour le reprendre (53). Néanmoins, malgré cette concession, Lavoisier termine ainsi :

« Quoique la théorie de M. Berthollet soit très ingénieuse, quoiqu'elle paraisse satisfaire à l'explication du plus grand nombre des phénomènes, enfin quoiqu'elle se lie parfaitement avec la théorie de Stahl, nous ne la regardons pas comme démontrée ; le phlogistique est un élément dont on a abusé dans ces derniers temps pour expliquer tout. » (54)

Cette mise en garde n'empêcha pas cependant Berthollet de publier dans l'*Histoire de l'Académie ... pour ... 1780,* parue en 1784, son deuxième «Essai sur la causticité ...» dans lequel il conserve la même opinion, ce qui montre qu'après 1780 il restait encore fidèle utilisateur du phlogistique dans ses interprétations (55).

3. MÉMOIRES SUR LA DÉCOMPOSITION DE L'ACIDE NITREUX, 1781

Les différents modes de décomposition de l'acide nitreux – l'acide nitrique actuel – et de ses sels – les nitres – jouèrent également un rôle dans l'évolution des idées sur le phlogistique.

En 1778, Berthollet avait lu sur ce sujet, devant l'Académie, un mémoire qui ne fut pas publié ; en 1781, il reprit la question et lut devant ses confrères en plusieurs séances, des « observations sur la décomposition de l'acide nitreux » qui furent publiées en trois mémoires dans l'*Histoire de l'Académie pour ... 1781 (56) (57).*

On constate dans ces mémoires que son attitude a déjà un peu évolué par rapport à celle qu'il exprimait l'année précédente à propos de la causticité. En effet, dans le premier mémoire, il annonce qu'il a voulu examiner si les observations qu'il a faites sur la décomposition de l'acide nitreux et de ses composés peuvent s'accorder ou non avec la nouvelle théorie de Lavoisier qui contredit celle de Stahl. Il prévient cependant qu'il continuera à utiliser cette dernière comme si elle n'avait pas été mise en doute. Il l'utilise effectivement dans son deuxième mémoire et c'est seulement dans le troisième qu'il commence à prendre en considération la théorie de Lavoisier :

> « Les explications que j'ai données jusqu'à présent sont conformes à la doctrine de Stahl, qu'il faut cependant modifier par les découvertes que l'on a faites sur la nature de l'air et les autres fluides élastiques. Quelques chimistes et quelques physiciens avaient élevé des doutes sur le phlogistique, mais aucun n'avait entrepris de combattre son existence par des observations qui pussent balancer les faits qui paraissent la prouver, jusqu'à ce qu'un de nos Confrères ait fait un système ingénieux de tout ce qu'une analyse fine et nouvelle pouvait opposer aux idées reçues sur cet objet. Mon dessein n'est pas de rappeler tout ce qui paraît prouver l'existence du phlogistique dans les métaux , le soufre et le phosphore, ainsi que le charbon, mais seulement d'examiner si les expériences que j'ai présentées sur la décomposition du nitre, peuvent s'accorder avec l'opinion ingénieuse de M. Lavoisier. » (58)

La suite du texte montre, comme la dernière phrase citée le laissait prévoir, que Berthollet est encore éloigné de l'abandon du phlogistique comme base de ses explications théoriques. Néanmoins il se pose la question, ce qui n'était pas le cas dans ses mémoires précédents, et témoigne d'une évolution de sa pensée, sans doute sous l'influence des discussions avec Lavoisier.

Berthollet pense encore que l'acide nitreux est de l'air phlogistiqué, c'est-à-dire de l'azote, sous une forme différente de celle sous laquelle il se trouve dans l'air ordinaire. Il termine son mémoire par cette observation qui, tout en confirmant son opinion sur le phlogistique, témoigne de la complexité de la question :

> « Il faut nécessairement distinguer la matière de la chaleur, du phlogistique, quoique ces deux substances ne paraissent être qu'une modification du même principe, et que, souvent, l'une paraisse se changer en l'autre ; en voici des exemples : les métaux parfois sont revivifiés par la chaleur et la lumière, comme ils le sont par le phlogistique d'un autre métal qui les précipite sous la forme métallique. » (59)

La discussion ébauchée par Berthollet à propos des deux théories concurrentes, celles de Stahl et de Lavoisier, était ainsi commentée par Condorcet :

> « Il [Berthollet] termine son mémoire [sur la décomposition de l'acide nitreux], par des réflexions sur l'existence de ce principe admis presque généralement il y a quelques années et aujourd'hui regardé comme inutile par plusieurs chimistes auxquels M. Lavoisier en a donné l'exemple. Peut-être les deux opinions ne sont-elles pas aussi opposées qu'elles le paraissent au premier coup d'œil ; on convient d'un côté que la doctrine de Stahl doit nécessairement être

> modifiée ; on admet de l'autre des combinaisons ou des dégagements de lumière et de chaleur dont le secret est encore inconnu. » (60)

Et l'auteur de ce commentaire ajoute qu'il espère bien que les deux opinions se réuniront bientôt. C'était sans doute également le souhait de Berthollet quand il commençait à examiner attentivement le problème. Nous allons voir maintenant comment cet examen minutieux, scrupuleux, l'amena progressivement à rejeter le phlogistique et à adopter la théorie de Lavoisier.

4. ABANDON PROGRESSIF DU PHLOGISTIQUE, 1781-1785

Ce rejet de la doctrine du phlogistique par Berthollet s'opéra lentement à partir des premiers doutes de 1781 et ne fut définitif qu'en 1785.

Au fur et à mesure que les découvertes et les discussions se multipliaient, Berthollet, on le constate dans ses mémoires, utilisait de moins en moins le phlogistique dans ses interprétations et faisait de plus en plus intervenir l'air. Ainsi, en 1782, dans son mémoire sur l'acide sulfureux (61), il faisait intervenir les deux systèmes ensemble : il attribuait la formation de cet acide à la fixation d'air sur le soufre mais, en même temps, il considérait que l'acide sulfureux contenait moins de phlogistique que l'acide sulfurique.

Il utilisa pour la dernière fois le phlogistique pour interpréter ses expériences en 1783, dans son mémoire « Sur la différence entre le vinaigre radical et l'acide acéteux ». Comme dans le texte précédent, il associait dans ses explications la fixation d'air et la perte de phlogistique (62). Il lui manquait alors, pour juger définitivement du caractère erroné d'une théorie qui s'avérait de plus en plus inutile, des preuves irréfutables. Les expériences sur la synthèse et la décomposition de l'eau lui apportèrent la première de ces preuves. Berthollet assista personnellement aux expériences réalisées par Lavoisier et son équipe (63). Nous possédons son propre témoignage sur la manière dont elles furent réalisées. Dans l'un de ses cours à l'École normale de l'an III, Berthollet décrivit cette étape décisive de la lutte opposant les deux théories. Voici ce qu'il disait alors :

> « Depuis qu'on avait appris à recueillir le gaz hydrogène et à l'assujétir à différentes expériences, depuis, surtout, qu'on faisait usage de l'eudiomètre de Volta pour déterminer les proportions d'air vital qui se trouvent dans un gaz, les chimistes s'étaient souvent demandé ce que pouvait être la combinaison qui avait dû se former par cette combustion. L'analogie paraissait indiquer qu'il s'était produit un acide ; mais les premières tentatives ne confirmèrent pas cette conjecture. » (64)

Berthollet précisait ensuite le rôle de Charles Blagden :

> « Pendant l'été de 1783, Blagden, sécretaire de la Société de Londres, qui se trouva à Paris, nous apprit que Cavendish s'occupait de cet objet et que le résultat de ses expériences paraissait annoncer que l'on retirait un poids d'eau égal à celui des gaz qui éprouvaient la combustion » (65),

et relatait les expériences faites en France :

« Plusieurs chimistes se réunirent chez Lavoisier pour s'assurer de ce résultat : une première expérience, faite sans les précautions convenables, donna à la vérité beaucoup d'eau ; mais cependant une quantité inférieure à celle des gaz, pour qu'on pût en conclure la composition de l'eau ; Lavoisier s'occupa alors avec Meusnier, de la belle expérience dont la précision ne dut laisser aucun doute ; bientôt après, ces deux savants firent des expériences qui confirmèrent les résultats de la première, par les produits de la décomposition. » (66)

Cette série d'expériences, auxquelles il participa en spectateur plus qu'en acteur (67), apportait de grands éclaircissements sur le système appelé a remplacer celui du phlogistique (68) ; cependant Berthollet attendit pour se prononcer définitivement d'avoir réalisé lui-même, et dans ce but, une série d'expériences : ce furent celles concernant l'acide marin déphlogistiqué.

5. ADHÉSION DÉFINITIVE A LA THÉORIE DE LAVOISIER, 1785

C'est au cours de la séance publique de l'Académie des sciences du 6 avril 1785 que Berthollet proclama d'une manière très officielle son adhésion à la doctrine de Lavoisier. Ce jour-là, il lut un mémoire sur l'acide marin déphlogistiqué (69), dans lequel il annonçait qu'après une longue et sérieuse réflexion appuyée sur de nombreuses expériences, il considérait le phlogistique comme une hypothèse inutile et qu'en conséquence, il l'abandonnait pour adopter le système de Lavoisier, basé sur l'intervention de l'air vital dans les réactions chimiques. Ce mémoire, jugé immédiatement important par ses conclusions, fut rapidement publié dans le *Journal de physique (70).*

En décembre 1785, Berthollet lut un second mémoire sur le même sujet, dans lequel il développait son raisonnement et détaillait les observations qui le soutenaient (71). En voici le début :

« Les expériences importantes par lesquelles on venait de déterminer la nature de l'eau, et l'application heureuse qu'en avait faite M. de La Place, à la production du gaz inflammable par la dissolution des métaux, répandaient un grand jour sur toute la chimie ; ce principe que Stahl avait ingénieusement imaginé pour rendre raison d'une grande partie des phénomènes, & par le moyen duquel on établissait entr'eux une liaison qui a pu guider longtemps les chimistes dans leurs recherches, le phlogistique me paraissait enfin être devenu une hypothèse inutile, lorsque je crus devoir soumettre à de nouvelles expériences l'acide marin déphlogistiqué, dont les propriétés pouvaient détruire ou confirmer l'opinion que j'adoptais. » (72)

A la lumière de ses propres expériences, Berthollet concluait que l'acide marin déphlogistiqué ne se forme pas à la suite d'une perte de phlogistique par l'acide marin, mais à partir « de la combinaison de l'air vital avec l'acide marin ». Son opinion sur le phlogistique était définitivement arrêtée : il l'avait rejeté comme une hypothèse devenue inutile.

6. LES BASES DE LA PHILOSOPHIE CHIMIQUE DE BERTHOLLET

Pour conclure, nous soulignerons l'apparition, dès le début de sa carrière de chimiste, des principes fondamentaux qui ont gouverné toutes les recherches de Berthollet. Ceux-ci se manifestent déjà dans son attitude face à la théorie antiphlogistique.

Le premier de ces principes traduit son objectivité : les observations expérimentales sont indéniables (73) ; elles ne doivent en aucun cas être modifiées pour s'accorder avec une théorie, même si cette dernière s'est montrée satisfaisante pour en interpréter d'autres ; c'est au contraire la théorie qui doit être subordonnée aux observations. Ce principe permit à Berthollet de reconnaître et d'affirmer en 1787 que l'acide prussique – cyanhydrique – ne contient pas d'oxygène, ce qui est en contradiction avec la théorie de Lavoisier sur la constitution des acides (74) ; il le conduisit aussi en 1799 à reconnaître la cause exacte des réactions dites de double décomposition des sels et à rejeter la théorie des affinités constantes (75). A côté de ces résultats positifs, sa foi absolue en l'autorité des faits observés eut des conséquences néfastes : ne voulant négliger aucun résultat bien observé dans les expériences délicates de détermination des proportions des éléments dans les combinaisons, Berthollet fut amené à nier la généralité de la loi des proportions définies (76).

Son attitude lors du passage de la théorie du phlotistique à celle de Lavoisier traduit une démarche scientifique intéressante à analyser. Avant d'accepter une hypothèse nouvelle comme base d'une théorie générale, Berthollet s'engage à l'éprouver, c'est-à-dire à rechercher :

1. si les observations que cette hypothèse explique ne sont pas aussi bien, sinon mieux, expliquées par l'ancienne : c'est l'épreuve d'utilité ;
2. si les conséquences qu'on déduit de l'hypothèse sont vérifiées par les expériences prévues à cet effet : c'est l'épreuve de fécondité illustrée, dans le cas de l'hypothèse antiphlogistique, par les expériences d'analyse et de synthèse de l'eau, puis par celles qu'il entreprit personnellement sur la formation et les propriétés du chlore.

Toute la méthode de recherche expérimentale que Berthollet suivra plus tard pour construire sa théorie générale de l'action chimique est déjà dessinée. Mais elle n'est encore qu'ébauchée, au service d'une théorie dont l'établissement n'est pas son œuvre personnelle. Elle ne se trouve d'ailleurs pas exprimée aussi explicitement que nous venons de le faire (77) ; il est bien certain cependant que cette méthode et les principes sur lesquels elle est basée étaient, dans leurs grandes lignes, formés dans l'esprit de Berthollet dès 1780-1785.

7. PROJET D'UN TRAITÉ DE CHIMIE

Berthollet entreprit l'élaboration d'un traité de chimie qu début de la période qui nous intéresse ici. Successivement, le 20 avril 1781 et le 27 juin suivant, il présenta, devant ses confrères de la Faculté de médecine puis de l'Académie des sciences, cet ouvrage consacré aux substances chimiques minérales qu'il se proposait de publier (78). Lavoisier, commissaire pour l'Académie, rédigea un rapport élogieux (79) dans lequel il résumait les principales sections du traité. Resté inédit, l'ouvrage n'était connu jusqu'à présent que par le rapport de Lavoisier.

Or, nous avons retrouvé dans un lot de manuscrits légués en 1928 par la famille Bérard à l'Académie des sciences et conservé dans les archives de cette institution, une version peu altérée de l'œuvre commentée par Lavoisier (80). Mélangeant plusieurs genres, l'auteur y étudiait à la fois l'histoire naturelle et les caractères chimiques des principales substances minérales. Rédigé au plus tard en 1781, on y trouve de nombreuses interprétations phlogisticiennes.

Plusieurs raisons ont certainement déterminé Berthollet à abandonner son projet de publication ; les principales d'entre elles sont sans aucun doute : d'une part les progrès rapides réalisés, au début des années 1780, à la fois par la minéralogie et la chimie et, d'autre part, l'évolution personnelle des idées de Berthollet sur le phlogistique. Ainsi son premier ouvrage important (81) se trouva-t-il périmé avant même d'avoir paru.

CHAPITRE III

PREMIÈRES APPLICATIONS DES IDÉES ET DES MÉTHODES, 1785–1790

1. PNEUMATISTES CONTRE PHLOGISTICIENS

Peu après Berthollet, Fourcroy se rallia à son tour au système de Lavoisier (1). Dès lors, les jeunes savants qui fréquentaient déjà le laboratoire de Lavoisier à l'Arsenal se trouvèrent réunis par une communauté de convictions. Ils formèrent une équipe dans le but de faire triompher leurs théories (2) et réalisèrent ensemble deux ouvrages de grande importance.

Méthode de nomenclature chimique... (3)

Une réforme de la nomenclature était souhaitée depuis plusieurs années (4). Les chimistes les plus perspicaces du XVIIIe siècle avaient déjà dénoncé les défauts de celle qu'on utilisait alors : confuse et sans logique, elle employait des expressions descriptives imagées, donnant parfois au même corps plusieurs noms.

Macquer, dans son *Dictionnaire de chymie (5)*, avait commencé à jeter les bases d'une nomenclature systématique, établissant un lien entre les noms d'un acide et de ses sels, par exemple : acice vitriolique et vitriols, acide nitreux – nitrique – et nitres. Le pharmacien et chimiste A. Baumé utilisait les mêmes termes, ajoutant acide marin et sels marins pour l'acide chlorhydrique et les chlorures (6).

Un des plus célèbres précurseurs de la réforme du vocabulaire chimique fut l'éminent chimiste suédois Torbern Bergman, dont Berthollet devait, à partir de 1799, critiquer la théorie des affinités. Influencé par la réforme réalisée en botanique par son compatriote Linné, Bergman poursuivit le travail ébauché par Macquer en proposant dans ses cours et dans ses écrits des termes conformes à un esprit systématique (7).

Guyton de Morveau, l'un des coauteurs de la *Méthode...*, joua un rôle prépondérant dans la mise en route des travaux qui aboutirent à son établissement. Mis au courant des idées de Bergman par la traduction française de ses œuvres qu'il dirigeait (8), il publia, dès 1782, un mémoire sur la nécessité de réformer la nomenclature chimique (9) ; il voulait donner à chaque substance un seul nom qui rappelle son origine ; par exemple, il proposait d'appeler le « sel marin à base de terre pesante », le « muriate de barote » – chlorure de baryum. Le projet de Guyton reçut l'approbation de nombreux chimistes, dont Macquer et Bergman ; mais ces deux derniers moururent en 1784 et ne purent s'associer à la réforme qu'ils avaient suscitée. Cependant, Lavoisier, chef de file de la chimie française, ne fut pas immédiatement séduit par le projet de son confrère dijonnais, dont les idées étaient encore très influencées par le phlogistique.

Ce fut seulement pendant l'hiver 1786-1787, au cours du séjour de quelques mois qu'il fit à Paris, et après s'être converti à la théorie antiphlogistique, que Guyton se joignit à Lavoisier, Berthollet et Fourcroy pour établir la nouvelle nomenclature. Nous avons sur ce point le témoignage de Fourcroy qui, dans l'*Encyclopédie méthodique,* écrit :

> « En 1786, dans son voyage de Paris ... Guyton ayant fait le sacrifice de ses propres idées ... entreprit en commun avec Lavoisier, Berthollet et Fourcroy, un travail suivi et complet sur les dénominations chimiques. » (10)

L'auteur précise que les quatre savants se réunissaient :

> «... pour examiner un projet de nomenclature que le premier de ces savants proposait et pour concerter ensemble le nouveau plan de réforme dont ils sentaient également la nécessité. »

Il nous fait ensuite connaître comment ils travaillèrent :

> « Après huit mois de travaux assidus, de conférences presque journalières, auxquelles assistaient plusieurs géomètres de l'Académie, ils publièrent en avril 1787 la nouvelle nomenclature chimique, dont les bases furent exposées d'abord dans un mémoire lu par Lavoisier à la séance publique de l'Académie du 18 avril de cette année, et les développements donnés dans un second mémoire lu le 2 mai suivant. » (11)

Fourcroy ajoute encore :

> « Tous quatre, pénétrés du même esprit, passèrent plusieurs fois en revue toutes les parties de la chimie, méditèrent sur la métaphysique des langues, sur la liaison des mots avec les idées, si nécessaire, surtout dans les sciences exactes... » (12)

Le 13 juin 1787, la *Méthode de nomenclature chimique* reçut à l'Académie un accueil très réservé de la part de ses rapporteurs Baumé, Cadet, Darcet et Sage ; cependant, elle fut assez vite adoptée par les jeunes chimistes français et étrangers (13).

La participation effective de Berthollet à ce travail est difficile à dégager. Le témoignage de Fourcroy ne donne aucun renseignement sur la part de chacun dans l'œuvre collective. Cuvier raconte que Berthollet avait critiqué judicieusement l'adoption des deux noms d'ammoniaque et d'acide nitrique : dans le premier cas, il reprochait à ses collaborateurs de donner un nom simple à un corps composé ; dans le second, il proposait le nom d'acide azotique comme indiquant plus clairement que nitrique la composition de l'acide en question.

Mais, poursuit Cuvier, par modestie naturelle, il mit peu d'insistance à faire « prévaloir les choses auxquelles il avait le plus de part » (14). En l'absence d'autre témoignage, nous ne pouvons faire que des suppositions (15). En revanche, nous connaissons très bien le zèle qu'il mit à faire connaître l'ouvrage avant même qu'il ne soit paru, à ses confrères étrangers ; de nombreuses lettres datées de 1787 à 1789 l'attestent (16). Bien entendu, il utilisa immédiatement le nouveau vocabulaire (17).

Essai sur le phlogistique

Le deuxième ouvrage réalisé par l'équipe de l'Arsenal dans le but de faire connaître et accepter la théorie antiphlogistique fut la traduction française, accompagnée de notes critiques, de l'étude sur le phlogistique du chimiste irlandais Richard Kirwan (18). Les chimistes français tenaient en grande estime ce partisan actif, influent et compétent de la théorie phlogistique. Berthollet écrivait à son sujet à Charles Blagden :

> « Nous avons lu avec un très grand plaisir les mémoires de M. Kirwan : quelques parties nous paraissent encore hypothétiques mais avant de nous expliquer plus particulièrement nous ferons quelques expériences et nous vous ferons part des objections auxquelles elles pourront donner lieu ; mais quoi qu'il en soit, nous n'avons pas moins conçu de M. Kirwan l'idée d'un chimiste très savant et très ingénieux. » (19)

Lavoisier exprimait une opinion analogue :

> « Parmi les savants qui n'ont point adopté la nouvelle doctrine, il est certainement un de ceux qui peuvent jeter le plus d'incertitude dans l'esprit des personnes qui se décident par l'autorité. Les découvertes dont il a enrichi les sciences et jusqu'aux modifications ingénieuses qu'il a introduites dans la théorie du phlogistique, tout contribue à donner du poids à ses opinions. » (20)

C'est en raison de l'autorité de Kirwan que Lavoisier et son groupe ont entrepris la traduction et l'annotation critique de son ouvrage car :

> «... si les chimistes français qu'il a combattus détruisent ses objections, peut-être sera-t-on en droit de conclure qu'il n'y en a pas de solides à leur faire. » (21)

Fourcroy qui donne un témoignage analogue ajoute :

> « L'ouvrage [de M. Kirwan] parut en 1784 ... les chimistes pneumatistes français en ont publié une traduction fidèle (22), accompagnée d'une réfutation article par article. » (23)

Ainsi, chaque chapitre de Kirwan est suivi d'une note de l'un des chimistes français dans laquelle on trouve l'explication « pneumatiste » des phénomènes que l'auteur irlandais vient d'interpréter dans le cadre phlogisticien.

Berthollet, pour sa part, rédigea trois notes correspondant aux questions qu'il connaissait bien :

« Observations sur l'acide nitrique », p.134-144 ; en réponse au chapitre intitulé « De l'acide nitreux » ;

« Observations sur l'acide muriatique », p. 155-158 ; à la suite du chapitre « De l'acide marin » ;

« Observations sur l'eau régale ou acide nitro-muriatique », p. 163-165. (24)

Dès sa parution,l'ouvrage fut accueilli avec un grand intérêt en France et en Angleterre. Un an après, en 1789, une nouvelle édition du texte de Kirwan parut à Londres, avec la traduction des réfutations françaises. Le résultat fut un succès pour la théorie pneumatique ; ses principaux adversaires anglais, Black et Kirwan, furent convaincus de sa justesse. Selon le témoignage de Fourcroy, Kirwan écrivit à Berthollet en 1791 :

> « Enfin je mets bas les armes et j'abandonne le phlogistique. Je vois clairement qu'il n'y a aucune expérience avérée qui atteste la production de l'air fixe par l'air inflammable pur ; et, cela étant, il est impossible de soutenir le système du phlogistique dans les métaux, le soufre etc. Sans des expériences décisives, nous ne pouvons soutenir un système contre des faits avérés ... Je donnerai moi-même une réfutation de mon Essai. » (25)

Fourcroy ajoute que Black écrivit à la même époque une lettre analogue adressée à Lavoisier, dans laquelle il affirmait son adhésion au nouveau système et annonçait qu'il l'enseignait déjà dans ses cours. Ce témoignage est confirmé par celui de Berthollet lui-même qui, dans une lettre à Van Marum datée du 11 février 1791, déclarait :

> « J'ai reçu de M. Kirwan une lettre par laquelle il m'annonce qu'il rend les armes sur le phlogistique et par un trait digne d'un savant aussi distingué, il se propose de publier lui-même une réfutation de son ouvrage sur le phlogistique. Vous verrez dans un des prochains numéros des *Annales* une lettre de Mr Black par laquelle il annonce à M. Lavoisier qu'il adopte entièrement la nouvelle théorie.
> M. De Saussure lui en a écrit une semblable. » (26)

Annales de chimie

Pour exprimer en toute liberté son opinion, la jeune école des chimistes français fut amenée à créer une nouvelle revue scientifique. En effet, la principale publication dans laquelle les mémoires de chimie trouvaient place, le *Journal de physique,* dirigé alors par La Métherie (27), se montrait résolument hostile aux nouvelles idées.

Le premier volume des *Annales de chimie* parut en avril 1789, sous le titre : « *Annales de chimie, ou, Recueil de mémoires concernant la chimie et les arts qui en dépendent,* par : MM. de Morveau, Lavoisier, Monge, Berthollet, de Fourcroy, de Dietrich, Hassenfratz & Adet ». Présenté devant l'Académie, il avait reçu un commentaire élogieux de la part des commissaires nommés pour l'examiner ; Darcet, Vandermonde et Haüy (28) et obtenu le privilège de la célèbre institution. Les volumes se succédèrent rapidement et assez régulièrement (29).

Jusqu'à la création, en 1807, de sa propre revue, les *Mémoires d'Arcueil (30),* Berthollet publia de nombreux mémoires dans les *Annales (31).* Par ailleurs, il était chargé d'assurer les relations avec les auteurs étrangers qui lui adressaient leurs articles souvent sous forme de lettres (32).

Berthollet assura activement la diffusion des trois réalisations collectives que nous venons d'évoquer. Sa correspondance témoigne du zèle avec lequel il se chargeait de transmettre les différents volumes dès leur parution (33). D'autre part, ses lettres contiennent aussi de longues discussions dans lesquelles il développe les arguments propres à convaincre ses correspondants d'abandonner la théorie périmée de Stahl au profit de celle de Lavoisier et de son école (34).

Néanmoins, malgré tous ces efforts collectifs et conjugués, certains chimistes restèrent irréductibles et, en 1796, Berthollet écrivait encore :

> « Ceux qui s'occupent de chimie peuvent se diviser en deux classes, celle des partisans du phlogistique et celle des antiphlogisticiens. Le Dr. Priestley fait l'énumération des premiers et il n'est pas sans intérêt de les connaître : ce sont, en Allemagne, MM. Crell, Vistrum, Gmelin et Mayer, à Birmingham, M. Keir et quelques amis du Dr. Priestley. Il apprendrait sans doute avec plaisir qu'il peut compter en France, les citoyens La Métherie, Sage et Baumé. Les autres forment la seconde classe. » (35)

2. TRAVAUX PERSONNELS DE CHIMIE PURE

Les recherches de Berthollet dans le domaine de la chimie ne constituent pas un ensemble ordonné et orienté en vue de la préparation d'une synthèse. Ce sont des études sur des questions particulières. Parmi la diversité des sujets traités dans les mémoires présentés à l'Académie et qui sont pour la plupart publiés (36), on reconnaît cependant trois grands thèmes : l'analyse des substances organiques, l'étude du chlore et de ses dérivés, l'étude des acides.

ANALYSE DES SUBSTANCES ORGANIQUES

Déjà abordée dans les *Observations sur l'air,* l'analyse des substances animales et végétales avait fait l'objet d'un important mémoire lu à l'Académie en 1780 (37). En 1785, Berthollet reprit la question. Il présenta le résultat de ses observations devant la Faculté de médecine (38), puis devant l'Académie des sciences (39). Il se préoccupait particulièrement d'établir les rapports précis qu'il y a entre les substances animales et les substances végétales ; il trouvait à la fois beaucoup d'analogies dans leurs compositions – présence d'air fixe et d'air inflammable – et une différence essentielle : les premières peuvent contenir de l'azote, les secondes jamais.

Au cours de ces recherches, il fut amené à faire l'analyse de l'alcali volatil – ammoniaque. Le 18 juin 1785 (40), il lut à l'Académie un mémoire dans lequel il établissait la composition qualitative et quantitative correcte du gaz ammoniac. La veille il avait écrit à Charles Blagden :

> « Je trouve que l'alkali volatil contient à peu près six parties en poids d'air phlogistiqué et une partie d'air inflammable. » (41)

Ces résultats sont exacts à quelques centièmes près pour l'azote – air phlogistiqué – et à quelques dixièmes près pour l'hydrogène (42).

Berthollet s'occupa également des réactions d'oxydation des composés organiques et leur consacra deux mémoires (43).

ÉTUDES SUR LE CHLORE ET SES DÉRIVÉS (44)

L'un des thèmes de recherches les plus riches de toute l'œuvre de Berthollet concerne le chlore et ses composés. Le premier mémoire qu'il lui consacra est celui du 6 avril 1785, dans lequel il annonçait son adhésion au système de Lavoisier (45). Le 20 avril suivant, il en lisait un autre, sur l'eau régale, qu'il considérait comme une véritable combinaison de l'acide chlorhydrique et de l'acide nitrique (46). Le 21 décembre de la même année, il présentait à ses confrères une nouvelle étude sur l'acide marin déphlogistiqué qui complétait celle du mois d'avril (47), suivie en juillet 1786 et mai 1787 par l'exposé de ses expériences sur les combinaisons du fameux « acide » (48).

Cette série d'études l'avait conduit à reconnaître les propriétés décolorantes de la solution de chlore, à soupçonner l'existence de l'hypochlorite et découvrir celle du chlorate avec ses remarquables propriétés explosives jointes à la possibilité de produire de l'oxygène (49).

LE PROBLÈME DE LA « COMPOSITION » DU CHLORE

La découverte du chlore gazeux est due à Scheele qui l'obtint dès 1774 en faisant agir du bioxyde de manganèse, appelé alors la manganèse, sur de l'acide chlorhydrique. Dans la théorie phlogisticienne, cette réaction, une oxydation, était une perte de phlogistique, d'où le nom d'acide marin déphlogistiqué. Dans la théorie de Lavoisier, l'acide chlorhydrique était avec tous les acides considéré comme un composé oxygéné. Par son oxydation, on devait donc obtenir logiquement un ou plusieurs composés oxygénés, acides eux aussi. Les premières observations de Berthollet sur les combinaisons du chlore confirmèrent cette opinion. En dissolvant le gaz dans des solutions alcalines, il obtint successivement l'hypochlorite puis le chlorate. D'autre part, en étudiant les solutions aqueuses de chlore, il s'aperçut que, laissées à la lumière, elles libèrent de l'oxygène et se transforment en acide chlorhydrique.

Cependant, la nature de ce dernier posait un problème : on n'arrivait pas en effet à le décomposer lorsqu'il est pur et à mettre ainsi en évidence le « corps » qui s'unit à l'oxygène pour le former. En 1800, Berthollet avait cru, à la suite de quelques expériences, pouvoir conclure que l'acide chlorhydrique était formé d'hydrogène, d'azote et d'oxygène (50). Mais, lorsque Davy eut obtenu sa décomposition électrolytique, le problème se posa autrement et devint celui de la nature du chlore.

Nous avons vu, dans notre étude sur la Société d'Arcueil, comment à deux reprises, en 1809 puis en 1811 (51), Berthollet, persuadé qu'une telle hypothèse ne pouvait pas être juste, priva ses deux disciples Gay-Lussac et Thénard de la découverte de la nature élémentaire du chlore.

En 1812, il lut encore une note dans ce sens devant l'Institut (52) et ce n'est qu'en 1816 qu'il reconnut vraiment que le chlore était un corps simple. Il rédigea une courte mise au point qu'il publia dans le dernier volume des *Mémoires d'Arcueil* avec la date du 16 avril 1816 (53). Il y expliquait l'influence négative qu'il avait eue sur Gay-Lussac et Thénard en des termes que nous avons déjà cités. Il donnait également les raisons qui l'avaient abusé et maintenu longtemps dans son opinion erronée et concluait :

« Aujourd'hui, je vais plus loin : il me paraît que l'on peut trouver dans les faits connus, des preuves qui obligent de regarder le chlore comme une substance simple et pareille en cela à toutes celles que nous regardons comme élémentaires. » (54)

Ainsi pour lui maintenant – nous serions tentés de dire enfin –, cette hypothèse était devenue plus que probable, elle était prouvée par les faits.

Cette évolution, que nous venons d'exposer jusqu'à son terme, est tout à fait caractéristique de la personnalité scientifique de Berthollet. C'est la même démarche scrupuleuse et minutieuse que celle que nous avons relevée à propos de la théorie antiphlogistique et que nous retrouverons au sujet de la théorie atomique.

RECHERCHES SUR LES ACIDES

Revenons aux années 1780 pour étudier un troisième thème autour duquel se sont concentrées les recherches de Berthollet. Si l'acide chlorhydrique était traité dans la ligne des travaux sur le chlore, d'autres acides ont captivé son attention et l'ont conduit à des résultats importants.

Avant sa conversion au système de Lavoisier, il avait essayé d'analyser l'acide sulfureux, puis l'acide sulfhydrique (55) et surtout l'acide nitrique alors appelé acide nitreux (56). Dans ce dernier cas, il fut victime du dogmatisme phlogisticien car son interprétation des expériences, qu'il avait pourtant bien faites, ne lui permit pas d'en établir correctement la composition (57).

En 1787, au contraire, il évita cette erreur à propos de l'acide prussique (cyanhydrique). Il conclut en effet de ses expériences, que cet acide, contrairement à la théorie de Lavoisier, ne contient pas d'oxygène :

« Je conclus... que l'hydrogène et l'azote existent réellement dans l'acide prussique, qu'ils y sont combinés avec le charbon et que lorsqu'on y ajoute de l'oxygène, tous les principes propres à former le carbonate d'ammoniaque se trouvent réunis ... Il me paraît donc qu'il ne reste rien de douteux sur la composition de l'acide prussique si ce n'est la proportion de ses principes, que je n'ai pas encore pu déterminer. C'est une combinaison d'azote, d'hydrogène et de charbon pur ou carbone. » (58)

Il reconnaissait que c'était là une exception à la théorie de Lavoisier, mais il ajoutait à la fin du mémoire :

« Si l'on considère sa composition, elle paraîtra bien moins voisine de celle de plusieurs acides que de celle de l'ammoniaque. Toutefois, il a trop de propriétés communes avec celles des autres acides pour ne pas le placer dans la même classe »,

et concluait :

« D'autant plus que les classifications que nous faisons ont quelque chose d'arbitraire et qu'elles doivent être considérées comme des méthodes utiles plutôt que comme des divisions formées par la nature. »

Dans le même mémoire, il avait pressenti que l'acide sulfhydrique avait une composition analogue à celle de l'acide prussique ; ce n'est qu'en 1796 qu'il exposa ses résultats à ce sujet trouvant ainsi une nouvelle exception à la théorie de Lavoisier sur les acides (59).

Il revint à nouveau sur le problème posé par la composition des acides, dans ses cours à l'École normale et dans l'*Essai de statique chimique*, mais avec une position plus ambigüe que nous examinerons plus loin.

Quand on examine l'attitude de Berthollet vis-à-vis des acides prussique et sulfhydrique d'une part, de l'acide chlorhydrique de l'autre, on est tenté de la trouver paradoxale. Il faut cependant penser que, dans ce dernier cas et jusqu'en 1810-1812, les observations étaient complexes ; les hésitations de Gay-Lussac, Thénard et même Davy, témoignent de la difficulté du problème.

CHAPITRE IV

LA TECHNOLOGIE CHIMIQUE

Bien qu'elle se soit exercée dans des domaines différents, indépendants pour la plupart, et dans des circonstances éloignées les unes des autres, l'œuvre de Berthollet en chimie appliquée présente une unité certaine. Pour l'essentiel, elle se situe dans une période de temps limitée, celle de l'exercice de la charge d'administrateur à la manufacture des Gobelins. Mais elle dépasse le cadre des seules techniques de teintures ; en dehors des études relatives au traitement des tissus, illustrées par la découverte du procédé de blanchiment par l'eau de chlore et par les *Éléments de l'art de la teinture,* Berthollet s'occupa des explosifs et des produits sidérurgiques.

Les travaux réalisés sur ces différents sujets présentent deux caractéristiques fondamentales communes :

1. tous sont motivés par des obligations extérieures aux recherches personnelles de notre chimiste que ses goûts naturels portaient surtout vers la chimie pure ;
2. dans tous les cas où il eut à s'occuper de chimie appliquée, Berthollet établit des rapports étroits entre la science pure, théorique et expérimentale, développée dans les laboratoires et les techniques, pratiquées et perfectionnées par les ouvriers dans leurs ateliers (1).

De ce point de vue, l'œuvre de Berthollet en chimie appliquée doit être considérée comme une œuvre de technologie dont l'auteur est toujours resté en dehors de l'exploitation industrielle et commerciale. Sans entrer dans les détails qui ont déjà été étudiés (2), nous allons en exposer les points essentiels qui la rattachent à l'œuvre générale.

Nous parlerons peu des études sur les explosifs (3). Nous signalerons simplement que, comme chimiste, Berthollet s'était intéressé, dès 1781, aux phénomènes de décomposition du nitre, afin d'établir la véritable composition de l'acide nitrique plutôt que ses propriétés explosives. Comme académicien il fut chargé de quelques rapports sur les poudres à base de salpêtre (4). Lorsqu'en 1787 il découvrit avec le chlorate de potassium – muriate oxigéné de potasse – un nouvel et puissant explosif, le gouvernement l'engagea à diriger des essais à son sujet. Ceux-ci eurent lieu à la poudrerie nationale d'Essone. Le 27 octobre 1788, un grave accident, dû à une imprudence, s'y produisit et fit deux morts. Berthollet était présent, ainsi que Lavoisier et sa femme ; ils ne furent pas blessés (5), mais les essais à grande échelle furent arrêtés. Seul Berthollet continua, dans son laboratoire, à faire des expériences sur cet explosif, difficile et dangereux à manipuler (6). Sous la Révolution, les recherches reprirent, sur l'ordre des autorités ; elles n'aboutirent jamais à la maîtrise complète de cet explosif.

Pour Berthollet, ces essais ne furent que des études accessoires qui ne se rattachent à son œuvre générale que par le fait qu'elles découlent de celles sur le chlore.

Il en est de même de ses travaux sur les fers, fontes et aciers, pour la plupart collectifs, qui furent toujours commandés par des nécessités de carrière (7). Nous signalerons seulement que, dans le petit ouvrage personnel que Berthollet consacra à ce sujet en 1789 (8), il dégagea les bases théoriques de la technologie qu'avec Vandermonde et Monge il avait établie en 1786 (9), s'attachant à montrer la composition des divers produits et à expliquer les réactions chimiques qui président à leur formation.

TRAVAUX SUR LES TEXTILES

Il en est tout autrement des travaux sur les traitements des fils et des tissus. Se plaçant dans la ligne des études commandées par sa carrière d'administrateur, ils forment un ensemble important et cohérent.

LE PROCÉDÉ DE BLANCHIMENT PAR LE CHLORE

Dès ses premières études sur le chlore, en 1785, Berthollet eut l'idée de développer vers l'application industrielle le pouvoir décolorant du chlore. Il se trouvait là devant un problème nouveau : créer une technique à partir d'une observation de laboratoire. Sa démarche pour y arriver est intéressante à analyser ; elle éclaire bien sa personnalité scientifique. Avec beaucoup de prudence, il va constamment de la théorie à la pratique et revient de celle-ci à la première (10). C'est pourquoi la mise au point d'un procédé exploitable industriellement fut longue ; les textes s'y rapportant s'échelonnent de 1785 à 1804 (11). Il avait annoncé son idée d'appliquer les propriétés décolorantes de la solution du chlore au blanchiment des fibres et des tissus en 1785 (12) ; en 1789 parut une première description du procédé (13). Encore était-elle sommaire (14) ; ce n'est qu'en 1795 que Berthollet en donna une complète, qu'il reprit dans la seconde édition des *Éléments de l'art de la teinture,* en 1804 (15).

Cependant, les manufacturiers n'avaient pas attendu la description détaillée et complète du procédé. Dès 1786, plusieurs d'entre eux l'avaient essayé (16). Watt et Boulton, lors de leur voyage en France s'y intéressèrent vivement et, à leur retour en Angleterre, l'utilisèrent dans leur fabrique ; Berthollet avait refusé l'invitation du gouvernement anglais d'exploiter lui-même son procédé (17). Ayant opposé le même refus aux offres qui lui étaient faites en France, il laissa ce soin, entre autres, à l'un de ses assistants

F.J. Bonjour qui tenta avec bien des difficultés de monter une manufacture à Valenciennes (18). Berthollet utilisa l'expérience de ces différents industriels pour perfectionner sa mise au point et, en 1790, il était fier de pouvoir déclarer:

> « C'est peut-être la première fois qu'une expérience de laboratoire a pu, dans quatre ans, produire des grandes manufactures en activité. » (19)

Il souhaitait que dans tous ces établissements, comme l'usage s'en était établi dans les grandes manufactures royales des Gobelins et de Sèvres, un chimiste compétent préside aux recherches techniques et à l'instruction des ouvriers (20).

LES *ÉLÉMENTS DE L'ART DE LA TEINTURE*

Dans le domaine de la teinture, Berthollet se trouva devant un problème totalement différent de celui qu'il avait traité avec le blanchiment. Une très longue tradition avait lentement et d'une manière essentiellement empirique accumulé les recettes sur de nombreux procédés.

Par les fonctions qu'il avait acceptées en devenant administrateur de la Manufacture des Gobelins, Berthollet devait, d'une part examiner les techniques nouvelles proposées par les inventeurs, d'autre part rédiger un traité exposant l'ensemble des traitements utilisés pour préparer et teindre les tissus.

Il s'acquitta de la première obligation dans de nombreux rapports, rédigés sous forme de lettres aux divers intendants du commerce concernés (21). Dans son œuvre générale, ils occupent la même place que les rapports présentés à l'Académie.

La seconde obligation l'entraîna dans une lourde entreprise qui aboutit à la publication du premier grand ouvrage de toute sa carrière : les *Éléments de l'art de la teinture.* Nous lui accorderons une place importante.

Berthollet y travailla depuis sa prise de fonction jusqu'en 1791, date de la publication de la première édition ; au retour d'Égypte, il reprit encore ses recherches avec l'aide de son fils pour en réaliser une seconde édition qui parut en 1804. Il commença par réunir la documentation la plus complète possible sur les techniques employées tant en France qu'à l'étranger. Ses investigations se faisaient directement, dans les ateliers, grâce à des correspondants ou à l'occasion de voyages personnels (22) et se poursuivaient dans les ouvrages les plus sérieux traitant des questions de teinture (23). Mais il déclare n'avoir pu

> «... par ce moyen expéditif parvenir qu'à une compilation fastidieuse et peu utile » (24).

Il fit lui-même des recherches sur plusieurs procédés (25). Cependant, construire un ouvrage cohérent sur cet ensemble de recettes devenait une tâche de plus en plus difficile au fur et à mesure de leur accumulation. Berthollet dut changer de méthode et, au lieu d'étudier séparément chaque technique, il éleva son propos à un niveau plus général et s'orienta vers la réalisation d'un traité technologique de la teinture. Il s'en explique ainsi à son correspondant genevois J. Senebier, en lui envoyant un exemplaire des *Éléments,* le 31 juillet 1791:

« Ce travail m'a plus coûté qu'il ne paraîtra aux yeux vulgaires. J'avais d'abord entrepris d'éclairer la théorie de chaque opération en particulier et je m'étais engagé dans des recherches immenses dont je n'apercevais point de résultats généraux. J'ai balancé quelque tems et enfin j'ai pris le parti de faire le sacrifice de la plupart de ces observations partielles pour m'attacher aux phénomènes généraux qui pouvaient donner l'espérance d'établir une théorie. » (26)

Berthollet termina la rédaction de son ouvrage en 1790 (27). Par l'originalité de sa conception, par sa construction et certaines caractéristiques de son contenu, cette œuvre de synthèse annonce l'*Essai de statique chimique*. Présentée en deux volumes, elle comprend deux parties bien distinctes. La première concerne les problèmes généraux, envisagés sur le plan expérimental et théorique et traités dans le premier volume sous le titre « De la teinture en général ». La seconde expose les différentes techniques, selon les couleurs voulues ; le volume II leur est entièrement consacré, sous le titre « Les procédés de l'art ». Le plan de l'*Essai* est construit sur le même modèle.

L'analyse de la première partie montre bien comment Berthollet a réalisé le but qu'il s'était finalement fixé : donner aux ouvriers, par des explications théoriques générales et claires, les moyens de perfectionner eux-mêmes leurs techniques, d'une manière rationnelle et non plus empirique. Lavoisier, dans son rapport à l'Académie, le 28 août 1790, résumait ainsi le premier volume :

« [il]contient toutes les connaissances générales, théoriques et pratiques qu'on doit posséder, non seulement pour pratiquer l'art de la teinture, mais encore pour en bien concevoir les phénomènes et pour en accélérer les progrès. » (28)

Trois sections le composent. La première étudie les « propriétés générales des substances colorantes » ; ses six chapitres examinent successivement : les parties colorantes et leurs affinités ; les mordants ; l'action des différentes substances et en particulier de la lumière et de l'air sur les couleurs ; la couleur jaune produite dans les substances animales par l'acide nitrique et l'acide muriatique oxygéné ; les astringents et surtout la noix de galle. Le dernier chapitre présente un résumé de la théorie exposée dans toute la section. Berthollet accorde dans cette théorie une large part aux phénomènes d'oxydoréduction ; il distingue nettement les « couleurs métalliques », c'est-à-dire celles des composés métalliques qui dépendent des proportions d'oxygène combinées avec le métal, de celles des substances animales et végétales dues à des molécules particulières.

La deuxième section traite des « opérations de la teinture », à savoir des techniques utilisées pour préparer et teindre les différents tissus selon leur nature : animale, laine et soie ou végétale, lin et coton. L'auteur profite de cette occasion pour exposer ses idées sur les différences entre les deux grandes catégories de substances organiques, animales et végétales. Un chapitre est consacré aux combustibles utilisés dans les ateliers où l'usage du « charbon de terre réduit en coke » est conseillé ; on y trouve aussi des notions générales sur la construction et l'utilisation des fourneaux de manière à en obtenir le meilleur rendement.

La troisième section est un cours élémentaire de chimie destiné aux ouvriers : elle traite « des agens chimiques dont on fait usage en teinture ».

Berthollet y expose successivement la nature et les propriétés, interprétées d'après la nouvelle théorie de Lavoisier, des principaux acides : sulfurique, nitrique, muriatique, et de l'eau régale considérée comme un acide nitro-muriatique. C'est ensuite le cas de « l'alun ou sulfate d'alumine » ; celui du « sulfate et de quelques autres combinaisons du fer », du sulfate ce cuivre, du vert-de-gris et de l'acétate de cuivre ; de l'acétate de plomb ou sel de saturne ; des alcalis fixes, la potasse et la soude ; du savon, du soufre et enfin des eaux.

Le second volume est plus descriptif. Il comprend six sections consacrées chacune à l'une des couleurs les plus importantes : le noir, le bleu, le rouge, le jaune, le fauve et enfin les couleurs composées. Dans chaque cas, l'auteur fait d'abord l'analyse des substances colorantes utilisées puis il décrit les procédés qui lui ont semblé les plus avantageux parmi ceux employés pour obrenir la couleur désirée. Il se sert pour cela de la riche documentation qu'il avait recueillie et des recherches personnelles qu'il avait faites dans son laboratoire. Son étude appelle ce commentaire de Lavoisier :

> « Ce qui caractérise particulièrement ce volume, c'est la comparaison des procédés employés dans différents ateliers ou recommandés par les différents auteurs qui ont écrit sur la teinture et qui ne sont rassemblés nulle part. » (29)

L'auteur du rapport sur les *Éléments de l'art de la teinture* ajoute :

> « Quoique l'auteur ait toujours eu soin d'indiquer les simplifications et les améliorations qu'on pourrait apporter dans les procédés, il ne s'est pas permis de changements dans leur description, parce qu'il lui a paru dangereux de prononcer d'après des tentatives faites en petit sur ce que l'on devait exécuter en grand. »

Berthollet avait observé la même prudence à propos du procédé de blanchiment par le chlore en attendant pour publier une description détaillée, que des essais aient été faits « en grand » dans des manufactures. Présentant lui-même son ouvrage, Berthollet disait :

> « J'ai été beaucoup plus circonspect sur les procédés que sur la théorie ; j'ai recueilli ceux qui sont les plus avantageux, je les ai comparés et discutés mais je n'ai proposé que peu d'innovations. Il m'a paru qu'il fallait d'abord m'occuper à établir une base solide pour ensuite s'élever par un concours d'observations. » (30)

Propos que Lavoisier résumait ainsi :

> « Il [Berthollet] a préféré éclairer les artistes sur les principes de leur art pour qu'ils puissent ensuite le perfectionner dans leur pratique. » (31)

Les efforts de Berthollet furent récompensés ; ses contemporains apprécièrent la nouveauté du travail qui devint rapidement, selon le propre souhait de son auteur, le manuel des ouvriers ; il le resta longtemps, aussi bien en France qu'à l'étranger, principalement en Angleterre (32).

Cet ouvrage est à juste titre l'un des plus célèbres de toute l'œuvre de Berthollet ; il occupe aussi une place importante dans son évolution générale. On peut dire que les *Éléments* marquent l'achèvement de la période de formation des méthodes et des principes fondamentaux de sa philosophie chimique. Dans ce traité sur les teintures, on voit s'affirmer un programme de recherches, déterminé par le désir de construire une théorie générale basée sur quelques principes fondamentaux :

> « Ce qu'on écrit sur les arts ne devient réellement avantageux que lorsqu'on peut remonter à des principes qui se lient à tous les détails et qui établissent une relation entre les phénomènes très nombreux et quelques causes qui les produisent. » (33)

L'existence d'un tel programme de recherches sera l'un des traits caractéristiques de l'œuvre de Berthollet à partir de 1799 ; il apparaît ici pour la première fois avec une grande netteté.

Pour la première fois également, Berthollet publie un long exposé qui réalise la synthèse de tout un ensemble de faits particuliers ; ce sera un autre trait caractéristique de son œuvre ultérieure, concrétisé dans l'*Essai*. Mais ici ces règles générales de recherche et de travail sont utilisées dans un domaine restreint de la chimie appliquée et, nous le remarquerons à nouveau, pour accomplir une tâche commandée.

Après la parution de la première édition des *Éléments*, l'intérêt de Berthollet pour la chimie appliquée ne disparut pas complètement, mais il fut moins souvent sollicité. Sous la Révolution, il dut s'occuper, dans des conditions très particulières, de problèmes pratiques à résoudre immédiatement et qui sortent du cadre de notre propos actuel ; ils ont été mentionnés dans la première partie de cette étude. Plus tard, il profita de son séjour en Égypte pour étudier sur le terrain deux substances colorantes : le henné et le carthame (34).

Au retour d'Egypte, il prépara avec l'aide de son fils une nouvelle édition des *Éléments de l'art de la teinture.* Il fit quelques recherches expérimentales sur de nouvelles techniques de traitement des tissus (35) et surtout une nouvelle mise au point du procédé de blanchiment par le chlore. La seconde édition parut en 1804, un an après l'*Essai de statique chimique.* Revue et augmentée, elle présente deux différences notoires avec la première. Elle débute, après une introduction très courte (36) et un historique nouvellement rédigés, par un chapitre (37) où la théorie générale des couleurs est basée sur l'affinité des molécules colorantes interprétée selon les idées exposées dans l'*Essai.* D'autre part, la première partie comprend une nouvelle section (38) où les auteurs, Berthollet et son fils Amédée (39), donnent une nouvelle description du procédé de blanchiment. Incluse dans l'ouvrage consacré aux teintures, elle semble une preuve que, dans l'esprit des auteurs, toutes les techniques de traitement des tissus se lient les unes aux autres.

Après 1804, Berthollet ne se préoccupa plus de technologie chimique (40); il avait nettement exprimé son opinion sur cette branche de la science qui était en train de naître, dans le court avertissement de la seconde édition des *Éléments* :

> « Les arts ne peuvent faire que des progrès limités lorsqu'ils ne sont dirigés que par une pratique aveugle ... mais si les artistes sont guidés par la connaissance des propriétés qui ont été analysées par la

physique et par la chimie qui en est le complément, il n'y a pas de bornes à la perfection à laquelle ils peuvent les porter...

« Quelques personnes s'imaginent que les théories physiques ne sont que des systèmes auxquels on veut assujétir la nature sans avoir aucun égard aux pratiques des ateliers. Cependant ces théories ne sont elles-mêmes que le résultat d'expériences analytiques ; c'est toujours à l'observation qu'elles rappellent, et en tâchant de la diriger, elles fixent l'attention sur les faits dont elles ne peuvent encore établir les rapports avec ceux qui sont déjà classés ; elles en indiquent également l'application qu'elles tâchent à la vérité de circonscrire dans ses justes limites. » (41)

Dans l'introduction de la première édition, il avait simplement écrit :

« J'ai cherché à me placer entre les physiciens & les artistes. » (42)

CHAPITRE V

L'INTERMÈDE RÉVOLUTIONNAIRE, 1790-1799

A partir de 1790, Berthollet, occupé à de nombreuses tâches d'intérêt public, dut quitter son laboratoire et abandonner pour dix années la recherche fondamentale. Cependant, et malgré ses lourdes charges, il continua de s'intéresser aux progrès de la chimie théorique : sans pouvoir entreprendre des recherches personnelles, il recueillit des observations intéressantes qu'il garda en mémoire ; par ailleurs, obligé de faire des cours aux futurs instituteurs et aux futurs ingénieurs, il fit un effort de réflexion profonde pour leur présenter une théorie générale de l'action chimique. Ainsi, parmi les nombreuses activités de Berthollet durant cette période (1), certaines eurent une grande influence sur le développement de ses idées théoriques ; elles sont de deux ordres que nous examinerons successivement.

1. OBSERVATIONS DE FAITS PARTICULIERS

Au cours de la collecte du salpêtre qu'il était chargé de superviser, les ouvriers, occupés à extraire le précieux sel des eaux de lessivage des caves, rapportèrent à Berthollet que la dissolution devenait de plus en plus difficile au fur et à mesure que la solution se concentrait, jusqu'à devenir impossible au moment de la saturation. Pour faire reprendre cette dissolution, ils avaient remarqué qu'il suffisait d'ajouter de l'eau. Plus tard, au retour d'Égypte, Berthollet reprit cette observation dans des expériences de laboratoire et utilisa le fait pour étayer sa théorie selon laquelle la concentration d'une substance dans un milieu réactionnel influe sur la réactivité de cette dernière (2).

Par ailleurs, responsable du contrôle de la fabrication des produits dont la France était alors privée, comme la soude, Berthollet observa de nombreuses réactions de double décomposition des sels. Il put ainsi confronter avec la réalité des faits la théorie des affinités électives de Bergman et se rendre compte des nombreuses erreurs auxquelles conduisait l'application des tables d'affinités bâties sur cette conception. Dès le retour d'Égypte, grâce à une observation fortuite sur laquelle il eut le temps de méditer et que nous retrouverons plus loin (3), il avait trouvé la raison de ces erreurs et commençait à construire sur d'autres bases une nouvelle théorie des affinités chimiques (4).

Finalement, pendant les années passées loin des laboratoires, Berthollet put accumuler un petit nombre d'observations sur lesquelles, dès que le calme fut revenu, il sut exercer sa réflexion et appliquer sa méthode de recherche.

2. ENSEIGNEMENT : LES COURS DE L'ÉCOLE NORMALE DE L'AN III

C'est à la fin de l'année 1794 que, nommé professeur à l'École normale et à l'École centrale des Travaux publics, Berthollet fut appelé à exercer une activité pédagogique à laquelle il était peu préparé, mais qui eut une grande influence sur le développement de sa pensée. De ce point de vue, les cours donnés à l'Ecole normale pendant les premiers mois de 1795 sont les plus importants. S'adressant à des jeunes gens qui devaient, en quatre mois, devenir en principe capables d'enseigner à leur tour aux débutants dans les Écoles centrales organisées par la Convention (5), Berthollet suppose chez ses auditeurs des connaissances élémentaires et leur expose comment il conçoit le développement des théories chimiques qu'il leur conseille de présenter à leurs futurs élèves (6). Il est ainsi obligé de préciser et d'approfondir ses idées sur les théories et les méthodes de recherche et commence dès ce moment à élaborer une synthèse explicative de l'ensemble des phénomènes chimiques.

A l'École centrale des Travaux publics, la future École polytechnique, Berthollet s'adresse à un auditoire totalement différent, avec un programme spécialisé : les substances organiques d'origine animale. Les cours correspondants sont donc, bien moins que les précédents, révélateurs de cet effort de réflexion sur l'ensemble de la chimie que nous considérons comme une étape capitale dans l'évolution de la pensée de Berthollet.

Dans les douze cours qu'il donne à l'École normale de l'an III (7), Berthollet, préoccupé de problèmes plus généraux que ceux sur lesquels il a jusqu'alors travaillé, repense la chimie à partir de ses bases en suivant les préceptes de Lavoisier (8), mais avec des idées personnelles qui sont l'ébauche de celles qu'il développera plus tard dans les « Recherches sur les lois de l'affinité » et dans l'*Essai*. On remarque dans ces cours la permanence des principes de recherche et de raisonnement soulignés dans les chapitres précédents, mais aussi une évolution : alors qu'il n'avait développé jusque-là que des théories particulières, il s'élève ici, pour la première fois, vers une théorie générale.

CONSTRUCTION D'UNE THÉORIE GÉNÉRALE

Cette théorie d'ensemble est exposée dans le premier cours (9), qui, pour notre étude actuelle, est le plus intéressant. Dans la première phrase, Berthollet explique comment il envisage la base de toute théorie chimique :

> « L'étude de la physique embrasse tous les phénomènes de la nature. Mais pour que l'intelligence humaine puisse s'approprier toutes les connaissances qu'on a acquises par l'observation, il faut envisager ces phénomènes sous divers points de vue et les séparer en différentes classes ; cette distribution établit l'ordre dans les idées et facilite également la marche de l'élève qui reçoit l'instruction et du savant qui veut se livrer à des recherches nouvelles. » (10)

Il est intéressant de noter, à la fin de ce passage, le parallèle établi entre la marche de l'esprit de l'élève et celle du savant ; les théories auront donc un double rôle : elles doivent guider l'un et l'autre.

Par ailleurs, pour Berthollet, cette démarche de l'esprit va du simple au complexe, en faisant appel, toujours, à l'observation :

> « Ainsi les faits se lient les uns aux autres, les idées s'étendent avec les faits et les théories s'élèvent sur la progression des expériences. » (1)

Dès le début également, il distingue, sans employer ces termes qui n'apparaissent que dans l'*Essai de statique chimique (12)*, les théories particulières et les théories générales. Les premières sont :

> « ... des théories qui servent de base à tous les développements de l'enseignement et qui dirigent dans la méthode de conduire l'esprit aux idées générales »,

et servent de base à la construction d'une théorie générale car :

> « ... ces théories ... toutes fondées elles-mêmes sur l'attraction chimique, forment l'édifice de la science en faisant ressortir chacune des faits sur lesquels elle est principalement appuyée. » (13)

D'autre part, avant d'aborder son exposé, Berthollet précise le rôle qu'il convient d'accorder aux hypothèses et la nécessité des expériences bien faites autant que bien prévues :

> « Avant de parcourir les principales théories de la chimie, il convient de s'arrêter sur la nécessité d'une méthode sévère dans les expériences, afin que les conséquences ne dépassent jamais les résultats réels ; toutefois, on ne doit pas bannir les conjectures des explications chimiques ; elles sont souvent l'aperçu du génie qui devance la vérité ; mais on ne doit leur donner que le degré de probabilité qui leur appartient. » (14)

On trouve une affirmation tout à fait analogue dans l'Introduction de l'*Essai (15)* ; par ailleurs, nous devons remarquer à nouveau l'attitude très critique de Berthollet au sujet des hypothèses.

PREMIERES IDÉES SUR LES ATTRACTIONS CHIMIQUES OU AFFINITÉS

La base commune de toutes les théories particulières, donc aussi celle d'une théorie générale qui doit permettre d'expliquer tous les phénomènes chimiques, est l'attraction chimique, encore appelée affinité (16). Dès le début de son exposé, Berthollet précise que cette attraction ne doit pas être confondue avec l'attraction générale «... cause de la pesanteur et des phénomènes célestes qu'on soumet au calcul » (17).

Cependant, il pense que ces deux sortes de forces sont de même nature. Il a donc, comme de nombreux chimistes de la fin du XVIIIe siècle, dont Macquer et Bergman ses maîtres, une conception newtonienne de la réaction chimique (18) ; mais il ne va pas encore jusqu'à envisager l'élaboration d'une théorie mathématique de celle-ci (19). Il cherche cependant à formuler une loi à laquelle obéissent les attractions chimiques, car sa première affirmation est insuffisante pour expliquer la formation des combinaisons chimiques. Berthollet exprime une première ébauche de la loi qu'il confirmera et étendra plus tard :

« L'attraction chimique luttant contre la force expansive du calorique est donc le principe de tous les phénomènes chimiques. » (20)

C'est la première expression, encore vague et limitée, de l'hypothèse, développée plus tard dans l'*Essai,* qui lui doit son nom, selon laquelle une combinaison chimique est obtenue par l'équilibre de plusieurs forces antagonistes.

On trouve encore dans ce premier cours trois autres idées fondamentales concernant les affinités et que Berthollet confirmera dans tous ses textes ultérieurs. Il s'agit d'abord de la différence, assez bien précisée, entre l'attraction de gravitation et l'attraction chimique, signifiée en ces termes :

« L'attraction chimique diffère de l'attraction générale, en ce que la dernière ne s'observe qu'entre de grandes masses, et à des distances considérables, au lieu que l'attraction chimique s'exerce entre les molécules des corps et à des distances insensibles ...» (21)

Cette idée est reprise et développée dans l'*Essai* et dans la *Revue de l'Essai (22).* Précisons encore que cette idée était très répandue parmi les chimistes de l'époque : nous la retrouvons exprimée par Guyton de Morveau dans l'*Encyclopédie méthodique* parue en 1786 (23). Nous trouvons ensuite, parmi les premières idées énoncées par Berthollet sur les affinités, celle de l'identité de ces attractions avec celles qui se manifestent dans les phénomènes capillaires (24). Enfin, nous y relevons la confusion faite entre les dissolutions et les réactions chimiques ; cette confusion se retrouve dans l'*Essai,* dans les textes ultérieurs publiés, relatifs aux théories chimiques, et dans la *Revue de l'Essai.* Cette opinion était courante à la fin du XVIIIe siècle (25); mais lorsque l'*Essai* parut, la différence commençait à être entrevue. Cette remarque est importante car, nous le verrons plus loin, l'opinion de Berthollet sur l'identité de nature des phénomènes de dissolution et de réaction chimique est l'une des raisons qui lui firent rejeter, comme loi générale, la constance des proportions des éléments dans une combinaison (26).

Selon Berthollet, les dissolutions

« ... peuvent être regardées comme le premier anneau des phénomènes chimiques. » (27)

Puis, à propos de la dissolution du sucre dans l'eau, il affirme :

« La force qui a produit ces effets est l'attraction chimique. » (28)

Cependant, il remarque immédiatement une différence qui montre combien la question est délicate :

« Le sucre et l'eau conservent chacun une grande partie de leurs propriétés ; si l'attraction eût été plus forte, les propriétés des deux substances eussent disparu, comme dans la réunion d'un acide et d'un alkali ... Alors la dissolution prend plus particulièrement le nom de combinaison. »

Le reste de l'exposé sur les affinités presenté par Berthollet dans son premier cours à l'École normale de l'an III, est moins net et présente de grandes différences avec les idées de l'*Essai.*

Ainsi, après avoir rappelé les multiples affinités distinguées par les chimistes (29), il exprime son opinion en ces termes :

> « Ces espèces d'attractions sont toutes une même force, considérée sous différents aspects et dans différentes circonstances. Je réduis ces espèces à trois, qu'on peut envisager comme différents degrés d'une même puissance : l'attraction simple, l'attraction élective et l'attraction complexe. » (30)

On voit clairement ici que Berthollet utilise encore le concept d'affinité élective, qu'il ne commencera à dénoncer comme erroné qu'à son retour d'Égypte en 1799. Précisons que, pour lui, les affinités simples sont celles qu'on observe dans les dissolutions et l'affinité élective :

> « ... la propriété qu'un corps a de chasser un autre corps d'une combinaison, pour prendre sa place ». (31)

Enfin, les affinités complexes se manifestent quand il y a plus de deux corps en présence.

Berthollet utilise donc les idées et les interprétations de Bergman. Il est encore loin de sa conception particulière selon laquelle, dans une réaction qui met en jeu, par exemple, un acide et un sel d'un autre acide, la base se trouve partagée entre les deux acides qui entrent ainsi en concurrence (32).

On trouve aussi, empruntée à Bergman, et c'est le seul exemple de ce fait dans tous les exposés de Berthollet, la représentation, dans un tableau figuratif, de l'action de quatre affinités (33). A la fin de son premier cours, il en construit trois, en les considérant comme avantageux à la fois pour l'enseignement et pour la recherche. On peut s'étonner et même regretter qu'il n'ait pas continué dans les autres cours et qu'au contraire il ait par la suite complètement abandonné ce procédé commode (34).

Dans son deuxième cours (35), Berthollet fait une critique serrée des principes sur lesquels est basée l'étude des affinités, car il pense qu'il faut bien connaître :

> « ... les apparences qui peuvent tromper sur l'action réelle des affinités et les causes qui peuvent modifier leurs effets. C'est ce que j'appelle les anomalies de l'action chimique. » (36)

Ces anomalies sont le sujet du cours (37). Berthollet commence par mettre ses auditeurs en garde contre le danger de faire des hypothèses prématurées alors qu'on ne possède qu'un trop petit nombre de faits. Il est d'ailleurs très circonspect sur ce qu'il expose lui-même puisqu'il dit :

> « Je ne me flatte pas, dans les explications que je vais présenter, de pouvoir éclaircir tous les faits qui dépendent des affinités ; mais si, dans une vaste théorie, on rencontre quelques phénomènes qu'on ne peut encore lui assujétir, on doit imiter la conduite des géomètres qui, lorsqu'une comète inconnue apparaît, attendent que les observations soient assez nombreuses pour déterminer son orbite, sans se livrer à de vaines suppositions, et sans jeter d'incertitudes sur les vrais principes. » (38)

Et il insiste à nouveau sur le grand soin que l'on doit apporter aux expériences afin que les conséquences qu'on en tire soient sérieuses (39). On ne doit pas, en particulier, négliger l'influence de certains facteurs comme la température, car les effets de l'affinité y sont sensibles. Berthollet fait même remarquer que certaines réactions s'inversent quand la température varie.

On voit sur ces exemples que certaines des grandes idées qui sont exposées dans l'*Essai* existaient déjà dans l'esprit de Berthollet en 1795, mais, à cette époque, il n'avait pas encore assez de faits pour les généraliser et leur donner valeur de lois.

RÉSUMÉ DES AUTRES COURS

Alors que les deux premiers cours de Berthollet à l'École normale de l'an III sont consacrés aux principes généraux de la chimie, les dix autres le sont à des questions particulières.

Le troisième traite de la chaleur et du froid, donc du calorique (40) ; le quatrième traite de la lumière (41). On trouve dans ces deux exposés des idées intéressantes sur la chaleur et la lumière, que Berthollet, suivant Lavoisier, considère comme des fluides matériels, mais avec cette différence qu'on ne peut pas en mesurer la quantité avec autant de précision qu'on peut le faire pour la matière ordinaire (42).

Le cinquième cours traite de la composition et de la décomposition de l'eau (43). Berthollet accorde une importance capitale à ces réactions, à cause des conséquences théoriques qu'on en tire et il insiste particulièrement sur les précautions qu'il faut prendre pour bien les réaliser expérimentalement. Les séances étaient illustrées par des expériences et, pendant celles-ci, le jeune préparateur chargé de faire la synthèse de l'eau provoqua une explosion dont il nous a laissé le témoignage (44).

Le sixième cours est consacré à la combustion du carbone dans l'oxygène, à la respiration et à la chaleur animale (45). Berthollet y insiste particulièrement sur la découverte, la formation et la décomposition, très difficile et rarement observée, du gaz carbonique.

Le septième cours traite de la nature et des propriétés des combustibles (46). Berthollet montre qu'ils contiennent tous du carbone et de l'hydrogène ; il compare leur pouvoir combustible à ceux des deux éléments principaux qui les forment ; enfin, il insiste beaucoup sur les applications domestiques de ces substances.

Le huitième cours a pour sujet l'acide nitrique et ses sels, les nitrates ou nitres (47). Bien entendu, Berthollet y parle du salpêtre et développe les phénomènes de décomposition du nitrate de potasse, sur lesquels il avait particulièrement travaillé en 1781.

Le neuvième cours est entièrement consacré à l'acide muriatique oxygéné (le chlore) (48). Berthollet détaille les moyens d'obtention et les propriétés du chlore sous forme gazeuse et en solution ; il décrit aussi les propriétés de l'acide muriatique (chlorhydrique) ; ce qui le conduit à cette remarque, héritage direct de Lavoisier :

> « Il [le chlore] a pour base l'acide muriatique, qui, jusqu'à présent, n'a point été décomposé et qui doit, par conséquent, être considéré comme une substance simple, par les chimistes qui ne veulent asseoir leurs opinions que sur des faits constatés. » (49)

Dans le dixième cours, Berthollet étudie les propriétés de l'atmosphère (50). Il décrit minutieusement les analyses eudiométriques et leurs résultats concernant la composition de l'air. A ce propos, il rend hommage au génie de Lavoisier :

> « Que ne pouvez-vous entendre, du grand chimiste français qui a tant contribué à ces découvertes, le récit de ses travaux. »

Il fait ensuite un bref exposé sur la chimie végétale.

Dans le onzième, il traite de quelques combinaisons de l'hydrogène, parmi lesquelles il insiste sur l'ammoniac. Il y décrit également quelques actions chimiques de l'électricité et compare alors électricité, chaleur et lumière (51).

Enfin, le douzième et dernier cours a pour sujet l'acidité (52). Berthollet, toujours disciple de Lavoisier, commence par l'attribuer à la présence d'oxygène, mais avec réserve, car il affirme assez vite que la théorie de formation des acides à partir de l'oxygène ne lui semble pas totalement satisfaisante. On retrouve, dans les termes qu'il emploie, l'opinion exprimée dans le mémoire de 1787 sur l'acide prussique :

> « Il se présente une question sur laquelle je ne me trouve pas en accord avec la plupart des autres chimistes ; ils regardent l'acidité comme un attribut de l'oxigène, qui a perdu son élasticité avec une base, de sorte que dès qu'une substance est acide, ils concluent qu'elle contient de l'oxigène.
>
> « Il est vrai que l'oxigène donne bien souvent des propriétés acides aux combinaisons dans lesquelles il entre ; mais ... quelques fois... des propriétés bien différentes. » (53)

Pour illustrer cette observation, il prend l'exemple de l'eau et de l'oxyde de fer. Il remarque de plus que, dans le cas des métaux, l'oxygénation conduit à des corps opposés aux acides puisqu'ils ont tendance à se combiner avec eux. Et pour compléter son objection Berthollet souligne que, par ailleurs, d'autres substances dont les propriétés acides ne peuvent pas être mises en doute ne contiennent pas d'oxygène :

> « On n'a pas pu découvrir, par aucune expérience, aucun indice de l'existence de l'oxigène dans l'acide muriatique, fluorique et boracique. » (54)

La conclusion de l'exposé est remarquablement claire et bien raisonnée:

> « Il semble donc, par toutes ces considérations, que les substances acides ont, dans leur action et leur combinaison des rapports qui doivent les faire envisager comme une classe particulière qui possède beaucoup de propriétés communes ; que la plupart acquièrent ces propriétés par la combinaison qu'ils forment avec l'oxigène ; que,

cependant, quelques-unes sont acides sans le concours de l'oxigène, ou du moins, sans qu'on puisse affirmer qu'elles contiennent de l'oxigène. » (55)

L'APPORT D'UNE ÉPOQUE TOURMENTÉE

Par cette analyse de l'ensemble des cours de Berthollet à l'École normale de l'an III, nous espérons avoir bien montré le stade de sa pensée scientifique en 1795. Nous avons pu y retrouver les premiers principes de sa philosophie chimique révélés dès 1785, confirmés et complétés. Nous avons vu également apparaître ses premières préoccupations de théorie générale en chimie.

Ces cours représentent une étape importante dans l'évolution des idées de Berthollet sur les théories chimiques. Cependant ils sont peu connus. La plupart des commentateurs anciens et actuels, que nous avons pu lire, limitent leur analyse aux *Recherches sur les lois de l'affinité,* à l'*Essai de statique chimique (56)* et aux textes ultérieurs concernant les théories chimiques (57). Nous pensons, quant à nous, que la connaissance de ces exposés est très intéressante. On y trouve en effet l'ébauche de la plupart des idées qui seront reprises et développées plus tard.

Nous remarquerons pour terminer, qu'avant de partir loin de France pour une période de trois ans (58), Berthollet possède déjà une méthode de recherche bien établie, guidée par des hypothèses qui trouveront, dans les expériences qu'elles permettent de prévoir, leur confirmation ou leur infirmation. Il possède aussi une ébauche de théorie générale de l'action chimique, basée sur la conception newtonienne des attractions ou affinités ; pour construire solidement sa théorie, il lui manque encore la connaissance des lois suivies par ces affinités.

C'est à la recherche de celles-ci et à leur utilisation pour bâtir une grande synthèse des phénomènes chimiques, que Berthollet consacrera ses loisirs en Égypte et une grande partie de son temps après son retour.

B. L'ÉPANOUISSEMENT DES IDÉES ET DES MÉTHODES, 1799-1816

A son retour d'Égypte, Berthollet reprit avec joie le genre de vie qu'il aimait et que les circonstances politiques l'avaient obligé à quitter. Dans le calme volontairement retrouvé (1), il se consacra de nouveau et entièrement aux travaux scientifiques, comme avant 1790. Sa carrière de chimiste se déroule ainsi en deux grandes phases actives, séparées par les années révolutionnaires qui constituent une phase de maturation.

Un trait commun rapproche les deux premières phases : avant 1790 comme après 1799, des charges lucratives et assez peu absorbantes lui assurent un revenu confortable tout en lui laissant le temps et la liberté d'esprit nécessaires à l'élaboration de ses recherches personnelles. En revanche, les œuvres réalisées durant ces deux périodes diffèrent en de nombreux points.

Le premier point concerne la méthode de travail : les recherches de Berthollet, motivées surtout, avant 1790, par les nécessités de sa situation d'académicien et d'administrateur, sont maintenant commandées uniquement par un programme précis qu'il s'est lui-même fixé.

Un second point concerne le programme : il s'agit d'établir une théorie générale expliquant tous les phénomènes chimiques. Berthollet va poursuivre une œuvre de synthèse alors que jusqu'en 1790 il s'était attaché à l'étude de sujets dispersés et n'avait développé que des théories particulières.

Nous relèverons une dernière différence concernant les idées générales sur lesquelles il fonde sa théorie. Tandis qu'avant 1790, il suivait les grandes lignes de pensée de ses maîtres, Macquer et Bergman ou de ses confrères, en particulier Lavoisier, maintenant, il exploite des idées entièrement personnelles, originales, qui ne doivent rien – ou très peu – aux autres théoriciens de la chimie.

Enfin, dans sa grande période d'activité dont nous allons aborder l'étude, la réalisation de son vaste programme de recherche nécessite l'utilisation constante d'un laboratoire spécialement aménagé et suppose un travail d'équipe. Nous pensons que ce sont là deux des raisons qui déterminèrent Berthollet à acheter la propriété d'Arcueil pour s'y retirer, y installer un laboratoire et commencer dès 1801 à y accueillir les jeunes chercheurs qui formeront la Société d'Arcueil.

A côté des efforts divers qu'il dut entreprendre pour fonder et animer cette dernière, efforts que nous avons soulignés dans la première partie (2), Berthollet poursuivit essentiellement à Arcueil la réalisation de son programme personnel de recherche. Dans l'ensemble des chapitres suivants nous allons examiner comment il travailla dans cette voie.

CHAPITRE VI

LA GRANDE SYNTHÈSE : CONSTRUCTION D'UNE THÉORIE GÉNÉRALE DE L'ACTE CHIMIQUE 1799-1803

1. PREMIERS EXPOSÉS SUR LES AFFINITÉS CHIMIQUES

a) OBSERVATIONS SUR LE NATRON

Pendant le séjour en Égypte, Berthollet, comme la plupart des membres scientifiques de l'expédition (1), eut assez de loisirs et de stimulations pour réfléchir profondément aux problèmes qui le préoccupaient.

Depuis 1795, il s'intéressait aux lois suivies par les affinités ou attractions chimiques. La théorie des affinités électives, considérées comme des constantes, lui semblait présenter trop d'anomalies pour avoir une valeur absolument générale. Il insistait déjà dans son deuxième cours à l'École normale de l'an III sur l'influence des conditions expérimentales quant aux résultats d'une réaction ; il prenait comme exemple la température qui modifie souvent ces résultats et par là même modifie les valeurs des affinités (2). Une observation faite en Égypte et en elle-même d'importance secondaire, la formation de carbonate de sodium dans un lac, allait le conduire vers un premier élément de réponse et lui faire faire le premier pas vers l'établissement de la théorie qui devait renverser celle de Bergman.

Le fait se situe en janvier 1799, au cours d'un voyage dans la vallée des lacs de Natroum situés près du Caire. L'un de ces lacs contient du carbonate de sodium – le natron des Anciens – et la mission avait pour but d'étudier sur le terrain s'il pouvait constituer une source exploitable de soude. Berthollet, tout en examinant ce problème, se posa également celui de la formation de ce sel. Le résultat de ses observations suscita son étonnement et son intérêt. Les eaux du lac sont très fortement chargées en chlorure de sodium et le carbonate de sodium n'apparaît qu'aux endroits où le sol, formé d'une roche calcaire, c'est-à-dire de carbonate de calcium, est imbibé d'eau salée ; par évaporation, le carbonate de sodium cristallise en une croûte blanche qu'on retire facilement. Par ailleurs, une partie des cristaux est dissoute par l'eau de pluie, ce qui explique la présence du natron dans les eaux d'une portion assez fermée du lac en question (3).

A la suite des examens minutieux qu'il fit avec les autres savants qui l'accompagnaient (4), Berthollet conclut que le chlorure de sodium et le carbonate de calcium subissent une double décomposition pour donner le carbonate de sodium observé et du chlorure de calcium qui, très déliquescent, imprègne le sol humide (5). Or c'est toujours la réaction inverse que l'on observe au laboratoire.

L'explication exacte de la formation du natron en Égypte entraînait des conséquences théoriques importantes que Berthollet, bien préparé par ses réflexions précédentes, sut tirer immédiatement. Il attribua l'inversion du sens de la réaction au changement des conditions expérimentales, température et concentrations, entre les circonstances ordinaires au laboratoire et les circonstances naturelles en Égypte. A la fin du mémoire dans lequel il exposait ces considérations, il annonçait une étude plus générale (6).

b) LES RECHERCHES SUR LES LOIS DE L'AFFINITÉ

Dès son retour à Paris, Berthollet lut devant ses confrères de l'Institut, au cours de plusieurs séances d'octobre et novembre 1799, le mémoire annoncé et préparé en Égypte (7). Le texte parut dans les *Mémoires de l'Institut* et, sous forme d'extraits, dans les *Annales de chimie (8)*. Il fit l'objet d'une publication séparée (9) et fut traduit en anglais et en allemand (10). Ces précisions bibliographiques montrent l'importance qui lui fut immédiatement accordée.

L'analyse de son contenu est très intéressante car ce mémoire, long de 96 pages (11), est un exposé détaillé et bien structuré de toutes les considérations théoriques, appuyées sur des faits bien observés, que Berthollet a pu élaborer concernant les affinités et constitue une esquisse déjà bien avancée de l'*Essai.*

Il comporte 15 articles qui sont en réalité de véritables chapitres. Le premier de ceux-ci explique le but du mémoire et pose les principes qui seront vérifiés par la suite.

Berthollet a maintenant trouvé deux lois fondamentales, concernant l'affinité chimique, pour construire sa théorie générale de l'action chimique.

La première de ces lois concerne le partage d'une substance entre deux autres qui ont de l'affinité pour elle. Berthollet énonce et se propose de prouver dans la suite du mémoire que, lorsqu'une substance A, qui a de l'affinité pour une autre C, agit sur la combinaison BC, A ne chasse pas B de BC pour former la combinaison AC par une réaction totale, comme l'affirme la théorie des affinités électives, mais que C se partage entre A et B (12). Les proportions de AC et BC existant dans le mélange réactionnel sont déterminées par deux séries de facteurs : les affinités particulières de A et B pour C et les quantités de chacune de ces substances se trouvant en présence. Ceci est une conséquence de la deuxième loi découverte par Berthollet, loi qui énonce en effet que l'affinité résultante d'une substance dans une réaction chimique, c'est-à-dire son activité dépend de la quantité de cette substance dans le milieu réactionnel.

Ces deux lois sont exprimées dès le début du mémoire en ces termes :

> « Je me propose, dans ce mémoire, de prouver que les affinités électives n'agissent pas comme des forces absolues par lesquelles une substance serait déplacée par une autre, dans une combinaison ; mais que, dans toutes les compositions et les décompositions qui sont dues à l'affinité élective, il se fait un partage de l'objet de la combinaison entre les substances dont l'action est opposée, et que les proportions de ce partage sont déterminées non seulement par l'énergie de l'affinité de ces substances, mais aussi par la quantité avec laquelle elles agissent ; de sorte que la quantité peut suppléer à la force de l'affinité pour produire un même degré de saturation. » (13)

Berthollet fait suivre cet énoncé qualitatif par un autre, qui cherche à établir une relation quantitative entre l'activité d'une substance et sa quantité présente dans le mélange réactionnel : c'est la première apparition de la notion de « masse chimique », que nous retrouverons plusieurs fois :

> « Si j'établis que la quantité d'une substance peut suppléer à la force de son affinité, il en résulte que son action est proportionnelle à la quantité qui est nécessaire pour produire un degré déterminé de saturation. J'appelle *masse*, cette quantité qui est la mesure de la capacité de saturation des différentes substances. » (14)

Berthollet semble ici nettement distinguer l'affinité propre d'une substance, de son activité - « son action » ; cette dernière propriété dépend de deux facteurs indépendants l'un de l'autre :

1) la force de l'affinité, caractéristique de la substance, donc constante, invariable d'une expérience à l'autre ;

2) la quantité de cette substance qui, elle, peut varier à chaque expérience.

C'est dans ce sens que nous comprenons le passage suivant :

> « Lors donc que je comparerai les affinités des substances, je porterai mon attention sur la quantité pondérale qui doit être égale dans cette comparaison ; mais lorsque je comparerai leur action, qui se compose et de leur affinité et de leur proportion, c'est leur masse que je dois considérer. » (15)

Cette phrase apporte une précision intéressante : lorsque Berthollet parle de la quantité de substance il entend par ce terme sa « proportion », c'est-à-dire sa concentration dans notre langage actuel. Malheureusement, cette « masse », qui, plus loin, deviendra « masse chimique », et qui, d'après le passage précédent est différente de la quantité de matière, n'est pas définie clairement.

Ces deux lois sont en opposition avec la théorie des affinités électives ; Berthollet en est très conscient, mais, dans ce premier exposé, il se contente de constater le fait et s'efforce de prouver la justesse de ses énoncés par des observations précises. La réfutation des idées de Bergman n'apparaîtra que dans l'*Essai (16)*.

Les deuxième et troisième articles contiennent les observations qui confirment directement les deux lois que nous venons d'énoncer ; leurs titres eux-mêmes sont très explicites :

Article II : « Expériences qui prouvent que dans les affinités électives, les substances opposées se partagent celle qui est le sujet de la combinaison. » (17)

Article III : « Observations qui confirment le principe de l'action chimique en raison de la masse. » (18)

Dans plusieurs articles suivants, Berthollet étudie les modifications que peuvent subir les activités chimiques, indépendamment des lois qu'elles suivent, ce qui crée des anomalies dans les résultats observés. Il examine ainsi successivement, l'influence de l'insolubilité des substances susceptibles de se former (19) et celle de l'élasticité, lorsque la substance en question est gazeuse (20). Dans tous les cas, Berthollet remarque l'influence déterminante de la température à laquelle on opère. La solubilité ainsi que la tendance à l'élasticité sont en effet sensibles à l'action de la chaleur : le septième article est consacré à cette question (21). L'auteur considère à juste titre que l'action des dissolvants est, elle aussi, susceptible de modifier le résultat des affinités (22).

Berthollet se pose ensuite le problème de la détermination des affinités qu'il appelle toujours électives (23) ; malgré ses efforts, il n'arrivera jamais à le résoudre de manière satisfaisante, ni dans ce premier exposé, ni dans l'*Essai* ni dans les textes ultérieurs. Il lui semble pourtant, en théorie tout au moins, que la solution soit simple :

> « Déterminer l'affinité élective de deux substances pour une troisième, d'après l'idée que nous devons nous en être formée, c'est reconnaître dans quel rapport cette troisième substance doit partager son action entre les deux premières, et à quel degré de saturation chacune de celles-ci doit parvenir lorsqu'elles opposeront leurs forces. » (24)

Ainsi, selon Berthollet, à condition que les concentrations soient égales, les affinités respectives seront obtenues en mesurant les degrés de saturation auxquels elles seront parvenues. Mais quel est, et comment reconnaître, ce degré de saturation ? Berthollet précise qu'il entend par ce terme l'état atteint quand les propriétés antagonistes sont neutralisées (25). Il poursuit cependant en s'efforçant de montrer que ce procécé est irréalisable dans la pratique, car il faudrait pouvoir utiliser, dans tous les cas, exactement les mêmes proportions des substances que l'on met en opposition pour comparer leurs affinités et montre à l'aide de plusieurs exemples que, pour déterminer par des expériences directes l'affinité élective de deux substances, on est toujours obligé de faire intervenir des forces étrangères afin de reconnaître le moment où la saturation est atteinte ; et ceci, malheureusement, modifie le résultat. L'une de ses explications mérite d'être citée, nous la retrouverons dans l'*Essai* :

> « Nous avons vu (art. II, III), que l'affinité d'une substance pouvait être compensée par sa quantité.
>
> « Il paraîtrait, d'après cette considération, qu'il suffirait de reconnaître les capacités de saturation de différentes bases pour un acide, ou de différents acides pour une base, pour établir le rapport de leur affinité ; car elle devrait être en raison inverse des quantités nécessaires pour produire le même degré de saturation.

« Cette conséquence est erronée, lorsqu'on veut l'appliquer aux affinités électives, parce que, dès qu'on met deux substances en concurrence pour se combiner avec une troisième, il s'établit des forces nouvelles qui, non seulement déterminent les résultats, mais changent même la constitution de ces substances. » (26)

Dans ces conditions, Berthollet est obligé de reconnaître :

« La comparaison des capacités de saturation, quoiqu'elle puisse conduire à des considérations importantes, ne peut donc être appliquée à la détermination des affinités électives. (27)

Toutes ces remarques très judicieuses, conséquences logiques de la conception qu'il s'est faite des « affinités », conduisent Berthollet à une position paradoxale : d'une part, il expose un moyen de détermination des affinités réciproques ; de l'autre, il explique comment et pourquoi ce moyen est inutilisable. L'impossibilité dans laquelle il se trouve de résoudre le problème est nettement exprimée à la fin du mémoire, dans l'article XV qui est une conclusion de tout l'ensemble :

« J'ai cherché s'il était possible de déterminer l'affinité relative de deux substances pour une troisième ; j'ai observé qu'il faudrait pour cela reconnaître dans quelle proportion cette troisième se partagerait avec une quantité donnée des deux premières ou plutôt partagerait son action ; j'ai indiqué les obstacles insurmontables qu'on rencontrerait dans les moyens qu'il faudrait nécessairement employer pour constater le partage d'action, et les changements de constitution qui peuvent survenir. » (28)

PREMIÈRE APPARITION DES « RÈGLES DE BERTHOLLET » (29)

Un autre problème posé depuis longtemps déjà, mais que Berthollet résout correctement dès ce premier exposé, concerne les réactions où apparaît un précipité ; ceci a lieu quand on fait agir une base ou un acide sur certains sels, ou bien certains sels entre eux. Ce sont ces réactions qui servaient de base à l'établissement des fameuses « tables d'affinité ».

Berthollet examine très minutieusement toutes les circonstances dans lesquelles se produisent ces précipitations. Il les sépare en deux catégories : celles où un acide ou une base agit sur un sel (30) et celles où deux sels réagissent ensemble (31). Pour lui en effet, les premières font intervenir les affinités simples, les secondes, des affinités complexes. Pour nous, et suivant d'ailleurs l'explication exacte de Berthollet, ces deux catégories obéissent aux mêmes lois ; aussi les étudierons-nous ensemble.

C'est à leur propos que Berthollet, pour la première fois, dénonce une erreur due à l'application de la théorie des affinités électives. Après avoir exposé et interprété, à l'aide des propriétés d'insolubilité ou de volatilité, les réactions d'un acide ou d'une base sur un sel, Berthollet conclut :

« On ne peut rien conclure sur l'affinité respective de ces séparations... puisque, par le changement seul des proportions, on peut souvent obtenir les décompositions opposées. » (32)

Et il remarque encore que, lorsqu'il se produit une précipitation, celle-ci

> « ... n'est pas le résultat de l'affinité élective, elle n'est pas entière ; mais sa quantité est déterminée par le rapport de l'action du liquide à la force de cohésion du précipité : de là vient que souvent, le précipité se redissout en augmentant la quantité de la substance qui lui est opposée. » (33) (34)

PREMIÈRES CRITIQUES DES AFFINITÉS ÉLECTIVES

La critique des classifications des affinités, faites à partir de ces réactions dans les tables d'affinités, est clairement exprimée à plusieurs reprises dans les articles XI et XII (35). Elle est toujours basée sur le fait que toutes ces tables supposent les affinités constantes et indépendantes des conditions expérimentales :

> « Toute cette classification d'affinités est fondée sur la fausse supposition qu'un acide en chasse un autre de ses combinaisons, par sa seule affinité considérée comme une force constante, et cette supposition en nécessite plusieurs autres pour expliquer comme exceptions des faits qui dérivent naturellement d'une propriété générale » (36)

Cette propriété générale est bien entendu celle que Berthollet exprime par le partage d'une substance entre deux autres en raison de leur « masse » ; l'ensemble étant en équilibre, cet équilibre est détruit par l'insolubilité ou la volatilité d'une combinaison susceptible de se former. Cette même critique est confirmée un peu plus loin :

> « On n'a conclu un échange de bases que du résultat de la précipitation et de la cristallisation qu'on a observées ; mais on n'a pas attribué cet effet à sa véritable cause. » (37)

Et finalement, dans la conclusion de l'ensemble de son exposé, Berthollet déclare :

> « Puisque les tables d'affinités ont toutes été construites sur la supposition que les substances jouissent de différents degrés d'affinités qui produisent les décompositions et les combinaisons qui se forment, indépendamment des proportions et des autres conditions qui contribuent aux résultats, ces tables ne peuvent que donner une idée fausse sur les degrés de l'action chimique des substances qui s'y trouvent classées. » (38)

Dans le passage qui suit, il va même plus loin dans sa critique des affinités électives :

> « La dénomination d'*affinité élective* ne peut elle-même qu'induire en erreur, puisqu'elle suppose l'union d'une substance entière avec une autre par préférence à une troisième, pendant qu'il n'y a qu'un partage d'action subordonné aux autres conditions chimiques. » (39)

Ce n'est encore qu'une réfutation partielle ; Berthollet observe beaucoup de prudence dans son examen de la théorie des affinités électives ; ce n'est que dans l'*Essai* qu'il se prononcera pour un rejet total de cette théorie qu'il considérera alors comme fausse.

L'article XIII (40) expose des observations intéressantes, relatives aux réactions de précipitation mutuelle des métaux. Ce sont là en réalité des réactions d'oxydoréduction qui ne font intervenir que des échanges électroniques : mais, pour Berthollet à qui l'on ne peut reprocher d'ignorer une telle interprétation, ces réactions se font avec échange d'oxygène, opinion tout à fait valable pour l'époque.

L'article XIV contient lui aussi des observations intéressantes (41) ; elles concernent ce que Berthollet appelle « l'affinité résultante » : celle qui, dans une combinaison, procède à la fois de toutes les affinités des différents composants de la substance en question. Les idées qu'on y trouve exposées sont reprises, confirmées et développées dans l'*Essai,* principalement dans le deuxième volume.

Le dernier article est la conclusion de l'ensemble et le résumé des articles précédents (42). Berthollet y exprime à nouveau les lois qu'il a énoncées au début et qu'il a essayé de prouver par des faits dans la suite. On y trouve en particulier la réaffirmation de l'influence déterminante de la quantité d'une substance sur son action chimique :

> « ... les substances agissent en raison de leur affinité et de leur quantité qui se trouve dans la sphère d'activité ... cette dernière peut compenser la force de l'affinité ... l'action chimique de chacune est proportionnelle aux saturations qu'elles produisent » (43) ;

puis une nouvelle définition de la *masse* ou *masse chimique :*

> « J'ai désigné par le mot de *masse chimique,* ou de *masse,* les quantités déterminées par un même degré de saturation, et par conséquent relatives à la capacité de saturation : lorsque deux substances sont en concurrence pour se combiner avec une troisième, elles éprouvent donc chacune un degré de saturation proportionnel à leur masse. » (44)

Malheureusement, cette notion reste encore assez vague et, de plus, inutilisable puisque Berthollet a montré lui-même qu'il était très difficile, sinon impossible, de réaliser expérimentalement les conditions permettant de déterminer rigoureusement ces « mêmes degrés de saturation ».

Berthollet revient également sur les réactions d'élimination qui ont servi de base à l'établissement des tables d'affinité, en faisant cette remarque très pertinente :

> « Des tables qui représenteraient la disposition à l'insolubilité ou à la volatilité, dans les différentes combinaisons qui peuvent se former, serviraient donc à prévoir un grand nombre des combinaisons qui prennent naissance par le mélange des différentes substances et par l'influence de la chaleur. » (45)

On voit que la postérité a agi avec justice en donnant le nom de Berthollet aux règles qui permettent de prévoir le résultat d'une réaction, par la connaissance des tables de solubilité ou de volatilité à chaque température (46).

Après toutes les critiques qu'il vient d'exprimer à propos des affinités électives, il tient à préciser :

> « Toutes les considérations que j'ai présentées sur les modifications de l'action chimique, n'empêchent pas qu'on ne puisse désigner par l'affinité d'un corps, toute la puissance chimique qu'il exerce dans une circonstance donnée ... : mais ce qu'il faut éviter, c'est de considérer cette puissance comme une force constante qui produit les compositions et les décompositions ; c'est de conclure de ce qu'elle est, ce qu'elle doit être dans d'autres conditions qui peuvent lui donner un degré de force très différent ; c'est de négliger toutes les modifications qu'elle éprouve depuis son action initiale jusqu'à ce qu'elle soit parvenue à un équilibre. » (47)

Ce passage constitue, sans l'exprimer ouvertement, une réfutation de la théorie des affinités électives, telle qu'elle va être développée dans l'*Essai ;* c'est également une anticipation de la conception de l'action chimique exposée elle aussi dans l'*Essai.*

La conclusion finale de l'ensemble est, à la fois, un résumé très concis des idées qui précèdent et une annonce de ce que Berthollet se proposera de faire dans son *Essai ;* elle sera également la conclusion de notre analyse :

> « J'ai indiqué dans cet essai une marche uniforme pour toute la chimie ; j'ai considéré toutes les forces qui concourent aux combinaisons et aux phénomènes dont elle s'occupe ; j'ai tâché de déterminer l'influence de chacune dans les différentes circonstances.
>
> « Si l'on regrette de perdre l'espérance de classer la puissance chimique des corps, indépendamment des conditions qui la modifient, on conviendra bientôt que les tables d'affinités ne contenaient que des annotations de faits presque stériles, et qu'elles faisaient perdre l'avantage d'employer dans les calculs de l'intelligence les propriétés les plus fécondes, par le moyen desquelles on peut prévoir un grand nombre de résultats de l'action chimique, l'interpréter, la diriger, sans avoir recours à des suppositions, sans avoir besoin de principes particuliers pour expliquer des anomalies. » (48)

Les deux autres mémoires, présentés à l'Institut en 1800 et intitulés « Suite des recherches sur les lois de l'affinité », n'apportent rien de nouveau sur le plan théorique général. Dans l'un comme dans l'autre de ces écrits (49) (50), Berthollet relate des observations expérimentales qui doivent prouver les lois énoncées dans le premier mémoire.

2. SUITE DES PREMIÈRES RECHERCHES : L'*ESSAI DE STATIQUE CHIMIQUE*

Encouragé par l'intérêt soulevé par son premier exposé sur les affinités, Berthollet poursuivit ses recherches sur ce sujet. Retiré dans sa nouvelle propriété d'Arcueil, il commença d'y installer un laboratoire, mit au point des séries d'expériences afin de confirmer ses hypothèses et engagea même un assistant : le jeune Gay-Lussac (51). En même temps, il continua de construire sa théorie générale.

Il disposa bientôt d'assez de résultats pour faire une véritable synthèse de l'action chimique et il rédigea alors les deux volumes de l'*Essai de statique chimique (52)*. L'ouvrage imprimé fut présenté à l'Institut le 6 juin 1803 (53). Par son titre l'auteur annonçait, avec une certaine modestie que dénote le mot « essai », l'idée fondamentale sur laquelle repose toute sa théorie : une combinaison s'établit lorsqu'il y a un équilibre entre plusieurs ensembles de forces antagonistes.

La place relativement importante que nous allons consacrer à l'analyse de cet ouvrage est justifiée par le fait qu'il correspond à plusieurs pôles d'intérêt de notre étude. D'une part, l'*Essai* est certainement l'œuvre la plus célèbre de Berthollet ; la plus importante aussi quant à sa longueur et à la densité de son contenu (54). D'autre part, elle représente une étape cruciale de l'évolution de la pensée scientifique de son auteur. Enfin, le dernier texte que nous connaissions de Berthollet, texte resté inédit que nous analyserons au chapitre X et intitulé « Revue de l'Essai de statique chimique », est un projet inachevé pour une seconde édition de cet ouvrage.

a) CARACTÈRES GÉNÉRAUX – ORIGINALITÉ DE L'OUVRAGE

Il faut préciser tout de suite que l'*Essai de statique chimique* n'est pas d'un accès facile ; sa lecture demande des efforts persévérants et ceci pour deux raisons. En premier lieu, le sujet abordé est, par sa complexité, particulièrement difficile à traiter. Les attractions entre les particules élémentaires qui conditionnent l'action chimique, mettent en jeu de nombreux facteurs et l'interprétation des expériences est toujours très délicate. En second lieu, la manière d'exposer de Berthollet ne permet pas toujours de le suivre aisément. A force de détails, ses démonstrations manquent souvent de clarté ; la même idée est exprimée plusieurs fois, à divers endroits, et parfois sous des formes différentes. Dans son éloge de Berthollet, Cuvier déclare à ce sujet :

> « Il n'est pas toujours facile de le suivre dans ces régions ardues de la science où son génie l'entraîne. On dirait que, familiarisé avec ces routes escarpées ... sur lesquelles il planait de si haut, il a cru que ses lecteurs s'y retrouveraient aussi aisément que lui et qu'il pourrait les y introduire sans leur en tracer le plan, ou leur donner quelque fil propre à les y guider. » (55)

J.-B. Dumas qui, selon son propre témoignage, avait lu et médité l'*Essai*, « la plume à la main » pendant quatre ans, le présente ainsi :

> « Cet ouvrage ... est écrit d'une manière obscure. Les idées y sont belles et nettes, mais leur exposition est confuse et embarrassée ; il est quelquefois difficile de les saisir. On y trouve bien des passages qu'il ne devient possible de comprendre qu'autant qu'on prend le soin de recourir aux écrits de ses élèves. » (56)

La méthode préconisée par Dumas pour mieux comprendre l'*Essai* présente un grave inconvénient : les « élèves » auxquels il fait allusion : Gay-Lussac, Thénard et Dulong principalement, ont prolongé et modifié la pensée de leur maître. C'est pourquoi nous nous référerons toujours uniquement à Berthollet.

Cependant, il ne faudrait pas admettre à la lettre ces jugements un peu rapides et s'exagérer les défauts de l'*Essai*. Certains d'entre eux disparaissent même à la suite d'une lecture attentive, car l'originalité de conception de l'ouvrage explique en grande partie le manque d'ordre apparent qu'on lui reproche. Ce traité n'est pas, en effet, un classique manuel de chimie pour des étudiants, il est essentiellement un ouvrage destiné à des chercheurs. Ainsi, après avoir exposé ses observations, les explications qu'il en donne et les conclusions qu'il en tire, Berthollet pose des questions sur les problèmes qu'il n'a pas encore résolus ; il veut, à leur sujet, provoquer des discussions qui permettront peut-être de les éclaircir. Il annonce ce propos dans l'introduction générale :

> « Je passerai rapidement sur quelques objets qui sont importants mais qui ne présentent rien d'incertain aux chimistes, et je m'arrêterai avec beaucoup de détails à d'autres qui sont moins intéressants mais qui me paraîtront exiger de nouveaux éclaircissements. » (57)

et il le reprend dans l'introduction de la deuxième partie :

> « Je n'exécuterai point le plan que je viens de tracer avec les détails d'un traité de chimie ... j'examine ... les opinions sur lesquelles on n'est pas encore fixé ; je discute les connaissances, encore vagues, qui composent ce qu'on peut appeler la *chimie flottante* ; mais je soumets aux chimistes ces discussions et les conjectures auxquelles elles me conduisent sur les objets sur lesquels je me suis formé quelque opinion particulière. » (58)

L'originalité essentielle de l'ouvrage réside dans les idées qu'il contient et qui développent celles qu'avaient ébauchées les exposés précédents. Ici, elles sont approfondies et font appel à des concepts qui se veulent plus précis. Nous les étudierons maintenant dans le détail.

b) ANALYSE DE L'OUVRAGE

La première partie de l'*Essai* est consacrée à l'action chimique en général (59), c'est-à-dire à l'établissement des principes et des lois. Sa seconde partie concerne l'application de ces lois et de ces principes aux substances chimiques (60).

L'ensemble débute par une assez longue introduction de 22 pages, dans laquelle Berthollet expose tout à la fois le but qu'il s'est proposé, le plan qu'il a suivi, ses principales idées sur les attractions chimiques et enfin les grands principes de sa philosophie chimique : rôle et valeur des hypothèses, méthode de recherche et de construction d'une théorie.

But et plan suivi

Berthollet les présente ainsi :

> « Le but de cet Essai, est d'étendre mes premières réflexions à toutes les causes qui peuvent faire varier les résultats de l'action chimique... L'Essai est divisé en deux parties : dans la première, je considère tous les éléments de l'action chimique, et dans la seconde, les substances qui l'exercent et qui contribuent le plus aux phénomènes chimiques. » (61)

C'est donc bien une synthèse générale de l'action chimique qu'il se propose de faire.

La base de cette synthèse est toujours, dans la tradition newtonienne, l'idée que tout phénomène chimique est dû aux attractions qui s'exercent entre les particules élémentaires, que Berthollet appelle encore molécules, mais sans attacher à ce terme le sens que la théorie atomique lui a donné plus tard. (61 bis)

La première phrase de l'*Essai* est à cet égard significative :

> « Les puissances qui produisent les phénomènes chimiques sont toutes dérivées de l'attraction mutuelle des molécules des corps à laquelle on a donné le nom d'affinité, pour la distinguer de l'attraction astronomique. » (62)

Pour construire une théorie générale sur cette base, il est nécessaire de préciser :

1. la nature de ces attractions ;
2. les lois auxquelles elles obéissent.

Pour établir le second point, il faut étudier les modifications que subissent les attractions de la part des facteurs de la réaction chimique dont Berthollet a déjà relevé l'influence dans ses premiers exposés : ce sont principalement la température et la quantité de substance en présence (nous dirions concentration).

Voilà, exprimé en langage moderne, le projet de Berthollet pour la première partie de son *Essai*. Il le réalise en suivant les principes généraux que nous avons vu se dégager lors des recherches précédentes ; mais ici, il expose ceux-ci de façon explicite, s'attachant en particulier à bien montrer comment il envisage la construction d'une théorie générale en chimie.

Méthode de construction d'une théorie générale

A ce sujet, Berthollet, dans l'introduction de son *Essai*, exprime les mêmes idées que celles qu'il avait développées en 1795 dans ses cours à l'École normale de l'an III, mais avec plus de netteté et de force.

Il réaffirme d'abord *la valeur absolue des observations expérimentales* : celle-ci est même soulignée à plusieurs reprises. Elle apparaît dès les premières phrases, lorsque l'auteur précise la nature des attractions chimiques et les compare aux attractions astronomiques ; il explique alors pourquoi la méthode expérimentale est la seule valable en chimie, tandis qu'en mécanique céleste, on peut employer, avec profit, la méthode mathématique. Il déclare :

> « Il est probable que l'une et l'autre ne sont qu'une même propriété ; mais l'attraction astronomique ne s'exerçant qu'entre des masses placées à une distance où la figure des molécules, leurs intervalles ... n'ont aucune influence, ses effets peuvent être rigoureusement soumis au calcul ; les effets de l'attraction chimique ... sont tellement altérés par les conditions particulières et souvent indéterminées, *qu'on ne peut les déduire d'un principe général, mais qu'il faut les constater successivement* »,

et poursuit :

« C'est donc l'observation seule qui doit servir à constater les propriétés des corps, ou les affinités par lesquelles ils exercent une action réciproque dans une circonstance déterminée. » (63)

Cependant, Berthollet ne rejette pas la possibilité d'une théorie mathématique en chimie ; au contraire, il la souhaite et l'envisage en ces termes :

« Puisqu'il est très vraisemblable que l'affinité ne diffère pas, dans son origine, de l'attraction générale, elle doit également être soumise aux lois...[de la mécanique]... et il est naturel de penser que plus les principes auxquels parviendra la théorie chimique auront de généralité, plus ils auront d'analogie avec ceux de la mécanique ; mais ce n'est que par la voie de l'observation qu'ils doivent atteindre à ce degré, que déjà l'on peut indiquer. » (64) (65)

Il va donc rechercher ses principes généraux en partant des observations, mais, pour observer, il faut prévoir des expériences et, pour cela, être guidé par des hypothèses. C'est le deuxième point important à relever dans l'exposé de sa méthode de recherche : *la nécessité des hypothèses et la valeur qu'on doit leur accorder :*

« Pour tenter des expériences, il faut avoir un but, être guidé par une hypothèse ; et pour tirer quelque avantage de ses observations, il faut les comparer sous quelques rapports, et déterminer au moins quelques-unes des circonstances nécessaires auxquelles chaque phénomène observé doit son origine, afin qu'on puisse le reproduire. Ainsi les suppositions plus ou moins illusoires et même des chimères qui sont aujourd'hui ridicules, mais qui ont engagé aux tentatives les plus laborieuses, ont été nécessaires au berceau de la chimie. » (66)

Enfin, Berthollet expose clairement comment il envisage l'ensemble de la théorie, qu'il divise en une théorie générale et des théories particulières :

« Les principes établis sur les résultats de faits observés sous chaque point de vue, et l'explication des phénomènes chimiques fondée sur leurs rapports avec toutes les propriétés dont ils sont les conséquences, constituent la théorie qu'on doit distinguer en théorie générale et théories particulières. » (67)

Nous examinerons maintenant les « principes » sur lesquels Berthollet base sa théorie générale de l'action chimique, tels qu'ils sont exposés dans la première partie de l'*Essai (68).*

Lois qualitatives

Après avoir posé, sinon résolu, le problème de la nature des attractions responsables des phénomènes chimiques, Berthollet s'attache à dégager les lois suivies par ces attractions. Il se préoccupe d'abord de l'aspect qualitatif de la question et pour cela, conformément au principe lavoisien énoncé en 1795 (69), il va du simple au complexe. C'est pourquoi il étudie d'abord la cohésion des particules constituant un corps solide ; c'est l'effet le plus simple des attractions entre particules.

Il introduit à ce sujet la notion de force de cohésion (70) à laquelle il attache une importance particulière, et ceci pour deux raisons essentielles :

1. c'est une force de même nature que celle qui produit les combinaisons chimiques. La connaissance des lois qu'elle suit donnera des renseignements intéressants sur les lois relatives aux affinités chimiques proprement dites ;
2. cette force s'oppose à toutes les autres forces qui tendent à faire entrer une substance dans une combinaison. Il faudra donc toujours en tenir compte dans l'interprétation d'une réaction chimique (71).

Berthollet énonce aussi à propos de la force de cohésion une loi très nouvelle et qui sera très controversée. Il conclut de l'observation des variations de certaines propriétés physiques des corps au voisinage de la solidification, que *la force de cohésion existe et commence à agir avant même que le solide soit formé.* Cette idée originale est exprimée en ces termes :

> « [les chimistes n'ont considéré la force de cohésion] que comme une qualité des corps actuellement solides, de sorte que la solidité n'existant plus, ils l'ont regardée comme détruite ; au contraire, ses effets peuvent cesser d'être sensibles sans qu'elle cesse d'agir, ainsi que toutes les forces physiques qui sont comprimées : c'est ici l'une des principales causes de la différence que l'on trouvera entre les explications que je présente et celles qui sont adoptées, et dans lesquelles on a négligé de faire entrer cette considération. » (72)

L'auteur considère cette hypothèse comme un principe général qui doit s'étendre à la force qui produit les combinaisons, c'est-à-dire l'affinité chimique (73).

Avant d'étudier l'action chimique au sens strict, Berthollet consacre une part importante de son ouvrage à l'étude de la dissolution. Il est en effet persuadé de l'identité de nature des forces responsables des deux ordres de phénomènes (74). Cette idée était déjà exprimée dans ses cours à l'École normale (75) ; nous la retrouverons réaffirmée dans la « Revue de l'Essai » avec autant de force que dans l'*Essai* lui-même. Or à l'époque de la rédaction de son dernier écrit, en 1815, Berthollet avait réfléchi très profondément à cette question à la suite de plusieurs controverses, principalement celle qui s'était engagée avec Proust à propos des proportions des éléments dans les combinaisons (76). C'était donc alors une conviction solidement établie (77).

L'étude des phénomènes de dissolution permet à Berthollet de faire des observations intéressantes. Avec eux, il montre les exemples les plus simples où les forces de cohésion sont contrariées par d'autres forces : ici, ce sont les attractions entre les particules de solvant et celles de la substance dissoute.

A leur sujet il peut énoncer un principe qu'il va ensuite étendre aux autres forces opposées à la force de cohésion ; celles qui créent les combinaisons. Ce principe concerne l'influence de la quantité de substances sur l'affinité qu'elle exerce :

> « Puisque l'effet immédiat de toute action chimique est une combinaison, la dissolution n'est elle-même qu'une combinaison considérée sous son rapport avec la force de cohésion ; or, dans toute combinai-

son, on remarque que l'action d'une substance est toujours proportionnelle à la quantité qui peut se trouver dans la sphère d'activité : une conséquence immédiate de cette loi, c'est que *l'action d'une substance diminue en raison de la saturation qu'elle éprouve.* » *(78) (79)*

Pour vérifier si sa supposition est exacte, Berthollet fait appel aux observations sur les dissolutions des solides dans l'eau et conclut qu'elle a bien « le caractère de loi générale de l'action chimique » (80).

C'est une première tentative de loi quantitative. Avant de présenter l'ensemble, assez complexe, des lois quantitatives concernant l'action chimique, nous terminerons notre étude qualitative.

Ayant fait une analyse détaillée des forces de cohésion et des phénomènes de dissolution, l'auteur de l'*Essai* ne consacre qu'un court chapitre à la combinaison chimique en général (81), qu'il définit en ces termes :

> « C'est à la réunion de deux substances, ainsi qu'à l'acte qui l'a produite, qu'on donne le nom de combinaison. »

Il ajoute immédiatement :

> « Il résulte de là que la dissolution est une véritable combinaison... la seule différence qu'il y ait entre elles est relative à l'aspect sous lequel on les envisage. »

En conséquence, et c'est la conclusion de la première section :

> « Nous devons retrouver dans la combinaison les lois que nous avons observées dans l'action chimique qui produit la dissolution. » (82)

Il faut maintenant éprouver ces lois dans le cas des combinaisons et surtout les préciser du point de vue quantitatif.

Lois quantitatives : essai de mesure des affinités chimiques

Si, dans la première section, Berthollet n'a traité que l'aspect qualitatif du problème des affinités, il va dans la seconde aborder l'aspect quantitatif et pour cela rechercher un moyen de mesurer les affinités. Il choisit pour cette étude délicate l'exemple des réactions de neutralisation acido-basique car, dit-il :

> « Les acides et les alcalis montrent au plus haut degré ces propriétés antagonistes qui sont la source principale des phénomènes chimiques.» (83)

De tout l'ensemble de l'*Essai*, la seconde section est la plus difficile à bien comprendre ; l'auteur y utilise des principes et des concepts souvent personnels, très subtils et parfois trop vaguement formulés. Suivons-le, en essayant de respecter le plus fidèlement possible sa pensée. Il croit avoir trouvé un moyen de comparer sinon de mesurer les affinités, par l'intermédiaire de ce qu'il nomme « la capacité de saturation ». Il commence par poser le principe suivant :

> « Comme cette saturation réciproque des acides par les alcalis est l'effet immédiat de leur affinité réciproque, elle doit être regardée

comme la mesure de leur affinité si l'on prend en considération les quantités respectives qui sont nécessaires pour produire le même effet. » (84)

Ces quantités sont appelées « capacités de saturation » ; elles permettent de comparer les affinités des acides entre eux, selon cet autre principe :

« La puissance [des acides] se mesure par la quantité de chacun... nécessaire pour produire le même effet ; c'est-à-dire pour saturer une quantité donnée d'un même alcali. C'est donc la capacité de saturation de chaque acide qui, en mesurant son acidité, donne la force comparative de l'affinité à laquelle elle est due. » (85)

Les mêmes principes peuvent être énoncés pour les bases.

A la fin de cette deuxième section (86), Berthollet inclut dans son ouvrage une note rédigée par E.G. Fischer pour la traduction allemande des « Recherches sur les lois de l'affinité » (87) ; on y trouve un tableau des « capacités de saturation », établi par J.B. Richter (88). Ce tableau est, en fait, une table d'équivalents chimiques, la première qui ait été publiée en France. Il en résulte que la capacité de saturation, telle qu'elle est définie par Berthollet, représente, dans le langage actuel, le nombre de moles d'acide par fonction acide ou de base par fonction base, qui neutralise une mole de monobase ou de monoacide (89).

Pour compléter sa méthode de mesure des affinités, Berthollet énonce ensuite la loi quantitative suivante :

« On peut donc dire que l'affinité des différents acides pour une même base alcaline, est en raison inverse de la quantité pondérale de chacun d'eux qui est nécessaire pour la neutralisation avec une quantité égale de la même base alcaline... » (90)

C'est-à-dire que l'affinité des acides pour les bases est en raison inverse de leur capacité de saturation (91).

Mais cette première loi n'est pas suffisante. Berthollet le sait bien et l'a déjà fait connaître ; le résultat d'une réaction chimique ne dépend pas que de la nature des substances réagissantes, il est aussi fonction des quantités de chacune, présentes dans le milieu réactionnel. La loi quantitative servant à mesurer les affinités doit tenir compte de *l'influence de la quantité de substance en présence ;* et c'est là que nous retrouvons la notion de *masse chimique.*

L'auteur de l'*Essai* complète l'énoncé précédent par celui-ci :

« Mais en proportionnant les quantités à l'affinité, on produit le même effet ; de sorte que la force que l'on met en action dépend de l'affinité et de la quantité, et que l'une peut suppléer à l'autre. » (92) (93)

Pour traduire par une grandeur cette double influence sur la mesure des affinités, Berthollet introduit le concept de *masse chimique* qu'il avait déjà défini d'une manière assez vague, nous l'avons souligné, dans les « Recherches sur les lois de l'affinité ». Sa signification précise est difficile à bien comprendre ; ici encore, Berthollet emploie des termes trop imprécis, dont voici un exemple :

> « J'ai désigné par le nom de *masse chimique*, cette faculté de produire une saturation, cette puissance qui se compose de la quantité pondérale d'un acide et de son affinité ; selon cette définition, les masses qui sont mises en action, sont proportionnelles à la saturation qu'elles peuvent produire dans la substance avec laquelle elles se combinent. » (94)

Cette notion et sa définition énoncée sous une forme analogue figurent de nouveau dans la « Revue de l'Essai » (95)

La notion de masse chimique fut très mal comprise par l'ensemble des contemporains de Berthollet ; il faut d'ailleurs reconnaître qu'elle n'est pas très claire et, de ce fait, peu utilisable. Il est à noter d'ailleurs que son auteur ne s'en sert pas beaucoup (96).

La dernière loi quantitative que Berthollet énonce, relativement à l'action chimique, conditionne la mesure des affinités ; elle concerne *le partage d'un acide entre deux bases (ou l'inverse).* Cette idée avait, elle aussi été exprimée dans le premier exposé sur les affinités et justifiée par des exemples pris dans l'action réciproque des acides et des alcalis (97). Maintenant, Berthollet a bien éprouvé cette hypothèse par de nombreuses expériences et il peut énoncer le principe général suivant :

> « Lorsque plusieurs acides agissent sur une base alcaline, l'action de l'un des acides ne l'emporte pas sur celle des autres de manière à former une combinaison isolée, mais chacun des acides a dans l'action une part ... déterminée par sa capacité de saturation et par sa quantité...» (98),

c'est-à-dire, une part déterminée par sa masse chimique.

Cette affirmation est confirmée par l'examen de ce qui se passe quand on fait agir un acide sur un sel neutre ; dans ce cas, l'acide ajouté

> «... entre en concurrence avec l'acide combiné, l'un et l'autre agissant sur la base... chacun en raison de sa masse, comme si la combinaison n'eût pas existé...» (99).

La remarque précédente permet à Berthollet de réfuter, au passage, les affinités électives :

> « On ne peut donc pas dire ... qu'un acide en chasse un autre de la base avec laquelle il était combiné ; mais il partage l'action qui était exercée sur la base pour produire la saturation en raison des masses employées. » (100)

L'idée du partage d'un acide entre plusieurs bases, en faisant intervenir son affinité et sa quantité, est une idée très juste et qui dénote chez Berthollet une profonde réflexion, jointe à une grande connaissance des faits expérimentaux. Malheureusement, sa formulation à l'aide de la masse chimique, elle-même dérivée de la capacité de saturation, n'est pas correcte. Nous avons en effet remarqué ce que représente la capacité de saturation ; cette grandeur ne peut mesurer l'affinité d'une substance pour une autre (101).

L'affirmation de Berthollet ne trouve sa formulation exacte qu'avec la loi dite « d'action ou d'activité des masses » qui fut établie en 1850 par Guldbert et Waage (102). Au début du XIXe siècle, il était impossible d'appuyer l'hypothèse en question sur une base claire et solide ; Berthollet ne pouvait échapper à cette difficulté. On doit tout de même lui rendre hommage pour avoir pressenti cette loi qui est l'une des plus importantes de la chimie physique.

Interprétation de la réaction chimique

A ce niveau de notre étude, il convient d'analyser comment Berthollet, en fonction des principes et des lois qu'il a établis, se représente le mécanisme d'une réaction.

Sa conception de la formation d'une combinaison chimique est exprimée partiellement, en divers endroits de l'*Essai* ; quelques passages déjà cités en donnent un aperçu. Mais elle n'est jamais exposée, nulle part, de manière complète. C'est une des plus grandes difficultés rencontrées par le lecteur attentif ; nous retrouvons à ce propos le témoignage de J.-B. Dumas qui reconnaissait :

> « Je me trouve fort embarrassé pour vous présenter en raccourci ses idées qu'il a délayées dans les deux volumes de son ouvrage. On ne saurait trouver nulle part ses opinions fondamentales nettement définies. » (103)

Nous pensons cependant pouvoir donner un résumé, clair autant que fidèle, des idées de Berthollet sur la manière dont se produit une réaction. Nous avons, pour l'obtenir, utilisé l'ensemble de l'*Essai,* ainsi que quelques notes dans lesquelles Berthollet résume sa conception du mécanisme intime des réactions et ses arguments contre la théorie des affinités électives (104). Ce dernier texte fut rédigé en 1807-1808, environ cinq ans après la rédaction de l'*Essai* ; Berthollet avait alors répondu, comme nous le verrons plus loin, à de nombreuses critiques ; on pourrait s'attendre à y trouver des opinions un peu différentes de celles de l'*Essai* ; ce n'est pas le cas. Il faut souligner ce point dès maintenant. Alors que la pensée de Berthollet évolua beaucoup sur d'autres questions, en particulier sur celle des proportions définies des éléments dans les combinaisons, sa conception du mécanisme d'une réaction chimique est toujours restée la même ; nous la retrouverons inchangée dans la « Revue de l'Essai ». La voici.

Une combinaison chimique se forme lorsqu'il s'établit un équilibre entre deux sortes de forces antagonistes ; les premières sont celles qui tendent à rapprocher les particules des corps réagissants : ce sont les forces de cohésion, ou encore affinités d'agrégation. Ces forces dépendent essentiellement des propriétés physiques des substances et sont particulièrement sensibles aux conditions expérimentales, principalement la température et la pression. De plus, elles s'exercent à la surface des particules et dépendent de leur forme.

Les deuxièmes forces sont, au contraire, celles qui tendent à séparer les particules des corps réagissants pour les réunir autrement et les faire entrer dans une combinaison nouvelle. Ce sont les attractions, ou affinités chimiques proprement dites ; Berthollet les appelle encore tendances à la combinaison. Ces forces s'exercent à distance, comme l'attraction astronomique, mais à des distances beaucoup plus petites que celle-ci. Elles ne dépendent pas de la forme des particules, mais essentiellement de la nature et de la quantité des substances réagissantes (la masse chimique de chacune). Berthollet résumait cette conception ainsi :

> « Toutes les combinaisons et compositions sont sollicitées par deux forces : par une attraction à distance dans laquelle la quantité fait varier les effets, et une attraction de la surface dans laquelle les dimensions et les rapports de figure des lames qui la forment exercent leur influence. »

Conséquence immédiate : tous les facteurs susceptibles de modifier l'une des forces en présence, détruisent l'équilibre et, de ce fait, doivent modifier le résultat de la réaction :

> « Mais les résultats de ces deux forces sont modifiés par le calorique qui change les distances et qui fait disparaître l'effet de l'action particulière de la surface et même celui de l'action à distance ; par le fluide électrique dont l'action sur les combinaisons occupe aujourd'hui avec tant de succès les physiciens et les chimistes ; par la disposition à la solidité ou à l'état gazeux qui fait varier les effets du calorique et de l'électricité ; par l'action secondaire des dissolvants ; par la pesanteur spécifique ; par la compression et peut-être par d'autres forces encore inconnues. » (105)

On trouve dans ce passage un bon inventaire des différents facteurs susceptibles de jouer un rôle dans une réaction chimique. C'est leur ensemble que Berthollet se propose d'étudier, après l'exposé des lois générales de l'action chimique, dans la suite de la première partie de l'*Essai*.

Influence de la chaleur, de la lumière et de l'électricité

Berthollet souligne d'abord l'importance particulière de la chaleur – le calorique – sur le résultat d'une réaction. C'est le sujet de la troisième section (106), dans laquelle un chapitre est également consacré à « l'action de la lumière et du fluide électrique ».

Ces influences se comprennent bien dans l'hypothèse où une combinaison chimique se forme lorsqu'il y a équilibre entre les forces de cohésion des corps réagissants et leurs affinités réciproques. En effet, la chaleur, ainsi que les forces électriques ou la lumière, modifient certaines de ces forces, donc l'équilibre et son résultat : la combinaison elle-même.

L'auteur ne se limite pas à la seule étude de l'action chimique de la chaleur ; cette dernière est en effet complexe et délicate ; elle fait intervenir à la fois les réactions endo ou exothermiques et les conceptions sur la nature de la chaleur qui, à l'époque, sont encore mal définies et objet de discussions.

Dans le domaine des phénomènes calorifiques en général, Berthollet n'a pas fait d'expériences personnelles ; aussi utilise-t-il les résultats établis par d'autres physiciens ou chimistes. Il fait principalement appel aux travaux de Lavoisier et Laplace (107) ; à ceux que Gay-Lussac a réalisés sous son inspiration et souvent dans son laboratoire (108) ; aux ouvrages de Th. de Saussure (109), de M.A. Pictet et de J.A. De Luc (110), qui sont les plus souvent cités.

La section III comprend 4 chapitres suivis de nombreuses notes. Dans le premier (111), Berthollet étudie les effets physiques de la chaleur : c'est-à-dire les changements d'état d'un corps pur et les dilatations. A la suite des physiciens dont nous venons de citer les noms, il définit les chaleurs massiques, celles de changement d'état, en rapprochant ces dernières des chaleurs de dissolution et des chaleurs de réaction proprement dites. Ce rapprochement est une conséquence logique de l'identification des phénomènes de dissolution aux réactions chimiques.

Le deuxième chapitre est consacré aux différents états du calorique (112). Berthollet précise tout de suite qu'il ne veut pas entrer dans les discussions sur la nature de la chaleur. Il se contente d'adopter la conception de la plupart des physiciens et chimistes de l'époque : celle d'un fluide capable de se combiner aux substances matérielles, conception qui lui semble suffisante pour interpréter les phénomènes observés. Il précise sa position ainsi :

> « Les résultats de l'action du calorique qui sont déduits de l'expérience immédiatement, ou par des raisonnements rigoureux, sont vrais, indépendamment des idées qu'on peut se former sur la nature du calorique, et soit qu'on le regarde comme une force qui n'est connue que par ses effets, ou comme une substance qui exerce les propriétés qui lui appartiennent. » (113)

L'exposé de cette opinion lui permet d'ouvrir une parenthèse sur sa méthode de recherche et de raisonnement. En effet, pour expliquer les phénomènes dans lesquels la chaleur se manifeste, il est nécessaire de faire des suppositions sur sa nature. Berthollet expose les avantages de l'hypothèse qui la considère comme

> « ... une substance qui entre en combinaison avec les autres ... et comme un fluide qui est éminemment élastique et qui peut éprouver une condensation indéfinie » (114).

Mais ce fluide échappe aux moyens d'investigations applicables aux substances matérielles ; Berthollet, en le soulignant, termine sa digression philosophique en réaffirmant son opinion sur la valeur des hypothèses (114) :

> « Il ne s'agit que de voir si les explications établies sur cette hypothèse s'appliquent exactement aux phénomènes, seule méthode que l'on puisse employer pour un objet qui lui-même échappe aux poids et à la mesure qui peuvent seuls certifier incontestablement l'existence d'un corps ; et si ces explications correspondent d'une manière satisfaisante, on sera autorisé à ne le considérer que comme une substance qui a la propriété d'entrer en combinaison avec les autres, en négli-

geant des discussions qui sont inutiles pour l'explication des phénomènes chimiques, et qui ne pouvant être jugées par l'expérience sont interminables. »

Dans cette conception, il existe une certaine affinité entre le calorique et les substances matérielles, comparable à l'affinité réciproque de ces substances. Pour classer les différents effets du calorique, Berthollet, suivant ses contemporains, distingue plusieurs catégories : calorique sensible et latent ; spécifique et absolu ; libre et combiné. Il termine par l'examen du calorique rayonnant, qui est notre rayonnement infrarouge (115).

Ce dernier état du calorique amène l'auteur de l'*Essai* à étudier l'action chimique de la lumière, à laquelle il consacre son troisième chapitre, dans lequel il inclut l'action du fluide électrique (116). A propos de l'action de la lumière, il rappelle les expériences de Rumford (117), et ses propres expériences, décrites dans un mémoire lu en 1786 devant la Faculté de médecine et publié dans le *Journal de physique (118)*.

Traitant de l'action chimique de l'électricité, Berthollet lui trouve une grande analogie avec celle du calorique (119). Pour la justifier, il rappelle les expériences réalisées par M. Van Marum (120). Il prend en particulier l'exemple de la décomposition de l'eau, réalisée aussi bien par une forte élévation de température que par l'action de l'électricité. Il termine sa brève étude en reconnaissant que l'électricité est un agent chimique certainement très puissant qui doit pouvoir donner des effets supérieurs à ceux du calorique (121).

C'est dans le quatrième et dernier chapitre de la section III (122), que Berthollet étudie directement l'action chimique de la chaleur. Il y aborde même un essai de thermochimie. Bien entendu cette science n'existe pas encore au sens où nous l'entendons maintenant — elle ne put en effet se développer que lorsque les notions de quantité de chaleur et d'énergie furent bien dégagées. Néanmoins, Berthollet fait des remarques très intéressantes sur les dégagements et les absorptions de chaleurs produits lors de nombreuses réactions ; il associe bien sûr aux véritables réactions chimiques les dissolutions qui se font elles aussi, très souvent, avec dégagement ou absorption de chaleur.

Berthollet essaie de lier ces échanges de chaleur aux modifications de constitution des substances qui réagissent ou se dissolvent. Il insiste en particulier sur les changements de volume qui se produisent alors et attestent des rapprochements ou des éloignements des particules.

Étude particulière des gaz

Une courte section, la quatrième (123), est consacrée à l'affinité des gaz, placée comme une suite logique de l'étude consacrée au calorique : dans les gaz, la proportion de calorique combiné est beaucoup plus grande que dans les liquides ou dans les solides.

Berthollet accorde une attention particulière à l'affinité des substances gazeuses pour la raison suivante. Il a déjà dit, et nous l'avons souligné, que les forces, qui maintiennent la cohésion des solides ou la tension des gaz, existent et commencent à se manifester avant même que la substance ait pris l'état physique en question. Donc, dans la réaction chimique considérée comme le résultat d'un équilibre entre plusieurs forces, les forces précédentes ont un rôle à jouer ; il ne faut pas l'oublier, ce qui serait le cas si l'on négligeait de prendre en considération l'état physique sous lequel agit une substance ou sous lequel elle peut apparaître. Ainsi, l'affinité réellement observée dépend à la fois de l'affinité propre des corps en présence, de leur état physique et de celui des éventuels produits de la réaction, dans les conditions où elle est réalisée.

Pour bien dégager l'influence de la tendance à l'élasticité ou de la tension élastique d'une substance, dans l'affinité qu'elle manifeste, Berthollet commence par étudier les propriétés caractéristiques des gaz. C'est l'objet du premier chapitre de la section étudiée (124), dans lequel l'auteur fait une place importante aux résultats établis par son jeune assistant, Gay-Lussac, auquel il a demandé d'étudier spécialement la question (125).

Dans le second chapitre, Berthollet étudie l'affinité résultante d'une substance composée à partir d'un gaz. Il pense en général que, dans un corps composé, les différents constituants continuent d'exercer leurs affinités propres qu'il appelle affinités élémentaires. Dans le cas de substances composées d'un corps gazeux dans les conditions ordinaires, celui-ci garde sa tendance à l'élasticité et réapparaît lorsque cette dernière n'est plus contrariée par les autres forces qui le maintenaient dans la combinaison. Là encore, on voit la confusion permanente de Berthollet entre forces « physiques » et forces « chimiques ». A partir de cette idée, il examine les décompositions de nombreuses substances oxygénées, en particulier les acides et leurs sels.

Étude de l'atmosphère

Une étude complète de l'action chimique ne peut pas négliger le rôle de l'atmosphère, dans laquelle les réactions se font presque toujours ; c'est pourquoi l'auteur de l'*Essai* entreprend l'analyse de sa constitution et de son action. Toute la sixième section est consacrée à cette étude (126).

Berthollet utilise pour cela les résultats de nombreuses expériences personnelles, faites en France et en Égypte (127) ; mais aussi ceux, tout nouveaux, établis par Volta et qui lui sont connus de la bouche de Volta lui-même venu à Paris en 1802 (128). Il décrit également les expériences très récentes de Dalton (129).

Influence du temps de réaction

Dans l'analyse des différents facteurs que Berthollet reconnaît comme ayant une influence sur le résultat d'une réaction chimique, il faut encore signaler une idée originale qui est énoncée sans être beaucoup développée, par manque de support mathématique approprié.

Dans tout un chapitre de la cinquième section (130), Berthollet étudie l'influence du temps sur les résultats des réactions chimiques. Il y reprend sans doute les idées exprimées dans un mémoire lu quelques années plus tôt devant l'Institut (131). On trouve là un début de cinétique chimique qui se limite à des observations qualitatives judicieuses. Berthollet remarque en effet :

> « L'action chimique s'exerce plus ou moins rapidement, et cette circonstance a souvent une grande influence sur ses résultats. ... Des combinaisons qui paraissent constantes dans leurs proportions se détruisent par une action plus lente et font place à leur tour à de nouvelles combinaisons ; par là les conclusions que l'on tire de l'observation varient selon l'instant où elle se fait ... et l'on attribue à l'élection de l'affinité un état qui n'est que transitoire. » (132)

Il faut donc faire très attention quand on conclut que telle ou telle combinaison est le résultat d'une réaction car :

> « ... l'on pourrait se tromper si l'on posait pour limites de l'affinité d'une substance, les combinaisons qu'elle peut produire dans les premiers moments où elle agit. » (133)

Ceci est particulièrement valable pour les réactions lentes, c'est-à-dire celles dans lesquelles l'action chimique est faible. Berthollet pense en effet, ce qui est inexact, que,

> « ... indépendamment de toute circonstance, l'action chimique est beaucoup plus lente lorsquelle est faible que lorsqu'elle est vive ».

En conséquence :

> « ... comme l'action d'une substance s'affaiblit à mesure que sa saturation fait des progrès, ce sont les derniers termes de cette saturation qu'elle ne peut parcourir que dans un intervalle de temps beaucoup plus considérable que celui qui est nécessaire pour y parvenir » (134).

Ces différentes observations, sauf celle qui semble lier la vitesse d'une réaction à l'énergie de l'affinité, étaient justes, mais Berthollet ne pouvait en donner une formulation qui lui aurait permis de poursuivre leur étude. Ceci explique sans doute qu'elles ne furent pas retenues (135).

De plus, il pensait que les proportions des constituants dans une combinaison n'atteignent leur limite que lorsque la réaction est terminée ; d'où son insistance à dénoncer l'erreur qui consiste à croire une réaction terminée alors qu'elle ne l'est pas encore. En réalité la lenteur d'une réaction n'affecte que la quantité des substances produites et non leur composition ; mais Berthollet, nous l'avons souligné souvent, ne faisait pas de différence entre un corps pur et les mélanges dans lesquels il peut se trouver.

Ainsi, les remarques exactes et judicieuses qu'il relevait sur la propagation de l'action chimique venaient en fait renforcer son idée fausse concernant la composition des combinaisons (136).

Composition des corps chimiques ou « limites de la combinaison »

Dans la première partie de l'*Essai,* Berthollet étudie encore une question liée à l'action chimique et distincte des facteurs qui l'influencent : celle des proportions des éléments constituant une combinaison. Au chapitre VIII de notre étude, nous analyserons cette question en détail ; nous présenterons simplement ici la position générale de Berthollet à ce sujet.

Le titre qu'il donne à la section correspondante : « Des limites de la combinaison » (137), est significatif de la manière dont il envisage le problème. Pour lui, l'action chimique s'exerce de façon continue ; les proportions des corps qui se combinent varient de même. Il constate cependant que, dans certains cas tout au moins, la réaction est stoppée à des proportions combinées qui sont toujours les mêmes, quelles que soient les conditions expérimentales. Le problème fondamental qu'il se pose alors n'est pas tant de déterminer ces proportions, ni de reconnaître qu'elles sont constantes d'une expérience à l'autre – ce qu'il ne néglige pourtant pas –, mais, bien plus, de chercher à expliquer *pourquoi* l'action chimique s'arrête lorsque ces proportions sont atteintes et *pourquoi* ces proportions ne varient pas alors que les facteurs de la réaction varient (138). Par sa conception de la réaction chimique comme un équilibre de forces et par les lois qu'il a énoncées la concernant, Berthollet n'arrive pas à donner une interprétation satisfaisante de ce fait. Cet échec dont il est conscient le gêne et rend ses exposés sur le sujet difficiles à suivre (139).

*Deuxième partie de l'*Essai

Comme nous l'avons déjà indiqué, sa deuxième partie constitue le second volume (140). Passant à l'étude de cas précis, Berthollet essaie de constater comment, en exerçant leurs affinités dans les différentes réactions qu'elles provoquent, les substances réelles obéissent aux lois générales qu'il vient d'établir. Dans une courte introduction, il annonce qu'il se propose d'insister davantage sur les questions non encore résolues que sur celles qui ont reçu une réponse satisfaisante (141).

Dans l'ensemble des substances chimiques, il a choisi celles qui présentent les affinités les plus étendues. La première place est réservée à l'oxygène dont les propriétés sont étudiées sous différents aspects dans quatre des cinq sections du volume. Ce dernier contient de nombreuses observations exactes, suivies de remarques judicieuses qui confirment l'une des qualités de Berthollet : sa bonne connaissance des expériences auxquelles il attachait une valeur primordiale. Il ne rapporte que les faits dont la rigueur lui paraît bien fondée. Ceci s'applique non seulement à ses travaux personnels ou à ceux qu'il a dirigés (142), mais encore à ceux qu'il emprunte à ses confrères français ou étrangers.

En conséquence l'*Essai* est, autant qu'un ouvrage théorique, une source de documentation sur les expériences parfois les plus nouvelles (143). Nous terminerons l'analyse que nous lui consacrons en résumant le contenu de sa seconde partie.

Première section : l'oxygène et ses affinités (144)

Dans le premier chapitre, Berthollet essaie d'évaluer les affinités de l'oxygène pour différentes substances puis de ces dernières entre elles. Comme il l'avait fait dans la première partie à propos des affinités réciproques des acides et des bases, il croit y arriver en mesurant les capacités de saturation, confondant toujours la masse combinée et l'énergie de la combinaison.

Il a posé, dans la première partie, que l'affinité d'une substance A pour une substance B est en raison inverse de la quantité de A qui sature une quantité donnée de B. En gardant cette dernière constante, il peut comparer les affinités des autres substances A', A'' par rapport à B. Si B représente l'oxygène, Berthollet trouve que c'est l'hydrogène qui a pour lui l'affinité la plus grande. Bien que basée sur une idée fausse, sa méthode le conduit ici à un résultat correct, puisque l'hydrogène a effectivement pour l'oxygène une affinité très grande.

Berthollet utilise aussi souvent l'idée que nous avons relevée à propos de l'étude des gaz en général, selon laquelle les éléments constituants tendent à donner aux combinaisons dans lesquelles ils entrent leur propriétés physiques : tendance à l'élasticité pour les gaz, tendance à la cohésion pour les corps insolubles. Il est intéressant de remarquer que, plus tard, Gay-Lussac exprime la même idée dans un passage que Berthollet cite dans la « Revue de l'Essai » :

> « ... l'insolubilité de certains oxydes ... est une conséquence de cette loi générale que lorsqu'il y a beaucoup d'un principe insoluble dans un composé, celui-ci a plus tendance à l'insolubilité, que lorsque c'est un principe soluble qui y domine. » (145)

Quand il étudie les propriétés des substances oxygénées, Berthollet essaie de vérifier comment l'oxygène obéit à cette loi.

Comme dans ses cours à l'École normale, il consacre tout un chapitre à la formation et aux propriétés de l'eau (146), en commençant par un exposé historique de sa découverte et des différents procédés utilisés pour réaliser sa synthèse (147).

Dans le troisième chapitre, qui traite du carbone et de son dioxyde (148), Berthollet expose ses idées sur la nature du charbon naturel, qu'il considère, à juste titre, comme formé de carbone pur, le constituant du diamant, et d'hydrogène ; mais il a tort, encore une fois, de considérer comme une combinaison ce qui n'est qu'un mélange très complexe.

Le quatrième chapitre (149), consacré aux « gaz hydrogène carburé et oxicarburé » est intéressant, car on y trouve un écho de la discussion (150) qui s'était engagée deux ans plus tôt entre Berthollet, d'une part, Guyton de Morveau et ses élèves Clément et Desormes (151), d'autre part, à propos des gaz obtenus dans la réduction de l'oxyde de zinc par le charbon. On sait que, dans ce cas, le carbone s'oxyde à l'état de monoxyde ou oxyde de carbone ; mais, avant d'exposer les points de vue des deux antagonistes, il faut préciser que, comme c'était sans aucun doute le cas, en utilisant du charbon incomplètement débarrassé de ses impuretés, hydrogène et hydrocarbures, il se formait nécessairement de l'hydrogène et que, finalement, on devait obtenir un mélange contenant, en proportions très variables selon les conditions de l'expérience, de l'oxyde de carbone et de l'hydrogène.

Clément et Desormes, soutenus par Guyton, affirmaient que les gaz en question ne contenaient pas d'hydrogène et étaient formés du nouveau gaz qu'ils avaient découvert : l'oxyde de carbone.

Berthollet, quant à lui, affirmait que ce gaz contenait à la fois du carbone, de l'oxygène et de l'hydrogène ; il en faisait une véritable combinaison où les trois constituants se trouvaient en proportions variables et qu'il appelait « gaz oxicarburé » (152). Il mit au point et réalisa quelques expériences dans lesquelles il reconnut des gaz contenant les trois éléments cités. En examinant attentivement les passages dans lesquels il décrit l'obtention et les propriétés de ces gaz, on se rend compte que c'étaient des mélanges de monoxyde de carbone et d'hydrogène. A nouveau, fidèle à son opinion qui lui faisait confondre les mélanges et les combinaisons, il vit dans ces mélanges de véritables corps, dans lesquels les éléments constituants avaient des proportions variables, ce qui venait confirmer sa théorie sur la question (153).

Après la parution de l'*Essai,* Berthollet continua à s'intéresser à la nature complexe de tous ces gaz. Il fit quelques mises au point de détail, mais, sur le fond du problème, resta sur sa position (154).

Le cinquième et dernier chapitre de la première section est consacré aux combinaisons du soufre et du phosphore, principalement avec le carbone et l'hydrogène, puis entre eux (155). L'auteur commence par relever une analogie intéressante entre les combinaisons hydrogénées du carbone, du soufre et du phosphore. Puis il étudie assez longuement les propriétés de l'hydrogène sulfuré, sur lequel il avait, en 1796, lu un mémoire important montrant que ce composé ne contient pas d'oxygène, mais présente cependant des propriétés acides indéniables (156). Ici, Berthollet est moins affirmatif et avoue qu'il

> « ... ignore cependant s'il a une puissance assez énergique pour produire l'état neutre avec les bases alcalines » (157).

Ses connaissances sur les phosphures d'hydrogène sont moins étendues et moins nettes. Quant aux combinaisons du soufre et du phosphore avec le carbone, paradoxalement Berthollet refuse de reconnaître comme fondée l'existence du sulfure de carbone montrée par Clément et Desormes (158), tandis qu'il accepte, sur la foi des expériences de Proust (159), celle d'une combinaison entre le phosphore et le carbone.

En terminant l'étude de cette première section, il est intéressant de noter l'association entre les réactions de l'oxygène avec les substances qui ont beaucoup d'affinité pour lui : hydrogène, carbone, soufre et phosphore, et les réactions de ces mêmes substances entre elles. Il faut voir dans ces rapprochements la réminiscence d'une idée très ancienne sur les affinités : quand deux substances ont de l'affinité pour une même troisième, elles ont de l'affinité l'une pour l'autre.

Deuxième et troisième section : les acides

La deuxième section (160) est consacrée aux acides que Berthollet appelle binaires : sulfureux et sulfurique, phosphoreux et phosphorique, muriatique oxygéné et suroxygéné, nitrique et nitro-muriatique.

L'examen de cette liste et la lecture des premières pages de la section nous montrent que le terme de binaire doit se comprendre dans le sens que les acides en question sont formés d'oxygène et d'une« base » comme le soufre, le phosphore, l'azote ou l'acide muriatique. Berthollet précise que l'acide carbonique, de la même catégorie, a déjà été étudié dans la section précédente.

Comme tous ses contemporains, Berthollet ignore complètement le rôle primordial de l'hydrogène dans l'action des acides. De plus, héritier direct de Lavoisier, il accorde le rôle principal à l'oxygène. Il reconnaît pourtant que certains acides n'en contiennent pas : mais à ce propos, nous relèverons ici, dans l'*Essai*, un retour en arrière par rapport aux idées exprimées dans le dernier cours à l'École normale. Nous avons rapporté plus haut (161) son opinion, selon laquelle puisque plusieurs acides ne contiennent pas d'oxygène et que, d'autre part, toutes les substances oxygénées ne sont pas acides, il ne faut pas lier systématiquement l'existence des propriétés acides à la présence d'oxygène dans une combinaison. Dans l'*Essai,* Berthollet adopte une position beaucoup moins avancée. Il ne regarde comme exception à la théorie de Lavoisier, que les acides muriatique et fluorique, qu'il considère comme des corps simples (162) ; et il poursuit :

> « Tous les autres acides doivent leur acidité à l'oxigène : on ne pourrait, jusqu'ici, indiquer d'autres exceptions que celle de l'hydrogène sulfuré, qui a les propriétés caractéristiques des acides sans contenir d'oxigène et celle de l'acide prussique ; mais 1) l'hydrogène sulfuré paraît devoir ses propriétés acides au soufre dans lequel la force de cohésion les rendait latentes, et ses propriétés dominantes lui assignent une autre classe que celle des acides ; 2) l'acide prussique a des propriétés particulières, qui ne permettent pas de le confondre avec les acides. »

Le but de Berthollet dans son étude des acides binaires, comme l'indique le titre même de la section, est plus spécialement orienté vers leur composition que vers leurs propriétés. C'est pourquoi dans le premier chapitre, il établit une analogie entre les acides sulfureux et sulfurique d'une part, phosphoreux et phosphorique de l'autre, tout en reconnaissant que cette analogie ne se répercute pas dans leurs propriétés (164).

Dans le deuxième chapitre, il tente de clarifier le problème complexe de la décomposition de l'acide nitrique, afin de préciser la composition des différentes combinaisons de l'azote et de l'oxygène. On sait que celles-ci sont au nombre de cinq. A l'époque où Berthollet rédigeait son *Essai,* on commençait à les entrevoir à peu près toutes ; mais comme il existe entre les cinq oxydes d'azote plusieurs équilibres chimiques, il était encore bien difficile de s'y retrouver. Le début du chapitre consacré à ce problème est significatif de sa complexité. Le voici :

> « La combinaison d'azote et d'oxigène, qui forme l'acide nitrique, étant due à deux substances qui ont à peu près la même pesanteur spécifique, et la même disposition à l'élasticité, et qui n'exercent pas une action réciproque très énergique, est sujette à recevoir des proportions différentes, d'où résultent plusieurs combinaisons distinctes, qui ont elles-mêmes la propriété de se dissoudre, ou de former d'autres combinaisons mixtes. De là naît une grande variété de substances et de changements d'état, qui rendent l'histoire de l'acide nitrique difficile à tracer. » (165)

Notons, au début de la première phrase, l'idée déjà relevée deux fois, selon laquelle les propriétés physiques des substances doivent jouer un rôle dans leurs réactions chimiques réciproques (166). Ici les deux gaz, azote et oxygène, ont des propriétés physiques voisines.

Berthollet accorde une part importante (167) à la question de la composition des combinaisons de l'azote et de l'oxygène qu'il avait commencé à étudier très tôt dans sa carrière (168), mais il reconnaît qu'elle est bien loin d'être résolue.

La question des acides muriatique oxygéné et suroxygéné (le chlore et l'acide chlorique) l'est encore moins et Berthollet leur consacre tout un chapitre (169). L'histoire des travaux et de l'évolution de son opinion sur le chlore et ses composés a été étudiée plus haut, nous n'y reviendrons donc pas ici.

La troisième section considère les acides ternaires (170). Les premiers acides de cet ensemble sont composés de carbone, d'hydrogène et d'oxygène, ce qui permet à l'auteur de rapprocher leur composition de celle du gaz oxycarburé évoqué plus haut. Ce sont les acides organiques actuels, nommés ici acides végétaux (171) parce que retirés essentiellement des substances végétales ; ils peuvent cependant être produits aussi par « l'art chimique ». La liste en est importante (172). Berthollet constate que, constitués des mêmes éléments, ils ont des propriétés parfois très éloignées les unes des autres et il se propose d'en chercher les raisons dans des différences de proportions.

Les acides oxalique et tartrique occupent une place importante en raison de leurs sels, les oxalates et les tartrates, dont certains sont solubles, certains insolubles et qui sont l'objet de nombreuses analyses et de nombreuses discussions (173).

Un autre acide ternaire, auquel Berthollet consacre tout un chapitre (174), est l'acide prussique, dénomination que nous traduisons par acide cyanhydrique. En réalité, sous le terme d'acide prussique, Berthollet englobe à la fois l'acide simple et certains de ses complexes comme le ferrocyanure qui donne, avec le fer, le bleu de Prusse (ferrocyanure ferrique) et, avec le potassium, un sel soluble ; or Berthollet appelle ce dernier « prussiate de potasse » (175). Pourtant, en 1787, dans son mémoire sur l'acide prussique (176), il avait, à partir d'observations simples, établi correctement que l'acide que l'on retire du bleu de Prusse contient les trois éléments, carbone, hydrogène et azote, dans des proportions qu'il se proposait de déterminer ; il lui reconnaissait des propriétés acides certaines dans un passage que nous avons déjà cité (177).

Depuis, en même temps que Berthollet continuait ses expériences sur ce sujet, d'autres, comme Proust, en faisaient également l'objet de leurs études (178). A l'époque de son *Essai*, la question s'est compliquée et maintenant Berthollet trouve que :

> « Sa constitution éprouve de grandes variations qui modifient considérablement ses propriétés. On peut le comparer à cet égard à l'acide muriatique oxigéné, avec cette différence, qu'il s'éloigne beaucoup plus des acides, et qu'il ne prend réellement ce caractère que lorsqu'il est surcomposé » (179).

Le terme « surcomposé » doit se comprendre dans le sens que l'acide cyanhydrique donne de nombreux anions complexes, dont le plus connu est celui qu'il forme avec le fer. Les propriétés acides de ces complexes sont plus marquées que celles de l'acide lui-même.

Malgré les difficultés nouvelles créées par la découverte de plusieurs de ses composés, Berthollet continue à penser que l'acide prussique ne contient pas d'oxygène ; ce qu'il affirme à plusieurs reprises (180).

La section traitant des acides ternaires se termine par un court chapitre consacré à un acide que Berthollet a rencontré, comme le précédent, dans ses recherches sur les techniques de la teinture : l'acide gallique (181).

Quatrième section : les bases (182)

Après avoir étudié l'ensemble des acides, Berthollet s'occupe de l'ensemble des bases qui font l'objet de la section IV. Constatant qu'on emploie les termes d'alcalis et de terres, sans les avoir bien définis, et que l'on fait des classifications souvent mal fondées, il établit les distinctions précises suivantes. Il appelle *alcalis,* les substances qui, solubles dans l'eau, sont capables de neutraliser les propriétés des solutions acides. Parmi ces alcalis, seule l'ammoniaque est volatile, les autres sont les alcalis fixes : la magnésie, la chaux, la potasse, la soude, la strontiane et la baryte ; Berthollet les classe ainsi par ordre de capacité de saturation décroissante (183). Il distingue ensuite certaines *terres,* c'est-à-dire des oxydes métalliques, qui se rapprochent des alcalis parce qu'elles agissent sur les acides qui les dissolvent, tandis qu'elles s'éloignent des alcalis par leur insolubilité dans l'eau et aussi par le fait que leurs combinaisons avec les acides ne sont pas neutres (184).

Après avoir consacré un court chapitre à l'ammoniaque dont la seule propriété particulière, parmi celles que possèdent tous les alcalis, est la volatilité (185), Berthollet fait une étude comparée des propriétés des alcalis et des terres (186). Les alcalis sont comparés entre eux, par leur solubilité dans l'eau, puis par leur capacité de saturation. Quant aux terres, Berthollet s'étend longuement sur les propriétés de l'alumine (187) qui s'unit aussi bien aux acides qu'aux bases alcalines ; il étudie également la silice (188) et termine par quelques aperçus sur trois terres nouvellement découvertes : la glucine, la zircone et la gadolinite (189).

Dans le dernier chapitre de la section consacrée aux substances basiques, Berthollet étudie les réactions particulières qui se produisent quand on soumet à une haute température un mélange de terres et d'alcalis. Il y a alors des actions mutuelles assez complexes qui conduisent aux composés formant les minéraux naturels, ainsi qu'aux verres (190). Le cas des verres, qui n'est étudié que sous l'aspect de leur obtention, sera repris dans la « Revue de l'Essai » comme un exemple de composé à propriétés bien définies et cependant à proportions non fixes (191) ; ici Berthollet n'utilise pas cet argument.

Cinquième section : les métaux (192)

C'est la dernière section du volume, la plus longue et aussi la seule qui commence par une petite introduction (193) ; dans cette partie, Berthollet précise les propriétés qui caractérisent les substances métalliques et qui font que les métaux forment une classe particulière des corps chimiques. De plus, reconnaissant que le sujet abordé est très vaste, il expose comment il envisage de le traiter :

> « L'histoire de toutes les propriétés distinctives des métaux, compose une partie très étendue de la chimie ; je ne me propose que de comparer leur action chimique avec celle des autres substances, et d'indiquer les causes des phénomènes particuliers qui lui sont dus. » (194)

Dans le premier chapitre, intitulé « De l'action réciproque des métaux » (195), Berthollet étudie les propriétés physiques des métaux, d'abord purs, puis unis dans les alliages. A propos de ces derniers corps, nous ferons la même remarque que celle faite au sujet des verres : dans l'*Essai,* Berthollet n'examine que leur formation et leurs propriétés, en insistant sur les modifications qu'elles présentent par rapport aux propriétés des métaux purs ; il ne se préoccupe pas encore de leur composition, et le fait que cette dernière soit variable n'est pas encore un argument contre la généralité de la loi des proportions définies ; ceci n'apparaît en effet que dans son texte de 1809, préface au *Système de chimie* de Th. Thomson, et se retrouve dans la « Revue de l'Essai » (196).

C'est dans le deuxième chapitre, consacré aux oxydes (197), que Berthollet attaque directement, pour la première fois, les idées de Proust sur les proportions fixes. Les détails de la discussion entre les deux savants étant étudiés au chapitre VIII, nous ne mentionnerons ici que quelques observations de Berthollet.

Les résultats rapportés sur la formation et les décompositions des oxydes métalliques sont pour la plupart exacts. Malheureusement leur analyse, minutieuse selon l'habitude de l'auteur de l'*Essai,* conduit ce dernier à des interprétations fausses. En effet, les métaux ont souvent plusieurs oxydes ; c'est le cas du fer et du plomb souvent cités (198) ; les différents oxydes du même métal se transforment, sous l'influence de la chaleur et de l'oxygène de l'air, les uns en les autres, par des réactions d'équilibre chimique (au sens actuel). La composition des mélanges obtenus lorsque l'équilibre est atteint dépend des conditions de l'expérience, principalement de la température. Ayant observé ces faits et ne distinguant toujours pas véritablement la différence entre mélange et combinaison, Berthollet concluait que les proportions de métal et d'oxygène se combinant pour former les oxydes de certains métaux varient de manière continue avec la température.

On remarque ensuite, dans ce chapitre, un essai intéressant de classification des métaux par leur affinité pour l'oxygène (199). Ce classement ne dépasse pas le stade qualitatif car :

> « L'affinité des métaux pour l'oxigène ne peut pas être soumise à une mesure exacte. » (200)

L'analyse des résultats expérimentaux permet cependant à Berthollet de distinguer les catégories suivantes :

1. les oxydes qui se décomposent par la seule action de la chaleur, soit : les oxydes d'or, d'argent, de platine, de mercure et de plomb, ce dernier étant à la limite ;

2. les oxydes qui sont réduits par l'hydrogène ; l'oxyde de cuivre est le seul exemple choisi.

3. les oxydes qui sont complètement réduits par le carbone ; Berthollet remarque à ce propos que les phénomènes observés alors sont différents selon le métal et selon la température nécessaire pour obtenir la réduction ;

4. enfin, les oxydes dont la composition n'est jamais complète et même souvent douteuse (201).

Un tel classement est toujours valable.

Berthollet distingue aussi parmi les oxydes métalliques ceux qui ont la propriété de se combiner avec les alcalis (202), en soulignant que cette particularité appartient surtout aux oxydes correspondant à un haut degré d'oxydation du métal. Il donne comme exemples les oxydes d'arsenic, de tungstène et de chrome.

Le troisième chapitre (203) traite des sels métalliques. Il commence par une affirmation héritée de Lavoisier, et malheureusement inexacte :

> « Les métaux ne se dissolvent dans les acides que lorsqu'ils sont dans l'état d'oxide, comme Lavoisier l'a découvert. » (204)

Devant l'étendue du sujet, l'auteur a volontairement limité son propos :

> « Je n'insisterai que sur quelques objets sur lesquels les chimistes ne sont pas encore d'accord, et dont j'ai commencé la discussion dans le chapitre précédent » (205)

Il s'agit des proportions des éléments dans les combinaisons ; la question est à nouveau débattue sur l'exemple de nombreux sels que nous retrouverons plus loin.

De même, au dernier chapitre de la section consacrée aux métaux (206), en étudiant les combinaisons de ces derniers avec le soufre, le phosphore et le charbon, Berthollet se préoccupe essentiellement de leur composition et des problèmes qu'elle pose. La section se termine par une note importante dans laquelle il publie un mémoire de son fils (207), note qu'il avait annoncée au cours du troisième chapitre :

> « ... je me borne à rappeler [les faits concernant les précipités métalliques] qui sont exposés dans le mémoire que je joins en note – Note XXII – et qui a été présenté à l'Institut par A.-B. Berthollet – mon fils ... » (208)

3. VALEURS ET LIMITES DE CETTE SYNTHÈSE

Ainsi conçu et présenté, l'*Essai de statique chimique* constitue une grande synthèse de l'action chimique. Au moment de sa parution, en 1803, il était à l'avant-garde des connaissances théoriques et expérimentales.

Dès sa parution, l'ouvrage suscita un grand intérêt parmi les chimistes tant français qu'étrangers (209). Il souleva immédiatement des controverses sur deux sujets qui seront l'objet des deux prochains chapitres.

La première controverse concerne la réfutation de la théorie des affinités électives remplacée par la théorie très personnelle que nous avons essayé de bien dégager.

La seconde controverse, très célèbre, est celle qui a opposé Proust à Berthollet pendant plusieurs années au sujet des proportions des éléments dans une combinaison.

Lorsqu'on les examine à la lumière des théories actuelles, ces deux questions paraissent indépendantes l'une de l'autre ; ce n'était pas le cas à l'époque envisagée ici. Pour la clarté de l'exposé, nous les étudierons séparément en soulignant les liens qui les unissent parfois étroitement.

CHAPITRE VII

LA RÉFUTATION DES AFFINITÉS ÉLECTIVES : 1900-1811

Nous n'exposerons pas ici en détail la théorie des affinités électives (1) ; nous rappellerons simplement, pour bien comprendre les attaques menées par Berthollet, les points fondamentaux suivants.

La théorie des affinités électives, principalement développée par le Suédois T. Bergman, est basée sur le principe absolu que l'affinité d'une substance pour une autre est constante et n'est modifiée par aucune des circonstances de la réaction (2). En conséquence, si la substance A a pour une autre, C, une plus forte affinité que la substance B pour la même C, A, mis en présence de la combinaison BC, chassera entièrement B et prendra sa place au cours d'un échange total, pour donner la combinaison AC. Ceci est particulièrement illustré par les réactions réciproques des acides et des bases (3).

D'autre part, sur ce principe des affinités constantes, on avait établi des tableaux de comparaison des affinités des substances les unes pour les autres ; ce sont les fameuses tables d'affinités, très en vogue au XVIIIe siècle. Elles concernaient surtout les affinités des acides pour les bases et réciproquement ; Lavoisier lui-même avait établi une table de l'affinité de l'oxygène pour les métaux, mais il formulait en la présentant, bien des réserves quant à sa valeur et à son utilisation (4).

Pour construire les tables des affinités réciproques des bases et des acides, on se servait des réactions de précipitation des sels en raisonnant ainsi : lorsqu'un acide A_1, agissant sur une solution du sel A_2B_1 (formé par l'acide A_2 et la base B_1), provoque la précipitation du sel A_1B_1, cet acide A_1 a pour base la base B_1 une affinité plus forte que A_2 pour cette même base. A partir de ce principe, on classait les affinités des différents acides pour une même base, bien déterminée. Mais on ajoutait deux autres principes :

1) que l'ordre établi pour une certaine base était valable pour toutes les autres ;

2) que cet ordre était indépendant des conditions dans lesquelles se font les réactions. C'était donc considérer les affinités réciproques comme des forces constantes dont on s'efforça ensuite d'évaluer les grandeurs (5).

Nous avons vu (6) que, dans ses cours professés en 1795 devant les élèves de l'École normale, Berthollet utilisait le concept d'affinité élective. C'est en Égypte qu'il commença à douter de sa valeur scientifique, à la suite de deux séries d'observations différentes.

1. Il avait reconnu à ce moment que la cause des précipitations n'était pas liée à des affinités électives, mais la conséquence immédiate de l'insolubilité des produits.

2. D'autre part, il avait remarqué, sur plusieurs exemples dont le plus célèbre est celui de la formation du natron dans les lacs situés près du Caire, que le sens d'une réaction peut s'inverser si les conditions expérimentales changent ; ceci était en contradiction totale avec le principe des affinités constantes.

Dans son premier exposé sur les affinités, analysé précédemment (7), Berthollet avait, en insistant sur des faits indéniables, dénoncé les erreurs auxquelles conduisait l'application inconditionnelle de la théorie des affinités électives constantes. C'était une première attaque de cette théorie, exprimée directement (8), mais en termes encore modérés, car Berthollet n'avait encore que quelques exemples pour appuyer sa propre théorie. Celle-ci, rappelons-le, est basée sur l'idée qu'il n'y a jamais déplacement total d'une substance dans une combinaison et remplacement par une autre, mais « un partage de l'objet de la combinaison entre les substances dont l'action est opposée » (9). Les proportions dans lesquelles se font le partage dépendent à la fois des affinités propres des substances et des conditions expérimentales : essentiellement concentration et température.

Dans l'*Essai,* les attaques de Berthollet contre la théorie des affinités électives se sont beaucoup précisées avec le développement de nouveaux arguments et, surtout, avec l'exposé d'une nouvelle théorie appelée à remplacer l'ancienne dans l'interprétation des réactions chimiques. Cette théorie a été analysée plus haut (10) ; nous en rappelons ici l'essentiel : une combinaison se forme quand il y a équilibre entre toutes les forces susceptibles d'agir dans le milieu réactionnel ; en conséquence, les affinités résultantes, celles qu'on observe réellement au cours des réactions chimiques, c'est-à-dire quand l'équilibre est atteint, ne peuvent pas être constantes ; elles dépendent forcément des conditions expérimentales.

1. ARGUMENTS CONTRE LES AFFINITÉS ÉLECTIVES

Il convient d'étudier maintenant comment, dans l'*Essai,* Berthollet conduit sa réfutation. Il attaque la théorie dont le principal promoteur était T.Bergman, en divers endroits de ce traité, à chaque fois qu'il rencontre des faits en contradiction avec elle, tandis que la sienne les explique facilement.

C'est tout d'abord le cas des réactions de précipitations qui servent de base à la construction des tables d'affinités. L'interprétation de la réaction chimique selon Berthollet explique simplement ces observations : la grande force de cohésion d'un produit insoluble déplace l'équilibre des forces en présence et provoque sa précipitation totale. Le phénomène est indépendant des affinités propres des substances, il ne dépend que des solubilités et il n'y a plus aucune contradiction de la théorie avec les faits. De plus, on peut même prévoir les précipitations qui se produiront si on connaît l'insolubilité des corps susceptibles de se former. Berthollet peut donc affirmer avec force :

> « C'est une fausse idée de la nature des précipités qui a conduit à la doctrine des affinités électives et à la construction de ces tables dont les modernes se sont tant occupés et qui en imposent par un appareil d'exactitude.» (11).

et plus loin :

> « Tous ces phénomènes sont indépendants des affinités électives telles qu'on les a conçues, et si l'on veut classer les affinités par leur force relative, ce n'est point par les précipitations qu'on peut remplir cet objet... » (12)

Il précise son explication du phénomène ainsi :

> « ... les échanges de base entre les combinaisons ne doivent pas être attribués à une supériorité d'affinités divellentes ; ... ils sont dus à une différence de solubilité des combinaisons qui peuvent se former et... la connaissance des rapports de solubilité peut faire prévoir les combinaisons qui auront lieu. » (13)

Ensuite, reprenant l'idée déjà exprimée dans le premier mémoire sur les affinités (14), Berthollet affirme qu'il est faux de croire que, lorsque deux acides agissent en concurrence sur une même base, celui qui a l'affinité absolue la plus forte agit seul, l'autre restant libre. Pour lui, il n'y a pas une seule action complète, mais un partage de la base entre les deux acides, chacun agissant selon sa « masse chimique », ce rapport combiné de la quantité et de l'affinité propre de chaque substance.

L'auteur revient plusieurs fois sur cette idée qui fut beaucoup contestée (15). Elle constituait un argument fort contre les affinités électives et en faveur de sa théorie nouvelle. Il exprima son opinion dès l'introduction de l'*Essai :*

> « Pour expliquer les combinaisons qui se forment dans le concours de deux acides avec une base et [l'inverse] ... on a supposé une affinité élective qui, par sa graduation, substitue une substance à une autre dans une combinaison, et qui, dans l'action réciproque de quatre substances, détermine deux combinaisons qui s'isolent.
>
> « Cette supposition ne peut pas se concilier avec la loi générale des combinaisons ; mais la considération des deux effets distincts de l'affinité, en tant qu'elle produit les combinaisons et qu'elle est le principe de la force de cohésion, m'a paru suffire à l'explication de tous les faits qu'on attribue à l'affinité élective et à l'action des doubles affinités. » (16)

La même idée est développée dans la section consacrée à l'action réciproque des acides et des alcalis (17). Le partage d'une base entre deux acides est effectivement une conséquence directe de la théorie de Berthollet sur la réaction chimique. Plus généralement, et contrairement à l'opinion qu'il conteste, si l'on considère l'action réciproque de deux substances pouvant en produire deux autres, il n'y a pas deux substances qui s'isolent complètement, mais un équilibre entre les quatre possibles. Si l'une de celles-ci est insoluble ou volatile dans les conditions de l'expérience, elle s'élimine totalement, car des forces nouvelles, cohésion ou tension élastique, sont venues détruire l'équilibre. D'autre part, si les conditions expérimentales changent, l'équilibre est encore modifié et le sens de la réaction peut s'inverser.

Ainsi les faits inexplicables par la théorie des affinités électives se trouvent, avec celle de Berthollet, interprétés de manière satisfaisante ; ce qui l'amène à conclure :

> « Toutes ces considérations conduisent à conclure que l'on ne doit plus en chimie, soit pour diriger ses recherches, soit pour expliquer les phénomènes, se fonder sur les affinités considérées comme des forces constantes. » (18)

Pour lui, en effet, nous l'avons plusieurs fois souligné car c'est le point fondamental, les affinités que l'on observe dans les réactions ne sont pas constantes, puisqu'elles dépendent de tous les facteurs susceptibles de modifier l'une des forces agissant sur les particules des corps en présence ; d'où son insistance à affirmer :

> « ... qu'il faut faire entrer dans les explications des phénomènes, l'influence de toutes les circonstances qui accompagnent l'action chimique » (19).

Malheureusement, si certains des arguments opposés par Berthollet à la théorie des affinités électives étaient solides et convaincants, ils ne l'étaient pas tous. Certaines conséquences tirées de la nouvelle théorie des affinités n'étaient pas aussi justes que celles que nous venons d'exposer. La plus néfaste était sans nul doute celle qui concernait la composition des combinaisons.

Toutefois, nous préciserons ici comment sa théorie de la réaction chimique confirmait son opinion que les proportions des éléments dans les combinaisons varient d'une manière continue et comment, au contraire, la loi des proportions fixes semblait vérifier la théorie des affinités électives.

L'équilibre des forces auquel est due la formation d'une combinaison peut être modifié par de nombreux facteurs ; le résultat de l'équilibre est donc lui aussi modifié ; et la modification doit se traduire par une variation de la composition du produit obtenu. Jusque là, le raisonnement est juste et ne conduit à aucune conclusion fausse ; mais Berthollet pensait que c'était la composition même de la combinaison qui variait, alors qu'il ne s'agit en réalité que de la quantité de combinaison obtenue. Il confondait encore une fois le corps pur et le mélange qui le contient ; la composition du premier est bien constante, sa proportion dans le mélange obtenu au cours d'une réaction est variable, et ceci d'une manière continue en fonction des conditions expérimentales.

La remarque que nous venons de faire montre que les idées de Berthollet sur la composition des combinaisons n'étaient pas une conséquence obligatoire de sa théorie des affinités ; et inversement, nous devons souligner que la justesse de la loi des proportions fixes n'était pas une preuve de la validité des affinités électives, ce que croyait Proust, l'adversaire principal de Berthollet sur cette question des proportions ; ce que pensaient également, nous allons le voir, les adversaires de la nouvelle théorie des affinités. Cette dernière ne pouvait pas expliquer la fixité des proportions ; Berthollet en était très conscient, d'où sa gêne dans certaines explications (20) ; en revanche, les affinités électives donnaient une justification satisfaisante du fait. Nous rencontrons ici un des plus solides arguments soulevés, à l'inverse des précédents, contre la théorie exposée dans l'*Essai*, et en faveur des affinités électives.

2. ACCUEIL RÉSERVÉ A LA NOUVELLE THÉORIE (21)

La nouvelle théorie des affinités énoncée par Berthollet fut immédiatement critiquée. Une étude détaillée des discussions auxquelles elle donna lieu trouvera sa place dans un travail général plus complet sur les affinités. Nous nous limiterons dans cette étude à dégager les causes des attaques subies par la nouvelle théorie et celles de son manque de succès car, il faut le reconnaître tout de suite, cette théorie fut mal acceptée par les contemporains et tomba très vite dans l'oubli.

Avec ses idées nouvelles sur l'action chimique, Berthollet détruisait une théorie bien établie et admise depuis longtemps par l'ensemble des chimistes puisqu'elle interprétait assez logiquement de nombreuses réactions. Les contradictions qu'elle présentait avec les faits étaient considérées comme des exceptions, encore incapables de mettre en doute les bases sur lesquelles elle reposait.

Lavoisier s'était heurté à la même difficulté lorsqu'il avait attaqué la théorie du phlogistique ; mais il avait réussi à imposer sa théorie, tandis que Berthollet n'y parvint pas. La théorie qu'il présenta pour remplacer celle des affinités électives ne fut jamais totalement acceptée et son échec est dû à plusieurs causes. Il y avait d'abord les difficultés de compréhension ; les idées de Berthollet n'étant pas toujours clairement exprimées, elles furent peu ou mal comprises et, de ce fait, non adoptées. C'est ainsi que, tandis que ses contemporains acceptaient facilement son explication des réactions de précipitations, qui était simple et avait une base expérimentale irréfutable, ils ne le suivirent pas dans sa théorie complexe des affinités. Ses considérations sur les nombreuses forces qui s'exercent entre les particules des corps sont compliquées et souvent déroutantes ; son concept de masse chimique manque de précision et de ce fait est inutilisable (d'ailleurs Berthollet lui-même l'utilise très peu).

Il faut cependant reconnaître à sa décharge, lorsqu'il est accusé de confusion dans ses exposés sur cette question, que le sujet des affinités chimiques est très complexe et qu'à l'époque où il l'étudiait, il ne disposait pas des éléments mathématiques capables d'exprimer des lois simples ; de plus, la lourdeur du style de l'*Essai* n'arrangeait rien. D'autre part, et ceci est lié à la remarque précédente, le sujet des affinités cessa vite d'intéresser le monde des chimistes ; à cause de sa complexité et des difficultés insurmontables qu'il soulevait, mais aussi et surtout parce que, très peu de temps après la parution de l'ouvrage de Berthollet, d'autres sujets vinrent passionner l'opinion.

3. PRINCIPALES CRITIQUES OPPOSÉES A LA THÉORIE DE BERTHOLLET

La théorie de Berthollet fut néanmoins examinée avec beaucoup d'intérêt par ses contemporains ; les critiques qu'elle reçut en témoignent. Il est à remarquer que la plupart de celles-ci vinrent de l'étranger, d'Allemagne ou d'Angleterre (22).

La première critique apparut en France dès la fin de 1803 ; elle était due au chimiste allemand L. Schnaubert. L'Institut qui avait reçu un ouvrage de ce dernier contestant la théorie nouvelle de Berthollet, avait chargé l'auteur ainsi attaqué, d'en faire un rapport verbal, qui fut présenté le 26 décembre 1803 (23). Berthollet n'eut pas de mal à montrer que, dans sa critique hâtive, Schnaubert avait souvent mal interprété les affirmations de l'*Essai.*

Ardent partisan de l'ancienne théorie, Schnaubert contestait sur plusieurs exemples le principe de partage d'une substance entre deux autres et affirmait que les résultats s'accordaient en tout point avec les affinités électives. Berthollet, après avoir mis au point l'interprétation d'une réaction au cours de laquelle du sulfate de baryum est partiellement décomposé par de la potasse, soulignait:

> « Ce n'est pas le seul exemple que je puisse donner d'une fausse interprétation ; ainsi M. Schnaubert suppose, dans tout son ouvrage que, d'après mon opinion, une substance sur laquelle deux autres agissent par leur affinité, doit toujours se partager entre elles. Je rappellerai sommairement mon opinion telle que je l'ai présentée » (24)

Et il réaffirme, en les résumant, les principes de sa théorie. Puis, reprenant les expériences que Schnaubert oppose à sa théorie et les utilisant pour démontrer la rigueur des affinités électives, il finit par remarquer :

> « Je ne conçois pas comment M. Schnaubert peut m'opposer des faits qui sont parfaitement conformes à mon opinion. » (25)

Plus loin, il relève encore :

> « ... la négligence d'analyse qui se trouve dans tous les autres faits dont il se sert, soit pour combattre mon opinion, soit pour établir la sienne ».

Une autre critique, plus tardive et aussi plus sérieuse, vint encore d'Allemagne, de la part de C.H. Pfaff (26). La discussion commença à s'établir en 1811 dans les *Annales de chimie (27)* et, dans la « Revue de l'Essai », Berthollet répond à nouveau à son détracteur (28).

Pfaff, comme Schnaubert, contestait particulièrement le principe de partage d'une substance entre deux autres ; pour le mettre en défaut, Pfaff décrivait plusieurs expériences où deux acides étaient mis en présence d'une base. Il s'efforçait de montrer que les résultats ne pouvaient s'expliquer que par les affinités électives (29).

Au début de sa réponse, Berthollet précise :

> « Je tâche de concilier ses observations avec les opinions que j'ai exposées dans mon *Essai de statique chimique. »* (30)

Plus loin, à propos des faits par lesquels Pfaff conteste le principe de partage d'une substance entre deux autres, il fait remarquer :

> « Pour maintenir les affinités électives, il me semble que M. Pfaff aurait dû commencer par prouver que les faits par lesquels j'ai fait voir qu'on obtenait des combinaisons opposées en faisant varier les proportions pouvaient recevoir au moins une explication plausible, en supposant les affinités électives. » (31)

Et, avant d'entrer dans les détails des expériences, il poursuit :

> « Voyons si ceux qu'il rapporte obligent à les admettre. »

Comme il l'avait fait dans sa réponse à Schnaubert, Berthollet montre qu'il n'a pas été bien compris et que son adversaire combat une opinion qui n'est pas la sienne. Cette réponse date de 1811 ; en 1815, lorsqu'il commença à rédiger une seconde édition de son *Essai*, il reprit cette critique de Pfaff et y répondit à nouveau (32).

Les critiques des chimistes anglais arrivèrent elles aussi assez tardivement : les difficultés de communication entre la France et l'Angleterre pendant la période napoléonienne firent que l'*Essai* ne fut pas toujours bien diffusé. Nous citerons ici l'examen critique de Davy, qui parut dans ses *Éléments de philosophie chimique (33)*, en 1812 ; ce qui permit à Berthollet d'en tenir compte dans sa « Revue de l'Essai » (34).

Il faut reconnaître que les critiques de Davy, aussi bien que celles, plus rares, émises par Dalton (35) et Thomson (36), n'étaient pas fondées sur des examens très approfondis ni de la théorie de Berthollet, ni des expériences sur lesquelles elles portaient. C'est qu'en effet, au moment où les discussions auraient pu s'établir, d'autres sujets commençaient à passionner le monde chimiste, surtout en Angleterre ; la théorie atomique et les découvertes électrochimiques entraînèrent les contemporains de Berthollet loin des problèmes trop complexes posés par les affinités. Il fallut attendre un demi-siècle pour qu'ils soient remis à l'étude (37).

Ainsi, la théorie générale de l'action chimique de Berthollet qui avait au début suscité un vif intérêt, était vite tombée dans l'oubli. Celui-ci était dû aux différentes raisons que nous venons de relever, mais la plus importante d'entre elles fut certainement le discrédit que lui donnait sa liaison avec la composition variable des combinaisons. Après 1808, quand la loi des proportions fixes fut admise dans toute sa généralité, l'abandon devint peu à peu total.

Il convient donc d'étudier maintenant l'opinion de Berthollet sur cette question fondamentale de la composition des combinaisons. Mais il faut encore préciser que, malgré le désintérêt rencontré par sa théorie des affinités, Berthollet ne l'abandonna jamais. Si, dans le dernier exposé général qu'il publia en 1809 et que nous analyserons au chapitre IX (38), il n'y revient pas, il la reprend à nouveau et, d'une manière complète, dans la « Revue de l'Essai ». Il y réaffirme ses principales idées, avec les mêmes arguments ; il les fonde alors sur des analyses nouvelles, en particulier celles faites par P.-L. Dulong, sous son patronage (39). Ses conclusions sont toujours les mêmes. Il n'y a donc pas, sur ce sujet, de véritable évolution de sa pensée ni d'arguments vraiment nouveaux dans la « Revue de l'Essai ». Aussi nous bornerons-nous à signaler les passages qui l'abordent dans l'analyse générale de ce texte qui sera donnée plus loin (40).

CHAPITRE VIII

LES PROPORTIONS DES ÉLÉMENTS DANS LES COMBINAISONS CONTROVERSE AVEC PROUST, 1800-1815

L'idée que les combinaisons chimiques ont une composition fixe, dans laquelle les éléments constituants sont en proportions constantes – les mêmes d'un échantillon à un autre –, commença à se dégager à la fin du XVIIIe siècle, principalement à la suite des travaux des chimistes allemands K.F. Wenzel et J.B. Richter (1). On utilisait plus ou moins implicitement ce principe dans les analyses des substances animales ou végétales faites dans les laboratoires.

Mais c'est surtout en France avec les travaux de J.-L. Proust que cette idée se développa, pour aboutir à la loi dite des proportions définies que nous appelons aussi, actuellement, « loi de Proust » (2). A l'époque où parut l'*Essai de statique chimique,* cette loi commençait à être connue (3), mais elle n'avait pas encore le caractère général qu'elle acquit au cours des années suivantes.

Il faut souligner dès le début de cette analyse que, si les idées de Berthollet sur les affinités proprement dites sont toujours restées les mêmes depuis son premier exposé de 1799 jusqu'au texte inédit de 1815, ses conceptions concernant les proportions des éléments dans les combinaisons se sont modifiées à la suite des discussions et des observations nouvelles ; nous nous proposons ici d'étudier leur évolution.

1. OPINION EXPOSÉE DANS L'*ESSAI*

Dans l'*Essai,* Berthollet affirme à plusieurs reprises, en termes nets, que la composition des combinaisons varie d'une manière continue au cours d'une réaction lorsqu'on fait varier les conditions expérimentales ; les cas où les proportions s'arrêtent à des valeurs fixes, toujours les mêmes, constituent des exceptions à ce principe général. En conséquence, il est amené à dénoncer comme mal fondée l'hypothèse des proportions constantes et il soulève contre celle-ci plusieurs objections.

Avant d'aborder ce deuxième point, c'est-à-dire les discussions portant sur la loi des proportions définies, engagées principalement avec Proust, nous analyserons la conception personnelle de Berthollet telle qu'elle est exprimée dans l'*Essai (4).*

A l'époque de sa rédaction, Berthollet semblait bien persuadé que les combinaisons obéissent à une loi générale de composition variable qu'il énonçait ainsi :

> « J'ai assez multiplié les preuves qui font voir qu'il est de l'essence de l'action chimique de croître en raison des quantités des substances qui l'exercent, et de produire des combinaisons dont les proportions sont graduelles depuis le premier jusqu'au dernier terme de saturation. » (5)

Il apparaît clairement dans ce passage que la loi, que nous appellerons de composition variable, est une conséquence directe et fondamentalement nécessaire de la théorie de l'action chimique. Nous avons déjà souligné cette filiation dans le chapitre précédent (6) ; nous voyons ici que Berthollet en était bien convaincu et que ses contemporains l'étaient aussi.

En revanche, la loi des proportions fixes apparaît, elle, comme une conséquence de la théorie des affinités électives, qui en donne une interprétation simple et satisfaisante.

Les cas où les proportions sont constantes dans une combinaison semblaient donc mettre en échec la théorie de Berthollet sur l'action chimique. Ce dernier les considérait comme des exceptions ; il se devait d'en limiter le nombre et de donner une explication pour chaque cas particulier. Il s'efforça de suivre ce programme avec, nous allons le voir, bien des difficultés.

Son honnêteté scientifique l'obligeait à admettre les faits les plus nets. Ainsi, il ne pouvait pas nier, lui qui avait assisté aux expériences de Lavoisier sur l'analyse et la synthèse de l'eau, que, dans cette combinaison, l'oxygène et l'hydrogène sont en proportions fixes ; de même pour le gaz ammoniac dont il avait établi avec précision et exactitude la composition volumétrique.

Il reconnaissait que ces exemples ne sont pas isolés, puisqu'il concédait dans la suite du passage cité plus haut :

> « Mais dans un grand nombre de combinaisons les proportions ne suivent point cette progression, et il se fait des séparations dues à des partages déterminés des éléments de ces combinaisons. » (7)

Pour expliquer ces faits non conformes à sa théorie générale, Berthollet faisait intervenir des forces qui opposaient un obstacle à la progression de l'action chimique. Ainsi, dans le cas de l'eau et de l'ammoniac, produits tous les deux à partir de substances gazeuses, il pensait que l'action s'arrêtait aux proportions pour lesquelles les deux éléments combinés subissaient la plus grande condensation (8). Dans le cas où un solide précipite d'un milieu liquide, c'était la force de cohésion entre les particules de la combinaison qui, devenant prépondérante, provoquait la séparation. Berthollet donnait la même explication, en faisant intervenir la tension d'élasticité, lorsqu'un gaz se forme à partir d'un milieu liquide (9).

On peut conclure que, dans tous les cas qu'il a examinés, Berthollet a cru réussir à expliquer l'arrêt de l'action chimique à certaines proportions bien déterminées, en faisant intervenir des forces d'origine physique ; il considérait également l'influence de leur mode d'action, de la forme des molécules et l'influence de la chaleur qui, en augmentant la distance entre les particules, diminue leurs forces d'interaction. Il reconnaissait aussi que d'autres facteurs, qu'il n'avait pas encore remarqués, pouvaient encore jouer un rôle. Cette volonté d'expliquer tous ces « cas d'exception » l'entraîne à des considérations complexes sur certaines propriétés physiques, en particulier pour les corps gazeux et les solides métalliques.

Toute cette argumentation déroute plus qu'elle ne convainc le lecteur, même le plus attentif. Ces explications sont, à notre avis, les plus confuses de tout l'ouvrage. L'auteur semble, sur ce point, particulièrement embarrassé. Il est facile de comprendre pourquoi.

La description de l'action chimique par Berthollet n'est pas capable, à elle seule, de justifier la fixité des proportions des éléments dans une combinaison. Ce fait lui échappe et son créateur s'en rendait compte ; d'où la gêne qu'il éprouve dans ses explications. C'est aussi la raison pour laquelle il examine avec une critique extrêmement méticuleuse les cas où les proportions semblent constantes. Il n'accepte ce fait que lorsqu'il est vraiment indéniable et écarte ainsi un certain nombre de composés, dont les oxydes et les sulfures métalliques qui seront les sujets principaux des discussions avec Proust.

Deux opinions personnelles, profondément fixées dans l'esprit de Berthollet, mais malheureusement erronées, l'aidaient à limiter le nombre des cas où les proportions sont irréfutablement constantes. La première est l'absence de distinction qu'il fit toujours, volontairement, entre une combinaison chimique ou corps pur et un mélange. La seconde opinion, qui confirme la précédente, est encore l'absence de distinction, toujours volontaire, entre les phénomènes de dissolution, dont le résultat est justement un mélange et la réaction chimique, conduisant, elle, à un corps pur.

Certains chimistes contemporains, parmi lesquels nous citerons Proust, avaient fait ces distinctions, mais Berthollet dénonçait leur opinion comme mal fondée. Un passage de l'*Essai* montre clairement l'affirmation de ces idées qui ne se modifièrent pas, même à la suite des discussions, et que nous retrouverons dans tous les textes ultérieurs, y compris la « Revue de l'Essai ». Le voici :

> « Les chimistes frappés de ce qu'ils trouvaient des proportions déterminées dans les combinaisons, ont souvent regardé comme une propriété générale des combinaisons de se constituer dans des proportions constantes ; de sorte que, selon eux, lorsqu'un sel neutre reçoit un excès d'acide ou d'alcali, la substance homogène qui en résulte est une dissolution du sel neutre dans une portion libre d'acide ou d'alcali. » (10)

Ceci exprime nettement la distinction entre le corps pur à composition fixe et le mélange à composition variable ; mais Berthollet conteste cette distinction :

> « C'est une hypothèse qui n'a pour fondement qu'une distinction entre la dissolution et la combinaison. » (11)

Or, pour lui, cette distinction-là n'existe pas.

Dans ces conditions, Berthollet peut faire entrer sous sa loi des proportions variables de nombreux sels ; surtout dans les cas où le même acide et la même base peuvent donner plusieurs composés définis. Il en est ainsi pour les phosphates de soude et de potasse, les carbonates et les oxalates de ces deux bases. Ces exemples font l'objet de nombreuses expériences où les mesures sont délicates et les résultats difficiles à interpréter ; ils sont souvent utilisés dans les discussions. Finalement, le nombre de combinaisons pour lesquelles Berthollet est obligé d'admettre des proportions constantes est assez restreint.

Par ailleurs, il signale des cas où des substances, dont les propriétés sont bien définies, présentent des compositions variables ; il remarque, dans le domaine des solides, les alliages (12) et les verres (13) qui, effectivement, montrent cette particularité (14).

2. CONTROVERSE AVEC PROUST (15)

Il apparaît de façon évidente, compte tenu de l'ensemble de ses idées sur les proportions des éléments dans les combinaisons, que Berthollet était en totale opposition envers l'hypothèse des proportions fixes. Il la refusait nettement comme loi générale, la contestait dans de nombreux cas et n'acceptait l'existence des faits qui la confirmaient que lorsqu'ils étaient irréfutables pour tout observateur quelque peu objectif. Il était encouragé dans ses attaques par l'idée que les proportions constantes semblaient être une conséquence des affinités électives constantes elles aussi, dont il espérait avoir démontré le caractère erroné.

Son opinion contre les proportions définies dans les combinaisons est nettement exprimée dans l'*Essai* et en divers endroits de ce traité il affirme être opposé à cette hypothèse. Voici un passage qui nous paraît très significatif :

> « Plusieurs chimistes frappés de ces termes fixes auxquels sont limitées quelques oxidations, supposent qu'il y a toujours des degrés déterminés auxquels la combinaison de l'oxigène est assujettie ; ils prêtent à la nature une balance qui, soumise à ses décrets, détermine les proportions des combinaisons. » (16)

Cette doctrine était surtout celle de Proust ; Berthollet poursuivait :

> « Les explications que je présente sont fondées sur une hypothèse différente. »

Il fait ici allusion à celle que nous avons analysée dans les pages précédentes.

a) NATURE DE L'OPPOSITION ENTRE PROUST ET BERTHOLLET

Avant d'entrer dans les détails de la célèbre controverse qui s'est alors établie entre les deux savants, il convient de faire deux remarques concernant leur opposition. Il y a en effet entre eux, au sujet du problème de la composition des combinaisons, une différence de point de vue qu'il faut souligner car elle éclaire bien leur attitude. Cette différence se manifeste de deux manières.

Proust et Berthollet s'opposent d'abord par l'importance qu'ils accordaient à l'interprétation théorique des faits. Proust estimait avoir prouvé sa loi par des observations très sûres ; il ne se préoccupait que des rapports de quantité des substances combinées. Les ayant trouvés fixes dans un grand nombre de cas, il généralisait le fait et énonçait une loi générale. L'hypothèse des affinités constantes semblait bien convenir pour lui donner une justification théorique ; Proust l'acceptait et ne développait pas plus avant l'interprétation de sa loi. Pour Berthollet, le problème se posait tout autrement. Il jugeait comme une nécessité fondamentale d'expliquer par la théorie des affinités la ou les lois de formation des combinaisons. Il se rendait parfaitement compte de la différence qui existait entre son propre point de vue et celui de Proust, auquel, dans l'*Essai*, il reprochait de ne

> « ... donner aucune attention aux circonstances dans lesquelles on peut trouver les causes qui limitent l'action des substances qui tendent à se combiner, et dont il importe à la théorie d'évaluer l'influence » (17).

Cette opposition dans les préoccupations théoriques se retrouve dans les sens différents que les deux adversaires donnaient au terme affinité. Quand Proust dit qu'une combinaison se fait « en obéissant aux rapports que lui assignent les affinités » (18), il utilise le mot au sens de « valence », c'est-à-dire une grandeur constante pour une combinaison déterminée, qui fixe effectivement les proportions des éléments qui la composent. Pour Berthollet, les affinités, qu'il appelle également attractions chimiques, ce qui est très significatif du sens qu'il donne à ce terme, font intervenir les rapports des forces d'interaction entre les particules des combinaisons ; elles sont donc sous la dépendance des conditions expérimentales et, de ce fait, non constantes pour une combinaison déterminée.

Les chimistes modernes ont clarifié la question en introduisant deux grandeurs distinctes : la valence, qui fixe les rapports de quantités et l'affinité, fondée sur des considérations énergétiques. La première est proche de la notion de Proust, la seconde, de celle de Berthollet.

b) PREMIÈRES CRITIQUES DÉVELOPPÉES PAR BERTHOLLET

L'opposition des deux savants commença à se manifester dès les premiers mémoires sur les affinités, que Berthollet lut à l'Institut à son retour d'Égypte (19). Proust avait, depuis déjà deux ans, exposé les premiers résultats qui le conduisaient à affirmer que les proportions des éléments dans certaines combinaisons sont fixes (20). Il avait, dans les mémoires suivants, continué à accumuler les faits montrant la généralité de son hypothèse (21). Ses résultats concernaient principalement les oxydes et les sulfures métalliques et c'est à propos de ces deux séries de composés que les discussions furent les plus vives.

Quand il rédigea son *Essai de statique chimique*, Berthollet connaissait bien l'opinion de Proust et les observations sur lesquelles elle était fondée. Dans son ouvrage, les critiques sont donc très précises ; elles sortent du cadre général pour s'intéresser aux faits particuliers. Il en est ainsi dans la section V du tome 2, consacrée aux substances métalliques (22). Berthollet s'oppose directement à Proust à propos des oxydes pour lesquels il n'admet pas, comme l'affirmait son adversaire, deux degrés d'oxydation sans intermédiaires, mais une variation continue des proportions d'oxygène et de métal combinées (23).

Une nouvelle opposition s'établit au sujet des sulfures métalliques. Là, encore plus que pour les oxydes, l'attaque de Berthollet contre les idées de Proust est directe ; l'auteur de l'*Essai* cite les phrases mêmes de son contradicteur et réfute son opinion point par point (24). Il refuse en particulier de reconnaître que le fer et le soufre soient en proportions fixes dans les pyrites ; ainsi que le soufre et l'antimoine dans le (ou les) sulfure(s) d'antimoine, selon ce que Proust avait établi dans les mémoires qui ont ces composés pour objet et que nous avons cités plus haut (25).

c) RÉPONSE DE PROUST

Attaqué de manière aussi directe mais soulignons-le très courtoise, Proust répondit également de manière directe, dans plusieurs mémoires publiés dans le même voulume du *Journal de physique* en 1804 (26). Adoptant la méthode utilisée par Berthollet dans l'*Essai,* Proust cite les phrases de son adversaire auquel il répoind ainsi point par point. En s'appuyant sur de nouveaux faits qui lui donnent plus de force, il renouvelle son affirmation que les proportions dans les combinaisons sont irrémédiablement fixes. Et, constatant qu'il est impossible, en faisant varier les conditions expérimentales, de modifier la composition d'une substance, il conclut en reprenant une expression de Berthollet :

> « Il est [dans la nature] une balance qui, soumise à ses décrets détermine jusque dans nos laboratoires, les proportions des composés. » (27).

Dans le détail des faits, Proust dénonce comme inexacts certains résultats expérimentaux sur lesquels Berthollet s'appuyait pour justifier sa loi des proportions variables et, de ce fait, dénier celle des proportions fixes.

d) RÉPONSES DE BERTHOLLET

La discussion se poursuit encore avec deux réponses directes de Berthollet.

La première parut en 1805, dans le 60e volume du *Journal de physique (28).* Comme on pouvait le prévoir devant une réponse aussi rapide, les critiques de Proust n'avaient pas entraîné un changement d'opinion chez son détracteur. Dès le début du mémoire, le lecteur est prévenu en des termes qui donnent le ton dans lequel se fit toute la controverse :

> « Je ne devais ... rien plus désirer que de voir mon *Essai* soumis à la critique d'un chimiste dont la grande sagacité et les vastes travaux étaient si propres à m'éclairer ; si les observations qu'il m'oppose ne m'engagent pas jusqu'à présent à changer mes opinions, je n'en regarde pas moins une grande partie comme une acquisition faite à la science, dont je profiterai moi-même. » (29)

Il faut remarquer dans ce passage, à côté de la courtoisie des termes, que Berthollet ne rejette pas la possibilité de réviser ses opinions. Les arguments qu'il développe ensuite, pour répondre aux objections de Proust, sont analogues à ceux exprimés dans l'*Essai.*

Berthollet reprit à nouveau l'étude de la question en 1806 et là, à notre avis, d'une manière beaucoup plus intéressante pour l'analyse de son évolution ; il s'agit d'un important mémoire lu devant l'Institut (30) et intitulé « Nouvelles recherches sur les lois de l'affinité ». Malgré son titre, ce mémoire concerne plus les proportions des éléments dans les combinaisons que les affinités proprement dites. Sur cette dernière question, l'auteur n'apporte rien de bien nouveau par rapport à ce qu'il a exposé dans l'*Essai*. Sur la première, en revanche, il fait une mise au point intéressante de son opinion. Il précise ainsi le but qu'il s'est fixé :

> « Je vais présenter quelques observations dont le but est simplement de porter une plus grande précision dans les faits connus et d'en établir le rapport avec la doctrine que j'ai exposée ; je discuterai quelques opinions opposées aux miennes ; j'insisterai particulièrement sur les proportions qui peuvent varier dans quelques combinaisons, et sur les moyens propres à déterminer les affinités relatives des acides et des alcalis. » (31)

Ces derniers n'occupent qu'une petite place, la plus grande étant réservée à la question des proportions. Berthollet l'aborde en des termes qui montrent que, dans son esprit, et cela justifie le titre du mémoire, elle est toujours étroitement liée à la théorie des affinités :

> « En examinant l'effet de l'action chimique, j'ai été nécessairement conduit à m'occuper des proportions réciproques qui peuvent entrer en combinaison ; quoique cette question soit immédiatement liée aux notions d'affinité, elle avait peu attiré l'attention des chimistes. » (32)

Vient ensuite un énoncé de la loi générale, selon laquelle les combinaisons s'établissent, qui est intéressant à analyser. Sous une forme condensée, cet énoncé est complexe ; Berthollet essaie d'y concilier sa théorie générale de l'action chimique, dont la conséquence est une variation continue des quantités combinées avec l'existence qu'il accepte maintenant, pour de très nombreux cas, des proportions fixes dans les composés. Il commence par affirmer que l'action chimique s'exerce d'une manière continue :

> « Le résultat de mon observation a été que l'action chimique n'était pas bornée à un point déterminé pour chaque espèce de combinaison ... » (33)

Il poursuit avec une deuxième phrase assez obscure et difficilement compréhensible (34), pour exprimer finalement un principe qui, s'il était isolé, constituerait une loi simple et claire quoique vague :

> « ... et qu'en général l'action chimique d'une substance se prolongeait indéfiniment jusqu'à ce qu'un obstacle qu'elle n'était plus capable de surmonter en éteignît l'effet » (35).

Selon ce principe, Berthollet attribue donc l'arrêt de l'action chimique à l'intervention d'une cause extérieure à cette action elle-même. Si l'idée n'est pas nouvelle et se trouve déjà dans l'*Essai*, il faut remarquer qu'ici elle semble s'appliquer au cas général tandis qu'auparavant Berthollet avait examiné chaque cas en particulier. On pourrait s'attendre à voir, dans la suite du mémoire, son auteur admettre les proportions fixes pour l'ensemble des combinaisons chimiques, sauf quelques exceptions déjà relevées, comme les verres et les alliages. Nous allons voir que son opinion est beaucoup plus ambiguë.

Fidèle au principe fondamental de sa philosophie chimique, de ne jamais nier les faits sérieusement observés, Berthollet admet maintenant que de nombreux composés ont une composition constante, pour laquelle l'action chimique s'est trouvée arrêtée. Dans l'*Essai,* il considérait ces cas comme des exceptions isolées et peu nombreuses.

> « Cependant [dit-il] j'ai observé qu'il y avait des combinaisons dont les proportions étaient constantes, telles que l'eau et l'ammoniaque ; et d'autres qui ne paraissent s'établir que dans deux termes, telles que la combinaison de l'oxigène avec le mercure. » (36)

Et il continue avec cette phrase qui est presque une reconnaissance de la loi des proportions fixes, mais dans laquelle on sent sa réticence à accepter comme loi générale un énoncé qu'il ne parvient pas à expliquer complètement par sa théorie des affinités :

> « J'ai remarqué que dans un nombre considérable de combinaisons, l'action réciproque déterminait plus facilement certaines proportions que d'autres, en rendant la combinaison plus stable et même en excluait quelques-unes . » (37)

Immédiatement après l'exposé des faits, Berthollet s'empresse de les interpréter ; c'est, nous l'avons vu, sa préoccupation principale :

> « J'ai cherché en conséquence, quelles étaient les propriétés qui pouvaient limiter ainsi la puissance de la combinaison ... » (38)

Comme dans l'*Essai,* il croit trouver la cause principale de cette limitation dans

> « ... la condensation qu'éprouvent les éléments qui se combinent et qui est plus forte dans certaines proportions que dans d'autres... » (39).

Proust, dans son mémoire sur les oxydes métalliques de 1804, avait montré que cette « condensation » n'était qu'un artifice sans grande valeur (40). S.C. Kapoor, dans un article récent cité au début de cette étude (41), qualifie cette interprétation, à partir de la force de cohésion qui devient prépondérante lorsque la condensation est maximale, de « tour de passe-passe » ; nous ne pouvons que souscrire à ces jugements, qui sont tout à fait en accord avec l'impression que l'on retire de la lecture des passages où Berthollet la fait intervenir. Ce dernier, d'ailleurs, devait reconnaître la fragilité de ses interprétations, puisqu'il écrivait à la suite du passage où ils les développait :

> « J'ai même été très réservé sur l'application de ces principes à l'oxidation et aux dissolutions métalliques ...» (42)

Finalement, malgré quelques concessions faites à la réalité des proportions fixes, Berthollet, dans son mémoire de 1806, restait encore bien éloigné de l'opinion de Proust. Il entreprit d'ailleurs de répondre directement à ce dernier et, pour cela, estima nécessaire de rappeler les principes sur lesquels son adversaire établissait la composition des combinaisons. Sa mise au point est intéressante à étudier. En voici le début :

> « J'ai tâché d'éclaircir les doutes élevés par M. Proust dans quelques articles insérés dans le *Journal de physique* ; j'y reviens, parce que les observations que je présente ont un rapport immédiat avec notre discussion, mais il faut que je rappelle les principes de M. Proust. » (43).

La phrase qui suit nous semble s'appliquer bien mieux à Berthollet qu'à Proust :

> « Son opinion n'est pas simple ; il la modifie selon les circonstances auxquelles il l'applique. »

Le passage suivant montre nettement les points fondamentaux de l'opposition entre les deux savants ; nous allons les résumer. En premier lieu, Proust avait affirmé que, dès le début d'une réaction, la combinaison se forme avec ses proportions intrinsèques et que c'est sa quantité dans le mélange qu'elle forme avec les corps lui donnant naissance qui, d'abord faible, augmente progressivement ; il en avait donné pour preuve une analyse des réactions de la potasse avec l'acide carbonique (44). Berthollet, qui, dans son mémoire, rapporte les termes mêmes de son adversaire, en conteste les résultats, car selon lui il a fallu, pour mettre en évidence le fait que de l'acide et de la base libres existent avec le carbonate formé déjà en proportions fixes, utiliser des moyens compliqués qui ont perturbé la réaction. Par exemple, pour reconnaître l'acide carbonique, on a dû ajouter une substance qui est venue partager son action avec celle de la potasse ; ceci est en parfait accord avec le principe de partage d'un acide entre deux bases (45). L'objection, remarquons-le, est valable, mais encore une fois n'intervient que pour les quantités de substances formées et non sur leur composition.

Berthollet rappelle ses propres analyses des réactions de l'acide carbonique sur les alcalis et conclut par ce passage qui montre toute l'ambiguïté de sa pensée sur cette question :

> « On a vu que les trois alcalis se combinent avec des proportions d'acide carbonique qui paraissent suivre une progression continue, quoique ces combinaisons soient plus disposées à s'arrêter à certaines proportions. » (46)

Il trouve que, pour ces dernières, les sels ont des propriétés différentes permettant de les caractériser. Et il termine l'examen de ces exemples en faisant remarquer que tout ce qu'il vient d'exposer ne paraît pas

> « ... pouvoir se concilier avec l'opinion de M. Proust » (47).

Poursuivant ses recherches, Berthollet trouve d'autres faits qui semblent obéir à sa loi des proportions variables :

> « L'acide carbonique est bien loin d'être le seul qui ait la propriété de former des combinaisons dont les proportions varient indubitablement. » (48)

Si Berthollet n'emploie pas le terme de variation continue, la suite montre que c'est dans ce sens qu'il faut comprendre son propos. Il donne des exemples de son assertion avec les réactions où interviennent oxalates, tartrates et phosphates ; rappelons qu'il existe deux oxalates, deux tartrates et trois phosphates.

Berthollet commence par remarquer très justement que les trois sels dont il parle présentent des formes avec excès d'acide, dont les propriétés sont différentes de celles des formes neutres (49). Donc, ces trois séries de sels peuvent donner des combinaisons à proportions différentes. Mais c'est là que nous trouvons une deuxième opposition systématique entre Proust et Berthollet. Le premier ne doutait pas qu'il puisse exister plusieurs sels formés de la même base et du même acide, puisqu'il avait dit, parlant en général et c'est Berthollet qui le cite :

« Il y a dans les combinaisons un minimum et un maximum... », ajoutant aussitôt :

« Tous les degrés intermédiaires sont exclus. » (50)

Cette affirmation s'appliquait surtout aux sels métalliques et aux oxydes. Berthollet, sans la rejeter totalement, ne conférait à cette hypothèse qu'une valeur secondaire en considérant

« ... qu'on peut l'adopter sans inconvénient lorsqu'il ne s'agit que d'indiquer vaguement l'état d'un oxide ou d'une combinaison » (51).

Proust, lui, était catégoriquement clair sur ce point. Il complétait d'ailleurs son hypothèse par cette autre, qui permettait d'interpréter correctement les observations concernant les proportions d'acide et de base combinées :

« Les combinaisons dont les proportions sont fixes peuvent s'unir à un excès de l'un des éléments dans une progression indéfinie. »

Berthollet, qui rapporte fidèlement cette phrase (52), refusait une telle explication, la trouvant trop commode :

« On sent qu'au moyen de cette dernière distinction, il est difficile de lui opposer une observation qu'il ne trouve un moyen d'expliquer. » (53)

C'est le troisième point de l'argumentation de Proust, que Berthollet conteste ; nous remarquerons que c'est toujours pour la même raison la confusion volontaire entre les mélanges de combinaisons et les combinaisons elles-mêmes. Ayant ainsi expliqué son opposition à Proust sur les problèmes qui lui paraissent primordiaux, Berthollet conclut que tous les faits qu'il vient d'analyser

« ... sont analogues à un grand nombre de faits qui sont entrés dans mes considérations sur l'affinité : leur théorie se lie immédiatement à la question des proportions variables, dans les combinaisons dont je viens d'augmenter les exemples, et à l'opinion que l'on doit prendre de l'affinité chimique » (54).

On voit donc que malgré ce qu'il a dit au début de son mémoire, et malgré ses quelques concessions aux proportions fixes, Berthollet est encore partisan de sa loi des proportions variables.

3. ÉVOLUTION DE BERTHOLLET APRÈS LA CONTROVERSE AVEC PROUST

Après la longue mise au point de 1806, les discussions directes avec Proust s'interrompirent. Peut-être les deux adversaires étaient-ils gagnés par une certaine lassitude ou bien étaient-ils préoccupés par d'autres questions ? Nous pensons surtout qu'ils n'avaient plus rien à ajouter à ce qu'ils avaient déjà dit. Chacun d'eux restait sur ses positions. Proust était de plus en plus persuadé de la valeur de son opinion, qui était vérifiée par les faits et même justifiée théoriquement par la nouvelle hypothèse atomique ; il la voyait triompher et commencer à être universellement adoptée par tous les chimistes. Berthollet.

quant à lui, continuait à poursuivre ses recherches pour concilier sa théorie de l'action chimique avec les faits concernant les proportions des éléments combinés dans les corps chimiques.

Il reprit la question dans plusieurs petits textes publiés en 1809 dans le deuxième volume des *Mémoires d'Arcueil (55)* ; mais c'est dans la longue introduction à la traduction française du *Système de chimie* de Thomas Thomson, publiée elle aussi en 1809, que l'on trouve une nouvelle mise au point complète de ses idées.

a) INTRODUCTION AU *SYSTEME DE CHIMIE* DE THOMAS THOMSON, 1809 (56)

Réservant au chapitre suivant une analyse de ce texte, dernier exposé de théorie que Berthollet ait publié, nous nous limiterons ici à l'examen de ce qui concerne la composition des combinaisons. La question posée maintenant à leur propos est celle de savoir si la loi des proportions constantes doit être considérée comme générale ou non :

> « Il convient de considérer d'abord si c'est une propriété générale, que les combinaisons ne varient que par un rapport multiple des éléments qui les composent, si on peut la considérer comme une loi à laquelle soient soumises toutes les combinaisons. » (57)

Les objections sont nettement exprimées dans la suite du passage. La première est toujours la confusion volontaire entre dissolution et combinaison :

> « J'observerai premièrement qu'on ne peut point supposer, pour soutenir cette hypothèse, une différence réelle entre la dissolution et la combinaison ; l'une et l'autre sont un effet de la même action chimique, un résultat de l'affinité dans lequel on ne peut admettre d'autre différence que celle du degré de l'énergie. » (58)

La deuxième objection porte sur l'existence de plusieurs séries de substances dont les propriétés sont nettement définies et qui, cependant, ont indubitablement une composition variable ; ce sont les alliages métalliques et les verres. Berthollet souligne le fait pour la première fois dans ce texte ; il le reprendra avec netteté, en le développant encore, dans la « Revue de l'Essai » (59). Toutefois, il reconnaît des cas de plus en plus nombreux où les combinaisons sont constantes dans leurs proportions. Pour les expliquer, il envisage sérieusement d'accepter l'hypothèse de Dalton, dans la mesure où elle est indépendante de la théorie des affinités. Voici le passage par lequel il introduit l'hypothèse atomique dans son exposé :

> « Cependant, il est incontestable qu'il y a plusieurs combinaisons qui sont constantes dans leur composition ... et il est convenable d'examiner si l'hypothèse de Dalton n'est pas la plus propre à rendre raison de ce phénomène, en se bornant à la regarder comme une cause qui souvent n'a aucune influence sensible sur les combinaisons, mais qui quelques fois amène certaines proportions plus stables et indépendamment des autres causes qui ont été indiquées [*Essai de statique chimique*]. » (60)

Mais il se méfie de la séduction exercée par les nouvelles hypothèses. Nous reviendrons plus loin sur son attitude vis-à-vis de celle de Dalton ; s'il est encore bien éloigné de l'adopter, il la juge cependant digne d'être analysée sérieusement.

Il est facile de se rendre compte aujourd'hui que l'hypothèse atomique venait justement compléter la théorie de l'action chimique construite par Berthollet, en donnant, sans la détruire, l'explication des proportions définies qui la tenaient en échec. Berthollet en eut-il le pressentiment ? Il est difficile de répondre à cette question qu'on doit néanmoins se poser.

b) « REVUE DE L'ESSAI DE STATIQUE CHIMIQUE »

Dans ce texte inédit rédigé entre 1814 et 1816 (61), Berthollet revient très longuement sur la question des proportions des éléments dans les combinaisons. Il lui consacre toute une section, entièrement nouvelle par rapport à l'*Essai* et dont le titre est significatif de l'évolution de sa pensée. En effet, la section traitant ce sujet s'intitule dans l'*Essai* : « Des limites de la combinaison » et ici : « Des proportions définies dans les combinaisons ». Elle occupe par ailleurs plus de la moitié de l'exposé resté inachevé (62).

Nous ferons une analyse générale de ce texte dans un prochain chapitre et nous nous limiterons ici à étudier le stade ultime de l'évolution qui nous occupe. Berthollet annonce dès le début de la section qu'il se propose de résumer les nouvelles recherches, discussions et opinions apparues depuis la publication de son *Essai de statique chimique* en précisant :

> « ... je tâcherai d'approcher de la vérité, en donnant à mes premières idées les modifications qu'elles doivent recevoir des observations nouvelle » (63).

La première phrase du développement qui suit est caractéristique de la méthode objective de recherche que Berthollet s'est toujours efforcé de suivre :

> « On doit d'abord fixer son attention, indépendamment de toutes spéculations de théorie, sur les faits que la simple observation présente relativement aux proportions des éléments des combinaisons. » (64)

Mais on doit ajouter que les spéculations théoriques ont une influence sur le choix des faits observés qu'il décrit ensuite. En effet, il expose en premier lieu les observations, exactes, qui montrent des proportions variables dans les combinaisons. Ce sont d'abord les dissolutions sur lesquelles il reprend ce qu'il a publié dans le texte précédent. Puis, il étudie longuement les verres et les alliages qu'il se refuse toujours à considérer, avec certains chimistes, comme des mélanges.

A la suite de ce préambule, il fait une mise au point qui montre une très nette évolution de ses idées :

> « Cependant il est incontestable qu'il existe plusieurs combinaisons qui sont constantes dans leur composition et qu'on ne peut former que dans une certaine proportion de leurs éléments ou, du moins, dans un petit nombre de proportions fixes ; j'avoue que le nombre de ces combinaisons à proportions définies est beaucoup plus étendu que je ne l'ai supposé dans mon ouvrage et que cette propriété ne peut

s'expliquer par les seules causes auxquelles j'ai attribué les limites des combinaisons. Il importe de reconnaître la différence qui existe entre ces deux genres de combinaisons. » (65)

Puis, ayant résumé les principes sur lesquels Proust a établi sa loi des proportions définies, il insiste à nouveau sur un des points fondamentaux de leur opposition, en précisant :

> « Cependant, comme le principe sur lequel M. Proust appuie l'explication de toutes ses observations est l'affinité élective qu'il regarde comme une force constante qui détermine toutes les combinaisons indistinctement, je ne m'arrêterai pas à la soumettre à un nouvel examen. » (66)

Au cours de ce long exposé sur tout ce qui concerne les proportions définies ou non, Berthollet répond directement et très précisément aux critiques que lui ont faites divers chimistes. Il consacre à ce sujet un court chapitre dans lequel nous trouvons le dernier témoignage de son opinion (67). Il s'y défend avec force d'être et d'avoir été opposé aux proportions définies pour les remplacer par des proportions variables de manière continue (68). Pour cela, il rappelle qu'il a été le premier à faire connaître et même à étendre la théorie de Richter sur les combinaisons des sels neutres, fondée justement sur le fait que les sels neutres sont formés avec des proportions fixes de leurs éléments. Puis, revenant sur sa controverse avec Proust, il précise son point de vue :

> « Dans mes discussions avec M. Proust, je n'ai point combattu l'existence des proportions définies, mais seulement le principe appliqué généralement à toutes les combinaisons chimiques, comme je le fais encore, jusqu'à ce qu'on ait montré que l'affinité qui produit les dissolutions n'est pas la même force que celle qui produit les combinaisons à proportions définies. » (69)

Pour riposter à l'accusation « d'avoir combattu l'existence des proportions dans un grand nombre de combinaisons », Berthollet fait appel à Berzelius qui, dans un article des *Annals of Philosophy (70)*, avait écrit :

> « Berthollet lui-même, loin d'avoir dénié la possibilité des proportions chimiques, a beaucoup contribué à prouver leur existence, bien que les nombres résultant de ses expériences analytiques ne soient pas toujours très exacts. » (71)

A la fin de ce petit chapitre d'ultime mise au point, Berthollet vient lui-même justifier ce que nous avons dit concernant son explication théorique des proportions fixes, pour laquelle il semblait gêné et insatisfait de ce qu'il exposait. Ayant en effet énuméré les différentes causes de la fixité des proportions qu'il a énoncées et développées en divers endroits de l'*Essai*, il reconnaît :

> « Mais cette explication est insuffisante ; elle ne peut s'appliquer à un grand nombre de combinaisons qui se forment dans des proportions définies... » (72)

Berthollet ne complète pas l'explication qu'il juge insuffisante ; mais il enchaîne son exposé sur la théorie atomistique de Dalton, ce qui laisse penser que peut-être dans son esprit, sans qu'il le reconnaisse ouvertement, cette théorie était susceptible de donner l'explication qu'il cherchait et que la théorie des affinités était incapable de fournir. Dans la suite, Berthollet présente les théories et systèmes nouveaux construits pour rendre compte de la composition des combinaisons : théorie de Dalton, système des équivalents de Wollaston et système de Berzelius ; il fait à leur sujet des remarques intéressantes que lui ont suggérées ses réflexions critiques. Cette analyse, souvent très profonde, dépasse le simple cadre des proportions définies et de l'opinion personnelle de Berthollet à leur sujet.

CHAPITRE IX

BERTHOLLET ET LES DÉBUTS DE LA THÉORIE ATOMIQUE EN FRANCE

L'*Essai de statique chimique* resta pour toujours le plus long et le plus important travail de Berthollet en chimie théorique. Après sa parution et à la suite des critiques qu'il avait soulevées, Berthollet publia un certain nombre d'articles concernant la mise au point de certaines de ses idées, ou des réponses aux critiques particulières que nous venons d'étudier ; mais aucun d'eux ne constitue une synthèse générale de l'action chimique comme celle qui avait été réalisée dans l'*Essai.* Pourtant celle-ci fut assez vite dépassée.

En premier lieu, parce qu'à la lumière des discussions suscitées par ses conceptions originales des affinités et de leurs conséquences, certaines de ces conceptions elles-mêmes évoluèrent, comme nous venons de le montrer dans les chapitres précédents, principalement dans le dernier. En second lieu, parce qu'il y eut, à l'époque, une floraison de découvertes expérimentales et théoriques qui, pour être intégrées dans le système établi, exigeaient un nouvel examen des principes fondamentaux.

Certaines de ces découvertes furent faites dans le propre laboratoire de Berthollet, par ses élèves. C'est principalement le cas de celles concernant les propriétés des gaz et les lois qu'ils suivent lors de leurs combinaisons, qui furent faites par Gay-Lussac, sur l'instigation de Berthollet (1). Or, les lois de combinaisons volumétriques des gaz, établies par Gay-Lussac en 1808 et publiées en 1809 (2), semblaient mettre en défaut les conclusions tirées de la conception de l'action chimique exposées dans l'*Essai.* Berthollet en tint compte et les commenta dans la « Revue de l'Essai » (3).

Il y eut également la découverte puis l'étude par Davy, suivi immédiatement par Gay-Lussac et Thénard, du sodium et du potassium. La nature et les propriétés de ces nouveaux corps posaient quelques problèmes. Ces deux substances étaient-elles des corps simples analogues à des métaux, comme le soutenait Davy, ou étaient-elles des composés à base d'hydrogène comme le pensaient, au début de leurs études, Gay-Lussac et Thénard (4) ? D'autre part, le fait que ces deux corps donnaient, par combinaison avec l'oxygène, des oxydes conduisant à la soude et à la potasse, reposait le problème de la composition de l'ammoniaque établie dès 1785 par Berthollet. L'ammoniaque, dont les propriétés sont si semblables à celles de la soude et de la potasse, n'était-elle pas, elle aussi, formée à partir d'oxygène et d'un corps analogue au sodium et au potassium ? Berthollet reprit la question ; il fit faire à son fils de nouvelles analyses qui conduisirent aux mêmes résultats que ceux de 1785 , le gaz ammoniac ne contient pas d'oxygène mais de l'azote et de l'hydrogène dans des proportions identiques à celles trouvées en 1785 (5). Ce travail est à souligner, car il décrit bien la personnalité scientifique de Berthollet qui ne refusait pas de réexaminer ses propres résultats et parfois ses propres idées, quand ils étaient controversés sur une base sérieuse.

On fit aussi de nombreuses analyses de sels ; justement de ceux pour lesquels Berthollet pensait que les proportions des éléments constituants variaient de manière continue : les oxalates (6), les phosphates et les carbonates. De même les oxydes et les sulfures, objets principaux des discussions avec Proust, furent à nouveau soumis à des analyses précises (7). Il devint ainsi de mieux en mieux établi par des observations très sérieuses, que les proportions des éléments dans la plupart des composés sont fixes et que, s'il existe plusieurs composés formés des mêmes éléments, les degrés intermédiaires n'existent pas. Berthollet, nous venons de le voir dans le chapitre précédent, chercha honnêtement à interpréter tous ces nouveaux résultats par sa théorie générale, qu'il transforma seulement un peu dans les nuances et non dans le fond, ce qui n'était pas utile ; mais ses tentatives échouèrent.

Dans l'énumération des principales découvertes apparues après la publication de l'*Essai,* il faut encore mentionner le développement de l'étude des phénomènes électriques. Berthollet avait à peine abordé ce sujet dans l'*Essai* ; à l'époque, on n'avait pas encore dégagé toutes les possibilités chimiques du fluide électrique. Avec les célèbres expériences de Davy, la question prenait une nouvelle ampleur ; Berthollet ne pouvait la négliger.

Mais il y eut surtout, à côté de ces découvertes expérimentales et de leurs conséquences limitées aux théories particulières, l'apparition de la théorie atomique qui, elle, se posait en théorie générale plus qu'en théorie particulière. Pour Berthollet, elle avait une importance spéciale et ceci à un double point de vue. Tout d'abord, en interprétant les combinaisons chimiques à partir de l'union de particules, elle était dans la même ligne de pensée que sa théorie générale qui, elle aussi, partait de la même hypothèse. Mais ensuite, en affirmant que ces particules ou atomes ne pouvaient s'unir que selon des nombres fixes pour deux substances déterminées, elle conduisait à la loi des proportions définies que Berthollet n'avait pas encore pu admettre dans sa généralité ; la théorie atomique de Dalton, elle, en faisait une loi générale. Il était donc impossible que Berthollet ne fût pas très intéressé par cette théorie nouvelle ; elle pouvait en effet, si elle s'avérait juste et féconde, compléter la sienne où, peut-être aussi, le croyait-il, la contredire.

C'est sans aucun doute pour toutes ces raisons, nées des progrès scientifiques réalisés depuis la parution de son *Essai de statique chimique*, que Berthollet publia en 1809 un exposé où il rendait compte des nouvelles découvertes et où il donnait son opinion sur les récents développements théoriques, principalement ceux concernant les atomes. Le texte en question est la longue Introduction qui présentait au public français la traduction d'un ouvrage du chimiste anglais Thomas Thomson, son *System of Chemistry (8).*

1. RÔLE DE BERTHOLLET DANS LA DIFFUSION DE LA THÉORIE ATOMIQUE (9)

C'est en grande partie grâce à Berthollet que les idées de Dalton furent connues en France et même en Europe occidentale à une époque où les communications avec l'Angleterre restaient particulièrement difficiles.

L'ouvrage où Dalton développe sa théorie parut en juin 1808 (10) ; dès le mois d'août, Berthollet l'avait reçu (11) ; mais il ne le fit pas traduire en français. Cependant, Dalton avait exposé ses idées dès 1803 dans divers mémoires (12) et Thomas Thomson dans une réédition de son *System of Chemistry* publié en 1807 les utilisait largement. Cet auteur avait tenu à envoyer lui-même son ouvrage à Berthollet (13) qui entreprit immédiatement de le faire connaître en France. Selon son propre témoignage (14), il avait envisagé de faire lui-même la traduction mais, la tâche étant trop lourde, il la confia rapidement à H.J. Riffault des Hêtres (15) et se chargea de corriger les épreuves. Il fut d'ailleurs quelque peu déçu du travail de son collaborateur (16).

Malgré l'imperfection de la traduction, celle-ci parut en 9 volumes en 1809 (17), précédée de la longue introduction de Berthollet présentant au public français les points les plus importants des découvertes récentes réalisées en Angleterre et même en France. La plus intéressante de celles-ci était sans nul doute la théorie atomique sur laquelle il insista particulièrement. C'est par ce texte que les idées de Dalton commencèrent à être connues du monde scientifique français et francophone. Ainsi, au début de 1811, Berzelius demandait à Berthollet de lui envoyer un exemplaire de la traduction française du *Système de chimie* de Thomson, dans laquelle il venait d'apprendre qu'on trouvait « un aperçu du système de M. Dalton » car, disait-il :

> « Je souhaiterais d'avoir connaissance des idées de M. Dalton ... M. Davy à qui j'avais demandé si l'on connaissait encore quelque chose de son système me répondit ... qu'il me procurerait son ouvrage dès qu'il serait publié. Mais il y a ... plus de deux ans que je n'ai pu avoir de communication avec M. Davy. » (18)

Berthollet répondit le 4 avril 1811 avec sa franchise habituelle :

> « Avant de vous envoyer la traduction de Thomson en 9 volumes, qui a été faite par Riffault, j'ai cru devoir vous prévenir que cette traduction est peu correcte, ensuite que si vous pouvez vous procurer la quatrième édition qui vient de paraître à Londres ... je vous conseille de le faire. » (19)

En 1812, Berthollet participa encore, mais de manière moins directe, à la diffusion des idées de Dalton en France. Ce fut à l'occasion de la publication d'une traduction d'un autre ouvrage anglais contenant un résumé et d'importantes applications de la théorie atomique : la sixième édition des *Elements of experimental chemistry* de William Henry. Le jeune traducteur, H.F. Gaultier de Claubry, explique dans son introduction qu'il a vivement été encouragé par Berthollet dans son entreprise qui reçut de plus le patronage de cet illustre savant (20).

2. L'INTRODUCTION DE 1809

Réalisée dans le but de permettre une meilleure compréhension du traité de Thomson, l'Introduction au *Système de chimie* constitue en réalité un petit ouvrage indépendant de 170 pages donnant une mise au point très personnelle de l'état des connaissances chimiques en 1808-1809. On doit y voir un préambule à une nouvelle édition de l'*Essai de statique chimique (21)*. Nous avons déjà analysé ce qui, dans ce texte, se rapporte au sujet des proportions des éléments dans les combinaisons ; nous l'étudierons ici d'une manière plus générale. Il ne comporte aucune subdivision, néanmoins nous y relèverons cinq grands thèmes qui se suivent dans un ordre assez régulier, l'ensemble étant par ailleurs dominé par la théorie atomique.

a) LES FONDEMENTS DE LA PHILOSOPHIE CHIMIQUE

On les trouve au début de l'exposé. Berthollet affirme à nouveau sa prudence vis-à-vis des hypothèses et des théories nouvelles. Après avoir annoncé que l'auteur de l'ouvrage qu'il présente a fait amplement usage des nouvelles hypothèses, il ajoute :

> « Cependant, on ne doit pas s'attendre à partager toujours les opinions de l'auteur, quelque bien établies qu'elles soient en général. Une partie des connaissances chimiques est appuyée sur des faits qui sont en trop petit nombre, ou qui ne portent pas encore le caractère d'une exactitude assez grande, ou qui dérivent de causes trop compliquées pour qu'on puisse se mettre à l'abri de toute discussion. » (22)

Il précise encore :

> « Il est même des hypothèses qui ne sortiront pas de l'ordre des conjectures et dont on doit se contenter d'assigner les possibilités...»,

en considérant que c'est le cas de

> « ... celles qui ont pour objet les fluides impondérables dont on suppose l'existence pour rendre compte de plusieurs phénomènes. » (23)

Il faut sans doute entendre par cette expression, le fluide électrique, sujet de bien des hypothèses pour expliquer son action en chimie.

La critique de Berthollet n'est cependant pas destructive car, après sa mise en garde, il ajoute :

> « L'essentiel, pour lors, est de bien observer les effets qu'on attribue à leur action et de bien établir les lois auxquelles cette action est soumise. »

Nous retrouvons toujours la même affirmation que l'observation est la première des démarches que doit suivre le chimiste.

Berthollet ajoute encore :

> « Mais il faut distinguer les vérités qui sont bien établies par l'expérience et qui composent par leur réunion, le tronc de la science, de ses rameaux flottants jusqu'à ce qu'ils aient pu acquérir assez de vigueur ; et il faut exclure comme parasites ces expériences indigestes, ces hypothèses irréfléchies qui pullulent malheureusement, mais qui tombent bientôt dans l'oubli. » (24)

Et il termine par cette phrase qui est une véritable profession de foi en la science qu'il a servie depuis si longtemps :

> « La chimie a un attrait qui lui est propre parce que non seulement elle donne la clef de l'explication des phénomènes naturels, mais qu'elle produit des substances, des propriétés, des phénomènes nouveaux, qu'elle en fait des applications utiles ou brillantes ; et que ses créations deviennent elles-mêmes des instruments de découvertes ultérieures. » (25)

b) LE RÔLE DES ATTRACTIONS PARTICULAIRES

Après ces réflexions générales où l'on trouve la réaffirmation de quelques-uns de ses principes de philosophie chimique, Berthollet annonce le but qu'il s'est fixé en rédigeant cette préface :

> « Je vais donner une esquisse des acquisitions que la science a faites depuis que l'original est imprimé » (26)

On retrouve cette même affirmation dans les lettres qu'il écrivit à Charles Blagden et à Berzelius pour leur annoncer la parution de l'ouvrage (27).

Le résumé des nouvelles découvertes commence par une assez longue étude des phénomènes capillaires, dont les lois venaient d'être établies par Laplace. Berthollet explique pourquoi il attache personnellement une grande importance à ces phénomènes qui sortent du cadre de la chimie :

> « La force attractive qui produit les phénomènes capillaires est la véritable source des affinités chimiques ; mais dans les premiers elle ne paraît que par ses différences... au lieu que dans les affinités chimiques, c'est l'attraction propre, en quelque sorte individuelle des particules qui agit directement avec toute son énergie, et sans modification. » (28) (29)

Il pense donc que la connaissance des lois relatives à ces phénomènes dans lesquels interviennent les mêmes forces que dans les réactions chimiques, mais de manière simple, doit apporter des éclaircissements sur les lois suivies par les affinités chimiques. Son exposé sur ce sujet ressemble beaucoup à celui que nous retrouverons dans la « Revue de l'Essai » (30). On reconnaît la préoccupation principale de Berthollet : rechercher la nature des attractions chimiques et les lois auxquelles elles obéissent ; il essaie ici de les dégager en utilisant celles qui viennent d'être établies mathématiquement pour des phénomènes similaires.

c) EXPOSÉ DE LA THÉORIE ATOMIQUE ET RÉFLEXIONS CRITIQUES A SON SUJET

Dans la présentation des nouvelles acquisitions de la science, la théorie atomique apparaît très tôt ; Berthollet l'introduit ainsi :

> « On trouvera dans cet ouvrage une exposition élégante d'une hypothèse ingénieuse de Dalton par laquelle il explique les proportions constantes que l'on observe dans les éléments de quelques combinaisons. » (31)

Il faut remarquer le terme « hypothèse ingénieuse » qui rappelle celui de « système ingénieux » employé par Berthollet en 1781 (32) pour désigner l'hypothèse antiphlogistique de Lavoisier. Le rapprochement des termes nous permet d'établir dès maintenant une analogie entre les attitudes que Berthollet eut, l'une au début de sa carière, l'autre à la fin, vis-à-vis de deux hypothèses fondamentales qui venaient révolutionner les systèmes chimiques établis et exigeaient, de la part des théoriciens, une véritable reconversion de leur pensée. Dans le second cas, la vieillesse vint interrompre une évolution qui aurait peut-être abouti à une acceptation.

Berthollet donne, de l'hypothèse de Dalton qui, ainsi que nous l'avons expliqué plus haut, devait particulièrement l'intéresser, un résumé montrant qu'il en avait une connaissance puisée aux meilleures sources :

> « Selon Dalton, les éléments des corps sont disposés à s'unir atomes à atomes, et si l'un des éléments est en excès, cet excès suit un rapport qui doit être exprimé par quelques multiples simples du nombre de ces atomes... » (33)

Il poursuit par cette phrase, particulièrement significative de son attitude envers les hypothèses en général :

> « Cette hypothèse donne l'explication d'un phénomêne dont la cause a été jusqu'ici très obscure ; mais plus elle est séduisante, plus elle exige qu'on la soumette à un examen attentif. » (34)

Ainsi, Berthollet a très bien reconnu que l'hypothèse de Dalton apporte la justification, que sa propre théorie des affinités est incapable de donner, du fait indéniable que certaines combinaisons se font en proportions fixes. Mais immédiatement après l'avoir admis, il met en garde contre une séduction trop facile et exige un examen critique approfondi, preuve qu'il juge la nouvelle hypothèse digne de valeur. Il se promet donc de l'éprouver scrupuleusement, sans aucun doute comme il l'avait fait pour la théorie de Lavoisier. Son examen commence immédiatement et les critiques qu'il oppose à la théorie de Dalton sont de deux ordres.

Le premier reproche qu'il lui adresse est lié à la question des proportions définies. La théorie de Dalton conduit à faire de la fixité des proportions des éléments dans les combinaisons une loi générale ; or Berthollet se pose encore le problème de savoir si toutes les combinaisons sont à composition constante.

> « Il convient de considérer d'abord si c'est une propriété générale que les combinaisons ne varient que par un rapport multiple des éléments qui les composent, si on peut la considérer comme une loi à laquelle soient soumises toutes les combinaisons. » (35)

Il évoque plusieurs arguments qui semblent s'opposer à une réponse positive. Tout d'abord, il refuse toujours de faire une différence entre dissolution et réaction chimique :

> « J'observerai premièrement qu'on ne peut point supposer, pour soutenir cette hypothèse, une différence réelle entre la dissolution et la combinaison... » (36),

et donne comme exemple de composés dans lesquels on doit reconnaître une variation continue des proportions des éléments constituants, les verres et les alliages (37). Il trouve même que certains sels présentent des variations analogues :

> « Plusieurs faits mêmes dont on se sert pour appuyer l'hypothèse nouvelle n'ont point la constance que l'on admet. Ainsi le sulfate acidule de potasse n'est pas composé de proportions déterminées, comme on le suppose. Je viens de [le] vérifier... » (38)

Il reconnaît néanmoins des arguments en faveur de la loi des proportions fixes :

> « Cependant, il est incontestable qu'il y a plusieurs combinaisons qui sont constantes dans leur composition ... » (39)

Et c'est pour cela qu'il admet que l'hypothèse de Dalton s'impose à la raison du chimiste :

> « ... et il est convenable d'examiner si l'hypothèse de Dalton n'est pas la plus propre à rendre raison de ce phénomène... »

avec cette condition restrictive :

> « ... en se bornant à la regarder comme une cause qui souvent n'a aucune influence sensible sur les combinaisons, mais qui quelquefois, amène certaines proportions plus stables et quelquefois les détermine d'une manière absolue indépendamment des autres causes qui ont été indiquées [Cf.*Essai de statique chimique*,I]. » (40)

C'est en effet à la seule condition que la théorie atomique soit indépendante de la théorie des affinités qu'il a établie, que Berthollet pourra l'admettre. Dans ce cas, elles pourront se compléter harmonieusement toutes deux, la première interprétant les faits qui échappent à la seconde. Mais, pour arriver à cette conclusion, Berthollet devra se livrer à un examen très attentif et très scrupuleux. Pour l'instant, il se contente de poser la question et d'engager la discussion ; car il trouve encore un autre reproche à adresser à la théorie de Dalton.

Sa seconde critique concerne le manque de base expérimentale de plusieurs conclusions de Dalton. Il dénonce comme trop hâtives et peu fondées sur l'observation, les déterminations des densités et des formes des atomes, ainsi que de leurs nombres unis dans les combinaisons.

Berthollet termine son exposé critique par deux réflexions : la première est dans la ligne des préoccupations annoncées dans l'*Essai* :

> « Il faudrait, pour porter un jugement sur l'hypothèse ingénieuse de Dalton, une discussion beaucoup plus approfondie ; je ne me permets ces réflexions que pour engager à une attention circonspecte. »

La seconde est dans la tradition héritée de Lavoisier :

> « J'avoue qu'il me paraît qu'on suit une route plus sûre en portant une grande exactitude dans l'expérience, en cherchant les moyens de la multiplier et d'en évaluer toutes les circonstances, en se livrant à des analyses rigoureuses, et en tirant ses conséquences générales immédiatement des faits... qu'en se livrant à des spéculations hypothétiques sur le nombre, l'arrangement et la figure des molécules qui échappent à toute expérience. » (41)

L'analyse des qualités et des défauts que Berthollet reconnaît à la théorie de Dalton se poursuivit dans quelques études ultérieures ; dans le texte inédit de 1815, ses critiques, à la lumière des commentaires de Thomson, de Wollaston et de Berzelius, se sont fixées sur des points bien précis (42).

d) RÉCENTES DÉCOUVERTES EXPÉRIMENTALES ET LEUR INTERPRÉTATION

A côté des grands sujets de théorie générale qui viennent d'être étudiés, Berthollet présente de nombreuses découvertes expérimentales et développe les problèmes qu'elles ont posés. Il se montre là très au courant de tout ce qui se faisait dans le monde chimiste, en France comme à l'étranger ; nous ferons un rapide résume de cette partie de l'exposé qui montrera tout l'intérêt que Berthollet portait aux différents sujets touchant la chimie.

Il mentionne les travaux réalisés par ses disciples dans son laboratoire d'Arcueil : ceux de Malus, de Biot et Arago en optique (45), puis ceux de Gay-Lussac concernant les propriétés des gaz (44) ; enfin ceux de Thénard sur les analyses de plusieurs substances, parmi lesquelles les éthers (45). Il rappelle aussi les expériences de Th. de Saussure sur la composition de l'alcool et de l'éther (46) ; les analyses nombreuses faites par Proust, sur les prussiates, les composés de nickel et de cobalt, la blende (47). Il rapporte également le tableau des connaissances météorologiques, tracé par Thomson lui-même (48).

Enfin, la dernière partie de l'exposé (49) est consacrée à l'étude de l'action chimique de l'électricité, domaine dont les chimistes venaient de découvrir, à la suite de Davy, la grande étendue. Il insiste particulièrement sur la découverte du sodium et du potassium, par Davy ; puis, sur l'étude simultanée de ces deux métaux par Davy, d'une part, Gay-Lussac et Thénard, de l'autre (50). Il précise à ce sujet :

> « Il est naturel que Thénard et Gay-Lussac, ne connaissant les travaux de Davy que par une annonce concise aient fait plusieurs observations semblables aux siennes. » (51).

Aussi Berthollet, présentant les résultats de ses amis, ne rapporte-t-il que ceux qui leur sont personnels ou ceux qui sont différents des résultats établis par le savant anglais. Une opposition particulière était apparue à propos de la nature des deux nouvelles substances, qui semblait pouvoir s'interpréter à partir de deux hypothèses différentes. La première, soutenue par Davy, était que le sodium et le potassium sont deux corps simples analogues aux métaux ;

la soude et la potasse étant les oxydes. La seconde hypothèse, à laquelle Gay-Lussac et Thénard s'arrêtèrent pendant quelque temps, considérait les nouvelles substances comme des combinaisons formées de soude, ou de potasse, avec l'hydrogène ; c'est-à-dire des hydrures de soude ou de potasse, n'ayant que l'apparence des métaux. Ils appuyaient leur opinion sur les phénomènes particuliers qu'ils avaient observés en faisant agir ces substances sur l'ammoniaque, mais ils reconnaissaient que la première hypothèse présentait, elle aussi beaucoup plus de vraisemblance (52). Berthollet expose les deux points de vue avec leurs arguments respectifs (53).

Cependant son opinion personnelle est en faveur de la seconde hypothèse car, à la suite de quelques observations et d'une nouvelle explication de la composition de l'ammoniaque (54), il déclare que ce sont là :

> « ... des considérations qui concourent à confirmer que le potasse et le soude (55) ne sont pas des métaux, mais des hydrures d'alcali. » (56)

Sans quitter le domaine de l'électrochimie, Berthollet revient à la fin de son exposé sur des considérations de théorie générale, en critiquant avec force les idées exprimées par Davy dans un de ses derniers mémoires. Ayant trouvé, au cours de ses nombreuses expériences, des substances formées de particules électrisées les unes positivement les autres négativement, le savant anglais généralisait le fait. Berthollet, qui avait traduit le mémoire pour les *Annales de chimie (57),* résume ainsi l'idée de Davy :

> « Il est porté à croire que l'affinité n'est autre chose qu'une disposition électrique opposée, et il appuie cette vue de plusieurs considérations ingénieuses » (58),

et fait remarquer avec beaucoup de justesse :

> « L'expérience fait voir qu'il existe entre les molécules de la matière une espèce d'attraction que l'on désigne par le nom d'affinité, et en vertu de laquelle elles forment toutes les combinaisons, quelle qu'en soit la cause ; cette force produit la cohésion, or on ne peut supposer que dans un corps composé de molécules identiques, une moitié des molécules soit douée d'une électricité et l'autre moitié d'une électricité opposée. » (59)

Il reconnaît qu'avec l'électricité :

> « On a découvert des forces qui peuvent surmonter l'affinité ou la rendre plus active. C'est une acquisiton précieuse que nous avons faite, mais elle ne détruit pas les résultats de l'observation ; elle a multiplié les faits ; elle a déjà fait connaître la cause de quelques phénomènes dont l'explication était incertaine ou incomplète... elle devient un instrument puissant pour les découvertes ultérieures ; mais elle ne porte pas plus atteinte aux principes de la science, que l'action si féconde de l'affinité n'en a porté aux lois mécaniques... » (60)

Car Berthollet s'oppose avec force à une idée exprimée par Davy selon laquelle la découverte des nouveaux phénomènes pourrait détruire la théorie de Lavoisier, tout comme cette dernière a détruit celle de Stahl (61). C'est pourquoi il réaffirme la valeur des principes fondamentaux sur lesquels Lavoisier a construit la nouvelle chimie. Il se montre encore une fois fidèle à la méthode de recherche héritée de son illustre aîné, fondée sur l'observation avant tout. Il rappelle en effet :

> « Lavoisier s'appuya sur ces maximes (Élém. de chim. Disc. prélim.) qu'on ne doit rien conclure au-delà de ce que les expériences présentent. » (62)

Et plus loin souligne :

> « Il me semble qu'on ne peut s'écarter de la route qu'a suivie Lavoisier, sans s'exposer à s'égarer dans des hypothèses arbitraires. On peut découvrir des causes nouvelles qui détruisent ou qui favorisent l'action de l'affinité ... on peut pousser à une plus grande perfection les analyses des différentes substances, mais il faudra toujours s'arrêter aux limites fixées par l'expérience. » (63)

On doit regretter que ces maximes très sages soient appliquées à défendre l'hypothèse que le potassium et le sodium sont des hydrures ; ce que Berthollet reprend à la fin de son exposé.

CHAPITRE X

LE PROJET DE SECONDE ÉDITION DE L'ESSAI DE STATIQUE CHIMIQUE

Après la publication de la longue préface que nous venons d'analyser, on pouvait naturellement penser que Berthollet allait à son tour, comme Thomson venait de le faire avec son *Système de chimie,* entreprendre une nouvelle édition de son *Essai de statique chimique,* mise au point à la lumière des nouvelles découvertes. Les contemporains le crurent et attendirent sa parution (1), mais la nouvelle édition ne vint jamais. Ceux qui ne connaissaient pas Berthollet pensèrent que ce dernier avait craint de voir s'effondrer sa théorie lors de sa confrontation avec la théorie atomique ; on trouve encore cette opinion chez certains historiens actuels.

En réalité, ce sont des circonstances d'abord familiales avec le dramatique suicide de son fils, puis nationales avec les pénibles événements marquant la chute de l'Empire, qui retardèrent le projet de Berthollet et, finalement, l'empêchèrent d'aboutir. Nous avons exposé dans la partie biographique les détails concernant toutes ces perturbations dont Berthollet fut victime au moment où il était prêt à réaliser une seconde édition de son *Essai.*

Cependant, malgré les ennuis qui venaient souvent troubler sa tranquillité, Berthollet put commencer à exécuter son projet. Il y travailla avec ardeur entre l'automne 1814 et le printemps 1816 (2). Le manuscrit qu'il avait rédigé à la fin de cette période a été récemment retrouvé ; nous avons présenté ce texte dans un travail antérieur (3). Sans entrer dans les détails que nous avons précisés dans les notes qui accompagnent ce texte (4), nous donnerons ici une analyse d'ensemble de ce dernier exposé sur les théories chimiques rédigé par Berthollet. Nous essayerons, en relevant les idées générales qui y sont exprimées, de bien dégager le stade ultime de sa pensée à propos des grandes questions qui le préoccupaient : mécanisme d'une réaction, lois suivies par les affinités, proportions des éléments dans les combinaisons.

L'ouvrage est construit sur le même plan que l'*Essai* dont certains chapitres sont repris sous le même titre et parfois simplement mis au point en tenant compte des discussions engagées depuis 1803 (5). Mais nous trouvons aussi des chapitres entièrement nouveaux ; ce sont ceux qui traitent de découvertes apparues après la plublication de l'*Essai* et étrangères à la théorie générale de l'action chimique basée sur les affinités ; c'est-à-dire la théorie de Dalton et les systèmes qui en dérivent : celui des équivalents chimiques de Wollaston et celui de Berzelius.

Par ailleurs, certains passages de l'*Essai* qui décrivent les propriétés de plusieurs substances et qui, pour cela, figurent dans sa deuxième partie, sont repris dans la « Revue de l'Essai », au niveau des principes généraux, pour illustrer une loi ou appuyer une critique (6).

Le manuscrit de Berthollet concernant la seconde édition de son *Essai de statique chimique* est resté très inachevé. En effet, le texte que nous analysons et qui se présente sous une forme nettement élaborée, sans doute une version quasi définitive, ne reprend que la Première partie de l'*Essai (7)* et encore d'une manière incomplète. L'exposé qui nous est parvenu ne comporte que trois sections correspondant, sur les cinq qui formaient cette Première partie, aux sections 1, 2 et 5. Il est probable que la quatrième, qui a pour objet l'étude des gaz, aurait effectivement disparu du texte final car les sujets traités séparément dans cette section se trouvent intégrés dans d'autres passages de la « Revue de l'Essai ». Quant à la troisième, consacrée au calorique, nous avons retrouvé dans les manuscrits qui accompagnent ceux que nous avons reproduit, une ébauche à l'état de brouillon d'un « troisième chapitre » sur l'action chimique de la lumière (8). Il semble donc que Berthollet travaillait à la mise au point de cette section puisque, son troisième chapitre, dans l'*Essai,* est justement consacré à ce sujet (9).

Avant d'examiner la construction de la « Revue de l'Essai » et d'analyser les idées générales qui s'y trouvent exposées, nous soulignerons à nouveau, comme nous l'avons fait à propos des textes publiés après la parution de l'*Essai,* que les idées de Berthollet sur les affinités proprement dites, c'est-à-dire les attractions entre particules, se sont peu modifiées. Elles se sont simplement enrichies, en particulier à la suite des connaissances nouvelles acquises sur les phénomènes capillaires dont Laplace a développé la théorie mathématique à partir de 1806 (10). En revanche, la pensée de Berthollet a beaucoup évolué sur la question des proportions des éléments dans les combinaisons ; c'est sur ce point que nous trouverons dans la « Revue de l'Essai » les chapitres les plus nettement originaux, différents, dans leur structure et leur contenu, de ceux de l'*Essai.*

ANALYSE GÉNÉRALE

1. INTRODUCTION

Le manuscrit débute par une introduction beaucoup plus courte que celle de l'*Essai (11)* et qui, pour cette raison sans doute, ne porte pas de titre. Sous une forme condensée, Berthollet y expose trois idées fondamentales. Équivalant à une signature (12), la première phrase expose le but poursuivi par son auteur dans les pages qui suivent. Il s'agit de reprendre les principes établis dans l'*Essai de statique chimique* et de les confronter avec« les immenses progrès » accomplis par la science depuis 1803. Berthollet exprime ensuite, d'une manière très concise, l'essentiel de sa conception de la réaction chimique à partir des attractions réciproques entre les particules des éléments qui se combinent. Enfin, il réaffirme le principe fondamental de toute sa philosophie chimique qu'il énonçait déjà dès ses premiers mémoires, au temps de la querelle antiphlogistique (13) : les théories doivent chercher à expliquer les faits, à remonter à leurs causes premières, mais ne doivent pas les « dépasser par des hypothèses » (14).

2. PREMIÈRE SECTION : LES PRINCIPES GÉNÉRAUX (15)

Cette première section est consacrée aux principes les plus généraux de la théorie de l'action chimique. Son titre général (16) exprime très bien l'idée fondamentale de Berthollet : « De l'action chimique dérivée de l'attraction moléculaire ». Il est à noter que la première section de l'*Essai* qui traitait du même sujet portait un titre général un peu différent : « De l'action chimique des solides et des liquides ». Ce fait s'explique au départ car l'étude des gaz était groupée dans la quatrième section de l'*Essai,* alors qu'ici, en revanche, l'auteur inclut l'action chimique des gaz dans le cadre général de l'attraction moléculaire, remarquant simplement que pour eux :

> « ... les molécules se trouvent déjà à une assez grande distance pour que ni l'influence de leur figure, ni leur attraction réciproque n'ayent plus d'effet sensible... » (17)

Comme dans l'*Essai,* cette section comprend quatre chapitres mais ceux-ci se trouvent dans un ordre différent et dans une rédaction nouvelle.

Ainsi le premier, intitulé « De l'attraction moléculaire », est entièrement nouveau. Berthollet y expose la nature des interactions moléculaires d'une manière plus générale que dans l'*Essai,* en faisant intervenir les résultats récents obtenus dans la théorie des tubes capillaires et en traitant ensemble les trois états physiques : solide, liquide, gazeux.

Le second chapitre reprend le titre du premier chapitre de l'*Essai,* « De la force de cohésion », mais sa rédaction est entièrement nouvelle. Berthollet, répondant ainsi aux critiques qui lui ont été opposées principalement par Pfaff et par H. Davy, réaffirme son idée que les forces qui provoquent, au sein d'un liquide, l'apparition d'un solide ou d'un gaz, existent déjà et commencent à agir avant même que la forme solide ou gazeuse soit formée (19). A ce sujet, il insiste plus que dans l'*Essai* sur l'influence de la forme des molécules solides qui se forment (19).

Le troisième chapitre suit de très près le deuxième de l'*Essai* dont il porte le titre : « De la dissolution » (20). Berthollet y réaffirme en particulier, avec une remarquable constance, qu'il refuse de faire une différence entre dissolution et réaction chimique, les deux phénomènes faisant intervenir des forces de même nature. L'intérêt de l'étude de la dissolution est que, dans ce cas, elles sont moins nombreuses, moins complexes et donnent donc des résultats plus simples à analyser. Il répond à nouveau aux critiques opposées à cette opinion :

> « Les chimistes qui veulent établir une distinction entre la dissolution et la combinaison chimique, devraient assigner la différence qui existe entre l'affinité qui est la cause de la dissolution et celle qui produit la combinaison... » (21)

Plusieurs passages de l'*Essai* sont repris, mais sous une forme en général plus condensée, ce qui indique une nouvelle rédaction du chapitre.

Nous ferons la même remarque au sujet du quatrième chapitre de cette première section, qui correspond exactement à celui de l'*Essai* avec le même titre : « De la combinaison » (22). Berthollet y reprend ses idées générales sur la nature complexe des affinités chimiques (29). Pour les illustrer, il a cependant choisi des exemples nouveaux (23) avec l'acide fluoborique, principalement étudié par Gay-Lussac et Thénard, et les acides iodique et iodhydrique, étudiés par Gay-Lussac (24) .

3. DEUXIEME SECTION : LA THÉORIE DES AFFINITÉS (25)

a) RÉAFFIRMATION DES IDÉES DE L'*ESSAI*

Comme dans l'*Essai*, cette section traite des propriétés des acides, des bases et des sels (26). Ce sont en effet les réactions mutuelles des acides et des bases ou de chacun de ces corps sur les sels, qui sont la base expérimentale des connaissances sur les affinités. Berthollet exprime très bien le fait dès le début de la section (27).

Le premier chapitre est consacré aux réactions de neutralisation des acides et des bases (28). Plusieurs passages de l'*Essai* se retrouvent ici (29). Berthollet reprend les notions de capacité de saturation et de masse chimique (30). Il donne de cette dernière une définition identique, à un mot près, à celle de l'*Essai* :

> « J'ai désigné par le nom de masse chimique cette faculté de produire une saturation, cette puissance qui se compose de la quantité pondérale d'un acide et de sa capacité de saturation. » (31)

L'expression « capacité de saturation » employée dans l'*Essai* est ici remplacée par le terme « affinité ». Cette différence s'explique par la remarque faite depuis la publication de l'*Essai* et selon laquelle la capacité de saturation que Berthollet considérait alors comme la mesure de l'affinité n'est pas exactement la mesure absolue de cette grandeur (32) ; elle ne l'est que si le milieu réactionnel reste liquide. S'il apparaît un précipité, ou si une combinaison cristallise à la suite d'un changement de température, une autre force vient s'ajouter aux interactions entre l'acide et la base. Il n'y a plus alors de correspondance entre l'affinité et la capacité de saturation. Berthollet fait suivre cette remarque d'une longue analyse des cristallisations de plusieurs sels, qui n'apporte pas d'éclaircissements sur cette question si délicate.

b) NOUVELLE RÉFUTATION DE LA THÉORIE DES AFFINITÉS ÉLECTIVES

Dans les cinq chapitres suivants, Berthollet revient sur la réfutation des affinités électives (33), en utilisant toujours la même méthode: après avoir exposé différentes observations, il explique celles-ci par sa théorie personnelle et conclut que la théorie de Bergman conduit à une interprétation inexacte. Ni ses arguments, ni sa théorie n'ont changé : il s'appuie toujours sur les mêmes réactions, d'une part celles où une base est mise en concurrence avec deux acides, d'autre part celle où une substance précipite.

Les premières de ces réactions sont principalement étudiées dans le deuxième chapitre, sous le titre : « De l'action d'un acide sur une combinaison neutre » (34), identique au chapitre correspondant de l'*Essai,* dont il reprend de nombreux passages . Berthollet remplace toujours le principe d'échange total de la base entre les deux acides par celui de partage de la base entre les deux acides dont on oppose ainsi l'action. Pour cela, il réaffirme ce qu'il a déjà exprimé dans ses trois exposés principaux sur les affinités (35). Les seules nouveautés de celui-ci concernent quelques exemples choisis pour illustrer ses affirmations (36).

Les deuxièmes réactions, dont l'interprétation conduit Berthollet à réfuter les affinités électives, sont étudiées dans le troisième chapitre : « Des précipités par les acides et les alcalis » (37), portant le même titre que son équivalent dans l'*Essai.* A la différence du précédent, sa rédaction est nouvelle ; néanmoins les idées qu'il contient sont toujours les mêmes depuis le premier exposé sur les affinités. Berthollet énonce à nouveau, mais sous une forme différente, ce que nous appelons « les règles de Berthollet » (38).

Dans l'explication des réactions mutuelles de plusieurs solutions salines qui font l'objet du quatrième chapitre : « De l'action réciproque des combinaisons neutres » (39), Berthollet fait intervenir les deux interprétations, par le principe de partage et par l'insolubilité. Comme pour le troisième chapitre, celui-ci porte le même titre que son correspondant de l'*Essai* et commence par une phrase identique, mais la suite est d'une rédaction originale. Berthollet appuie en effet ses interprétations sur des expériences nouvelles concernant les oxalates qu'il a lui-même demandées à l'un de ses jeunes assistants d'Arcueil, J.-E. Bérard (40).

Il étudie ensuite une autre série de réactions qui reçoivent les mêmes interprétations dans un chapitre intitulé: « De l'action réciproque des sels insolubles et des sels solubles » (41). Contrairement aux autres chapitres, celui-ci, le cinquième de la section II, n'a pas d'équivalent dans l'*Essai* ; ceci n'est pas étonnant puisqu'on y trouve un commentaire critique d'un travail de Dulong réalisé en 1811 (42). Comme il l'avait fait avec Bérard pour l'étude des oxalates, Berthollet avait demandé à Dulong de faire ces recherches. La qualité du travail réalisé par le jeune homme engagea son patron à faire une analyse détaillée de son mémoire. Les résultats de ce travail confirmant ses idées, il en cite de longs passages et conclut :

> « Ces décompositions ne peuvent pas plus se concilier avec l'affinité élective considérée comme une force constante, que les phénomènes qui ont été analysés jusqu'ici. » (43)

Berthollet donne enfin un troisième exemple de réactions nouvellement découvertes, qui vérifient sa théorie des affinités en recevant d'elle une interprétation satisfaisante. Ce sont les réactions de saponification des graisses par les alcalis, dont l'étude systématique était entreprise par Chevreul (44). Dans un petit chapitre (45) qui, bien sûr, n'a pas d'équivalent dans l'*Essai,* Berthollet rapporte les résultats établis par Chevreul dans un mémoire publié en 1815 (46); il en conclut que, dans leur action sur les alcalis, les corps gras se comportent comme les acides ; on observe des rapports constants entre les quantités combinées et on peut ainsi, pour les corps gras comme pour les acides, définir des capacités de saturation. Ceci est tout à fait conforme à la théorie des affinités développée dans l'*Essai* et réaffirmée dans la « Revue de l'Essai ».

Cette étude termine la deuxième section qui comporte donc six chapitres, soit un de plus que dans l'*Essai* ; deux de ceux-ci sont totalement nouveaux et deux autres, entièrement rédigés sur de nouvelles bases expérimentales, concernent strictement la théorie des affinités.

Alors que dans l'*Essai* les principes de cette théorie étaient exposés dans plusieurs sections d'une manière assez diffuse, dans la « Revue de l'Essai » ils sont concentrés dans une seule, la deuxième, qui développe également les arguments contre la théorie des affinités électives.

4. DERNIÈRE SECTION : LES PROPORTIONS DES ÉLÉMENTS DANS LES COMBINAISONS (47)

Berthollet n'a pas précisé le numéro de la section suivante, qui est la dernière et la plus longue de l'ensemble. Nous ne pensons pas que ce soit un simple oubli. En effet, en comparant la « Revue de l'Essai » à l'*Essai* lui-même, nous constatons entre les sections 1 et 2 des deux textes une correspondance normale qui disparaît pour celle-ci. Nous avons déjà souligné (48) que les sections 3 et 4 de l'*Essai* ne sont pas reprises dans la « Revue de l'Essai » et c'est à la cinquième que correspond, de façon d'ailleurs assez lointaine, celle que nous allons étudier.

Leur sujet commun est la délicate question des proportions des éléments dans les combinaisons ; depuis 1803, le problème a beaucoup évolué, à la fois dans le monde des chimistes et dans la pensée de Berthollet. C'est pourquoi la manière dont il est traité dans la « Revue de l'Essai » est très différente de celle de l'*Essai (49).* On le remarque dès le premier chapitre, quand on compare les titres des deux textes : « Des proportions des éléments dans les combinaisons », pour l'*Essai,* « Des proportions définies dans les combinaisons », pour la « Revue de l'Essai ».

L'analyse de la position de Berthollet vis-à-vis de la loi des proportions définies dans cet ultime exposé a trouvé sa place dans un des chapitres précédents de notre étude (50). Nous nous bornerons à la résumer très brièvement afin de mieux suivre le développement des 9 chapitres que comporte la section (51). Berthollet reconnaît que de nombreuses substances se combinent dans des proportions constantes, mais il se pose encore deux questions fondamentales à propos de la loi dite des proportions définies.

1. Cette loi est-elle une loi générale, donc un des principes fondamentaux de la chimie ? Il trouve toujours que certains faits s'opposent à cette conclusion.

2. Quelle est la théorie générale qui permettra d'en donner une explication satisfaisante, commune à tous les cas particuliers ? Il reconnaît honnêtement que ses efforts pour arriver à ce résultat en partant de sa théorie des affinités ont échoué.

Il examine successivement les éléments de réponse que les nouveaux développements de la chimie apportent à ces deux questions. De ce point de vue, son exposé est très intéressant car il dépasse de beaucoup les idées personnelles de Berthollet. L'auteur en effet décrit de nombreuses expériences nouvelles, témoignant une fois de plus de ses efforts pour réunir une documentation précise et récente. Par ailleurs, il commente les nouvelles théories d'une manière souvent très pertinente, montrant par là que sa réflexion s'exerçait toujours aussi profondément.

Nous distinguerons deux aspects de l'étude critique, faite par Berthollet, des dernières découvertes chimiques : a) l'analyse des réactions où les substances se combinent en proportions fixes ; b) l'exposé critique des théories établies pour expliquer ces faits. Nous allons les examiner dans l'ordre même suivi par Berthollet.

a) ANALYSE DES RÉACTIONS OBÉISSANT AUX PROPORTIONS DÉFINIES

Cette analyse fait l'objet des chapitres 2, 3 et 6 de la dernière section (52). Les premières réactions analysées sont celles de neutralisation des acides par les bases, dans lesquelles on avait reconnu depuis longtemps des rapports de proportions remarquablement constants entre les quantités combinées. Berthollet avait déjà étudié cette question dans la deuxième section de son *Essai* et dans une longue note il avait donné la traduction d'un texte de G. Fischer qui complétait la traduction allemande du premier exposé de Berthollet sur les affinités (53). L'auteur de la note y présentait les résultats établis par Richter et une table des équivalents pondéraux d'acides et de bases qui se combinent dans les réactions de neutralisation.

Dans la « Revue de l'Essai », Berthollet reprend ces réactions dans le cadre de l'étude des proportions définies ; il cite à nouveau presque intégralement la note de Fischer déjà publiée dans l'*Essai (54),* mais il la complète par le rappel de ses propres expériences sur les dissolutions métalliques, qui présentent les mêmes phénomènes (55).

Il généralise ensuite le fait en concluant ainsi son chapitre consacré au « Rapport de proportions entre les éléments des différentes combinaisons » :

> « Je n'ai pris l'action réciproque des acides et des alcalis que comme un type clair de l'action réciproque des éléments de toutes les combinaisons ; il y a tout lieu de croire que toutes suivent la même loi et présentent des phénomènes analogues lorsqu'elles subissent des changements mutuels de principes. » (56)

La deuxième catégorie de faits que Berthollet considère à côté de ceux qui obéissent aux proportions définies, concerne des réactions de précipitations mutuelles des métaux. On sait par exemple que lorsqu'on plonge une lame de zinc dans une solution de sulfate de cuivre, la lame se recouvre de cuivre métallique et que du zinc passe, sous forme d'ions, dans la solution qui contient alors du sulfate de zinc. Il n'y a pas de dégagement gazeux, ni d'oxygène, ni d'hydrogène ; le milieu reste neutre, aucun excès d'acide n'apparaît. Ces observations avaient conduit Richter puis, sans qu'il eût connaissance des travaux de son prédécesseur, Gay-Lussac, à conclure que les rapports entre les quantités d'oxygène, d'une part, d'acide de l'autre, combinées avec deux métaux différents, sont égaux.

Dans le troisième chapitre, Berthollet, suivant et citant son jeune disciple, expose les faits qui amènent à énoncer ce résultat sous forme d'une loi générale, bien entendu en faveur des proportions définies. Pour bien comprendre ses développements, il est nécessaire de rappeler la conception que l'on avait, à l'époque, de l'action d'un acide sur un métal. On pensait en effet, d'après la théorie de Lavoisier, que, pour se combiner avec un acide, un métal devait d'abord s'être uni à l'oxygène ; le dégagement d'hydrogène observé au cours de la réaction était attribué à la décomposition de l'eau par le métal, qui prenait l'oxygène et libérait l'hydrogène.

On expliquait donc les réactions de précipitations mutuelles des métaux par un transfert d'oxygène, du métal précipité, ici le cuivre, au métal précipitant, ici le zinc, ce dernier pouvant ensuite s'unir à l'acide libéré par le départ du premier (57). L'absence de dégagement d'oxygène, qui aurait attesté un excès de ce gaz, et d'hydrogène, qui aurait, lui, attesté un défaut d'oxygène et une décomposition de l'eau pour le compenser, prouvait que le cuivre précipité contenait la quantité d'oxygène juste nécessaire au zinc qui passait en solution. D'autre part, le fait que le milieu reste acide montrait que la même conclusion s'imposait pour les quantités d'acide combinées d'abord au cuivre, ensuite au zinc ; d'où la loi précédemment annoncée et que Berthollet exprime ainsi :

> « ... le métal précipitant trouve dans celui qui est précipité tout l'oxigène nécessaire pour s'oxider et neutraliser au même degré l'acide de la dissolution » (58),

et plus loin :

> « Gay-Lussac fait voir, en s'appuyant sur plusieurs faits, qu'on peut rigoureusement en conclure que l'acide dans les sels est exactement proportionnel à l'oxigène des oxides » (59),

ce qui entraîne :

« ... que les capacités de saturation des métaux oxidés sont entre elles dans le rapport des nombres qui expriment la proportion de l'oxigène dans la même quantité de métal. » (60)

Ces faits sont incontestablement des illustrations de la loi des proportions définies appliquée aux réactions de précipitation mutuelle des métaux. Berthollet, qui les expose ici en détail, le reconnaît ; c'est pourquoi, dans le chapitre suivant, que nous avons déjà analysé (61), il se défend d'être opposé à cette loi.

Après trois chapitres de considérations théoriques (62), Berthollet revient aux résultats expérimentaux, avec une troisième catégorie de faits remarquables qui viennent s'insérer dans l'ensemble de ceux qui suivent la loi des proportions définies et qui, eux aussi, ont été découverts par Gay-Lussac. Il s'agit des combinaisons des gaz entre eux.

Dans son septième chapitre, Berthollet expose et commente les observations et les conclusions publiées sur ce sujet par Gay-Lussac dans un mémoire resté célèbre (63) où se trouvent énoncées les lois sur les combinaisons gazeuses qui portent encore son nom (64). Berthollet introduit ces résultats par une phrase qui est bien significative de sa position générale vis-à-vis de la loi des proportions définies :

« Les observations de M. Gay-Lussac sont très importantes ; elles déterminent *sans hypothèse* la disposition que les corps en état de gaz ont à se combiner dans des proportions finies et elles font voir quelle est la différence qui distingue à cet égard les corps à l'état de solidité, liquide ou gazeux. » (65)

Gay-Lussac, tout comme Berthollet dont il subissait encore l'influence, ne regardait pas, à l'époque où il fit ses découvertes, la loi des combinaisons gazeuses comme une conséquence de la loi générale des proportions définies, mais seulement comme une loi particulière ne s'appliquant qu'aux gaz. Voici un passage de son mémoire, qui exprime très bien cette opinion :

« Les combinaisons des substances gazeuses les unes avec les autres se font toujours dans les rapports les plus simples, et tels qu'en représentant l'un des termes par l'unité, l'autre est 1 ou 2 ou au plus 3. Ces rapports de volume ne s'observent point dans les substances solides, et liquides, ou lorsqu'on considère les poids, et ils sont une nouvelle preuve que ce n'est effectivement qu'à l'état gazeux que les corps sont placés dans les mêmes circonstances et qu'ils présentent des lois régulières. » (66)

Mais Berthollet va plus loin encore dans son scepticisme, puisqu'il refuse même de considérer la loi en question comme vraiment générale. Il fait en effet suivre le passage que nous venons de citer, et qu'il cite aussi, de cette phrase :

« En adoptant ces conséquences, je ne crois pas qu'on doive les regarder comme des lois invariables. » (67)

Il appuie cette opinion sur certaines observations concernant les oxydes d'azote d'une part, la décomposition de l'éthylène de l'autre (68). Berthollet, qui semble ne vouloir considérer qu'un seul corps «hydrogène carburé » dont les proportions varient entre un degré minimal, le méthane, et un degré maximal, l'éthylène, conclut :

> « Voilà donc une combinaison gazeuse qui me paraît se conduire relativement aux proportions comme plusieurs combinaisons liquides ou solides. » (69)

Nous retrouvons donc toujours cette pensée, complexe et très nuancée, vis-à-vis des proportions, refusant la loi générale et cherchant des exemples de composés à proportions variables.

b) EXPOSÉ CRITIQUE DES THÉORIES ATOMISTIQUES (70)

Nous avons utilisé le qualificatif d'atomistique, emprunté à Berthollet qui l'emploie dans sa « Revue de l'Essai », pour désigner non seulement la théorie atomique de Dalton, mais aussi celles qui, parallèlement à la précédente, mais avec des conceptions un peu différentes, essayaient d'expliquer la généralité des proportions définies : le système de Wollaston et celui de Berzelius. Berthollet examine successivement ces trois théories dans les chapitres 5, 6 et 8 de son ultime exposé.

Théorie de Dalton

Nous avons déjà souligné, dans l'analyse du dernier exposé de théories générales publié par Berthollet, en préface à la traduction française du *Système de chimie* de Th. Thomson, la connaissance directe qu'il avait eue de la théorie de Dalton par l'ouvrage même où ce dernier la développait (71). Par la suite, de nombreux articles explicatifs ou critiques parurent , les principaux étaient ceux de Th. Thomson, publiés dans les *Annals of Philosophy (72).*

Pour exposer les idées de Dalton, Berthollet utilise un article tout récent de Thomas Thomson (73) ; les quatre pages consacrées à cette présentation sont une traduction personnelle et fidèle du texte anglais (74). Les critiques qui viennent ensuite portent sur les mêmes points que dans le texte de 1809 (75), mais elles sont ici plus étendues, la question, depuis cette époque, ayant été l'objet de nombreuses études.

En premier lieu, Berthollet réaffirme son opposition à la généralisation trop hâtive et trop étendue, à son avis, de la loi des proportions définies qui est le seul support expérimental de la théorie atomique. La première phrase de ses critiques est très significative de sa position :

> « Cette propriété qu'on observe dans un grand nombre de substances de former des combinaisons dans lesquelles des proportions se correspondent ou sont des multiples l'une de l'autre, est l'une des découvertes les plus importantes pour la théorie des combinaisons, et lorsqu'elle s'appuie sur l'expérience, elle peut la guider et servir à en réformer les résultats. Mais on a donné à cette considération une extension qui me paraît démesurée par rapport aux liquides et aux solides. » (76)

Berthollet critique ensuite les spéculations de Dalton concernant le nombre et l'arrangement des atomes unis dans une combinaison. Après avoir exposé les considérations sur lesquelles s'appuie le savant anglais pour « déterminer le nombre des atomes qui entrent dans un élément de la combinaison », il conclut :

> « De pareilles présomptions peuvent-elles servir de bases en la détermination des éléments des combinaisons ? et n'est-ce pas nous jeter dans les spéculations les plus vagues de la métaphysique, que de ramener ces éléments aux atomes indivisibles mais différents en grandeur et unis entre eux, en un certain nombre, par une force qu'on ne détermine pas ? Nous ne connaissons les corps que par les effets qu'ils produisent par leur action, mais rien dans cette action ne peut nous indiquer les propriétés isolées de leurs dernières molécules. » (77)

Pour appuyer sa critique, Berthollet cite une phrase des *Elements of chemical philosophy* dans laquelle Davy, fidèle comme lui-même aux principes de la plus grande objectivité, exprime son scepticisme envers les idées de Datlon, les jugeant inutiles et peu fondées sur l'expérience (78).

Berthollet montre ensuite les contradictions qui apparaissent dans les conclusions de Dalton et dans celles de Thomas Thomson, auteur qui appliqua et développa le mieux les idées daltoniennes dans ses ouvrages. C'est ainsi qu'il relève le désaccord qui naît lorsqu'on suppose que l'hydrogène et l'oxygène dans l'eau, d'une part, l'hydrogène et l'azote dans l'ammoniac, d'autre part, sont unis atome à atome (79). Plus loin, Berthollet souligne la même incompatibilité concernant la composition de l'eau, de l'hydrogène sulfuré et du gaz sulfureux (80).

Il faut reconnaître qu'à l'époque de la naissance de l'atomisme, la tâche des critiques était facile. Les chimistes qui adoptaient la nouvelle théorie devaient construire leur système sur les bases fragiles, sans liens directs et solides avec l'expérience. Au sujet du nombre des atomes unis dans une combinaison en particulier, les suppositions étaient arbitraires, les contradictions auxquelles elles conduisaient encore nombreuses et pouvaient donc paraître totalement inadmissibles aux savants dont l'objectivité était intransigeante. Sans rejeter à priori toutes les interprétations atomistes, Berthollet était parmi ces derniers.

Ce n'est qu'après bien des tâtonnements et la correction de nombreuses erreurs qu'on parvint à un système cohérent de la composition atomique des combinaisons, vérifié très heureusement par des expériences ultérieures ; mais Berthollet avait disparu bien avant cette réussite.

Nous terminerons cette analyse de l'opinion de Berthollet sur les hypothèses atomiques de Datlon par la remarque suivante. Il peut paraître curieux et même paradoxal à un chimiste moderne que Berthollet, dont la théorie de l'action chimique était entièrement fondée sur les attractions entre particules, ait rejeté l'idée d'atomes en tant que particules indivisibles. Pour un observateur actuel, il ne semble pas que Berthollet ait eu plus de preuves de l'existence des particules, qu'il appelle aussi molécules, constituant les combinaisons, que des atomes de Dalton. Cependant, la différence entre ces deux conceptions, qui nous semble maintenant assez mince, était encore grande à l'époque ; elle constituait une barrière qui n'était pas prête d'être franchie par l'ensemble des chimistes (81).

Système de Wollaston

A la suite de son exposé relatif à la théorie de Dalton, Berthollet consacre quelques pages au nouveau système chimique présenté par Wollaston (82). Ce système, nommé par son auteur « Échelle synoptique des équivalents chimiques » (83), est parallèle à celui de Dalton, en ce sens qu'il est construit pour interpréter les proportions définies dans les combinaisons ; mais il est fondé sur des conceptions philosophiques différentes. Alors que les atomes de Dalton sont de véritables particules, ayant une individualité propre, les équivalents de Wollaston sont seulement des quantités pondérales correspondantes. Cette échelle reprend, en les complétant, les tableaux déjà donnés par Richter, tableaux que Berthollet avait été le premier à faire connaître en France (84). Mais en fait ce dernier se contente de faire, à son sujet, quelques commentaires de détail concernant les sels multiples comme les oxalates et les carbonates.

Système de Berzelius (85)

Berthollet accorde beaucoup plus d'importance au nouveau système construit par le chimiste suédois Berzelius qu'au système précédent, lui réservant les 35 dernières pages de la « Revue de l'Essai ». L'importance même de ce système, exposé dans de nombreux mémoires publiés dans les *Annals of Philosophy* et dans les *Annales de chimie*, explique déjà cette place. Mais il faut souligner aussi que, si le système de Wollaston n'est lié à aucune théorie générale de l'action chimique, celui de Berzelius constitue lui-même une théorie de ce type qui est très différente de celle de Berthollet. Il est donc naturel que ce dernier se soit particulièrement attaché à l'analyse critique d'une théorie qui, sur bien des points, s'opposait à la sienne.

Cette analyse commence par une petite introduction très caractéristique de la personnalité scientifique de Berthollet : courtoisie, honnêteté et fidélité à ses idées personnelles sur l'action chimique (86). Annonçant ses critiques, il espère qu'elles

> « ... pourront peut-être jeter quelque jour sur les discussions philosophiques de la chimie actuelle et qui, peut-être, ne seraient pas inutiles à la Science dans le cas même où je céderais à des illusions. » (87)

Pour exposer la doctrine atomique de Berzelius, Berthollet utilise deux textes anglais dont il donne une traduction personnelle : le premier est un article de Berzelius lui-même (88), le second une critique du précédent par John Dalton (89). Pour l'énoncé des lois selon lesquelles les éléments d'une combinaison s'associent, il se réfère, en les citant même parfois mot pour mot, à plusieurs articles de Berzelius, publiés par ses soins, dans les *Annales de chimie (90).*

Toutes ces lois de combinaisons (91) sont des conséquences directes de la constitution atomique. Aussi Gay-Lussac avait-il bien raison de faire remarquer à Berthollet, dans une petite note ajoutée à la « Revue de l'Essai », que le système de Berzelius « ... est le même que celui de Dalton à fort peu de choses près » (92). Mais ce dernier système, moins précis dans ses analyses, moins détaillé dans ses conclusions et surtout moins étroitement lié à une théorie générale de l'action chimique, offrait moins de prises aux critiques de Berthollet.

Les objections de l'auteur de l'*Essai de statique chimique* à son confrère suédois s'appuient surtout sur les résultats expérimentaux, comme le faisait le système auquel elles s'appliquent. Renvoyant le lecteur, pour le détail des expériences et de leurs résultats, au texte de la « Revue de l'Essai » et aux notes qui l'accompagnent, nous insisterons ici sur le principe de l'opposition de Berthollet au système de Berzelius.

D'une manière générale, le premier juge ce système trop arbitraire et insuffisamment lié aux observations. Il reproche plusieurs fois à Berzelius de ne choisir parmi les faits que ceux qui se rangent sous ses lois et d'écarter les autres. Nous donnerons quelques exemples qui nous paraissent particulièrement significatifs de cette attitude. Ainsi dans l'introduction par laquelle Berthollet annonce son analyse critique de la théorie de Berzelius, nous relevons ce passage :

> « Il [Berzelius] fait dépendre toutes les combinaisons du rapport qui se trouve entre leurs éléments et qui est représenté par des nombres, et il éloigne des combinaisons chimiques tous les résultats de l'action réciproque qui ne se trouvent pas soumis aux lois qu'il établit sur les rapports des nombres, comme s'ils dépendaient de causes d'une nature différente. » (93)

Et plus loin, à propos de l'analyse des nitrates, dont il fait remarquer l'incertitude, Berthollet souligne

> « ... l'illusion qui peut naître du rapport des nombres ; pour établir des lois générales sur les combinaisons on exclut de leur nombre toutes celles qui ne se font pas dans des proportions définies »,

et il poursuit :

> « On trouve alors nécessairement entre les éléments qui les composent des rapports que l'on peut exprimer en nombres, et l'on regarde ces nombres comme l'expression d'une loi, tandis qu'ils ne sont qu'un résultat sans conséquence de lois plus générales ; et s'ils ne répondent pas aux vues que l'on a, on imagine des compositions qui puissent y satisfaire. » (94)

C'est une critique sérieuse de la méthode de recherche suivie par Berzelius que Berthollet illustre par l'exemple de plusieurs combinaisons dont les plus intéressantes sont les hydrates et les sulfures. Il consacre un long paragraphe de 11 pages (95) à l'étude des hydrates sur lesquels il entreprend une discussion détaillée. La composition de ces corps était en effet une question délicate et compliquée, et ceci pour plusieurs raisons. Tout d'abord le terme lui-même était mal défini ; il englobait à la fois les hydroxydes métalliques comme la soude ou la potasse et les composés que nous considérons actuellement comme de véritables hydrates, tel le célèbre sulfate de cuivre bleu pentahydraté. Berthollet soulignait ainsi cette première difficulté :

> « La dénomination d'hydrates est reçue d'une manière vague par les chimistes : je lui donnerai ici le sens le plus étendu. M. Berzelius ne regarde comme hydrate que les bases salines puisque selon lui l'eau y joue le rôle d'acide. » (96).

La deuxième raison est encore plus grave : ces divers hydrates sont pour la plupart, et particulièrement les hydroxydes, des substances hygroscopiques, c'est-à-dire qu'elles absorbent et retiennent l'eau de l'atmosphère dans des proportions variables avec la pression et la température ambiantes. Dans ces conditions, la détermination de la proportion d'eau effectivement combinée dans l'hydrate est délicate : avant de faire l'analyse, il faut éliminer toute l'eau retenue par hygroscopie. Berthollet conteste la validité des procédés employés par Berzelius pour ses déterminations (97). De plus, le savant suédois complique encore la question en faisant intervenir l'eau de cristallisation contenue dans les sels (98).

Enfin, un problème, plus profond et plus théorique, se posait au sujet des forces liant l'eau aux corps, d'une part dans les hydrates, d'autre part dans les substances hygroscopiques. Pour Berthollet, ces forces étaient bien entendu de même nature. En conséquence, les deux catégories de substances devaient suivre les mêmes lois de composition et les hydrates devaient avoir une composition variable. Il trouvait même une confirmation de cette opinion dans les différences obtenues lors des déterminations de la proportion d'eau contenue dans divers hydrates, dont la potasse est un des exemples retenus. Nous retrouvons une fois encore les idées très nuancées, un peu fuyantes, de Berthollet sur la composition des combinaisons.

Pour Berzelius, la composition définie des hydrates ne faisait aucun doute, mais il reconnaissait qu'il n'arrivait pas à trancher la question de savoir si les forces évoquées plus haut étaient de même nature ou non. Dans un mémoire publié dans les *Annales de chimie,* il avait avoué : « Je n'ose rien décider là-dessus. » (99). Berthollet, qui rapporte le passage dans la « Revue de l'Essai », le commente ainsi :

> « Il me semble que M. Berzelius aurait dû jeter un coup d'œil plus étendu sur les phénomènes chimiques, établir une ligne de démarcation entre eux et faire voir que l'affinité qui produit les uns a des caractères particuliers qui la distinguent de celle qui est le principe des autres, avant que d'établir des lois de combinaisons qui excluent de leur nombre toutes celles qui ne viennent pas se ranger sous ses lois. » (100)

Nous retrouvons toujours le même reproche adressé par Berthollet au système de Berzelius. Ce même reproche est encore exprimé à propos de la 5e loi (101) qui énonce, d'une manière assez compliquée pour nous, une conséquence directe très simple de la composition atomique : si deux substances oxydables se combinent, par exemple le soufre et l'hydrogène, elles le font dans des proportions qui sont en rapport simple avec les quantités d'oxygène qu'elles prennent en s'oxydant (102). Berzelius avait déduit cette loi de l'étude des combinaisons du soufre avec les métaux et des métaux entre eux dans les alliages. Or le domaine des sulfures et des alliages métalliques avait été particulièrement étudié par Berthollet qui trouvait avec ces corps des exemples incontestables de substances à composition variable.

Les sulfures avaient été aussi, rappelons-le, l'un des sujets principaux des controverses avec Proust. Depuis que ces polémiques avaient cessé, de nouvelles analyses avaient été faites. Dans les dernières pages de la « Revue de l'Essai », Berthollet conteste un grand nombre des résultats utilisés par Berzelius pour illustrer sa 5e loi ; à l'appui de ses critiques, il cite les dernières analyses de sulfures faites par Vauquelin (103), Gay-Lussac (104) et Thénard (105), et il conclut :

> « Je crois pouvoir conclure des observations qui précèdent que les sulfures doivent être placés parmi les combinaisons chimiques qui peuvent se faire en proportions indéterminées ; quoiqu'on observe dans quelques-uns cette disposition à former des combinaisons plus stables et qui, par là, se présentent le plus ordinairementdans les proportions déterminées. » (106)

Berthollet exprime encore la même conclusion à propos des alliages métalliques, conclusion qui termine d'ailleurs le manuscrit de la « Revue de l'Essai » :

> « Je renvoie à ce que j'ai dit précédemment sur les alliages et les amalgames ; il me paraît en résulter qu'ils peuvent se faire en des proportions indéterminées, quoique dans quelques circonstances ils obéissent à la disposition générale de former des combinaisons plus stables dans certaines proportions. Ils s'éloignent des oxides qu'ils peuvent former en ce que ceux-ci sont beaucoup plus assujettis aux proportions déterminées. » (107)

On voit donc que le véritable objet de la discussion sur la 5e loi de Berzelius était en fait la question fondamentale, et si chère à Berthollet, des proportions des éléments dans les combinaisons. Son opinion exprimée ici pour la dernière fois, est toujours très nuancée. S'il a considérablement étendu le nombre des substances qui ont une composition fixe, allant jusqu'à reconnaître que les oxydes obéissent à la loi des proportions déterminées, il n'accepte cependant pas cette loi comme générale, parce qu'il ne lui a pas trouvé de justification théorique valable. L'essai réalisé dans cette voie par les hypothèses de Dalton ne l'a pas convaincu. Nous avons souligné déjà à plusieurs reprises l'attitude de Berthollet vis-à-vis des hypothèses qu'il admet comme nécessaires mais qu'il sélectionne sévèrement. Ici, il juge celles de Dalton dignes d'intérêt, mais encore douteuses ; les résultats expérimentaux sont à ses yeux encore insuffisants pour les rendre probables et scientifiquement utiles, c'est-à-dire valables, puisque dans ce domaine il n'y a pas de certitude.

*
* *

Le manuscrit préparé par Berthollet pour la seconde édition de son *Essai de statique chimique* se termine par la phrase précédemment citée. Si cette phrase conclut effectivement la section consacrée aux proportions définies, elle ne pourrait pas servir de conclusion générale, ce qui nous confirme que le projet est resté inachevé à cet endroit. Néanmoins, il faut remarquer que dans les trois sections dont la rédaction apparaît être au point, Berthollet a complètement repris, en repensant et en révisant ses idées, les questions fondamentales de la théorie de l'action chimique développée dans l'*Essai de statique chimique*. Nous espérons l'avoir montré dans l'analyse que nous venons de faire.

CHAPITRE XI

PERSONNALITÉ SCIENTIFIQUE : LE SAVANT, LE CHERCHEUR, L'ÉCRIVAIN SCIENTIFIQUE

Au cours de l'étude que nous venons de consacrer à son œuvre, nous avons relevé de nombreux traits qui caractérisent la personnalité scientifique de Berthollet. Comme nous l'avons délà fait pour l'homme, à la fin de l'étude biographique, nous esquisserons maintenant le portrait du savant.

A la différence de certains autres chimistes, il nous apparaît tout d'abord que Berthollet sut être à la fois un expérimentateur, un théoricien et un écrivain scientifique. Il fut avant tout un chercheur, au sens actuel de ce mot. Heureux et à l'aise dans un laboratoire qu'il savait bien organiser et diriger, c'est toujours avec peine qu'il abandonnait ses recherches pour d'autres tâches qui lui étaient imposées.

Expérimentateur, il le fut par lui-même surtout au début de sa carrière ; mais il était assez malhabile et préférait avoir recours à des assistants pour exécuter les expériences qu'il avait prévues. Son œuvre en chimie appliquée, les excellents résultats qu'il obtint dans de nombreuses analyses, montrent qu'il réussissait parfaitement dans ce rôle. Ses assistants furent, pour la plupart, des jeunes gens qui reçurent auprès de lui une très bonne formation de chimistes (1). De ce point de vue, Berthollet nous apparaît comme un véritable « patron » de laboratoire, un directeur de recherche, et ceci tout spécialement lorsque l'on considère l'équipe de jeunes gens qu'il avait réunie autour de lui et de Laplace, à Arcueil.

Théoricien, Berthollet le fut également, surtout après la Révolution, quand il commença à construire sa grande synthèse de l'action chimique. Son œuvre écrite et publiée est riche et témoigne du double aspect de son activité scientifique. Elle comprend en effet un grand nombre de petits mémoires, pour la plupart lus devant l'Académie des sciences, qui exposent essentiellement des descriptions ou des résultats d'expériences et contiennent peu de développements théoriques. Ils illustrent abondamment sa carrière d'expérimentateur. Dans les *Éléments de l'art de la teinture,* Berthollet, bien que traitant de chimie appliquée, révèle de nombreuses préoccupations théoriques.

Par ailleurs, notre étude met en lumière que, lorsqu'il travaillait en théoricien, fidèle disciple de Lavoisier, il gardait un contact étroit avec l'expérience. L'un des principes les plus permanents, les plus profonds et les plus solides de sa philosophie chimique, est en effet que l'observation des faits est la seule base valable en chimie ; les théories devant seulement expliquer, classer les faits et en prévoir d'autres. Cette philosophie qui conditionne sa méthode de recherche se caractérise par une objectivité scrupuleuse, jointe à une certaine méfiance à l'égard des hypothèses qui peuvent séduire et aveugler le théoricien en l'entraînant à négliger, voire même à refuser certaines observations.

Nous ne reviendrons pas sur les principes fondamentaux de la théorie de l'action chimique établie par Berthollet, mais nous soulignerons l'isolement dans lequel elle naquit et demeura. Cette théorie, très personnelle, doit en effet peu à ses prédécesseurs et n'eut pas de successeurs. Au point de vue théorique, particulièrement dans le domaine des affinités, Berthollet ne subit que très peu l'influence de ses maîtres, que ce soit celle de Macquer et de Bergman, ou celle de son illustre aîné Lavoisier. S'il resta fidèle au newtonianisme des chimistes du XVIIIe siècle, doctrine à laquelle l'initièrent les premiers de ces chimistes, il construisit seul et loin de leurs conceptions sa théorie de l'action chimique (2).

D'un autre côté, sa théorie générale ne trouva pas de véritables partisans. Berthollet ne fit pas école au sens philosophique du mot. Il eut des élèves qu'il forma au travail de recherche en laboratoire et dont il fit d'excellents chimistes, mais il n'eut pas de réels disciples. Ni Gay-Lussac, ni Thénard, ni Dulong, qui furent pourtant très proches de lui, n'assimilèrent suffisamment sa pensée, au moins dans son ensemble, pour développer et continuer la théorie des affinités dans la direction amorcée par Berthollet. Les deux premiers de ces chimistes adoptèrent dans leurs cours certaines idées de leur maître (3), mais ils s'en éloignèrent à propos des modes d'action des forces chimiques. Parmi les raisons de cette divergence on trouve le fait indéniable que les conceptions fondamentales de Berthollet, encore vagues et parfois confusément exprimées, venaient trop tôt pour être bien comprises. D'autre part, les nouvelles découvertes qui semblaient mal s'accorder avec sa théorie générale et les conséquences qu'il en tirait, entraînaient les chimistes à s'engager dans d'autres voies que celles d'une synthèse de l'action chimique fondée sur la notion d'affinité.

L'attitude des principaux successeurs de Berthollet est proche de celle de ses élèves directs : même admiration pour le savant et son œuvre, mais divergence sur les points les plus fondamentaux de sa synthèse. Telle fut celle de J.-B. Dumas et de J. Berzelius, à la suite desquels les chimistes du milieu du XIXe siècle adoptèrent une position analogue. Ils affirmèrent leur considération pour l'*Essai de statique chimique* qui, selon une boutade plus tardive de William Ostwald, était un livre qu'on louait beaucoup mais qu'on ne lisait jamais ; par ailleurs, ils acceptèrent certaines idées contenues dans l'ouvrage comme les célèbres lois de précipitation et la reconnaissance de l'influence des conditions expérimentales sur le résultat d'une réaction.

Dans la seconde moitié du XIXe siècle on commença à reconnaître que certaines des affirmations de Berthollet étaient beaucoup plus justifiées qu'elles ne l'avaient paru de son vivant. Il en fut ainsi des idées sur les équilibres et les composés non stoechiométriques. Mais une telle reconnaissance ne dépasse pas le cadre de l'hommage rendu à posteriori à celui qui a pressenti une découverte, sans avoir eu toutefois d'influence dans l'acheminement des esprits vers cette dernière.

Une remarque analogue s'impose à propos de la position des énergétistes qui trouvèrent en Berthollet un précurseur génial de leurs conceptions ; privilégiant, mais en l'amplifiant, son refus, relatif nous l'avons vu, de la théorie atomique.

Nous nous arrêterons également sur l'attitude des positivistes qui, à la suite d'Auguste Comte, vouèrent à Berthollet une admiration sans bornes, se traduisant par des éloges enthousiastes que lui-même aurait sans doute refusés (4). Le père du positivisme qualifie Berthollet de « génie le plus profondément philosophique dont la chimie puisse s'honorer jusqu'ici » et juge ainsi son principal ouvrage :

> « ... La *Statique chimique,* beaucoup trop négligée aujourd'hui restera, par son admirable rationalité, malgré ses imperfections capitales, un monument éternel, et jusqu'ici incomparable, de la puissance de l'esprit humain pour la systématisation des idées chimiques. » (5)

Auguste Comte regrette à juste titre le manque de formation mathématique de Berthollet dont les études avaient été poursuivies dans le domaine de la médecine :

> « Préparé, au contraire par une éducation mathématique et astronomique, un esprit de cette trempe eut produit, sans doute, même alors, des résultats philosophiques bien plus complets et bien plus durables. » (6)

Nous avons déjà remarqué ce manque de formation mathématique chez celui que l'on peut considérer comme le premier promoteur de la chimie physique. Mais, ainsi que le montre l'exemple de Gay-Lussac qui, après une excellente formation mathématique à l'École polytechnique avait fait son apprentissage de chimiste auprès de Berthollet, une telle éducation n'était pas suffisante pour permettre la poursuite du progrès des théories chimiques dans la voie originale suivie par Berthollet. En effet, ce n'était pas le niveau des connaissances mathématiques qui freinait alors le progrès de la chimie physique, mais l'inadaptation des concepts physiques sur lesquels la mathématisation des lois chimiques pouvait se fonder. De nouveaux concepts, mieux adaptés, apparurent avec le développement de l'énergétique et de la thermodynamique. Les considérations de Berthollet qui voyait dans la réaction chimique un équilibre, purent alors être développées mathématiquement. C.M. Gulberg et P. Waage furent les premiers à travailler dans ce sens ; J.H. Van't Hoff, P. Duhem, W. Gibbs suivirent. Tous rendirent alors hommage aux idées exprimées dans l'*Essai de statique chimique,* mais en notant qu'elles étaient venues trop tôt pour recevoir à leur époque, soit de leur auteur même, soit de ses successeurs immédiats, l'extension et l'épanouissement qu'elles méritaient. Pierre Duhem écrit à ce propos :

> « Cet admirable livre [l'*Essai*] renferme des idées si nouvelles pour l'époque à laquelle elles furent écrites, que les contemporains de Berthollet ne les comprirent pas ... On a oublié les larges vérités que renfermait l'*Essai de statique chimique* pour ne garder le souvenir que

des erreurs, et on a ainsi constamment méconnu l'un des plus grands chimistes et l'une des plus belles œuvres du siècle. » (7)

Dans un autre domaine de la théorie chimique, celui de la composition définie des substances, Berthollet apparut pendant tout le XIXe siècle comme celui qui, avec beaucoup d'entêtement et d'obstination, s'était maintenu dans l'erreur en refusant la généralité de la loi de Proust ; le souvenir de la querelle des deux savants est constamment resté présent dans le monde chimiste. Nous avons détaillé les nuances subtiles et embarrassées de la position de Berthollet, en soulignant combien elle était liée à la rationalité de son système qui, répétons-le une fois de plus, constitue une synthèse d'ensemble de l'acte chimique.

Or, le progrès des connaissances sur la structure intime des corps chimiques a fait apparaître au début de notre siècle que les idées de Berthollet n'étaient pas aussi erronées que l'on avait pu le croire pendant les cinq ou six décennies qui ont suivi sa mort. Dans une conférence prononcée au Palais de la Découverte le 20 février 1960, le Pr J. Bénard remarquait :

> « La notion de fixité de la composition des espèces chimiques constitue l'un des progrès les plus décisifs qu'il ait été donné à la chimie de faire au cours de son histoire »,

ajoutant que son bref aperçu sur la genèse de la notion de composé défini ne pouvait ignorer les discussions qui avaient opposé Proust à Berthollet. Ce dernier, dans son *Essai*, ayant été

> «... amené à nier la fixité de la composition des espèces chimiques. Il prenait ainsi position d'une manière catégorique contre les travaux expérimentaux et les conclusions de Proust ... L'argumentation de Berthollet était basée sur l'expérience qu'il avait acquise des réactions de neutralisation acides-bases et des réactions de double décomposition entre les sels. Il constatait en effet qu'un grand nombre de ces réactions étaient incomplètes et qu'il était possible de réaliser une multitude d'états intermédiaires entre l'état initial constitué par les réactifs séparés et l'état final après une complète disparition de ces réactifs. Il prévoyait ainsi, dans une intuition géniale, l'existence des équilibres chimiques réversibles, dont l'intérêt ne fut compris que beaucoup plus tard à la fin du XIXe siècle. Mais il eut le tort, hélas trop fréquent chez les auteurs de découvertes, d'étendre cette conception à un domaine où elle ne pouvait s'appliquer, au moins de la façon dont il la concevait. »
>
> « Heureusement pour les progrès ultérieurs de la chimie, cette controverse s'éteignit. » (8)

Les nouvelles découvertes du début du XIXe siècle renforçaient l'opinion contre la position berthollienne. Or, « plusieurs catégories de composés semblaient cependant refuser de se plier à la loi des proportions définies » : les silicates naturels et les alliages, justement ceux que Berthollet prenait toujours comme exemple de composés à propriétés définies mais ne suivant pas loi de Proust.

Dans sa conclusion, J. Bénard, ayant décrit l'existence de très nombreux composés non stoechiométriques, fait remarquer :

> « En réalité, si l'on considère l'ensemble des édifices qu'il est donné au chimiste d'étudier dans le règne minéral ou dans le règne vivant, c'est la combinaison strictement stoechiométrique qui apparaît aujourd'hui comme une surprenante exception »,

et ajoute :

> « Sans doute est-il heureux que ce soit seulement de nos jours que se trouve précisée cette conception, car si la théorie atomique a pu voir le jour et si la chimie a pu se constituer à l'état de science, c'est bien grâce à ce postulat de la fixité de la composition des espèces chimiques que l'on est amené à rejeter en se plaçant dans une perspective plus vaste à laquelle Berthollet ne pouvait évidemment songer. » (9)

C'est d'ailleurs pour rendre hommage au « pressentiment » de Berthollet à ce sujet qu'on donne parfois le nom de « berthollides » aux composés non stoechiométriques (10).

L'œuvre de Berthollet en chimie appliquée n'a pas, elle non plus, été oubliée après sa mort. Son Traité sur *l'art de la teinture* est resté un manuel couramment utilisé par les techniciens pendant la première moitié du XIXe siècle ; une réédition de la traduction anglaise faite à partir de la seconde édition française de 1804, parut encore en 1841. Nous rappelons que cette seconde édition française comprend la description du procédé de blanchiment par le chlore ; procédé auquel le nom de Berthollet est toujours resté associé. On a même souvent accordé à tort à notre chimiste la paternité de la découverte de l'eau de Javel, alors que les « lessives» qu'il employait étaient des solutions aqueuses de chlore.

En conclusion, il nous apparaît que si l'essentiel de son apport, en particulier l'aspect synthétique qui est le fondement de l'*Essai*, est assez vite tombé dans l'oubli et si son œuvre a également connu un certain discrédit dû à la fois à des incompréhensions et à la constatation de certaines erreurs, du moins le souvenir de la renommée de Berthollet a-t-il survécu jusqu'à nous, en même temps que certaines de ses découvertes particulières, qu'elles soient théoriques (lois de Berthollet), ou pratiques (procédés de traitement des textiles).

Nous soulignerons encore, au terme de cette conclusion, la position particulière que Berthollet occupe dans l'histoire de la chimie. Par sa longue carrière, qui s'étend de 1776 à 1816, il est le seul chimiste français qui ait connu à la fois, d'une part ce que nous appellerons avec Marcelin Berthelot la « Révolution chimique » de Lavoisier et, d'autre part, les grands changements apportés par les découvertes électrochimiques et la naissance de la théorie atomique. Avec Lavoisier et son équipe Berthollet participa très activement à la première phase de la naissance de la chimie moderne. Il suivit ensuite avec beaucoup d'intérêt les progrès de la seconde phase de cette création, en essayant, sans y parvenir, d'intégrer les nouvelles découvertes à son propre système d'interprétation des phénomènes chimiques.

Ainsi, lorsqu'il s'est éteint le 6 novembre 1822, dans sa propriété d'Arcueil, pouvait-on dire, comme ses contemporains puis la postérité l'ont fait, que c'était une grande figure de la chimie française qui venait de disparaître.

NOTES

I

NOTES DU CHAPITRE PREMIER

1. Annecy, Arch. départementales : État-civil de Talloires.

2. Mairie de Collonges-sous-Salève : Répertoire des notaires.

3. Mairie de Collonges : Registre des baptêmes de la paroisse. Claude mourut le 31 juillet 1730 (Registre des décès).

4. Le frère aîné Jean-François prit la succession de son père à Collonges.

5. État-civil d'Annecy : Arch. de la préfecture.

6. Secrétaire le 22 décembre 1738, châtelain le 1er juillet 1740 par lettres patentes de Turin (cf. Chambéry : Arch. du Sénat de Savoie).

7. Nous avons pu établir la liste suivante : Joseph, 26 septembre 1738, Annecy ; Antoine-Philibert, 4 mai 1741, Annecy ; Josephte-Melchiore, 11 mai 1742, Annecy ; Benoite-Marguerite, 29 juin 1743, Annecy ; Nicolas, 9 janvier 1746, Talloires ; *Claude-Louis,* 9 décembre 1748, Talloires ; *Jeanne-Aimée,* 1er novembre 1749, Talloires ; César, 8 février 1752, Annecy ; Michel-Benoit, 18 avril 1753, Annecy.

8. En décembre 1778, dans un acte notarié établi pour le mariage de Claude-Louis, ce dernier est mentionné « le seul cher fils aîné » ; il a déjà hérité une partie du patrimoine de sa mère décédée. Louis mourut le 4 août 1784, son testament, rédigé le 14 juillet précédent, ne mentionne que deux enfants : *Jeanne-Aimée,* mariée à Annecy, instituée légataire universelle, et *Claude-Louis,* établi à Paris, qui reçoit encore quelques rentes (cf. Arch. départementales d'Annecy : Répertoire des notaires de Talloires, 1781-1786, fol. 419).

9. Jean NICOLAS, *Annecy sous la Révolution 1792-1799,* édité par la Société des Amis du vieil Annecy, Annecy, 1965. Le premier chapitre est consacré à la vie annécienne dans les années prérévolutionnaires.

10. Berthollet était lié à certains d'entre eux : des cousins, les Tochon, une famille très connue à Annecy, et un ami d'études, Chamoule, d'Annecy ; ils apparaissent plusieurs fois dans sa correspondance (cf. Lettres 1, 6, 65, 185).

11. J. NICOLAS, *op. cit.* Arch. départementales d'Annecy et de Chambéry où l'on trouve trace de plusieurs procès opposant Louis Berthollet puis son fils Claude-Louis à des fermiers, à des métayers, etc.

12. J. NICOLAS, *op. cit.*, p. 26.

13. Fondé en 1549 par Eustache Chappuis, jurisconsulte, ambassadeur de Charles Quint. Saint François de Sales y fit lui aussi ses études.

14. Le lycée Berthollet.

15. Plusieurs notices biographiques ont été écrites par des contemporains de Berthollet quelque temps après sa mort. Les plus solides et les plus complètes sont celles de Cuvier et de Jomard (voir note 25).

A propos d'éventuelles études à Chambéry, nous devons nous référer à ces notices car, les archives de l'ancien collège restant introuvables, il nous a été impossible de vérifier leurs affirmations.

16. Luigi ACETO, *Leggi e decreti regolamenti ed atti constitutivi vigenti per tutte le Fondazioni comprese nel Collegio,* Torino, 1896.

17. Délibérations municipales de la ville d'Annecy (vol. 55), 23 septembre 1766 : « Noble Alexis, fils de noble François Vichard de Saint-Réal et de demoiselle A.M. d'Humbert, mariés ... et discret Claude Louis, fils de M. Louis Berthollet et de demoiselle Philiberte Donier, mariés, bourgeois et habitans de cette ville, s'étant présentés pour les deux places vacantes au Collège des Provinces, l'une pour l'étude du droit, l'autre pour la médecine et personne autre ne s'étant présenté, ils ont été nommés et leur sera fait l'attestation de probité et de pauvreté en tel cas requis. »

18. L. ACETO, *op. cit.*, et Gio ORMEZZIANO, *Cenni Storici sul Regio Collegio Carlo Alberto per gli studenti delle provincie in Torino ...*, Torino, 1891.

19. Dans un codicille ajouté à son testament le 23 juillet 1690, Denis Berthollet avait légué une rente pour permettre l'établissement des jeunes gens pauvres et de sa famille, originaires de Collonges-sous-Salève (cf. Chambéry, Arch. départementales – Sénat de Savoie – vol. 1461, fol. 108).

Le 28 avril 1768, la rente fut accordée au « Sieur Claude Louis Berthollet, étudiant en médecine à Turin, pour la cense échue au 24 juin 1766 ainsi que celles de 1767 et 1768. Chaque cense est de 63 livres 12 sols au 1er octobre 1768. Ledit sieur Berthollet ne pourra plus prétendre à mandat ultérieur à l'avenir... » Ms. du Révérend Jean-Marie, frère desservant de la paroisse Saint-Martin de Collonges-sous-Salève, signé également de Louis Berthollet (Mairie de Collonges).

20. Lettre 177, adressée à un compagnon d'étude retourné à Turin : « J'ai reçu avec bien du plaisir des nouvelles des bonnes gens chez qui nous avons demeuré. »

21. Université de Turin, *Constitutions de sa Majesté pour l'université de Turin,* Torino, 1772 (le texte est bilingue). Il est précisé p. 43 : « Les étudiants doivent assister aux congrégations, exercices de dévotion, sous peine d'être chassés ou recalés à leurs examens s'ils sont négligeants de leurs devoirs religieux. »

22. C'est peut-être ce cours préliminaire que Berthollet avait suivi à Chambéry.

23. *Op. cit.*, note 21.

24. Registres de l'ancienne Faculté de médecine de Turin, fol. 330 et 339.

25. En particulier :

G. CUVIER, « Éloge historique de M. le Comte Berthollet, lu le 7 juin 1824 devant l'Institut », *Recueil des Éloges de l'Institut*, 3, 1827, p. 179-227 ;

E.F. JOMARD, *Notice sur la vie et les ouvrages de Claude-Louis Berthollet*, Annecy, 1884.

26. Dans une lettre adressée à un correspondant non identifié, P.-F. Tingry, ami de Berthollet, écrit :

« Dans toutes les universités que je passe en revue, Thurin seule, le croiriez-vous, se trouve dépourvue de professeur de chymie ; ou si [l'on] en reconnaît un ... cette science si utile y est démontrée de manière si étroite que [ceux] qui se vouent à la médecine sont contraints de passer à l'étranger. Je vous ai déjà parlé d'un des premiers médecins chymistes qui soient sortis des établissements de Sa Majesté le Roi de Sardaigne, M. Berthollet que la sécheresse des études de Thurin a en quelque sorte expatrié et que le mérite a fixé auprès de Madame de Montesson : de son propre aveu, car j'ai eu l'honneur de sa confiance, il n'aurait pas quitté son pays natal s'il avait trouvé dans l'université de Thurin toutes les sciences qu'on trouve dans toutes les autres. » Genève, 24 septembre 1781 (B.P.U. Ms. 2146).

Voir également J. DEZANI, « Claudio-Luigi Berthollet », *Il Momento*, 22 décembre 1922.

NOTES DU CHAPITRE II

1. Lettre 1.

2. Correspondance avec Pierre-François Tingry, lettres 2 et 3.

3. Lettre 1 adressée à l'avocat Chamoule, d'Annecy, le 20 avril 1774. La maison existe toujours au numéro 82 de l'actuelle rue de Richelieu ; cf. J. HILLAIRET, *La rue de Richelieu*, Paris, 1966, p. 180.

4. H. TRONCHIN, *Un médecin du XVIIIe siècle, Théodore Tronchin, 1709-1781*, Paris, 1906.

5. Le mariage devint public le 28 juillet suivant.

6. Jacques PAYEN, *Capital et machine à vapeur au XVIIIe siècle. Les frères Périer et l'introduction en France de la machine à vapeur de Watt*, Paris, 1969.

7. Amédée BRITSCH, *La maison d'Orléans à la fin de l'Ancien Régime, la jeunesse de Philippe Égalité (1747-1785)*, Paris, 1926.

Béatrice F. HYSLOP, *L'apanage de Philippe Égalité, duc d'Orléans (1785-1791)*, Paris, 1965.

8. Nicolas Le Blanc, célèbre par la découverte d'un procédé d'extraction de la soude, commença lui aussi sa carrière comme médecin dans la maison d'Orléans.

9. Mme de GENLIS, *Mémoires inédits sur le XVIIIe siècle et la Révolution française ...*, Paris, 1825.

10. L'adresse citée plus haut (lettre 1) montre que Berthollet s'était logé tout près de cette résidence.

11. Le 20 avril 1774, il écrit du château de Sainte-Assise : « Je dois retourner dans quelques jours à Paris pour revenir le reste de l'été à la campagne » (lettre 1).

Le 7 juillet 1776, il est à Villers-Cotterets « près de Soissons » après un passage rapide à Paris.

12. Lettre 2. Le mémoire en question est celui « sur l'acide tartareux », publié dans le *Journal de physique,* t. 7, 1776.

13. Lettre 7, datée du 4 octobre 1783. Charles Blagden avait quitté Paris au milieu de l'été.

14. Le fait est fréquent pendant tout le XVIIIe siècle : de nombreux chimistes étudient et commencent à exercer la médecine ; la plupart d'entre eux abandonnent ensuite cette dernière pour se consacrer entièrement à la chimie ; Macquer et Fourcroy en sont deux exemples.

15. Cf. lettres 7, 30, 39, 40.

16. Paul DELAUNAY, *Le monde médical parisien au XVIIIe siècle,* Paris, 1906, p. 7.

17. P. HUARD, M.-J. IMBAULT-HUART, Th. VETTER, M. WONG, « Une thèse parisienne consacrée au Gin Seng en 1736 et présidée par Jean-François Vandermonde », *Bulletin de l'École Française d'Extrême-Orient,* LX, 1973, p. 359-374. Cet article débute par une brève mais très intéressante mise au point sur les études à la Faculté de médecine.

18. A.N. O_1 236, fol. 167.

19. Arch. de la Seine : DC_6 21, fol. 45 v.

20. Les quatre thèses ont été publiées, voir Bibl. B 1a à B 1d. et on trouve la mention de leur soutenance dans : *Commentaires de la Faculté de médecine de Paris, 1777 à 1786,* Paris, 1903 ; ici, cf. I, p. 18.

21. *Commentaires ...,* t. I, p. 283.

22. *Ibid.,* t. I, p. 286.

23. *Ibid.,* t. I, p. 425.

24. *Ibid.,* t. I, p. 429.

25. *Ibid.,* t. I, p. 433.

26. *Commentaires ...,* t. I, p. 457-460. Voir aussi G. KERSAINT, *Antoine-François de Fourcroy, 1755-1809, sa vie et son œuvre,* Paris, 1966.

27. *Ibid.,* t. II, p. 699.

28. A chaque soutenance de thèse, le candidat devait acquitter plusieurs droits dont le bénéfice revenait à la Faculté (cf. *Commentaires...,* t. II, p. 902) ; il devait également payer le président et son assistant.

29. Voir note 15. En particulier, la lettre 30, datée du 4 août 1788, est une véritable consultation épistolaire, pratique courante à l'époque.

30. *Commentaires...,* t. II, p. 752, 1365-1367, 1377, 1399.

31. *Ibid.,* t. II, p. 745. Nous reviendrons plus loin sur cet ouvrage.

32. Bibl. M. 39, P. 17.

33. *Ibid.*, M. 41, P. 18.

34. Paul DELAUNAY, *Le monde médical...*, p. 7.

35. *Commentaires...*, t. II, p. 1221 : annonce de cours publics de Pharmacie donnés par Claude-Louis Berthollet, le 1er août 1785.

Par ailleurs, la Wellcome Medical Historical Library de Londres, ou Welllcome Institute, conserve dans ses archives un certificat, signé de la main de Berthollet, attestant l'assuidité à ses cours d'un jeune étudiant : « Ego infra scriptus, Doctor Medicus Parisiensis, & Pharmaciae, Professor, testor omnibus, quorum interest aut interesse poterit, JOANNEUM FRANCISCUM VERDIER, publicas Lectiones meas, in Scholis Medicorum... » Ce certificat est daté du 28 juin 1785.

36. Bibl. B. 2. Ce petit opuscule est rare (B.N., Tc 138159).

37. Berthollet suivait en cela la mode du temps ; des cours de toute sorte étaient professés dans Paris ; les journaux et les gazettes de l'époque fourmillent d'annonces les plus diverses (cf. *Journal de Paris, Journal général de France, Gazette de santé, Journal de médecine* et aussi *Journal des sçavans.*

38. *Op. cit.*, p. 15.

39. En particulier dans les divers journaux cités dans la note 37.

40. Mentionnées p. 16, elles sont analysées dans la deuxième partie, p. 115-128.

41. Lettre 2 (7 juillet 1776). La thèse en question a pour référence :
Pierre-Joseph DESAULT, *De calculo vesicae urinaricae esque extrahondo praevia sictione opse instrumenti Hawkinsiani imondati*, Paris, 31 août 1776.

42. Cf. « Mémoire sur l'acide phosphorique de l'urine », Bibl. M. 18.

43. Voir en particulier : *Observations sur l'air*, Bibl. 0.1 et le traité inédit de 1781 évoqué p. 127-128.

44. Ce fut en particulier le cas pendant l'expédition d'Égypte, lors de la campagne de Syrie, au moment de l'épidémie de peste et de la maladie de Monge.

45. Une étude détaillée du rôle de Berthollet dans la célèbre querelle est faite dans : Michelle SADOUN-GOUPIL, « Berthollet et le mesmérisme », *Revue de Synthèse*, t. 75-76, juillet-décembre 1974, p. 217-231.

De nouvelles interprétations du rôle médico-social de l'épopée de Mesmer se trouvent présentées dans trois études récentes : Robert DARNTON, *Mesmerism, and the end of the enlightment in France*, Cambridge, Harvard University Press, 1968 ; F.A. MESMER, *Le Magnétisme animal*, Œuvres publiées par R. Amadou avec des commentaires et des notes de F.A. Pattie et J. Vinchon, Paris, Payot, 1971 ; François AZOUVI, « Sens et facteurs épistémologiques de la critique du magnétisme animal par les Académies », *R.H.S.*, t. XXIX, nº 2, 1976, p. 123-142.

46. Voir la lettre 12 et l'article cité dans la note précédente.

47. *Gazette de santé*, 1784, nº11, le 2 mai 1784 ; PETIT DE BACHAUMONT, *Mémoires secrets pour servir à l'histoire de la république des lettres en France...*, t. 26, p. 13 (26 mai 1784) et p. 184 (21 août).

48. En particulier JOMARD et PARISET, *op. cit.*

49. Lettre 2. Il s'agit évidemment de Rouelle le jeune (Hilaire-Marin) qui avait succédé à son frère, Guillaume-François, mort en 1770, comme professeur de chimie au Jardin du Roy. Pierre – Joseph Macquer, quant à lui, avait ouvert dès 1757, rue Saint-Denis, un cours de chimie qui était très célèbre et sans doute le meilleur de l'époque. Ses idées sont exposées dans ses principaux ouvrages : *Élémens de chymie pratique,* Paris, 1751 ; *Élémens de chymie théorique,* Paris, 1749 ; *Dictionnaire de chimie,* Paris, 1766, 2 vol. ; 2e éd. Paris, 1778, 4 vol. Berthollet le cite très souvent dans ses premiers mémoires.

50. Bibl. P. 1.

51. Lettre 2. Cet ouvrage est très rare ; nous n'en avons trouvé qu'un seul exemplaire à la bibliothèque de la Faculté de médecine de Paris. Cf. *Mélanges,* t. 10, 90 958. Voir Bibl. 0.1.

52. La liste chronologique complète des mémoires présentés par Berthollet devant cette institution et celles qui lui ont succédé se trouvent dans la partie bibliographique. Chaque mémoire est noté M. suivi d'un numéro d'ordre. Ici : M.1.

53. Registre manuscrit des séances de l'Académie des sciences, notés R.M.A.S., conservés aux Archives de l'Académie des sciences. Ici : R.M.A.S., 1780, p. 98. Voir aussi lettre 5.

54. La liste des mémoires, citée note 52, est suivie de celle des rapports présentés par Berthollet. Leur ensemble montre l'intensité de son activité au sein de l'Académie. Le 23 avril 1785, il fut nommé associé chimiste ; puis, le 20 janvier 1792, pensionnaire, à la place de Lavoisier promu trésorier.

55. Louis-Claude Cadet de Gassicourt (1731-1799) ; Baltazar-Georges Sage (1740-1824) ; Claude-Melchior Cornette (1744-1794) ; les deux premiers étaient apothicaires, le dernier médecin.

56. E.F. JOMARD, *Notice..., op. cit.* ; E. GRIMAUX, *Lavoisier...,* Paris, 1788, p. 46 ; A.F. FOURCROY, *Encyclopédie Méthodique, Chimie,* III, p. 425.

57. Voir p. 62-63.

58. P. 25-26.

59. Lettre 23. Non datée par Berthollet, elle fut sans doute écrite en 1787.

60. Il fut médecin de la Marine royale britannique.

61. E. GRIMAUX, *op. cit.,* p. 45 ; A.F. FOURCROY, *op. cit.,* p. 426 ; Cl. L. BERTHOLLET, *Séances des Écoles normales...,* Paris, 1795, t. II, p. 385. Dans son 5e cours, consacré à la composition et à la décomposition de l'eau, Berthollet donne son propre témoignage sur le rôle joué par Blagden dans les expériences de 1783 ; voir l'analyse de ce texte p. 125-126.

62. Lettre 7.

63. Lettre 13, du 6 septembre 1784.

64. Cette correspondance conservée à la Royal Society de Londres (réf. Correspondance de Blagden : B. 123 à B. 148) comprend 27 lettres et 48 brouillons de réponses de Blagden. Elle commence en octobre 1783 et se termine en avril 1816. Il y a malheureusement deux coupures importantes : de juin 1785 à avril 1806 pour Berthollet ; de décembre 1791 à octobre 1807 pour Blagden. C'est le plus riche ensemble de lettres de

Berthollet que nous ayons retrouvé ; il a fait l'objet d'une communication au XIIe Congrès International d'Histoire des Sciences tenu à Paris en 1968 : Michelle SADOUN-GOUPIL, « La correspondance Berthollet-Blagden », *Actes du XIIe Congrès...,* Paris, 1971, t. VI, p. 91-97.

65. Cette correspondance est conservée dans les Archives de la Société hollandaise des Sciences de Haarlem (Hollandsche Maatschappij der Wetenschappen) ; elle comprend 20 lettres de Berthollet, 13 copies de lettres de Van Marum et se trouve analysée dans : Michelle SADOUN-GOUPIL, « La correspondance de Claude-Louis Berthollet et Martinus Van Marum (1786-1805) », *R.H.S.*, t. XXV, n° 3, 1972, p. 221-252.

66. Voir p. 305 sq.

67. Contrat de mariage passé le 5 janvier 1779 devant Me Gobert (Notaire du Chatelet, étude XLVI, Registre 472), A.N., Minutier central.

68. Voir lettre 4.

69. Une courte biographie d'Amédée-Barthélemy Berthollet est donnée p. 68-71.

70. E.F. JOMARD, *Notice..., op. cit.,* p. 41.

71. Lettre 64 et p. 58.

72. L.L. VEYSSEIRE, *Un village et un hameau du Hurepoix ... Arcueil et Cachan,* Cachan, 1947, p. 199. La vente de la bibliothèque de Berthollet eut lieu en 1825 et fit l'objet d'un inventaire (B.N. Δ 14411).

NOTES DU CHAPITRE III

1. W.A. SMEATON, *Fourcroy...,* 1962, p. 10 ; G. KERSAINT, *A.-F. de Fourcroy...,* 1966, p. 88.

2. Voir p. 37-38.

3. Les manufactures traitant les tissus (blanchiment, teintures) étaient du ressort du Bureau du commerce rattaché directement au Conseil du Roi.

4. A.N., F^{12} 1329, important dossier concernant les teintures.

5. M. de Montaran était lui-même « Administrateur au Bureau du commerce », chargé successivement de divers départements (cf. *Almanach Royal,* 1779 à 1790 et A.N., Série F^{12}.

6. A.N., F^{12} 1329.

7. Signalons, pour comparer ces revenus avec ceux qu'aurait pu espérer Berthollet s'il avait suivi la tradition familiale ou s'il s'était fixé comme médecin en Savoie, qu'en 1789 le revenu annuel d'un notaire était estimé à 1 000 livres et celui d'un médecin ou d'un avocat à 2 000 livres (réf. Jean NICOLAS, *Annecy..., op. cit.,* p. 16).

8. Fourcroy figurait encore, lui aussi, parmi les candidats à ce poste, avec Baumé, Pilâtre de Rozier et Fougeroux de Bondaroy (cf. A.N., F^{12} 1329).

9. Claude PERROUD (éd.), *Lettres de Madame Roland,* 1927, t. I, p. 375, note.

10. Lettre 39.

11. Lettre 40. Berthollet annonce pour dans « quelques jours » le rapport des commissaires de l'Académie sur ses *Éléments de l'art de la teinture*, lequel fut présenté le 28 août 1790. Ces deux documents sont conservés aux A.N., F^{12} 1329.

12. Lettre 40.

13. Lettre 18 du 28 décembre 1785.

14. Le 30 juillet 1787 (lettre 22), il y habitait encore ; le 4 août 1788 (lettre 29), il habitait rue de Bourbon, faubourg St-Germain.

15. Lettre 34 ; elle est datée d'Aulnay ; son adresse à Paris devient : Hôtel du Désir, faubourg St-Denis (cf. lettres 35 du 28 juillet et lettre 37 du 9 août 1789).

16. Voir lettres 34,37, 45, 54.

17. Cf. P. AUBRY, *Monge...*, Paris, 1954.

18. Cf. lettres 50 et 54.

19. Cf. lettre 64.

20. Voir p. 58.

21. Où se trouvait cette propriété ? En l'absence de documents tels que l'acte de vente, nous ne pouvons faire que des conjectures. Plusieurs localités de la banlieue parisienne portent le nom d'Aulnay. Il ne faut retenir que les plus proches du centre de Paris, Berthollet y revenant régulièrement pour les séances de l'Académie et diverses réunions. Nous ne pensons pas qu'il s'agisse d'Aulnay-sous-Bois, situé à 16 km au nord de Paris et peu fréquenté à l'époque. En revanche, de fortes présomptions nous inclinent à penser que Berthollet s'était installé dans le petit hameau d'Aulnay sur la commune de Châtenay-Malabry, dans la banlieue sud, près de la vallée de Chevreuse, où s'élevaient de nombreuses maisons bourgeoises. Par ailleurs, plusieurs industries de traitement des tissus – blanchiment et teinture – s'étaient implantées sur les rives de la Bièvre dont elles utilisaient l'eau particulièrement douce ; c'était en particulier le cas de la célèbre manufacture de toile exploitée par Oberkampf située à Jouy-en-Josas (cf. État des communes à la fin du XIXe siècle : *Notice historique sur Châtenay, Notice historique sur Arcueil et Cachan,* et A. LABOUCHÈRE, *Oberkampf, 1738-1815,* Paris, 1866).

Que Berthollet ait cherché à s'installer près des ateliers utilisant des techniques analogues à celles qui le préoccupaient est une éventualité probable. Enfin, il faut noter que ce hameau d'Aulnay, jouxtant la célèbre Vallée aux Loups (cf. Arch. de la Seine, cadastre), est peu éloigné d'Arcueil, la dernière résidence de Berthollet.

22. Voir seconde partie, p. 125 sq.

23. *Ibid.*, p. 129 sq.

24 *Méthode de nomenclature chimique...*, Paris, 1787: Bibl. Oc.1.

25. Bibl. Oc.2.

26. *Observations sur la physique...*, de M. l'abbé Rozier, repris par de la Métherie. Ce journal prit en 1794 le nom de *Journal de physique.* Dans cette étude il est toujours noté sous ce dernier titre.

27. *Annales de chimie ou Recueil de mémoires concernant la chimie et les arts qui en dépendent* par MM. de Morveau, Lavoisier, Monge, Berthollet, de Fourcroy, de Diétrich, Hassenfratz et Adet.

28. R.M.A.S. (1789), séance du 3 avril, p. 95-105. Les commissaires étaient Darcet, Vandermonde et Haüy.

29. *Recueils de Mémoires de physique et de chimie de la Société d'Arcueil ;* voir p. 66.

30. Voir Bibliographie : liste des mémoires publiés, notés P.

31. On en trouve témoignage à la fois dans sa correspondance – l'exemple le plus significatif est celui de la correspondance avec M. Van Marum – et dans les volumes des *Annales,* où de nombreux articles sont intitulés : « Lettre de M. ... à M. Berthollet sur...».

32. L'Académie nommait parfois des commissaires chargés d'examiner des procédés techniques qu'on lui soumettait directement ou que le gouvernement lui demandait d'étudier.

33. Bibl. M. 36, P. 20 et P. 22.

34. Bibl. M. 44, P. 30.

35. Voir p. 81-82.

36. Lettre 19.

37. Lettre 21.

38. On trouvera une étude détaillée de l'œuvre de Berthollet en chimie appliquée dans la seconde partie de ce travail, au chapitre IV, et dans notre article : « Science pure et science appliquée dans l'œuvre de Claude-Louis Berthollet », *R.H.S.*, t. XXVII, 1974, p. 127-145.

39. Cf. article précédent, p. 129-133.

40. Bibl.0.4.

41. Voir p. 57.

42. P. LEMAY, « La lessive de Berthollet et l'eau de Javel », *Revue d'Histoire de la pharmacie*, no 82, 1933, p. 99.

43. Voir p. 34.

44. Bibl. O.3.

45. Lettres 42 et 44.

46. Bbbl. M. 52.

47. Bibl. T.2, T.3, T.4.

NOTES DU CHAPITRE IV

1. Lettre 2.

2. J.L.H. GENEST, dame de CAMPAN, *Mémoires...*, Paris, 1822, t. 1, p. XVII, note 1 : fragment d'une lettre à son fils.

3. Comme celui de Bourrienne cité p. 70.

4. Lettre 36.

5. Lettre 38 ; la « petite campagne » est bien entendu Aulnay.

6. Lettre 41, adressée à Van Marum.

7. Lettre 50.

8. Lettre 52.

9. Lettre 53.

10. Lettre 56.

11. « Sur les rapports entre les savants et les autorités révolutionnaires, voir : C. RICHARD, *Le Comité de Salut public et les fabrications de guerre sous la terreur*, Paris, 1922, p. 663 et sq. ; A. MATHIEZ, « La mobilisation des savants de l'an III », *Revue de Paris*, 1er décembre 1917.

12. L'étude de la vie et des travaux des commissions révolutionnaires est assez délicat. Ces commissions furent très nombreuses ; certaines eurent une durée très brève et disparurent avant d'avoir pu travailler, remplacées par une ou plusieurs autres. Enfin, bien que toutes aient été créées par les assemblées révolutionnaires, elles dépendaient d'un ou de plusieurs comités. Nous n'étudierons que les plus importantes ; la première que nous citons dépendait du Ministère des Finances ; celles qui suivent, du Comité d'Instruction publique ; les dernières, concernant les armements, du Comité de Salut public.

13. *Almanach National,* 1792, p. 587, et 1793, p. 432.

14. Le décret de suppression était de septembre 1791. Berthollet, dans une lettre et un rapport datés de mai 1792 (B.I., ms. 2003 ; lettre 54), se plaint de cette suppression et demande une indemnité compensatrice.

15. *Almanach National,* 1793, p. 432 ; 1794 (an II), p. 503 ; an IV, p. 289. C'est également cette adresse qui figure dans les procès-verbaux des séances des autres commissions que nous étudions plus loin.

En 1796, Berthollet y habitait toujours avec sa femille, comme en témoigne la fiche d'entrée de son fils Amédée, à l'École polytechnique, le 7 décembre 1796.

16. *Almanach National,* an IV, p. 289 : Berthollet est un des trois administrateurs, les deux autres étant Monge et Dibanart. Le décret de réorganisation était du 14 octobre 1795.

17. *Almanach National,* an V, an VI, an VII, an VIII. Mais il faut préciser que de 1796 à fin 1799, Berthollet fut longtemps absent de Paris (Voir les missions en Italie et en Égypte, étudiées plus loin).

De son activité au sein de la commission, il reste encore un rapport (lettre 57) intitulé : « État sommaire des matières propres à être converties en monnaies qui se trouvent dans le château de Compiègne, par Cl.L. Berthollet, membre de la commission générale des Monnaies » 30 septembre 1792.

18. J. GUILLAUME, *Publication des procès-verbaux du Comité d'Instruction publique,* Paris, 1889-1907, 6 vol., t. 4, p. 265 ; Charles BALLOT, « Procès-verbaux du Bureau de Consultation des Arts et Métiers », *Bulletin d'Histoire économique de la Révolution,* 1913, p. 15-160, Introduction.

Les procès-verbaux des séances contiennent de nombreux rapports qui portent la signature de Berthollet à titre de membre ordinaire ou de président.

19. J. GUILLAUME, *op. cit.,* t. 4. p. 265.

20. Le 30 novembre 1792, Berthollet était président de ce Bureau : J. GUILLAUME, *op. cit.,* t. 1, p. 108.

21. J. GUILLAUME, *op. cit.,* t. 3, p. 386 et R.M.A.S. (1790, 1791, 1792, 1793).

22. *Ibid., op. cit.,* t. 3, p. 233, note 1.

23. *Ibid.,* t. 3, p. 233, note 1 : Laplace, Borda, Coulomb, Lavoisier, Brisson et Delambre furent exclus ; les membres restants étaient Lagrange, Méchain, Monge, Haüy, Vandermonde et Berthollet.

24. *Ibid.,* t. 3, p. 234-240.

25. *Ibid.,* t. 6, p. 387. L'« étalon provisoire des mesures de la République » était une règle en cuivre portant ces mots : « mètre égal à la dix millionième partie de la distance du pôle à l'équateur vérifié d'après la toise de l'Académie suivant le P.V. de ce jour : 21 prairial an III » (9 juin 1795) et les signatures de Lagrange, Laplace, Borda, Brisson, Prony, Berthollet.

26. J. GUILLAUME, *op. cit.,* t. 4, p. 67-68.

27. Cl. - L. BERTHOLLET, Commission d'Agriculture et des Arts ; économie animale : Circulaire ordonnant le recensement des animaux ruraux, 16 vendémiaire an III (7 octobre 1794). Bibl. B.3.

Cinq autres rapports concernant cette commission portent la signature de Berthollet accompagnée de celles de L'Héritier et Tissot, ou de Dubois. Ils furent publiés en décembre 1794 : Bibl. Bc.3, Bc.4, Bc.5, Bc.6, Bc.7.

28. L. TUETEY, *Procès-verbaux de la Commission Temporaire des Arts,* Paris, 1912, 3 vol., Introduction t.1,, p. VI.

29. J. GUILLAUME, *op. cit.*, t. 2, p. 509.
30. *Ibid.*, t. 2, p. 489-490, note 3.
31. *Ibid.*, t. 3, p. 323.
32. *Ibid.*, t. 3., p. 502.

33. L. TUETEY, *op. cit.*, t. 1, p. 225.

34. A. AULARD, *Recueil des actes du Comité de Salut Public...*, Paris, vol. 1889-1907, t. 11, p. 417 ; L. TUETEY, *op. cit.*, t. 1, p. 90, note 4, séance du 5 mars 1795. On trouve encore dans ces procès-verbaux le détail d'autres missions confiées à Berthollet au titre de membre de la Commission Temporaire des Arts. Cf. L. TUETEY, *op. cit.* et J. GUILLAUME, *op. cit.*

35. A. AULARD, *Recueil des actes du Comité de Salut Public...*

36. A.N., A.F. II, Registre 121, p. 21.

37. BERTHOLLET, MONGE, VANDERMONDE, *Avis aux ouvriers en fer sur la fabrication de l'acier puddlé, par ordre du Comité de Salut Public*, Paris, an II (1793). Bibl. Bc.1.

38. A.L. LAVOISIER, *Instruction sur l'établissement des nitrières et la fabrication des salpêtres*, Paris, 1777, réédité en 1794.

39. L'Académie avait chargé Berthollet et Fourcroy d'examiner un travail dû aux régisseurs des poudres : *Instruction sur les moyens que l'on peut employer pour connaître la qualité des salpêtres.* Le 9 mai 1787 (cf. R.M.A.S., 1787, p. 160), ils présentèrent leur rapport qui fut publié à la suite de l'*Instruction...*, Paris, 1787.

40. Cet accident, qui fit deux morts, eut lieu le 27 octobre 1788. On en trouve un compte rendu détaillé dans le *Journal de Paris* du 31 octobre (n° 305, p.1299-1301). Par ailleurs, la publication annoncée ne fut jamais réalisée.

41. Lettre 39 (rapport d'activité A.N., F^{12} 1329).

42. Sur la proposition de Carny (cf. AULARD, *op. cit.*, t. III, p. 531).

43. Commission nommée le 2 septembre 1790 (cf. R.M.A.S., 1790, p. 190). Rapport présenté le 3 août 1791 (cf. R.M.A.S., 1791, p. 397-405). Le 12 août 1797, Guyton de Morveau, dans un rapport sur « la manière de purifier le salpêtre », lu devant l'Institut, fit un résumé de l'ensemble des travaux réalisés sur la question depuis 1777 (cf. *P.V.A.S.*, t. 1, p. 246.

44. Sur la participation de Berthollet et des autres savants à l'ensemble de ces opérations voir : C. RICHARD, *Le Comité de Salut Public et les fabrications de guerre sous la terreur*, Paris, 1922, p. 344-348, 471-475, 564-577 ; A. MATHIEZ, « La mobilisation des savants de l'an III », *Revue de Paris*, 1er décembre 1917 ; A. AULARD, *op. cit.*, t. XII, p. 456 (8 avril 1794).

45. Les deux entreprises finirent tragiquement : la première brûla le 19 juillet 1794 ; la seconde disparut dans une très violente explosion le 31 août suivant. A cette occasion, Monge et Berthollet, déjà inquiétés par la réaction thermidorienne, faillirent être accusés de sabotage.

46. Cf. C. RICHARD, *op. cit.* ; A. MATHIEZ, *op. cit.* ; A. AULARD, *op. cit.*

47. Bibl. Bc. 2.

48. Sur l'enseignement des sciences en France avant la Révolution, voir : *Enseignement et diffusion des sciences au XVIIIe siècle*, sous la direction de R. TATON (« Histoire de la Pensée », XI), École Pratique des Hautes Études, Paris, 1964.

49. J. GUILLAUME, *Procès-verbaux du Comité d'Instruction publique*, tome I, Introduction.

50. P. DUPUY, « L'École normale de l'an III », *Le livre du centenaire de l'École normale, 1795-1895*, Paris, 1895, p. 1-209.

51. J. GUILLAUME, *op. cit.*, décret de création , t. V, p. 195 ; règlement, t. V, p. 427.

52. P. DUPUY, *op. cit.*, p. 162. Les cours de Berthollet avaient lieu les duodi et septidi.

53. *Séances...*, Paris, an III (1795), 8 vol.

54. Berthollet fit 14 leçons, Monge 12 et Laplace 16.

55. Sur toutes les questions concernant l'histoire de l'École polytechnique, voir :
1. les archives de l'École polytechnique, conservées à la Bibliothèque centrale de l'École : cartons de pièces diverses classées par années ; registres des procès-verbaux des séances du Conseil d'Instruction (P.V.C.I.), registres des procès-verbaux des séances du Conseil de Perfectionnement (P.V.C.P.) ;
2. A. FOURCY, *Histoire de l'École polytechnique,* Paris, 1828 ;
3. ÉCOLE POLYTECHNIQUE, *Livre du centenaire, 1794-1894,* Paris, 1894 (principalement le premier volume) ;
4. J.P.N. HACHETTE, *Correspondance sur l'École polytechnique,* t. I (1804-1808), Paris 1808 ;
5. *Journal de l'École polytechnique (J.E.P.),* Paris, an III, 1er cahier, p. III-VIII, 1-10.

56. Monge joua un rôle primordial dans toute l'organisation de l'École, aussi bien en 1794 qu'au cours des diverses réorganisations qui se succédèrent jusqu'à la fin de l'Empire ; cf. P.V.C.I., P.V.C.P. et L. DE LAUNAY, *Monge, le fondateur de l'École Polytechnique,* Paris, 1933 ; R. TATON, *L'œuvre scientifique de Monge,* Paris, 1951, p. 37-40.

57. Sur la place accordée à la chimie dans l'enseignement de l'École polytechnique, voir : Michelle SADOUN-GOUPIL, « L'organisation de l'enseignement de la chimie à la création de l'École polytechnique », *Actes du XIIIe Congrès International d'Histoire des Sciences, Moscou, 1971,* t. VII, Moscou, 1974, p. 24-33 ; « Joseph-Louis Gay-Lussac (1778-1850) : sa formation scientifique et ses premiers travaux », *Actes du 93e Congrès de l'A.F.A.S., Limoges, juillet 1974,* Limoges, 1975, et « L'enseignement des sciences expérimentales à l'École polytechnique sous la Révolution et l'Empire », *Comptes rendus du 100e Congrès National des Sociétés Savantes,* Paris, 1976, t. III, p. 113-128.

58. Son adjoint était Chaussier, son préparateur B. Welter. Fourcroy et Vauquelin enseignaient la première division, Guyton et Pelletier la troisième. Les deux autres préparateurs étaient Raymond-Latour, dont nous citons plus loin un témoignage sur Berthollet, et F.J. Bonjour, l'assistant de Berthollet de 1785 à 1788 pour les expériences sur le blanchiment.

59. Les emplois du temps des élèves dans chaque division sont conservés aux archives de l'École (cartons par années).

60. P.V.C.P., fasc. I, p. 144 ; voir aussi, plus loin, leur contenu.

61. P.V.C.P., fasc. II, p. 61 (1er vendémiaire an XIV). Lettre de démission adressée au gouverneur de l'École : lettre 85 (Arch. École polytechnique, carton 1794, IV).

62. Voir note 55, 1.

63. « Cours de chimie : substances animales », *J.E.P.*, 1er cahier, 1795, p. 136-137. Le programme de ce cours est publié dans : *Programmes de l'enseignement polytechnique de l'École centrale des Travaux publics...,* Paris, pluviôse an III (janvier-février 1795). Un résumé de ces cours se trouve à la Bibliothèque de l'École des ponts et chaussées (Ms. in-4o 2453).

64. Archives de l'École polytechnique, X II B. 4.

65. Bibl. 0.6.

66. Notes prises au cours de Prony, Monge, Guyton, Fourcroy et Berthollet par J.B. Atthalin, X II b. 4.

67. Bibl. Oc. 4.

68. « Lettre de J. Fourier du 28 ventôse an III (18 mars 1795) », *Bulletin de la Société des Sciences... de l'Yonne,* t. 12, 1858, p. 105-134. On y trouve la description de plusieurs professeurs.

69. E.F. JOMARD, *Notice...,* p. 52, note 44.

70. M. RAYMOND-LATOUR, *Souvenirs d'un oisif,* Lyon, Paris, 1836, p. 51.

71. Archives de l'Institut : Fonds Cuvier, liasse 226. On y trouve tous les documents dont Cuvier s'est servi pour écrire l'Éloge de Berthollet, ainsi que 4 versions corrigées plusieurs fois avant le texte définitif.

72. G. CUVIER, « Éloge... », *Recueil des Éloges de l'Institut,* t. III, 1827, p. 179-227. La citation est à la page 196.

73. L. AUCOC, *Institut de France,* Paris, 1889 : Discours préliminaire au projet de constitution d'un Institut, remplaçant les anciennes Académies, le 23 juin 1795, p. 3 ; Loi sur l'organisation de l'Instruction publique, créant un Institut divisé en 3 classes, la première comprenant 10 sections, le 19 octobre 1795, p. 4.

74. L. AUCOC, *op. cit.,* p. 12.

75. M.J. GUILLAUME, *Procès-verbaux du Comité d'Instruction publique...,* t. 6, p. 837.

76. E. MAINDRON, *L'Académie des sciences,* Paris, 1888, p. 142.

77. Ils élirent en particulier Fourcroy, le 9 décembre (cf. MAINDRON, *op. cit.,* p. 144).

78. Voir p. 159.

NOTES DU CHAPITRE V

1. Nous ne possédons pas la lettre que Berthollet reçut pour lui annoncer la demande du gouvernement, mais nous connaissons celle reçue par Monge le 14 mai 1796 pour le même motif ; en voici les termes qui expliquent le but de la mission :

« Le Ministère me charge, citoyen, de vous faire part que le Directoire exécutif vous a choisi, avec d'autres savants et artistes pour aller visiter et recueillir dans les pays conquis en Italie par les Armées victorieuses de la République, tous les monumens d'arts et de sciences que vous croirez dignes d'entrer dans nos musées et bibliothèques. »

Lettre conservée dans les archives de la famille Monge-Essachériaux et citée par les biographes de Monge : L. DE LAUNAY, *op. cit.,* p. 142 ; P. AUBRY, *op. cit.,* p. 167.

2. Il n'y eut que quelques objets et livres scientifiques envoyés en France. Certains furent présentés à l'Institut : *P.V.A.S.,* t. 1, p. 163, Lettre de Berthollet, lue par J. Darcet, le 2 janvier 1797, « relative à divers objets d'histoire naturelle ».

3. Voir p. 7-8.

4. Lettres 177, 21, 29. Berthollet était depuis 1787 membre associé étranger de l'Académie royale des sciences de Turin à laquelle il avait adressé plusieurs mémoires. Il se chargeait également de présenter à ses confrères de Paris les recueils des mémoires de l'Académie de Turin lorsqu'il les recevait. Bibl. M. 55.

Sur les relations de Berthollet avec les milieux turinois, voir aussi S. ROCCHIETTA et D. CAVANNA, « Claudio Berthollet, 1748-1822, gloria italiana e francese », *Actes du Symposium International sur ... la chimie ... de 1630 à 1850, Florence-Vinci, 8-10 octobre 1960* , Vinci, 1962, p. 109-122 (Collection des Travaux de l'Académie Internationale d'Histoire des Sciences no 13 [12]) .

5. Lettre 64.

6. De cette activité il reste un rapport publié : « Rapport sur la restauration du tableau de Raphaël connu sous le nom de Vierge de Foligno ... », Bibl. Bc. 8.

7. Pendant l'hiver qui suivit la campagne d'Italie, et alors qu'il préparait l'expédition d'Égypte, Bonaparte vint plusieurs fois assister en compagnie du général Desaix, au cours de Berthollet à l'École polytechnique (cf. *Livre du Centenaire...*, Paris, 1895 , t. III, p. 584).

8. La carrière des armes n'était pas la seule ambition de Bonaparte qui avait aussi des aspirations scientifiques ; les amitiés de Berthollet et de Monge, qu'il est difficile de dissocier à cette époque et sur ce point, tout en lui procurant des satisfactions intellectuelles, lui permirent également d'obtenir une distinction flatteuse autant qu'utile. En effet, une vacance se produisit en 1797 dans la Première Classe de l'Institut national, à la suite de l'exil de Lazare Carnot. Cette Classe ayant décidé le 17 octobre, à la demande du Directoire, qu'une élection aurait lieu pour assurer le remplacement de Carnot, Bonaparte, présenté parmi 14 candidats , fut retenu le premier sur une liste de trois. Il revint très opportunément d'Italie le 5 décembre et son élection fut ratifiée le 25. Dès le lendemain il assista à la séance de l'Institut, en habit, entre Monge et Berthollet qui apparaissaient ainsi comme ses parrains. Bonaparte, très fier de cette élection, sut gré à ses deux amis de l'avoir favorisée.

9. Cf. Biographies de Monge : L. de LAUNAY, *op. cit.*, et P. AUBRY, *op. cit.*

10. Lettre 64 datée de Milan, le 13 novembre 1797.

NOTES DU CHAPITRE VI

1. Principales références bibliographiques :

1) Souvenirs et documents d'époque

1. L.A. BOURRIENNE, *Mémoires...*, Paris, 1829 ; R.N. DESGENETTES, *Souvenirs d'un médecin de l'Expédition d'Égypte*, Paris, 1893 ; E. GEOFFROY SAINT-HILAIRE, *Lettres écrites d'Égypte...*, Paris, 1901 (et du même auteur une lettre inédite à Cuvier pour servir à l'éloge de Berthollet, conservée Bibl. de l'Institut, Fonds Cuvier, liasse 206) ;
P. JOLLOIS, *Journal d'un ingénieur attaché à l'Expédition d'Égypte...*, Paris, 1904 ;
E.F. JOMARD, *Description de l'Égypte...*, Paris, 1809-1822, 11 vol. (Berthollet fut longtemps président de la commission chargée de l'édition de ce monumental ouvrage) ;
E.F. JOMARD, *Notice sur la vie et l'œuvre de Cl. L. Berthollet*, Annecy, 1845 et *Souvenirs sur Gaspard Monge et ses rapports avec Napoléon*, Paris, 1853. (Ces deux courtes biographies sont riches en souvenirs concernant la vie des deux savants pendant l'expédition à laquelle Jomard participait lui aussi.)

2) Études ultérieures

L. de LAUNAY, *Monge...*, *op. cit.* Cet auteur étudie longuement la place de l'expédition dans la vie de Monge, en s'appuyant sur les lettres écrites à sa femme. Monge et Berthollet étant presque indissociables pendant cette période, nous avons trouvé là des renseignements sur la vie de ce dernier.
P. LEMAY, « Berthollet en Égypte », *R.H.P.*, t. 83, août 1933, p. 121.
Yves LAISSUS, « Les savants de l'expédition française d'Égypte », *École nationale des Chartes. Positions des Thèses*, Paris, 1954, p. 83-88, et «Gaspard Monge et l'expédition française d'Égypte, 1798-1799 », *C.R. du 84e Congrès des Sociétés Savantes*, Paris, 1959, p. 77-79.

2. P. AUBRY, *Monge..., op. cit.* (2e mission de Monge en Italie).

3. E. GEOFFROY SAINT-HILAIRE, *Lettres..., op. cit.*, Préface p. 1. Berthollet avait dit à Cuvier et à Geoffroy, à la sortie d'une séance de l'Institut le 5 janvier 1798 : « Venez ... Monge et moi serons vos compagnons et Bonaparte sera notre général. » L'auteur rapporte aussi que Thouin, qui venait de participer à la mission en Italie, fut sollicité de la même manière.

4. Correspondance d'Augustin Pyramus de Candolle : Archives de la famille de Candolle ; texte obligeamment communiqué par M. Roger de Candolle.

5. Archives École polytechnique : P.V.C.I., fasc. 1, p. 140 , séance du 8 floréal an VI (28 avril 1798).

6. Archives École polytechnique , carton 1794/4.

7. Bonaparte fit dessiner par Dutertre les portraits des principaux membres de l'expédition, en particulier Berthollet (cf. Planche V).

8. Cf. Geoffroy Saint-Hilaire, lettre inédite à Cuvier. L'auteur rapporte qu'un jour, dans les rues du Caire, Berthollet fut frappé par un soldat qui le croyait responsable de ses malheurs.

9. Jomard (cf. *Notice...*, p. 21) et Geoffroy (cf. Lettre à Cuvier), affirment que le chimiste commença par mettre des pierres dans ses poches et, devant l'étonnement réprobateur de ses compagnons qui trouvaient qu'il y avait mieux à faire en un tel moment, expliqua que c'était pour couler plus vite si le combat lui était fatal et faire échapper ainsi son corps à la sauvagerie des mameluks ; après quoi il prit les armes et participa à la défense du groupe.

10. P. TRIAIRE, *Dominique Larrey et les campagnes de la Révolution et de l'Empire (1768-1842)*, d'après des documents inédits..., Tours, 1902, p. 187 et 252.

11. *Courrier d'Égypte*, no 32, 26 messidor an VII (14 juillet 1799).

12. JOMARD, *op. cit.*, p. 18 ; Geoffroy donne un témoignage analogue.

13. Voir note 20.

14. F. GEOFFROY SAINT-HILAIRE, *Études progressives d'un naturaliste pendant les années 1834 et 1835*, Paris, 1835, p. 147.

15. Lettre inédite, Fonds Cuvier, B.I, liasse 206.

16. *Id.*

17. E.F. JOMARD, *op. cit.*, p. 28.

18. L.A. BOURRIENNE, *Mémoires*, t. 1, p. 247.

19. Sur la création, l'organisation et les activités de l'Institut d'Égypte voir : G. GUÉMARD, « Essai d'histoire de l'Institut d'Égypte », *Bull. Inst. Égyptien, t.* IV, 1924, p. 43-84 ; « Essai de bibliographie de l'Institut d'Égypte» , *ibid.*, p. 135-137 ; « Nouvelle contribution à l'histoire de l'Institut d'Égypte », *ibid.*, t. VIII, 1925, p. 71-93. Voir aussi la *Description de l'Égypte,* 11 vol., 1803-1828 (réimpr. Librairie Byblos, Beyrouth). Par ailleurs, parut au Caire, pendant l'expédition elle-même, un périodique contenant les principales informations sur la vie de cet institut : *La Décade Égyptienne,* 3 vol., Le Caire, an VIII (1800).

20. La classe de mathématiques était composée de Andréossy, Bonaparte, Costaz, Girard, Le Père, Le Roi, Malus, Monge, Nouet, Quesnot et Say. La classe de physique comprenait Berthollet, Champy, Delille, Descotils, Desgenettes, Dolomieu, Geoffroy Saint-Hilaire et Savigny.

21. Les procès-verbaux des séances de l'Institut d'Égypte jusqu'au 13 décembre 1798 ont été publiés par les soins de l'Institut national siégeant à Paris, qui en avait ainsi décidé le 25 avril 1799. Cette publication se trouve dans : *Rapports et travaux de l'Institut*, t. XVIII, 1803, sous le titre « Procès-verbaux de l'Institut d'Égypte », Paris, an VII, 26 p. On trouve également l'ensemble des comptes rendus des séances dans les trois volumes de *La Décade Égyptienne*.

Dès la première séance qui eut lieu le lendemain de la création, Bonaparte, président, fi nommer 5 commissions chargées de répondre à diverses questions. Berthollet appartenait à quatre d'entre elles : la Commission pour l'amélioration des fours pour la cuisson des pains ; la Commission sur les moyens de clarifier les eaux du Nil ; la Commission sur les moyens de remplacer le houblon dans la fabrication de la bière et la Commission sur les ressources de l'Égypte pour la fabrication de la poudre. Cette dernière avait la tâche la plus urgente à remplir ; le premier rapport fut lu par Andréossy dès le 28 août. Sur le même sujet des poudres, Berthollet lut le 2 septembre les résultats de son analyse de la poudre trouvée dans le château du Caire.

Les travaux et la création de nouvelles commissions se poursuivirent à un rythme un peu moins rapide ; la diversité des sujets évoqués révèle que les membres de l'expédition avaient des loisirs leur permettant de faire des recherches très personnelles et très variées.

22. Ce journal paraissant tous les dix jours – d'où son nom – n'avait pas de caractère scientifique ; il insistait sur les questions littéraires et d'économie politique ; aussi ne contient-il que deux mémoires de Berthollet concernant les teintures.

23. *Mémoires sur l'Égypte*, 4 vol., Paris 1800-1803. Le premier volume contient les mémoires les plus importants que Berthollet rédigea en Égypte.

24. « Mémoire sur la teinture du coton et du lin par le carthame », lu le 2 décembre 1798 ; *La Décade Égyptienne*, t. II, 1799, p. 129-131 , *Mém. sur l'Égypte*, t. I, 1800, p. 162-164 , Bibl. M. 62, P. 53 ; BERTHOLLET et DESCOTILS, « Observations sur les propriétés tinctoriales du henné », *La Décade Égyptienne*, t. II, 1800, p. 264-266 , *Mém. sur l'Égypte*, t. I, 1800, p. 280-294, Bibl. Mc. 3, Pc. 8.

25. « Observations eudiométriques », *Mém. sur l'Égypte*, t. 1, 1800, p. 284-294. Bibl. M. 64, P. 54.

26. « Observations sur le natron », Bibl. M. 63, P. 55. Le manuscrit de ce mémoire qui fut présenté devant l'Institut d'Égypte le 4 février 1799, se trouve aux Archives Nationales (F17 1099 : Mémoires et rapports déposés au secrétariat de l'Institut du Caire). Berthollet lui avait donné comme premier titre : « Observations sur le carbonate de soude qui se trouve dans la vallée du Natrum ».

27. Voir p. 155.

28. E.F. JOMARD, *Notice...*, p. 53.

29. C'est encore l'influence de l'Égypte qui apparaît quelques années plus tard dans le choix des armes de son blason de Comte de l'Empire avec un ibis d'or. Voir p. 107.

30. E.F. JOMARD (éd.), *Description de l'Égypte...*, Paris, 8 t. en 11 vol., Paris, 1809-1822. Étant donné son importance et ses dimensions, l'ouvrage fut aussi appelé « Monument sur l'Égypte ».

NOTES DU CHAPITRE VII

1. Berthollet s'était efforcé de participer, de loin, à cette vie : il correspondait régulièrement avec ses confrères de l'Institut, surtout avec Laplace qui lisait ses lettres en séance (*P.V.A.S.*, 1795-1799, p. 127, 163, 387). Réciproquement, Berthollet recevait les nouvelles scientifiques venues de France et les transmettait à ses confrères de l'Institut d'Égypte.

2. Ainsi, dès le 30 juillet 1795, il écrivait à Van Marum , « Vous avez continué à contribuer aux progrès des sciences et moi je les ai perdues de vue pendant notre longue révolution. Je n'ai rien fait en chimie » (lettre 61).

3. Voir la lettre 64 citée p. 42 et datée de novembre 1797. Son désir de travail était encore plus vif au retour d'Égypte ; la fréquence avec laquelle il présenta ses mémoires à l'Institut en novembre et décembre 1799 le montre bien.

4. Voir en particulier E.F. JOMARD, *op. cit.*

5. F.A. AULARD, *Paris sous le Consulat,* 6 vol., Paris, 1903-1909 ; Marquis de NOAILLES, *Le comte Molé, sa vie ses mémoires,* Paris, 1922, t. 1, p. 130-134.

6. G. CUVIER, *Éloge..., op. cit.*, p. 224.

7. Ces rencontres, fréquentes sous le Consulat, semblent s'espacer sous l'Empire. Nous attributions ce fait, d'une part aux absences de Napoléon souvent en campagne militaire, d'autre part au désir de Berthollet de se tenir loin de la cour dont il n'appréciait pas le genre de vie (voir p. 30).

8. Cte REMACLE, *Relations secrètes des agents de Louis XVIII à Paris sous le Consulat,* 1802-1803, p. 386.

9. *Correspondance de Napoléon,* t. 16, lettre 13580.

10. Voir p. 195 sq.

11. Lettre 117, du 8 novembre 1810.

12. CHAPTAL, VAUQUELIN, PROUST, PARMENTIER, BERTHOLLET, *Instruction sur la fabrication du sucre de raisin,* Paris, 1810, 31 p. Bibl. Bc. 12.

13. A.N., AA 63 (83).

14. A.N., AA 63 (83). Lettre non autographe signée de Berthollet et datée du 23 décembre 1807. Cette lettre est adressée au Ministère de l'Intérieur.

15. A.N., AA 63 (83). Lettre datée du 29 février 1808.

16. Lettre 101.

17. J. THIRY, *Le Sénat de Napoléon (1800-1814),* Paris, 2e éd., 1949, p. 36.

18. J. THIRY, *op. cit.*, p. 40.

19. *Ibid.*, p. 80-140. Sur son faible rôle, voir principalement p. 113.

20. Voir p. 85-86.

21. L.A. BOURRIENNE, *Mémoires,* t. 10, p. 49.

22. *Le Moniteur Universel,* 28 pluviôse an XII (19 février 1804), p. 605.

23. J. THIRY, *op. cit.*, p. 56.

24. *Ibid.*, p. 164.

25. *Ibid.*, p. 161. L. de BROTONNE, *Les Sénateurs du Consulat et de l'Empire,* Paris, 1895, Introduction, p. XI.

26. L. de BROTONNE, *op. cit.*, p. XI. Cette sénatorerie comprenait les départements suivants, à côtés desquels nous avons mentionné les revenus annuels correspondants : Aveyron (641 F), Hérault (8 180 F), Pyrénées-Orientales (2 492 F), Eure-et-Loir (6 855 F), Seine-et-Marne (4 522 F).

27. NAPOLÉON, *Correspondance,* t. 8, n° 6461.

28. A.N. O^2 1351 et O^2 1379.

29. J.S. JULIA, *Notice historique sur M. le Comte Berthollet..., op. cit.* Cet auteur, professeur de chimie médicale, correspondant de Berthollet, affirme que ce dernier lui avoua souvent être désolé d'avoir eu à quitter son laboratoire pour partir en mission dans le sud de la France.

30. *J. Phys.*, t. 60, 1805, p. 351 : « Un voyage m'oblige de suspendre la suite de cette discussion. »

31. A. ROBERT, E. BOURLOTON et G. COUGNY, *Dictionnaire des parlementaires français...*, Paris, 1891, t. 1, p. 292.

32. A. LIEVYNS, *Fastes de la Légion d'Honneur, Biographie de tous les décorés,* Paris, 1843 (2e éd.), t. 2, p. 238-240.

33. A. RÉVÉREND, *Armorial du Premier Empire,* Paris, t. I, p. 87.

34. *Ibid.*

35. *Ibid.* La dernière décoration fut accordée tardivement, le 3 avril 1813.

36. Dans ces distinctions, Berthollet est toujours associé à Monge et Laplace, auxquels était due la même reconnaissance.

37. P. DELAUNAY, *Le Monde médical..., op. cit.* p. 34-37.

38. Voir la réflexion de Fourcroy, rapportée par Mme Roland et citée p. 22.

39. Michèle SADOUN-GOUPIL, « Science pure et science appliquée dans l'œuvre de Cl. L. Berthollet », *R.H.S.*, XXVII, nº 2, 1974, p. 133.

40. J.P. MUIRHEAD, *The Life of James Watt, with selection of his correspondence,* London, 1858, p. 399.

41. Lettre 28.

42. C'est ce que fit son ami et confrère Chaptal.

43. Elle dut être vendue au retour d'Égypte. Dès le retour d'Italie, il avait décidé de ne plus y résider ; voir lettre 64 citée p. 24.

44. Situé au nº 15 : cf. J. HILLAIRET, *Dictionnaire historique des rues de Paris,* 1966, t. I, p. 171. La lettre 69, datée du 29 mai 1801, porte cette adresse.

45. L'acte d'achat de la propriété d'Arcueil est jusqu'ici demeuré introuvable, mais nous savons qu'en septembre 1801 Berthollet y résidait déjà et disposait d'un petit laboratoire (cf. lettres 70 et 71).

46. P. AUBRY, « Claude-Louis Berthollet », *Revue Savoisienne,* vol. 87-90, 1948, 3e trim., p. 125. L'auteur de cet article, faisant le compte de tous ses revenus, trouve que Berthollet recevait par année : 30 000 F comme sénateur ; 20 000 F de la sénatorerie de Montpellier ; 10 000 F du majorat de Westphalie, ceci après 1810 ; auxquels il faut ajouter l'indemnité de membre de l'Institut. L'auteur ajoute encore 6 000 F de traitement de professeur à l'École polytechnique ; mais, dans ce cas, il faut rappeler que Berthollet démissionna de son poste en 1805 et que, depuis plusieurs années déjà, il n'assurait plus qu'un cours de perfectionnement irrégulier ; de ce fait, il ne percevait plus son traitement et ceci depuis 1803 environ, comme le confirme l'examen des feuilles de soldes conservées à la Bibliothèque de l'École. Même sans ces 6 000 F supplémentaires, les autres sommes représentaient une belle fortune comparées aux prix des produits de consommation courante de l'époque relevés par Aubry. Vers 1806, la douzaine d'huîtres valait 40 centimes, un litre de vin de Bordeaux 12 sous, une livre de pot-au-feu 13 sous.

47. Le 13 novembre 1797, il lui écrivait (lettre 64) : « Je ne t'ai point répondu sur la disposition des billets donnés en remboursement des rentes... mais tu peux sur cet objet comme ainsi que sur les autres, faire tout ce que tu croiras à propos. » Voir aussi la lettre de Laplace citée plus loin.

48. Lettre autographe de Laplace signée également par Monge. Cf. A.N., AF IV 873. Ce dossier contient aussi la minute de la réponse de Napoléon (note 49) et la lettre de Berthollet (lettre 84) citées plus loin.

49. *Correspondance de Napoléon*, t. XV, n° 12502.

50. Bibl. 0.6.

51. Bibl. M. 65, P. 68 et O. 5.

52. En plusieurs séances d'octobre et novembre 1799.

53. Bibl. M. 80, P. 73 et O. 7, sous le titre : *Nouvelles recherches sur les lois de l'affinité.*

54. Bibl. Oc. 5.

NOTES DU CHAPITRE VIII

1. Sur la Société d'Arcueil, voir : M. CROSLAND, *The Society of Arcueil, a view of french science at the time of Napoléon 1er*, London, 1967, et M. DAUMAS, *Les savants d'Arcueil et la science au XIXe siècle*, Conférences du Palais de la Découverte, Série D, n° 30, 1954.

2. Trois volumes parurent ; ils seront notés par la suite, *Mém. Arcueil.*

3. *Mém. Arcueil,* t. 1, 1807, Introduction.

4. Voir Planche VII, la liste des membres de la Société ; en 1807, 4 d'entre eux, Laplace, Berthollet, Biot et Gay-Lussac, étaient membres de l'Institut.

5. A.L. LAVOISIER, *Traité élémentaire de Chimie,* Paris, 1789, Discours préliminaire, p. III.

6. A.F. FOURCROY, *Encyclopédie Méthodique, Chimie,* t. III, p. 425.

7. Voir plus loin son attitude vis-à-vis de Gay-Lussac et de Thénard.

8. A.F. FOURCROY, *op. cit.*, p. 246.

9. *Ibid.*

10. A.L. LAVOISIER et P.S. LAPLACE, « Mémoire sur la chaleur », *H.A.R.S., 1780,* 1784, Mém. p. 355-408. Sur la collaboration de ces deux savants, voir le récent article de H. GUERLAC, « Chemistry as a Branch of Physics : Laplace's Collaboration with Lavoisier », *Historical Studies in the physical science,* vol. 7, 1976, p. 193-276.

11. Bibl. M. 36, P. 22 et M. 38, P. 26.

12. Laplace était membre de l'Académie depuis 1769.

13. J. GUILLAUME, *op. cit.*, t.II, p. 398.

14. Voir p. 51, note 1. p. 256.

15. Voir seconde partie, p. 173, 220.

16. L.L. VEYSSIÈRE, ... *Arcueil* ..., *op. cit.*, p. 112.

17. F.D. ARAGO, « Notice biographique de P.S. Laplace », *OEuvre,* t.III, p. 459.

18. A. von HUMBOLDT, *Correspondance scientifique et littéraire,* publiée par M. de la Roquette, Paris, 1865, p. 197.

19. « Journal de Voyage », *Martinus Van Marum, Life and Works,* R.J. FORBES, éd., Haarlem, 1970, t. 2, p. 366.

20. Ch. BLAGDEN, « Journal de Voyage », Ms., Royal Society, Londres, vol. IV, fol. 3.

21. *Mém. Arcueil,* t. 2, 1809, p. 101.

22. N. Fortin, qui a laissé son nom à un baromètre, avait construit de nombreux appareils pour Lavoisier, en particulier des balances de très grande précision ; il surpassait par son habileté tous ses concurrents. Sur cette question voir : M. DAUMAS, *Lavoisier, théoricien et expérimentateur,* Paris, 1955, p. 132-156 et *Les instruments scientifiques aux XVII*[e] *et XVIII*[e] *siècles,* Paris, 1953, p. 364.

23. J.L. GAY-LUSSAC, « Premier essai sur les variations de température qu'éprouvent les gaz en changeant de densité », *Mém. Arcueil.,* t. 1, 1807, p. 180-204.

24. Cl.L. BERTHOLLET, « Description d'un manomètre », *Mém. Arcueil.,* t. 1, 1807, p. 282-304. Bibl. P. 74.

25. Cette balance fut utilisée par Thénard et Biot qui en remercièrent publiquement leur patron : cf. « Mémoire sur l'analyse de l'aragonite et du carbonate de calcium...», *Mém. Arcueil,* t. 2, 1809, p. 176-207, puis par Gay-Lussac et Thénard au cours de leurs nombreux travaux communs.

26. Lettre 82. Voir aussi : Michelle SADOUN-GOUPIL, « La correspondance de Berthollet et Van Marum, *R.H.S.,* t. XXV, 1972, p. 246-249.

27. Lettre 105.

28. E.L. MALUS, « Description et usage d'un goniomètre répétiteur », lu à l'Institut le 30 juin 1810, *Mém. Arcueil,* t. 3, 1817, p. 122-132. Cet appareil était basé sur une invention récente du physicien anglais Wollaston.

Berthollet avait également procuré à Malus un héliostat ; cf. J.E. BÉRARD, « Sur les propriétés des différentes espèces de rayons ... », *Mém. Arcueil,* t. 3, p. 11 : « M. Malus avait fait construire un héliostat pour le cabinet de physique d'Arcueil. » Les Archives de l'Académie des sciences conservent dans le dossier Berthollet un relevé de mesures faites avec « l'héliostat de M. Berthollet ».

29. Ces derniers appréciaient beaucoup ce laboratoire et ils exprimèrent leurs remerciements à celui auquel ils le devaient, dans de nombreux mémoires.

30. Au moment de la création de la Société d'Arcueil et dans les années qui suivirent, la chimie avait pris une place importante dans l'ensemble de l'enseignement ; la physique en revanche y tenait une place modeste ; les travaux pratiques de chimie étaient l'objet de soins particuliers. Cf. article cité dans la note 57, p. 252.

31. *P.V.A.S.,* « M. Berthollet lit une lettre de M... sur ...» et, dans de nombreuses lettres, Berthollet écrit : « J'ai lu [tel jour] votre lettre à l'Institut. »

32. Pour ces différentes raisons, il y a peu de mémoires de jeunes débutants d'Arcueil dans ces deux recueils.

33. Voir p. 26.

34. Les mêmes textes sont parfois publiés à la fois dans les *Annales* et dans les *Mémoires d'Arcueil.*

35. Il faut mentionner également le *Bulletin de la Société philomatique,* qui publiait très rapidement des résumés ou de courts comptes rendus des travaux de ses membres ; tous les savants d'Arcueil adhérèrent à cette Société à des dates diverses. Le *Journal de l'École polytechnique* accueillait lui aussi quelques articles des savants d'Arcueil qui avaient, presque tous, comme professeurs ou anciens élèves, des liens étroits avec l'École.

36. J.M. QUÉRARD, *La France littéraire ou Dictionnaire biographique,* Paris, rééd. photogr., 1969, t. 1, p. 304. Une courte notice lui est consacrée, avec une bibliographie des quelques mémoires qu'il rédigea.

37. 1780-1810 sont les dates exactes ; l'erreur la plus fréquente concerne la date de sa mort qui est généralement fixée en 1811 ou vers 1811, jamais en 1810 ; celle de sa naissance varie entre 1780 et 1785, souvent 1783. Les dates données par Quérard sont : 1783-1811.

38. Registre des matricules d'élèves de l'École polytechnique, fasc. 1, 1794-1802. Sa fiche d'entrée précise aussi son signalement, son adresse, les dates d'entrée et de sortie de l'École, ainsi que les congés qu'il a demandés (Pl. VIII).

39. A. LABOUCHÈRE, *Oberkampf, 1738-1815,* Paris, 1866, p. 135. L'auteur de cette biographie dit qu'Amédée travailla à Jouy de 1801 à 1805, qu'il s'y lia avec le fils d'Oberkampf auquel il donna le goût de la chimie et avec le neveu d'Oberkampf, Samuel Widmer, qui avait exploité la découverte de Berthollet pour le blanchiment des toiles dans les ateliers dont il était responsable.

40. Jouy-en-Josas, aujourd'hui dans le département des Yvelines (78).

41. L.L. VEYSSIÈRE, *Un village et un hameau du Hurepoix, deux communes du département de la Seine, Arcueil et Cachan,* Cachan, Les amis du vieil Arcueil, 1947, p. 197 ; A. LABOUCHÈRE, *op. cit.,* p. 17 et 28. C'est également dans cette région que nous pensons pouvoir situer la résidence d'Aulnay (cf. p. 30).

42. Cl. L. BERTHOLLET, *Éléments de l'art de la teinture, avec une description du blanchiment par l'acide muriatique oxigéné,* 2e édition, revue et augmentée ..., Paris, 1804. Bibl. Oc. 4.

43. A.B. BERTHOLLET, « Observations sur les précipités des dissolutions métalliques », lu à l'Institut les 14 mars et 2 mai 1803, *P.V.A.S.,* t. 2, p. 637 et 659.

44. *Essai,* t. 2, p. 447–485.

45. Voir les détails sur ces idées p. 195 sq.

46. J.L. PROUST, « Sur les oxidations métalliques », *J. Phys.,* t. 59, p. 339.

47. La courte bibliographie d'Amédée Berthollet est présentée à la suite de celle de son père : p. 374.

48. A.B. BERTHOLLET, « Mémoire sur la composition de l'ammoniaque », lu le 28 mars 1808, *P.V.A.S.,* t. 4, p. 41. Fourcroy, Vauquelin et Guyton furent nommés commissaires. Le mémoire fut publié : *Mém. Arcueil,* t. 2, 180, p. 268-295. Il fut également résumé dans : *Bull. Soc. Phil.,* t. 1, 1808, p. 150-152 et *Ann. ch.,* t. 67, 1808, p. 218-220.

49. Lettres conservées aux Archives de l'Académie des sciences et collection personnelle de M. Jacques.

50. A. LABOUCHÈRE, *op. cit.,* p. 135.

51. Guy BARRIELLE, *L'implantation des industries chimiques dans la « région des étangs » et « l'affaire du Pourra », 1806-1848,* D.E.S., sous la direction de M. Guiral, 1966-1967, Bibliothèque du Centre d'Études des Sociétés Méditerranéennes, Université de Provence, Aix-en-Provence, p. 22-30.

52. Th. THOMSON, *History of chemistry,* London, 1850, t. II, p. 151.

53. Archives de la famille de Candolle. Lettre de A.P. de Candolle à son père, Montpellier, 26 mars 1810.

54. Rapportés par Th. Thomson, *op. cit.,* p. 152.

55. « Monsieur le Sénateur Comte Berthollet et Madame, la Comtesse Berthollet ont l'honneur de vous faire part de la perte qu'ils viennent de faire de M. Amédée Berthollet, leur fils, décédé aux Martigues, près de Marseille, le 14 de ce mois.

« Paris, le 23 mars 1810. »

Publié dans les *Mémoires de l'Institut* ..., pièces détachées ... 32, 1810. L'État-civil de Martigues ne garde pas la trace de la mort d'Amédée Berthollet.

56. Ce billet, d'une écriture difficilement déchiffrable, est adressé à Mme Vimeux, amie de la famille Berthollet, dont le fils, Déodat, était un camarade d'Amédée. Berthollet, lui demande d'apprendre à la mère d'Amédée (sa femme) qu'elle n'a plus de fils. Voir Planche IX. Lettre 111.

57. Lettre 110.

58. F. ARAGO, « Notice biographique de Gay-Lussac », *Œuvres,* t. 1, 1854, p. 7.

59. Bibl. M. 66, P. 59 (lu le 21 mai 1800) : « Le citoyen Gay-Lussac, élève de l'École polytechnique qui me servait de coopérateur..., a répété ces expériences », *Ann. Ch.*, t. 39, 1801, p. 12.

60. Bibl. P. 62 : « Notice sur une méthode pour donner au lin et au chanvre l'apparence du coton », *J.E.P.* t. IV, 1802, p. 319 : « Le procédé très simple que je vais décrire a été exécuté dans un laboratoire de l'École polytechnique par le citoyen Gay-Lussac, alors élève de cette école. »

61. J.L. GAY-LUSSAC, « Recherches sur la dilatation des gaz et des vapeurs », *Ann. Ch.*, t. 43, 1802, p. 137-175 ; p. 140 : « J'ai été dans ce travail fortement engagé par le citoyen Berthollet dont j'ai l'honneur d'être l'élève. Je lui dois les moyens nécessaires à l'exécution de ce travail dans lequel j'ai été souvent dirigé par ses conseils et ceux du citoyen Laplace. »

62. F. ARAGO, *op. cit.,* p. 7.

63. Bibl. O. 6. Les références aux travaux de Gay-Lussac y sont nombreuses, elles concernent ses études sur les propriétés des gaz et ses analyses chimiques.

64. Voir plus loin, p. 81-82.

65. Archives de l'École polytechnique, carton 1795/4 ; publié dans A. FOURCY, *op. cit.*, p. 265.

Gay-Lussac entré à l'École fin 1797, sorti fin 1800, y revint le 31 décembre 1802 comme répétiteur attaché aux cours de Berthollet ; nommé assistant de Fourcroy en 1804, puis professeur de chimie pratique en 1809, il succéda en 1810 à Fourcroy comme professeur titulaire de chimie.

66. F. ARAGO, *op. cit.*, p. 63.

67. Bibl. M. 59, P. 52 (mémoire lu à l'Institut le 31 mars 1798).

68. F. DUBOIS, *Éloge de Louis-Jacques Thénard,* prononcé le 9 décembre 1862 à l'Académie Impériale de Médecine, Paris, 1863, p. 5.

69. Jusqu'en septembre 1804 Thénard fut répétiteur à l'École polytechnique pour le cours de Fourcroy ; il fut remplacé par Gay-Lussac.

70. M. CROSLAND, *op. cit.*, p. 130.

71. Son nom est surtout attaché à la purification du platine.
Voir J.L. GAY-LUSSAC, « Notice sur H.V. Descotils », *Ann. Ch.*, t. 4 (2e Série), 1817, p. 213-230.

72. Bibl. Mc. 3, Pc. 8 ; M. 64, P. 54.

73. Il souffrait de crises aiguës de péritonite dont il mourut en 1815.

74. E. PICARD, *La vie et l'œuvre de J.B. Biot*, Paris, 1927.

75. F.B. BIOT et F. ARAGO, « Mémoire sur les affinités des corps pour la lumière et particulièrement sur les forces réfringentes des gaz », *Mém. Institut,* t. 3 (1re série), 1806, p. 301-387. « Le sujet de toutes nos recherches étaient indiqué dans leurs ouvrages [Berthollet et Laplace] leurs conversations et leurs conseils nous ont fourni les moyens de les suivre et de les terminer. »

76. J.P.N. HACHETTE (éd.), *Correspondance sur l'École Polytechnique,* t. 1, 1804-1808, cahier nº 3 (février 1805), p. 56-58.

77. J.B. BIOT et J.L. GAY-LUSSAC, « Relation d'un voyage aérostatique... », lu devant l'Institut le 27 août 1804, *J. Phys.,* t. 59, 1804, p. 314-320. Au début du mémoire le rapporteur, Biot, insiste sur le rôle de Berthollet et de Laplace ainsi que sur l'intervention de Chaptal (cf. p. 314).

78. J.L. GAY-LUSSAC, « Relation du deuxième voyage aérostatique... », lu devant l'Institut le 2 octobre 1804, *J. Phys.,* t. 59, 1804, p. 454-459.

79. Sur sa vie et son œuvre, voir L. KELLNER, *Alexander von Humboldt,* London, 1969 ; sur ses rapports avec la Société d'Arcueil, voir M. CROSLAND, *op. cit.,* p. 104-113.

80. F. ARAGO, « Notice biographique...», *Œuvres,* t. 1, 1854, p. 17.

81. J.B. BIOT et A. HUMBOLDT, « Mémoire sur les variations du magnétisme terrestre à différentes altitudes », *J. Phys.,* t. 59, 1804, p. 429-450.

82. J.L. GAY-LUSSAC et A. HUMBOLDT, « Mémoire sur l'analyse de l'air... », *J. Phys.,* t. 60, 1805, p. 129-169.

83. Gay-Lussac était en effet à ce moment assistant de Fourcroy à l'École polytechnique. Voir lettre 181.

84. Le récit des observations qu'ils firent sur le magnétisme terrestre tout au long de leur voyage est le premier texte publié dans les *Mémoires d'Arcueil* : « Observations sur l'intensité de l'inclinaison des forces matnétiques faites en France, Suisse, Italie, Allemagne, par MM. A de Humboldt et Gay-Lussac », *Mém. Arcueil,* t. 1, 1807, p. 1-46.

85. A.P. de CANDOLLE, *Mémoires et souvenirs de A.P. de Candolle écrits par lui-même et publiés par son fils,* Paris, 1862. Ces souvenirs constituent une source intéressante de renseignements sur la vie scientifique française à l'époque napoléonienne, et particulièrement sur l'atmosphère d'Arcueil.

La correspondance de A.P. de Candolle, conservée dans les archives de la famille, à Genève, constitue elle aussi une très bonne source d'informations.

86. « Note sur la direction des plantes vers la lumière », *Mém. Arcueil,* t. 2, 1809, p. 104-111. Le troisième volume contient deux mémoires du botaniste : « Mémoire sur la géographie des plantes de France », p. 262-322, « Mémoires sur les renonculacées », p. 384-404.

87. F. ARAGO, « Biographie de Malus préparée pour la séance publique de l'Académie des Sciences de l'année 1854 », *Œuvres,* t. 3, 1857, p. 113-155 ; A. CHAPPERT, *Étienne-Louis Malus et la théorie corpusculaire de la lumière,* Paris, Vrin, 1977.

88. Ce mémoire destiné à l'Institut d'Égypte n'est connu que par deux lettres que Malus écrivit à Lancret (cf. B.I., Ms. 1692) et par le témoignage d'Arago, *op. cit.,* p. 133).

89. « Traité d'optique analytique », présenté le 20 avril 1807, rapport le 19 novembre par Lacroix, Lagrange, Laplace et Monge ; « Mémoire sur le pouvoir réfringent des corps opaques », présenté le 16 novembre 1807.

90. Le sujet du prix était : « Donner de la double réfraction que subit la lumière en traversant diverses substances cristallisées, une théorie mathématique vérifiée par l'expérience. »

91. *Mém. Arcueil,* t. II, 1809, p. 143-159, 254-268.

92. *Essai...,* t. I, p. 189-217.

93. Voir p. 65.

94. Berthollet écrivait à Charles Blagden le 19 avril 1809 : « Ce physicien à une grande sagacité et beaucoup de connaissances en mathématiques. » Lettre 105.

95. A. BÉCHAMP, « Discours prononcé à l'Hôpital Général sur la tombe de J.E. BÉRARD, le 13 juin 1869, *Union Nationale,* Montpellier, 1869. J.E. Bérard était né à Montpellier le 12 octobre 1789.

96. Béchamp affirme que Bérard avait, au lycée de Montpellier, préparé le concours d'entrée à l'École polytechnique, mais, contrairement à ses futurs collaborateurs, il n'y fut pas admis. Son intérêt ultérieur se porta surtout sur les problèmes de chimie appliquée et de médecine, ce qui le rapprochait à la fois de Cl. L. Berthollet et de son fils Amédée.

97. Voir seconde partie, p. 223.

98. *Ann. Ch.,* t. 71, 1809, p. 41-69 ; t. 72, 1809, p. 96-101 ; t. 73, 1810, p. 263-289.

99. J.E. BÉRARD, « Sur les propriétés des différentes espèces de rayons... », *Mém. Arcueil,* t. 3, 1817, p. 1-47. Ce mémoire avait été lu devant l'Institut en décembre 1812.

100. A. BÉCHAMP, *op. cit*

101. *Ibid.,* Selon cet auteur, la lettre qu'il cite est datée du 20 avril 1821, mais elle est signée Veuve Berthollet, ce qui est une contradiction, son mari étant mort le 9 novembre 1822.

102. Les Archives de l'Académie des sciences possèdent un important dossier constitué de manuscrits de Berthollet légués par les héritiers de la famille Bérard. Ces papiers, dont un important projet de traité de chimie, avaient été donnés par Berthollet à J.E. Bérard. Voir p. 127-128.

103. Voir p. 96.

104. Dulong était né à Rouen en 1785. Sur sa vie et son œuvre voir J. GIRARDIN et Ch. LAURENS, *Dulong, de Rouen, sa vie et ses ouvrages,* Rouen, 1954 et P. LEMAY et R.E. OESPER, « Pierre-Louis Dulong, his life and works », *Chymia,* t. 1, 1948, p. 171-190.

105. P. LEMAY et R.E. OESPER, *op. cit.*

106. P.L. DULONG, « Recherches sur la décomposition mutuelle des sels solubles et insolubles », lu à l'Institut le 29 juillet 1811 : *Ann. Ch.* t. 82, 1812, p. 273-308. Les résultats exposés dans ce mémoire sont utilisés par Berthollet dans le mémoire P. 93 et dans la « Revue de l'Essai ».

107. P.L. DULONG, « Sur une nouvelle substance détonante », lu à l'Institut le 7 janvier 1813 ; *J. Mines,* t. 33, 1813, p. 349-366 ; *Mém. Arcueil,* t. 3, 1817, p. 48-64.

108. Mémoire lu les 1er et 15 juillet 1816 ; rapport le 28 octobre. Cf. *P.V.A.S.,* t. 6, p. 101-108.

109. M. DAUMAS, « Gay-Lussac (1778-1850) », *R.H.S.*, t. 3, 1950, p. 335-342, citation p. 338 ; voir aussi du même auteur : *Les savants d'Arcueil ...* , Conférence du Palais de la Découverte, *op. cit:*

110. Dulong arriva en effet à Arcueil vers 1811, au moment où Berthollet, encore très affecté par la mort de son fils, n'assurait plus l'animation de la Société dont l'activité, de ce fait, se trouvait fort diminuée.

111. Voir p. 75.

112. Sur les différents épisodes de la vie d'Arago voir F. ARAGO, « Histoire de ma vie », *Œuvres,* t. 1, 1854. Introduction rédigée par A. von Humboldt.

113. F. ARAGO, « Notices biographiques des différents membres de la Société d'Arcueil », *Œuvres,* t. 1, 2, 3.

114. F. ARAGO, « Notice sur Gay-Lussac », *op. cit.,* t. 3, p. 33.

115. *Ibid.,* « Notice biographique sur Poisson », *Œuvres,* t. 2, 1854, p. 593-671.

116. J.A. CHAPTAL, *La vie et l'œuvre de Chaptal ; mémoires personnels rédigés par lui-même de 1756 à 1804 ; continués d'après ses notes par son arrière-petit-fils jusqu'en 1832,* Paris, 1893.

117. Grâce à la grande fortune personnelle qu'il avait acquise, Chaptal avait acheté près d'Amboise le château de Chanteloup où il se plaisait à résider et à recevoir ses amis, parmi lesquels on voyait souvent Laplace et Berthollet (cf. note 116).

118. En physique : la loi d'égale dilatation thermique pour tous les gaz ; cf. « Recherches sur la dilatation des gaz... », *Ann. Ch.*, t. XLIII, 1802, p. 137. En chimie : la loi de composition volumétrique ; cf. « Mémoire sur les combinaisons des substances gazeuses... », *Mém. Arcueil,* t. 2, 1809, p. 207 et *Ann. Ch.*, t. 43, 1809, p. 248. Ces deux lois portent le nom de Gay-Lussac.

119. Laplace s'intéressa à l'aspect théorique du problème et établit sa célèbre loi exprimée mathématiquement. Biot en assuma la partie expérimentale : J.B. BIOT, « Expériences sur la propagation du son à travers les corps solides et à travers l'air dans des tuyaux très éloignés », *Mém. Arcueil,* t. 2, 1809, p. 405-423 et « Expériences sur la production du son dans les vapeurs », *Mém. Arcueil,* t. 3, p. 94-104.

120. Gay-Lussac, sur le conseil de Berthollet avait aidé Hassenfratz dans ses mesures sur la vitesse du son, faites sur un projet de Laplace. Cf. *Ann. Ch.,* t. 53, 1805, p. 68. Amédée Berthollet avait aidé Biot pour les expériences concernant la vitesse du son dans les gaz faites à Arcueil (cf. J.B. Biot , *op. cit.,* p. 98) et auxquelles son père avait assisté.

121. Les expériences de Biot et Arago sur l'indice de réfraction des gaz rejoignent les deux préoccupations dominantes (cf. p. 75 et p. 263, note 75).

122. Voir les mémoires concernant l'acide muriatique oxygéné : Bibl. P. 14, P. 21, P. 26.

123. Voir « De l'influence de la lumière », Bibl. M. 41, P. 18.

124. Voir *Éléments de l'art de la teinture,* Bibl. O.3 et Oc. 4. Un chapitre entier plus développé dans la seconde édition (Oc. 4), est consacré à « à la théorie des couleurs et des propriétés distinctives des parties colorantes ». De même, un chapitre de la section consacrée au calorique, dans l'*Essai,* traite de la lumière et de son action chimique.

125. Voir p. 77.

126. J.L. GAY-LUSSAC et L.J. THÉNARD, *Recherches physico-chimiques faites sur la pile ... sur la préparation du sodium et du potassium ... sur les acides fluorhydrique, muriatique et muriatique oxigéné ; sur l'action chimique de la lumière...*, Paris, 1811, 2 vol. Suivies du « Rapport fait à ... l'Institut, par M. Berthollet au nom d'une commission composée par MM. Laplace, Monge, Chaptal, Haüy et Berthollet », t. 2, p. 351-424 (les recherches citées ici sont exposées t. 2, p. 189-195).

127. J.L. GAY-LUSSAC et L.J. THÉNARD, *Recherches..., op. cit.*, note 126. Description du procédé de préparation : t. 1, p. 74 ; commentaire de Berthollet : t. 2, p. 364-365.

J.N.P. HACHETTE (éd.), *Correspondance sur l'École Polytechnique,* t. 1, cahier n° 10, avril 1809 ; « Expériences de MM. Gay-Lussac et Thénard sur la potasse ; de l'appareil propre à répéter cette expérience », par Hachette, p. 445-449 ; « Suppléments par MM. Gay-Lussac et Thénard, aux expériences sur le métal de potasse ; de l'appareil propre à réduire la potasse par le fer », p. 451-457.

128. *P.V.A.S.*, t. 4, p. 173, « Mémoire sur la décomposition du gaz muriatique oxigéné et des muriates ».

129. *Mém. Arcueil,* t. 2, 1809, p. 339-358, « Extraits des mémoires lus à l'Institut du 7 mars 1808 au 27 février 1809, par MM. Gay-Lussac et Thénard ».

130. Voir p. 134.

131. Cf. *op. cit.* note 126.

132. *Ibid.*, t. 1, p. 174.

133. Cl. L. BERTHOLLET, « Rapport ... », *op. cit.*, t. 2, p. 400.

134. *Ibid.*, « Observations sur la composition de l'acide oximuriatique », lu le 18 mai 1812, *P.V.A.S.*, t. 5, p. 57.

Mém. Arcueil, t. 3, 1817, p. 171-179. Au début de son texte, Berthollet annonce : « ... lu à l'Institut le 24 mars 1811 », ce qui est manifestement une erreur car il n'y eut pas de séance ce jour-là ; en revanche les P.V. des séances mentionnent la lecture de ce mémoire le 18 mai 1812. D'autres erreurs de dates de ce genre se relèvent dans ce troisième volume.

135. « Note sur la décomposition de l'acide oximuriatique », *Mém. Arcueil,* t. 3, 1817, p. 603-612. Cette note est datée du 10 avril 1816.

136. *Op. cit.*, p. 604.

137. Voir p. 134-135.

137'. *Essai,* t. 1, p. 533.

138. Les titres de leurs mémoires sont par eux-mêmes très explicites.

139. Arago fut l'un des premiers savants français à adopter la théorie ondulatoire de la lumière émise par Huygens et reprise dès 1801 par Young, développée avec succès par A. Fresnel qu'il avait lui-même engagé dans cette voie (cf. F. ARAGO, « Biographie de Malus », *Œuvres,* t. 3, 1855.

140. Arago raconte lui-même (cf. « Biographie de Malus », *op. cit.*) les efforts qu'il fit sans succès pour faire abandonner la théorie corpusculaire par son confrère et ami. Malus étant mort en 1811, il faut en conclure qu'Arago était déjà partisan de la théorie ondulatoire lorsqu'il vint à Arcueil.

141. Voir p. 79.

142. Celle de Gay-Lussac et de Thénard est la plus célèbre.

143. Ce fut le cas entre Biot et Arago.

144. Voir les biographes contemporains, par exemple Arago, dans les notices des différents membres de la Société d'Arcueil ; en exergue à la correspondance qu'il avait réunie, Berzelius parla de Berthollet comme de l'« un des hommes les plus aimables qui aient existé » (cf. *Correspondance de Berzelius, op. cit.*, t. 1, fasc. 1, p. 1).

145. Voir plus loin les discussions avec Proust.

146. Voir le cas de J.B. Clément évoqué p. 178 et p. 291 (note 151).

147. Humboldt en parle dans sa correspondance (citée note 18 de ce chapitre).

148. Voir p. 90-91 et IIe partie, chapitres VI à VIII.

149. Liste des textes de Berthollet publiés dans les *Mém. Arcueil.*

T. 1 : « Description d'un manomètre », p. 282-304.
T. 2 : « Observations sur les proportions des éléments dans quelques combinaisons », p. 42-67 (petite mise au point dans la discussion avec Proust).– « Nouvelles observations sur les gaz inflammables désignés par les noms d'hydrogène carburé ... », p. 68-93.
Notes : « Sur la chaleur produite par choc et compression », p. 440-448. – « Sur les bézoards orientaux », p. 448-454 (analyse demandée par Napoléon). – « Sur les changements que la respiration apporte dans l'air », p. 454-463. – « Sur les mélanges réciproques des gaz », p. 463-470 (analyse critique de la loi de Dalton sur ces mélanges gazeux). – « Sur quelques rapports de quantité des éléments des combinaisons », p. 470-484 (supplément au 1er mémoire paru dans ce volume).
T. 3 : « Considérations sur l'analyse végétale et animale », p. 64-77 (ce mémoire, lu à l'Institut en décembre 1809, était donc ancien en 1817, aussi Berthollet signale-t-il que, depuis, Gay-Lussac et Thénard ont mis au point une méthode meilleure que la sienne). – « Observations sur les précipités mercuriels et ceux de sulfate d'alumine », p. 78-93. – « Suite du mémoire sur l'hydrogène sulfuré et les hydrogène carburé et oxicarburé », p. 152-164 (suite du mémoire du t. 2). – « Expériences sur l'acide nitrique », p. 165-170. – « Observations sur la composition de l'acide oximuriatique », p. 171-179 (mémoire lu en mai 1812). – « Note sur la composition de l'acide oximuriatique », p. 603-611 (mise au point du mémoire précédent).

150. Pour une étude plus complète, voir : M. CROSLAND, *op. cit.*,

151. Voir notamment les lettres 90, 91, 98, 105, 107, 108, 112, 124, 137. Il est chaleureux dans ses lettres à Charles Blagden. Ainsi, le 27 septembre 1807 il écrit : « Le zèle de la petite société se soutient » (lettre 90) ; le 19 octobre suivant : « C'est aujourd'hui réunion de notre société, je voudrais bien vous y voir » (lettre 91) ; le 20 juin 1808 : « Nous suivons toujours à Arcueil nos occupations chéries » (lettre 99) et enfin, le 19 avril 1809 : «Notre second volume prouvera j'espère que la société d'Arcueil a du zèle ; je désire bien de pouvoir vous le faire parvenir ainsi qu'à plusieurs de vos savants » (lettre 105).

152. Il s'agit en particulier de la théorie atomique et des problèmes posés par la découverte des phénomènes électrochimiques.

153. Voir l'introduction à la traduction française du *Système de chimie* de Th. Thomson, Bibl. Oc. 5.

154. Voir p. 88 et 96.

NOTES DU CHAPITRE IX

1. J. THIRY, *Le Sénat de Napoléon (1800-1814)*, Paris, 1949, 2e éd.

2. Texte de la déclaration signée le 31 mars, citée par Thiry et qui, d'après cet auteur, produisit une vive impression sur les sénateurs (THIRY, *op. cit.*, p. 306).

3. J. THIRY, *op. cit.*, p. 306. L'auteur affirme que tous les sénateurs se rendirent à cette invitation ; la lettre de Berthollet, que nous citons plus loin, ne permet pas de conclure avec certitude s'il participa ou non à ce dîner, mais laisse cependant penser qu'il en fut absent.

4. C'était le cas de Berthollet : voir la citation suivante.

5. J. THIRY, *op. cit.*, p. 307.

6. Lambrechts.

7. J. THIRY, *op. cit.*, p. 317.

8. Lettre 150, du 28 mars 1815.

9. DAVI et LOCARD (éd.)., *Dictionnaire des protées modernes..., par un homme retiré du monde*, Paris, 1815, p. 24 ; EYMERY (éd.), *Dictionnaire des Girouettes*, Paris, 1815, p. 42.

10. E. GRIMAUX, *Lavoisier...*, Paris, 1888 ; G. BOUCHARD, *Guyton de Morveau...*, Paris, 1938 et *Prieur de la Côte d'Or...*, Paris, 1946 ; L. de LAUNAY, *Monge...*, *op. cit.*

11. Il s'agissait du don de 150 000 F évoqué p. 59.

12. E.F. JOMARD, *op. cit.*, p. 53. Auger, dans sa notice, exprime la même opinion.

13. J.R. PARTINGTON, *A History of Chemistry*, London, 1962, t. 3, p. 499.

14. J. THIRY, *op. cit.*, p. 320 ; A. RÉVÉREND, *Titres, Anoblissements et Pairies de la Restauration, 1814-1830*, Paris, 1901, t. 1, p. 206.

15. Lettre 143.

16. Lettre 147 datée d'Arcueil, le 19 février 1815.

17. Berthollet avait toujours gardé un appartement à Paris, où il résidait en général pendant tout l'hiver ; Arcueil restait la résidence de la belle saison, pendant laquelle les réunions de la Société avaient lieu régulièrement. Cet appartement était, depuis 1806, situé rue d'Enfer, au numéro 37 (cf. plusieurs lettres à Charles Blagden et à Berzelius, ainsi que l'adresse figurant dans l'*Almanach Impérial*, Section Sénat). Ce quartier était l'un des centres de la vie scientifique parisienne ; de nombreux amis de Berthollet y habitaient, par exemple Gay-Lussac, au numéro 67.

Berthollet signale l'occupation de ses habitations par les troupes alliées dans d'autres lettres ; dans la première d'entre elles, envoyée à J. Watt et déjà citée plus haut, il écrit : « Dans les premiers temps qui ont suivi la paix, nous avions beaucoup de dérangements dans l'intérieur de nos maisons », et dans une autre lettre, adressée celle-ci au préfet dont dépendait Arcueil, le 27 avril 1814, il se plaint, tant en son nom qu'en celui des habitants d'Arcueil, de la brutalité des soldats qu'ils étaient obligés d'héberger : « Nous avons depuis hier à Arcueil, des Wurtemburgeois ridiculement exigeants et très brutaux. Ils ont maltraité et frappé plusieurs habitants ; quoiqu'on fasse des efforts pour les satisfaire, ils menacent continuellement de brûler et de saccager.» Lettre 140.

18. Lettre 146, datée du 26 décembre 1814.

19. Voir Rev. Essai, p. IV-VII, le détail de l'argumentation nous permettant de situer avec une bonne précision la date de rédaction de ce manuscrit.

20. Voir aussi plus loin les témoignages concernant ce projet une nouvelle fois contrarié.

21. Lettre 149.

22. C'est l'un des rares exemples que nous connaissions d'un jugement porté par Berthollet sur les affaires politiques ; parlant de cette « révolution », il affirmait en effet qu'« elle avait été bien préparée par l'inquiétude qu'on avait donnée sur l'aciquisition des biens nationaux qui intéressait la plus grande partie de la nation, par l'insolence des nobles départements, par la création de la maison militaire, par la persécution de ceux qui étaient compromis, par les justes mécontentements de l'armée, par les mômeries sacerdotales, par l'ineptie du ministère et par les fautes de tous les moments ». C'est un véritable réquisitoire contre le gouvernement de Louis XVIII.

23. Dans un post-scriptum à cette lettre, il avait ajouté : « Carnot vient d'être nommé Ministre de l'Intérieur. Les choix de l'Empereur sont presque tous très approuvés.»

24. Lettre 148.

25. Lettre 150.

26. A. LIEVYNS, *Fastes de la Légion d'Honneur. Biographie de tous les décorés* Paris, 2e éd., 1843, t. 2, p. 240.

27. Dans un brouillon de réponse à sa lettre du 25 mars, Blagden lui avait écrit : « Je suis enchanté que M. Carnot ait si bien réussi auprès de votre ancien ami et qu'en conséquence il vous a ensuite reçu comme autrefois. Le renversement de fortune sera j'espère seulement pour le moment, comme vous dites; par addition à l'acte constitutionnel , le chef du gouvernement doit nommer les membres de la chambre haute et j'ai grande confiance que vous serez du nombre. »

28. C'est ainsi que le 23 mars 1815 il écrit à Jomard : « Me voilà ruiné pour la seconde fois, mais je n'aurai aucun regret, ma ruine étant attachée au bonheur de mon pays » (lettre 148) et, le 25 mars, à Ch. Blagden : « ... il n'y a plus de Sénat et ma fortune est renversée pour le moment » (lettre 150).

29. Dans le brouillon de lettre de Blagden, cité plus haut, ce dernier avait écrit : « Est-il vrai, comme m'a dit Mme de Rumford, que vous allez louer votre maison d'Arcueil ? »

30. Cf. lettre 150 : « Nous avons actuellement plusieurs militaires logés chez nous. » Cette occupation ne cessa qu'en février 1816, comme en témoigne ce passage d'une autre lettre à Ch. Blagden : « Nous rentrons dans quelques jours dans la jouissance entière de la maison d'Arcueil » (lettre 152, du 3 février 1816).

NOTES DU CHAPITRE X

1. Voir p. 258, note 46, le détail des sommes reçues.

2. A. RÉVÉREND, *Titres, Anoblissements et Pairies de la Restauration, 1814-1830,* Paris, t. 1, p. 206.

3. Lettre n° 158, du 3 février 1816.

4. Voir p. 56, le rang élevé occupé par les sénateurs dans la hiérarchie des dignitaires de l'État.

5. Voir p. 57-59.

6. Dans sa lettre à Ch. Blagden, du 14 mars 1816, il écrit en effet : « Vous avez bien raison, mon cher ami, d'observer que la prudence exige qu'on s'en tienne à la plus stricte économie jusqu'à ce qu'on soit parvenu à plus de stabilité. C'est le parti que nous prenons: nous avons réduit nos dépenses autant qu'il était possible... » (lettre 159).

7. C'est ce qu'il a écrit à Ch. Blagden le 3 février 1816 : « Nous conservons notre petit appartement de Paris qui sera à votre disposition, car nous ne le conservons que pour les cas imprévus »(lettre 158).

8. Il le précisait à Blagden dès le 2 octobre 1815 : « Je puis espérer de pouvoir encore me reposer dans les sciences à Arcueil ; je n'en sortirai que pour mes devoirs » (lettre 154).

9. P.V. AUBRY, *Monge, le savant ami de Napoléon Bonaparte, 1746-1818,* Paris, 1954.

10. J. MAINDRON, *op. cit.*, p. 191–194.

11. A. RÉVÉREND, *op. cit.*, t. I, p. 206, « confirmation de pairie à titre héréditaire... par ordonnance du 19 août 1815 ».

12. A. RÉVÉREND, *op. cit.*, t. I, p. 207. « Titre de Comte Pair héréditaire... le 31 août 1817, confirmé sur majorat de pairie, par lettres patentes du 26 décembre 1818.»

13. C'était en particulier le cas de Guyton de Morveau à qui, lorsqu'il mourut en janvier 1816, Berthollet exprima publiquement son amitié dans un discours prononcé sur sa tombe. Cet épisode est évoqué p. 94.

14. Voir p. 29-31 et 55-56.

15. Voir p. 85-87.

16. Voir p. 93-95.

17. Lettre 154.

18. Lettre 159.

19. Ney fut immédiatement fusillé, le matin du 7 décembre, à la dérobée, dans l'avenue de l'Observatoire, non loin de l'appartement de Berthollet situé rue d'Enfer.

20. A. ROBERT, E. BOURLOTON, G. COUGNY, *Dictionnaire des parlementaires français...,* Paris, 1891, t. 1, p. 291. Le rédacteur de cet article ajoute qu'au sein de la Chambre des pairs, Berthollet se montra toujours le défenseur acharné des libertés accordées par la charte de 1815.

21. G. BOUCHARD, *Guyton-Morveau, chimiste et Conventionnel,* Paris, 1938.

22. E.F. JOMARD, *Notice sur la vie et les ouvrages de Cl.L. Berthollet,* Annecy, 1844, p. 33.

23. Il avait en particulier été exclu de l'Institut, lors de la réorganisation de ce dernier en mars 1816, ce qui l'avait profondément affecté (cf. Biographies de Monge, *op. cit.).*

24. E.F. JOMARD, *op. cit.*, p. 51 ; Ch. DUPIN, *Essai historique sur les services et les travaux scientifiques de Gaspard Monge,* Paris, 1819, p. 166-169. Un manuscrit autographe de ce discours se trouve à la Bibliothèque nationale de Vienne (S. 5059 E 4).

25. E.F. JOMARD, *op. cit.*, note 41 ; Ch. DUPIN, *op. cit.*, p. 305-315.

25 bis. E.F. JOMARD, *op. cit.*, p. 33.

26. Voir p. 29.

27. Lettre 158, à Blagden.

28. *Ibid.*

29. Lettre 159 à Blagden, du 14 mars 1816.

30. Lettre 155.

31. Lettre 162.

32. C'est l'un des éléments que nous utilisons pour dater la rédaction de ce texte resté inédit.

33. *Correspondance de Berzelius, op. cit.*, t. II, fasc. 1 ; correspondance avec P.L. Dulong, 1819-1837. Les premières lettres échangées évoquent très souvent cette collaboration d'où naquit une amitié qui unit les deux savants jusqu'à la mort de Dulong.

34. Lettre 168.

35. Il démissionna en particulier de sa charge de maire d'Arcueil qu'il avait cru pouvoir accepter pendant son regain d'activité (voir p. 99 et note 62 ci-après).

36. Lettre 172. Ce silence avait duré 8 mois, du 20 décembre 1819 au 4 septembre 1820.

37. Rappelons que Guyton était mort en 1816, Monge en 1818.

38. Lettre 172.

39. Même référence.

40. Lettre 174.

41. Ce professeur aimait se livrer à des recherches chimiques dont quelques-unes parurent dans les *Annales de chimie* ; dans plusieurs lettres il demande conseil à leur sujet (cf. lettre 180 et note suivante).

42. J.S.E. JULIA, ou JULIA-FONTENELLE, *Notice historique sur M. le Comte Berthollet...*, lue à la Société Royale Académique des Sciences de Paris. Lettre citée p.10.

43. E.F. JOMARD, *op. cit.*, p. 35.

44. Berthollet n'allait à Paris que pour assister aux séances de l'Académie des sciences, à celles de la Chambre des pairs, ou encore après 1820, à celles de l'Académie de médecine.

45. Il couvrait ainsi une distance d'environ 6 km.

46. Voir p. 96.

47. *Idem.*

48. Berthollet était demeuré président de la comlission chargée de la publication de la *Description de l'Égypte* ; Jomard en était l'éditeur. Une véritable amitié était née de cette collaboration.

49. Il était encore près de lui quelques jours avant sa mort (cf. lettre de Dulong à Berzelius, du 20 novembre 1823, relatant la mort de Berthollet ; voir p. 100).

50. Voir p. 96.

51. Lettre de Dulong à Berzelius, du 2 octobre 1810 (*Correspondance de Berzelius, op. cit.)*.

52. Dans la bibliographie, nous trouvons à la date de 1817 plusieurs textes publiés dans le troisième volume des *Mémoires d'Arcueil.* Ce sont pour la plupart des mémoires lus à l'Académie en 1811 et 1812 ; il y a aussi quelques notes, intéressantes, mais qui, en général, ne traitent que de questions d'ampleur limitée (en particulier celle du 16 avril 1816 sur la nature élémentaire du chlore).

53. Les registres des présences, imprimés à la suite des procès-verbaux des séances (*P.V.A.S.*, t. 6, 1816-1819, et t. 7, 1820-1821) attestent sa présence régulière, avec quelques absences saisonnières pendant les étés, jusqu'au 14 octobre 1822, soit trois semaines seulement avant sa mort, survenue le 6 novembre suivant.

54. *P.V.A.S.*, t. 6, p. 103 (21 octobre 1816). Il s'agit d'un mémoire, non reproduit, lu à la suite d'un rapport de Berthollet et Thénard (reproduit p. 101-103) sur un mémoire de Dulong.

55. Archives de l'Académie des sciences : dossier Berthollet et dossiers des séances au cours desquelles les rapports ont été lus.

56. Plusieurs d'entre eux commencent par cette phrase : « Nous devons MM. ... et moi, rendre compte... » ; les premiers noms sont ceux des autres rapporteurs, celui de Berthollet seul manque (par exemple : Rapport sur un mémoire de Chevreul, présenté le 15 janvier 1821, *P.V.A.S.*, t. 7, p. 128).

57. Le lecteur remplaçant Berthollet était souvent Gay-Lussac (le 31 août 1818, le 11 décembre 1819) ou Thénard (26 juillet 1819, 11 juin 1821).

58. Voir Bibl. P. 96 et P. 97.

59. *Id.*, P. 98.

60. Comme en témoigne un autre rapport publié par la Chambre des pairs sous le titre : « Opinion de M. le Comte Berthollet sur le projet de loi relatif à la fixation du budget des recettes de 1819 », Bibl. P. 99.

61. Archives de la Seine : D. O* Arcueil, et D. O[1] (personnel communal).
A.N. : F1 bI, 238 ; F2 bII, Seine, 9, 10, 13.

62. Lettre 171.

63. Voir en particulier la lettre 167 (19 décembre 1819).

64. *Correspondance de Berzelius, op. cit.*, t. 2, fasc., 1, p. 43. Cette lettre répondait à une autre de Berzelius, datée de septembre 1823, dans laquelle le savant suédois se plaignait de n'avoir aucune nouvelle de Berthollet. Il disait qu'il venait de lire dans un journal l'annonce de sa mort et demandait à son correspondant la confirmation de la nouvelle ainsi que des détails sur la fin de celui qu'il appelait, avec respect et amitié, « le patriarche d'Arcueil ».

65. Pour souligner la valeur de ce témoignage, qui est le plus précis de ceux relatant la mort de Berthollet, rappelons que Dulong était médecin et qu'il avait soigné des malades pendants plusieurs années.

66. Sous la Révolution et surtout pendant la campagne d'Égypte.

67. A.N., CC. 494, dossier n° 63. Extraits des registres des actes de décès de la commune d'Arcueil. Berthollet mourut vers 7 heures du soir ; Gay-Lussac et L.S. Auger signèrent l'acte de décès.

68. Lettre du 20 novembre 1823, *op. cit.*,

69. *Le Moniteur Universel*, n° 313, 9 novembre 1822. « Ses obsèques ont eu lieu aujourd'hui ...[à Arcueil] ... MM. les membres de l'Académie des Sciences, un grand nombre de pairs de France et beaucoup de personnes de distinction y ont assisté,. Les honneurs militaires lui ont été rendus par la garde nationale d'Arcueil et un détachement de troupes de ligne. Il a été inhumé dans le cimetière d'Arcueil ; 4 discours ont été prononcés par MM. le Comte Chaptal, Thénard, Gay-Lussac et Jomard, membre de la commission d'Égypte. »

70. J.A. CHAPTAL, « Discours prononcé par M. le Comte Chaptal à l'occasion de la mort de M. le Comte Berthollet », Chambre des pairs, session de 1823, séance du 19 février 1823, *Chambre des Pairs, Impressions diverses*, t. 1, 1823.

71. G. CUVIER, « Éloge historique de M. le Comte Berthollet », lu le 7 juin 1824, *Recueil des éloges historiques*, t. 3, 1827, p. 179-227.

72. Voir note 71, p. 253.

73. E. PARISET, « Éloge de M. le Comte Berthollet, lu à la séance publique de l'Académie Royale de Médecine, le 28 mars 1826 », *Histoire des membres de l'Académie Royale de Médecine*, t. 1, 1850, p. 164-208.

74. Cf. note 67, p. 272.

75. L.S. AUGER, « Notice nécrologique sur M. Berthollet », *Annales de la littérature étrangère*, t. 9, 1822, p. 290-299.

76. E.F. JOMARD, *Notice sur la vie et les ouvrages de C.L. Berthollet*, Annecy, 1844.

NOTES DU CHAPITRE XI

1. E.F. JOMARD, *op. cit.*, p. 39 et 53, note 49.

2. Voir planche hors texte

3. La Planche IV, p. 27, représente une lithographie reproduisant ce portrait.

4. Planche V, p. 45.

5. L. de LAUNAY, *Monge...*, p. 208.

7. *P.V.A.S.*, t. 7, 1820–1823, P. 468 ; « M. Auger, de l'Académie française écrit à l'Académie pour lui offrir en son nom et celui de Madame Berthollet, une épreuve du buste, ouvrage de M. Gayrard, graveur en médaille et statuaire. »

8. Lettre du 20 novembre 1823, *op. cit.*

9. E.F. JOMARD, *op. cit.*, p. 53, note 49.

10. L. de BROTONNE, *Les Sénateurs du Consulat et de l'Empire*, Paris, 1895, p. 16.

11. Voir p. 37.

12. E.F. JOMARD, *op. cit.*, p. 39.

13. L. de LAUNAY, *op. cit.*, p. 209.

14. L'ouvrage de De Launay en donne une reproduction. Cf. Pl. VI.

15. L. de LAUNAY, *op. cit.*, p. 209. Nous avons cité la réflexion de Bourrienne p. 48.

16. G. BOUCHARD, *Un organisateur de la victoire, Prieur de la Côte d'Or*, Paris, 1946, p. 384. La correspondance de Berthollet contient par ailleurs de nombreuses sollicitations pour l'obtention de postes ou de distinctions diverses à accorder à différents personnages.

17. Voir lettres 117, 118.

18. Lettre du 28 novembre 1823, *op. cit.*

19. Note conservée dans les papiers de Cuvier : B.I., Fonds Cuvier. Citée dans *René Just Haüy, 1743-1822*, Société française de Minéralogie, Paris, 1945 : « La vie et l'œuvre de l'Abbé R.J. Haüy », par Alfred LACROIX.

20. E.F. JOMARD, *op. cit.*, p. 37 et p. 52, note 45.

21. Voir en particulier le témoignage de Geoffroy Saint-Hilaire cité p. 47.

22. Voir p. 7 et note 21 p. 242.

23. En contrepartie de l'influence catholique reçue, il faut souligner celle des milieux intellectuels genevois qu'il fréquenta dans sa jeunesse.

24. E.F. JOMARD, *op. cit.*, p. 50.

25. Dans la mythologie de l'ancienne Égypte, l'ibis, oiseau sacré, était l'un des attributs du dieu Toth, protecteur des lettres et des sciences.

26. Comte Amédée de FORAS, *Armorial Nobiliaire de l'ancien Duché de Savoie*, Grenoble, 1955, t. I, p. 188.

27. Arch. de la Seine, DQ14 906 n° 43 (Tables des successions payées) et DQ14 846 fol. 125 (mutations par décès).

28. A.N., F12 2404.

29. A.N., Minutier central, Étude CXXXII, année 1822, acte n° 927.

30. B.N., Δ 14411.

31. L.L. VEYSSEIRE, *Un village et un hameau du Hurepoix... Arcueil et Cachan*, Cachan, 1947, p. 199 ; P. LEMAY, « Berthollet et la Société d'Arcueil », *R.H.P.*, n° 83, déc. 1933 et *Courrier Médical*, janv. 1934, p. 59.

32. Même référence.

II

A. LA FORMATION, 1770-1790

1. De 1776 à 1790, la bibliographie de Berthollet ne comporte aucun ouvrage d'ensemble, en dehors des deux œuvres collectives réalisées avec l'équipe de Lavoisier. En 1780 cependant, il avait rédigé un ouvrage important qui, présenté à l'Académie, fut l'objet d'un rapport favorable de Lavoisier ; c'était un traité sur les substances minérales qui ne fut jamais publié. Voir à ce propos : Michelle SADOUN-GOUPIL, « Un manuscrit inédit de Claude-Louis Berthollet », *Physis*, t. 3, 1974, p. 347-376.

2. Ce sont les « théories particulières » dont Berthollet parle dans son *Essai*, cf. t. 1, p. 5.

3. Les *Éléments de l'art de la teinture*, dont la publication termine cette période, sont un premier essai de synthèse ; nous y reviendrons plus loin.

NOTES DU CHAPITRE PREMIER

4. Sur le développement de la chimie pneumatique, voir :
M. DAUMAS, « Naissance de la chimie moderne », *Histoire générale des sciences*, t. II, 1969 (2e éd.), p. 570-597 et D. McKIE, *La chimie au XVIIIe siècle avant Lavoisier*, Conférences du Palais de la Découverte, série D, n° 54.

5. H. METZGER, *Newton, Stahl, Boerhaave et la doctrine chimique*, Paris, 1930, rééd. A. Blanchard, 1974. En France, l'union de ces deux doctrines apparaît de façon nette, par exemple, dans le cours de chimie de J.B. SÉNAC, *Nouveau cours de chymie suivant les principes de Newton et de Stahl...*, Paris, 1723, 2 vol. in-12.

6. Sur l'origine et le développement de la théorie du phlogistique, voir :
M. DAUMAS, « La chimie des principes », *Histoire générale des sciences*, t. II, p. 354-359 ; J.R. PARTINGTON, « The phlogistic theory », *A History of Chemistry*, t. II, London, 1961, p. 637-686 ; D. McKIE, « La théorie du phlogistique », *Endeavour*, juill. 1959, p. 133-158.

7. A.L. LAVOISIER, *Opuscules physiques et chimiques*, Paris, 1774, reproduit dans *Œuvres*, I, 1864, p. 437-666. L'auteur met en doute la théorie de Stahl mais sans l'attaquer encore directement.

8. Sur la « Révolution chimique » de Lavoisier, voir en particulier :
A.L. LAVOISIER, *Traité élémentaire de chimie présenté dans un ordre nouveau*, Paris, 1789 et *Œuvres*, Paris, 1864-1893, 6 vol : t. 1, *Traité élémentaire de chimie* ; t. 2, 3, 4, *Mémoires de chimie et de physique*.
D.I. DUVEEN et H.S. KLICKSTEIN, *A Bibliography of the Works of A.L. Lavoisier*, London, 1954 et D.I. DUVEEN, *Supplement to a Bibliography of the Works of A.L. Lavoisier, 1743-1794*, London, 1965.

M. BERTHELOT, *La Révolution chimique : Lavoisier,* Paris, 1890.
E. GRIMAUX, *Lavoisier,* 3e éd., Paris, 1899.
A.N. MELDRUM, *The Eighteenth Century Revolution in Chemistry*, London, 1929.
D. McKIE, *Antoine Lavoisier, The Father of Modern Chemistry,* New York, 1935 ;
– *Antoine Lavoisier, Scientist, Economist Social Reformer,* New York, 1952.
M. DAUMAS, *Lavoisier,* Paris, 1941 ;
– *Lavoisier, théoricien et expérimentateur,* Paris, 1955 ;
– « Lavoisier et ses historiens », *Archives Internationales d'Histoire des Sciences,* X, 1957, p. 19-23.
J.R. PARTINGTON, *A History of Chemistry,* t. III, London, 1962, p. 363-495.
H. GUERLAC, *Lavoisier : the Crucial Year,* 1772, Ithaca, 1961.

9. Les études de médecine à la Faculté ne comportaient pas d'enseignement de chimie. Nous n'avons trouvé aucun indice permettant de penser que Berthollet ait suivi à Turin un cours de chimie comme il le fit ensuite à Paris ; en revanche, il avait certainement lu les travaux de l'Académie de Turin : il cite en effet dans ses premiers mémoires des études de Landriani, de Fontana et du comte de Saluces.

10. Les articles « Affinité » et « Causticité » de la 2e édition du *Dictionnaire de chymie*, sont particulièrement explicites à cet égard (cf. P.J. MACQUER, *Dictionnaire de chymie,* 2e éd., Paris, 1778, t. 1, p. 57-73 et 290-333).

NOTES DU CHAPITRE II

1. Mémoire sur l'acide tartareux », *J. Phys.*, t. 7, 1776 (févr.), p. 130-148., Bibl. P.1.

2. *Observations sur l'air,* Paris, 1776, 59 p. in-12. C'est un ouvrage très rare ; nous n'en avons trouvé qu'un seul exemplaire à la Bibliothèque de la Faculté de médecine de Paris (Bibl. O.1).

3. Lettre 2.
4. *Op. cit.*, p. 30.
5. *Ibid.*, p. 51-52.
6. *Ibid.*, p. 52.

7. Tiré du « tartre », cet « acide » était formé d'acide tartrique et d'autres acides végétaux (acide oxalique) ; tous comprennent dans leur formule un ou plusieurs groupements COOH et libèrent du gaz carbonique par décomposition.

8. *Op. cit.*, p. 10-11. Les notes sont les références bibliographiques des travaux anglais et italiens des auteurs correspondants.

9. *Op. cit.*, p. 12.
10. *Op. cit.*, p. 16.
11. *Op. cit.*, p. 18.
12. *Op. cit.*, p. 20.

13. La fermentation du sucre des jus de fruits absorbe de l'oxygène et libère du gaz carbonique ; ensuite, l'alcool formé s'oxyde à l'air sous l'influence d'un catalyseur pour donner le vinaigre.

14. *Op. cit.*, p. 22.
15. *Op. cit.*, p. 24.
16. *Ibid.*, p. 38.

17. Il ne faut pas confondre cet acide universel de Berthollet avec le principe élémentaire dont tous les acides ne seraient qu'une modification, qui fut une idée courante au XVIIIe siècle, particulièrement adoptée par le chimiste hollandais G. Homberg et rejetée par E. Geoffroy (Geoffroy l'aîné). Cf. H. METZGER, *Les doctrines chimiques en France...*, p. 417).

18. *Op. cit.*, p. 41.
19. Voir plus loin les mémoires sur la décomposition du nitre.

20. *Op. cit.,* p. 45.
21. *Ibid.,* p. 45-46.

22. G.L. Leclerc, comte de BUFFON, *Histoire naturelle générale et particulière servant de suite à la théorie de la Terre et d'Introduction à l'Histoire des minéraux,* suppléments t. I, II, Paris, 1774 ; cité par Berthollet, p. 47, note 1.

23. *Op. cit.,* p. 46-47. Les notes de Berthollet (appels de notes en romain), sont des citations des passages de l'œuvre de Buffon qu'il réfute.

24. *Ibid., p. 49-50.*
25. *Ibid.,* p. 50.
26. *Ibid.,* p. 57.
27. *Op. cit.,* p. 58.
28. *Ibid.,* p. 59.

29. « Observations sur l'air de M. Berthollet », *J. Méd.,* t. 46, 1776, p. 441-452 (citation p. 451).

30. *Ibid.,* p. 531-536 et « Lettre à M. Berthollet au sujet de ses observations sur l'air », *J. Méd.,* t. 47, 1777, p. 332.

31. A.F. FOURCROY, *Encyclopédie méthodique, Chimie,* t. III, p. 482-484.
32. Voir p. 15.
33. Voir Bibl. M. 1 à M. 18.
34. Principalement M. 1 et M. 2.

35. Le lien entre la causticité et le phlogistique est en réalité plus étroit et plus subtil et il apparaît ainsi dans la théorie de Berthollet. Le phlogistique est l'élément dont l'échange explique les oxydoréductions ; or, de nombreuses substances caustiques, les alcalis exceptés, sont des oxydants énergiques. C'est le cas de certains oxydes métalliques qui ne possèdent pas de phlogistique, en acquièrent en se réduisant en métal et perdent en même temps leur causticité ; c'est également le cas de certains acides concentrés comme l'acide nitrique et l'acide sulfurique. Nous verrons plus loin que Berthollet attribue leur causticité à l'absence de phlogistique.

36. P.J. MACQUER, *Dictionnaire de chymie,* 2e éd., Paris 1778, article « Causticité », t. I, p. 290-333. Dans la première édition de 1766, l'article ne comprenait que deux pages. Entre temps, les polémiques au sujet de la théorie de Black et de Meyer avait rendu la question plus importante.

37. *Op. cit.,* p. 291.
38. *Ibid.,* p. 291.
39. *Op. cit.,* p. 293.
40. *Op. cit.,* p. 300.
41. *Ibid.,* p. 331-332.

42. « Essai sur la cause de la causticité des alcalis et des précipités métalliques », lu le 1er décembre 1779 (Bibl. M. 7) ; publié dans *J. Méd.,* t. 53, 1780, p. 50-69, sous le titre « Essai sur la causticité des sels métalliques » (Bibl. P. 3).

43. « Deuxième et troisième mémoires sur la cause de la causticité des sels et des précipités métalliques », lus les 1er, 9, 17 février 1780 (Bibl. M. 8, M. 9) non publiés ; rapport de Lavoisier et Macquer le 12 avril 1780.

44. « Mémoire sur la cause de la causticité », lu le 15 juillet 1780 (Bibl. M. 16).

45. « Essai sur la causticité des sels métalliques », *H.A.R.S., 1780* (1784), *Hist.,* p. 28, *Mém.,* p. 448-470 (Bibl. P. 6). Ce texte porte la mention « Lu en 1779, relu en 1780 » ; or, la comparaison des deux mémoires publiés (P. 3 et P. 6) montre qu'ils sont différents, le second étant plus complet que le premier dont il ne reprend qu'un seul paragraphe et auquel il se réfère.

46. *J. Méd.*, t. 53, p. 50 (Bibl. P. 3).

47. Berthollet fait ici allusion à sa « Lettre à M. d'Arcet sur l'acide animal », *J. Méd.*, t. 51, 1779, p. 537-545 (Bibl. P. 2).

48. *J. Méd.*, t. 53, p. 50. Berthollet a une vue exacte du phénomène et il en donne une explication cohérente dans la théorie du phlogistique ; en effet, les propriétés caustques de ces substances sont des propriétés oxydantes dues à l'oxygène qu'elles contiennent ; voir note 35.

49. Macquer a employé le mot « force », cf. citation de la note 40.

50. *Ibid.*, p. 50.

51. Le deuxième mémoire contient des observations sur deux sels de mercure – les chlorures – et des remarques intéressantes sur l'action de l'eau régale ; Berthollet pense que, dans ce cas, seul l'acide marin déphlogistiqué – chlorhydrique – agit sur le métal, l'acide nitrique ne faisant que déphlogistiquer l'acide marin. Le 3e mémoire concerne d'autres sels que ceux de mercure.

52. R.M.A.S. pour 1780, p. 81, publié dans A.L. LAVOISIER, *Œuvres*, t. IV, p. 348. L'opinion était peut-être celle de Macquer.

53. *Ibid.*, p. 84.

54. *Ibid.*, p. 85. Le mémoire de Berthollet avait, toutefois, l'approbation des deux commissaires.

55. En 1782, Berthollet revint sur ce sujet dans un mémoire consacré à la causticité des alcalis et de la chaux. Cf. Bibl. M. 21, P. 10.

56. « Mémoire sur la décomposition de l'acide nitreux », lu le 17 janvier 1778 (Bibl. M. 2).

57. « Observations sur la décomposition du nitre et de l'acide nitreux », lu les 24 janvier, 3 et 17 février 1781. Publié dans *H.A.R.S., 1781* (1784), *Hist.*, p. 28, *Mém.*, p. 28-33, 228-233, 234-242. Sous le titre général « Observations sur la décomposition de l'acide nitreux », subdivisé en :

1er mémoire : « De la décomposition du nitre exposé sans mélange à l'action de la chaleur » ;

2e mémoire : « Du nitre exposé à l'action de la chaleur avec le charbon, le soufre et l'arsenic » ;

3e mémoire : « Du nitre exposé à l'action de la chaleur avec les substances métalliques ».

(Bibl. P. 9, P. 9 bis, P. 9 ter).

58. *H.A.R.S., 1781*, (1784), p. 236-237. Ce passage est cité intégralement, avec d'autres extraits importants du même mémoire, par Fourcroy, dans l'*Encyclopédie méthodique, Chimie*, t. 3, p. 543-545. Avant ces longues citations, l'auteur précise qu'en les lisant : « On connaîtra exactement la manière de penser de cet habile chimiste en 1781, et l'on aura en même temps une idée assez exacte de l'opinion la plus généralement adoptée alors par ceux des physiciens qui, sans vouloir créer des théories nouvelles, et en suivant la marche de la science, se contentaient d'accorder autant qu'il leur était possible, chaque découverte nouvelle avec la doctrine du phlogistique. » C'était effectivement l'attitude de la plupart des chimistes de l'époque, parmi lesquels nous citerons Macquer, pour l'ancienne génération, et Fourcroy pour la plus jeune. Le jugement à posteriori, de Fourcroy est confirmé par celui, rédigé à l'époque même par Condorcet dans la partie *Histoire* du recueil dans lequel l'exposé de Berthollet était publié.

59. *Op. cit.*, p. 241-242.

60. *H.A.R.S., 1781* (1784), *Hist.*, p. 28.

61. « Expériences sur l'acide sulfureux », lu le 27 novembre 1782 (Bibl. M. 23), publié dans *H.A.R.S., 1782* (1785), *Mém.*, p. 597-601 (P. 12).

62. « Sur la différence entre le vinaigre radical et l'acide acéteux », lu le 12 juillet 1783, (Bibl. M. 26) ; *H.A.R.S., 1783* (1786), *Mém.*, p. 403-407 (P. 15).

63. E. GRIMAUX, *Lavoisier (1743-1794), d'après sa correspondance...*, Paris, 1888, p. 45 ; M. DAUMAS, *Lavoisier, théoricien et expérimentateur*, Paris, 1955, p. 48-49. La première expérience de formation de l'eau à partir d'hydrogène et d'oxygène eut lieu le 24 juin 1783 (registre de laboratoire de Lavoisier, t. VIII, p. 63 ; cf. M. DAUMAS, *op. cit.*, p. 48), en présence de Charles Blagden et de l'équipe de l'Arsenal. Elle fut suivie d'un grand nombre de séances de mise au point qui aboutirent finalement aux célèbres expériences de 1785. Minutieusement préparées, elles eurent lieu les 27 et 28 février devant tous les membres de la Classe de chimie de l'Académie.

64. *Séances*, Cours n° 5, t. 2, p. 385 (Bibl. Oc. 4).

65. *Ibid.*

66. *Séances*, t. 2, p. 385. Berthollet poursuit en signalant les expériences que Monge fit à Mézières « pendant le même été ... sans savoir ce qui se passait à Londres et à Paris » et précise qu'alors « il [Monge] donna une solution très rigoureuse en employant des moyens différents ».

Sur ces expériences de Monge, voir R. TATON, *L'Œuvre scientifique de Monge*, Paris, 1951, p. 327-331.

67. Il assista à presque toutes les expériences faites à partir de 1783 ; il signa les procès-verbaux des expériences officielles et sans doute collabora-t-il aux discussions qu'elles suscitaient ; mais les documents manquent encore pour préciser sa véritable participation.

68. C'est pourquoi Berthollet accorde à la composition et à la décomposition de l'eau une place importante dans son exposé aux futurs professeurs qu'il est chargé de former ; il y consacre toute une séance et engage ses auditeurs à suivre la même voie dans les Écoles centrales où ils auront, en principe, à enseigner.

69. Ce texte avait été lu le 3 avril devant un comité réuni chez le duc d'Ayen, chargé d'examiner les mémoires destinés à la séance publique (cf. R.M.A.S., p. 55, séance du 8 mai) ; il s'était élevé une question de priorité avec Pelletier qui avait, lui aussi, lu le 6 avril un mémoire sur le même sujet.

70. « Mémoire sur l'acide marin déphlogistiqué », *J. Phys.*, t. 26, 1785, p. 321-330 (avec la mention : « Lu à la séance publique de l'Académie du 6 avril 1785», Bibl. M. 33, P. 14).

71. « Mémoire sur l'acide marin déphlogistiqué », lu le 21 décembre 1785 (Bibl. M. 38), *H.A.R.S., 1785* (1788), p. 276-285 (Bibl. P. 26).

72. *Op. cit.*, p. 276. Berthollet fait ensuite allusion à son mémoire du 6 avril.

73. D'où l'importance qu'il accorde, comme Lavoisier, à la précision des expériences.

74. Bibl. M. 44, P. 30. En 1796, il trouva une autre exception à la théorie de Lavoisier sur les acides en montrant que l'acide sulfhydrique (hydrogène sulfuré) ne contient pas, lui non plus, d'oxygène (cf. Bibl. M. 58, P. 31).

75. Voir p. 155 sq.

76. Voir p. 195 sq.

77. Dans l'introduction à son *Essai*, Berthollet fit un effort pour exposer clairement sa méthode (voir p. 165-166). Dans les cours à l'École normale, il avait fait une tentative analogue (cf. p. 146-147).

78. *Commentaires de la Faculté de médecine de Paris, 1777-1786*, p. 745 ; R.M.A.S., 1780, p. 140.

79. A.L. LAVOISIER, *Œuvres*, t. IV, p. 379-387.

80. Nous avons donné une analyse de ce traité dans un article récent :
M. SADOUN-GOUPIL, « Un manuscrit inédit de Claude-Louis Berthollet », *Physis*, t. 16, n° 4, 1974, p. 347-376.

81. Le manuscrit comporte 360 pages de format 35 x 22 cm.

NOTES DU CHAPITRE III

1. A.F. FOURCROY, *Encyclopédie méthodique, Chimie,* t. III, p. 562 : « Fourcroy ... était décidé, dès la fin de 1786... à adopter entièrement la théorie pneumatique dont la clarté et la liaison facile des idées devenaient dans ses cours une grande raison de préférence aux yeux de ceux qui se livraient à l'étude de la chimie. »

2. On les nomma les chimistes pneumatistes, à cause du rôle prépondérant que jouaient les gaz dans leur théorie, antiphlogisticiens ou encore, à l'étranger, « les chimistes français ».

3. *Méthode de nomenclature chimique proposée par MM. de Morveau, Lavoisier, Berthollet et de Fourcroy.* On y a joint un nouveau système de caractères chimiques adaptés à cette nomenclature par MM. Hassenfratz et Adet, Paris, 1787 (Bibl. Oc. 1).

4. M. CROSLAND, *Historical Studies in the Language of Chemistry,* London, 1962. On trouvera dans cet ouvrage une étude détaillée de l'élaboration de la nomenclature chimique à la fin du XVIIIe siècle ; et une analyse de la nouvelle nomenclature et de son accueil tant en France qu'à l'étranger.

5. P.J. MACQUER, *Dictionnaire de Chymie,* 1re éd., Paris, 1766, 2 vol. ; 2e éd., Paris, 1778, 4 vol.

6. A. BAUMÉ, *Chymie expérimentale et raisonnée,* Paris, 1773.

7. T. BERGMAN, *Opuscula physica et chimica,* Uppsala, 1779-1790, 6 vol.

8. T. BERGMAN, *Opuscules chimiques et physiques,* traduction Guyton, Dijon, 1780-1785, 2 vol. Guyton traduisit les deux premiers des *Opuscules* de Bergman et les publia avec des notes qu'il avait lui-même rédigées.

9. L.B. GUYTON DE MORVEAU, *Mémoire sur les dénominations chimiques, la nécessité d'en perfectionner le système et les règles pour y parvenir,* Dijon, 1782.

10. A.F. FOURCROY, *Encyclopédie méthodique, Chimie,* t. III, p. 562. Les deux premiers tomes de « Chimie » sont rédigés par Guyton, les autres par Fourcroy.

11. A.L. LAVOISIER, « Mémoire sur la nécessité de réformer et de perfectionner la nomenclature de la chimie, lu à l'Assemblée publique de l'Académie Royale des Sciences du 18 avril 1787 », *Méthode de Nomenclature chimique...,* p. 1-25.
L.B. GUYTON DE MORVEAU, « Mémoire sur le développement des principes de la Nomenclature méthodique, lu à l'Académie le 2 mai 1787 », *Méthode de Nomenclature chimique...,* p. 26-70.

12. A.F. FOURCROY, *op. cit.,* p. 562. L'auteur fait ensuite une analyse détaillée de l'ouvrage collectif.

13. M. CROSLAND, *op. cit.*

14. G. CUVIER, *Éloge...,* p. 190. Il faut remarquer que pendant un certain temps, au début du XXe siècle, l'usage prévalut d'appeler l'acide nitrique « acide azotique », comme Berthollet l'avait proposé.

15. M. Crosland pense que le nom de Berthollet a été associé aux autres en raison de sa célébrité, sans qu'il ait réellement collaboré à l'œuvre. Rien ne nous permet de souscrire à cette affirmation.

16. Voir en particulier les lettres 21, 22, 25, 38.

17. Les titres mêmes de ses mémoires (Bibl. listes M. et P.) sont déjà significatifs du changement.

18. R. KIRWAN, *An Essay on Phlogiston and the Constitution of Acids,* London, 1784, 147 p. et *Essai sur le phlogistique et la constitution des acides,* traduit de l'anglais de M. Kirwan, avec des notes de MM. de Morveau, Lavoisier, de La Place, Monge, Berthollet de Fourcroy, Paris, 1788, 348 p.

19. Lettre 7, du 4 octobre 1783.
20. *Essai sur le phlogistique...*, préface de Lavoisier, p. 6.
21. *Ibid.*, p. 6.
22. Elle était due à Mme Lavoisier.
23. A.F. FOURCROY, *Encyclopédie méthodique*, t. III, p. 546.

24. Remarquons que les chimistes français utilisent la nouvelle nomenclature tandis que Kirwan est resté fidèle à l'ancienne.

25. A.F. FOURCROY, *op. cit.*, p. 560.
26. Lettre 48.

27. *Observations et mémoires sur la physique, les sciences naturelles et les arts et métiers*, de 1773 à 1794, devenu *Journal de physique*, 1794-1823, nom sous lequel nous le notons toujours.

28. R.M.A.S. (1789), séance du 3 avril, p. 95-105. Les commissaires avaient fait un compte rendu détaillé.

29. Après l'arrestation de Lavoisier, en 1793, il y eut une interruption de deux ans dans la publication de cette revue. La première série parut ensuite régulièrement jusqu'en 1816, date à laquelle le nouveau comité de rédaction décida de transformer son nom en *Annales de chimie et de physique* et commença une nouvelle série.

30. Voir p. 66.
31. Voir Bibl., Liste 2 : Mémoires et articles publiés notés P.

32. Sa correspondance, particulièrement celle échangée avec Van Marum, s'en fait l'écho, ainsi que la table des matières des *Annales*.

33. Voir les lettres 21, 22, 25, 33, 34.
34. En particulier les lettres échangées avec Van Marum et Senebier : 26, 32, 45.

35. Ces lignes étaient écrites à propos d'un ouvrage de Priestley ; Berthollet commentait un mémoire d'Adet, « Observations sur un ouvrage de M. Priestley intitulé : Réflexions sur la doctrine du phlogistique et la décomposition de l'eau. Cf. *P.V.A.S.*, t. I, p. 358. Séance du 6 mars 1796.

36. Voir Bibl. : Listes des mémoires lus (M.) et des articles publiés (P.), avec les correspondances existant entre elles.

37. « Recherches sur la nature des substances animales et sur leurs rapports avec les substances végétales », M. 15, relu comme académicien, M. 15 bis et publié P. 5.

38. « Précis d'observations sur l'analyse animale comparée à l'analyse végétale », lu en séance publique de la Faculté de médecine, M. 39, publié P. 17.

39. « Mémoire sur la comparaison des produits de l'analyse des substances végétales et ceux de l'analyse des substances animales ». Berthollet l'avait « présenté pour retenir date » le 17 décembre 1783 : M. 29. La lecture eut lieu fin 1785 et début 1786 : M. 29bis, et le texte fut publié dans *H.A.R.S.*, sous le titre « Suite des recherches sur la nature des substances animales et sur leurs rapports avec les substances végétales » : P. 27.

40. « Mémoire sur l'analyse de l'alcali volatil et la composition de l'ammoniaque »: M. 36, P. 20 et P. 22.

41. Lettre 16.

42. Les chiffres actuellement admis sont : proportion pondérale de l'azote : 14/17 = 0,82 ; proportion pondérale de l'hydrogène : 3/17 = 0,17. Berthollet avait trouvé 0,85 pour l'azote soit une différence de 3/100 avec nos résultats et 0,14 pour l'hydrogène soit une différence un peu plus grande de 15/100. La bonne précision de la détermination est à remarquer.

43. « Observations sur la composition de l'air vital avec les huiles » lu en 1785 : M. 37, publié P. 25, et « Mémoire sur la décomposition de l'esprit de vin et de l'éther

par le moyen de l'air vital », lu en août 1786, mais déjà « présenté pour retenir date » en avril 1785 : M. 35 et M. 35bis, publié P. 24.

44. Berthollet n'emploie jamais le nom de chlore, même en 1816 alors qu'il est déjà en usage. En 1785, il emploie les termes suivants : acide marin et acide marin déphlogistiqué pour, respectivement, l'acide chlorhydrique et le chlore ; en 1787, avec la nouvelle nomenclature, acide muriatique et acide muriatique oxigéné ; les sels correspondants étant les muriates.

45. Voir p. 126 et Bibl. M. 33, P. 14. En considérant que Berthollet a définitivement abandonné la théorie de Stahl au profit de celle de Lavoisier en avril 1785, nous sommes en désaccord avec MM. Duveen et Klickstein qui, dans leur article : « A letter from Guyton de Morveau to Macquart », *Osiris*, t. XII, 1956, p. 350, considèrent que ce changement n'est intervenu que plus tard, entre août 1786 et avril 1788. Leur argumentation repose sur l'étude comparée des deux mémoires intitulés : « Mémoires sur l'acide marin déphlogistiqué », publiés par Berthollet. Le premier, celui du 6 avril 1785, n'est pas assez explicite selon leur avis, tandis que le second, auquel ils reconnaissent cette dernière qualité, dut en réalité être rédigé plus tard. Il parut en effet dans *H.A.R.S. pour 1785*, publié en 1788 (M. 38, P. 26) et Berthollet y cite son mémoire « sur l'influence de la lumière (M. 41, P. 18), lu en juillet 1786, ainsi que le premier volume de l'*Encyclopédie méthodique (Chimie)*, de Guyton, paru en août 1786. Nous accordons toute leur valeur à ces deux remarques, cependant elles nous semblent insuffisantes pour conclure. Nous-même l'avons fait en examinant l'ensemble des mémoires de 1785 et surtout celui des lettres scientifiques écrites par Berthollet à partir de cette date. Notre affirmation rejoint alors celle de M. Partington dans un article où il répond à MM. Duveen et Klickstein : J.R. PARTINGTON, « Berthollet and the antiphlogistic theory », *Chymia*, t. V, 1959, p. 130-138.

46. Bibl. M. 34, P. 23 : « Observations sur l'eau régale et sur quelques affinités de l'acide marin ».

47. Bibl. M. 38, P. 26 : « Mémoire sur l'acide marin déphlogistiqué ».

48. Bibl. M. 42 : « Second mémoire sur quelques combinaisons de l'acide marin déphlogistiqué » et M. 43 : « Notice sur deux sels muriatiques oxygénés ». Une publication dans les Recueils de mémoires de l'Académie de Turin correspond à ces deux lectures : P. 21.

49. Voir chapitre IV.
50. « Notice sur les principes constituants de l'acide muriatique », Bibl. P. 57.
51. Voir p. 81-82.
52. « Observations sur la composition de l'acide oximuriatique », Bibl. M. 85, P. 92.
53. Bibl. P. 94 (*Mém. Arcueil*, t. 3, 1817, p. 603-610).
54. *Ibid.*, p. 604.
55. Bibl. M. 1 et M. 3, non publiés.
56. Bibl. M. 20, P. 9.
57. Ce qui fut fait par Cavendish.
58. « Mémoire sur l'acide prussique », Bibl. M. 44, P. 30.
59. « Observations sur l'hydrogène sulfuré », Bibl. M. 58, P. 51.

NOTES DU CHAPITRE IV

1. Cet aspect de la question a été examiné dans notre article : « Science pure et science appliquée dans l'œuvre de Claude-Louis Berthollet », *R.H.S.*, t. XXVII, no 2, avril 1974, p. 127-145.

2. Cf. l'article précédent.
3. *Ibid.*, p. 134-135.
4. Bibl., R. 61.
5. Voir *Journal de Paris*, n° 305, p. 1299-1301, du 31 octobre 1788 et lettre 39.
6. Lettre n° 39.

7. Voir article cité note 1, p. 136-140.
8. Bibl. O. 2
9. Bibl. Pc. 2, Pc. 3 puis Bc. 2 et Pc. 7.
10. Voir article cité note 1, p. 129-133.
11. Ils sont au nombre de 8 : P. 14, P. 26, P. 35, P. 40, P. 41 (T. 1 et T. 1bis, traductions anglaises), Bc. 8, O. 4 et enfin Oc. 4.
12. Bibl. P. 14 et P. 26.
13. Bibl. P. 35.
14. L'année suivante, il publia quelques compléments la concernant : Bibl. P. 40.
15. Bibl. Oc. 4.
16. « Note sur les blanchisseries bertholliennes », *Bulletin de la Société d'Encouragement...*, t. II, p. 122.
17. J.P. MUIRHEAD, *op. cit.*, p. 399. Voir p. 57.

18. Voir principalement la lettre n° 28, du 30 juillet 1788, adressée au Bureau du Commerce en faveur de cette entreprise et qui est un véritable plaidoyer en faveur des avantages du procédé.

19. Lettre 35.
20. B. Oc. 4, p. 215-216.
21. Voir lettres 17, 46 et A.N., F12 1329.

22. Lettre 39. :« J'aurais bien désiré pouvoir suivre tous les procédés de teinture dans les ateliers mêmes ; mais le mistère que les teinturiers mettent dans leurs opérations m'a empêché de profiter des observations que j'aurais pu faire par là et un voyage que j'ai fait à Lyon m'a été presqu'inutile. J'ai donc cherché un moyen de suppléer à l'observation : je me suis fait des correspondans d'un mérite connu et je leur ai envoyé des questions sur tous les objets sur lesquels je désirais être instruit. Mrs Chaptal et de Puimaurin en Languedoc, Mr Macors à Lyon, Mr Haussman à Colmar, Mr Décroisille à Rouen me rendent ce service. »

23. Lettre 39 : « Je m'occupais... à extraire ce qu'on avait écrit relativement aux teintures. Je me mis en état de consulter les livres allemands et je cherchais dans tous les ouvrages étrangers que je pus me procurer, ce qui pourrait ajouter à nos connaissances sur l'art qui faisait le principal objet de mes travaux. » Ces préoccupations le conduisirent à revoir et annoter la traduction par M. Brown d'un ouvrage allemand de Poerner qui parut, avec du retard, en 1791 (Bibl. Oc. 3).

24. Lettre 39.
25. Voir Bibl. P. 33, P. 37, P. 38, P. 41.
26. Lettre 51.

27. Il présenta son manuscrit à l'Académie le 18 août 1790 ; Lavoisier, Fourcroy et d'Arcet furent nommés commissaires pour l'examiner (Cf. R.M.A.S., p. 165). Ces derniers firent leur rapport le 28 août suivant (*Ibid.*, p. 176-181). Ce rapport est publié dans les *Œuvres* de Lavoisier, t. IV, p. 539-545.

28. A.L. LAVOISIER, *Œuvres*, t. IV, p. 539.
29. Rapport de Lavoisier, *op. cit.*, p. 544.
30. Lettre 40.
31. Rapport de Lavoisier, *op. cit.*, p. 545.

32. La première édition des *Éléments...* fut l'objet de plusieurs traductions : 2 traductions successives et différentes en anglais, la première (Bibl. T. 2) en 1791, la seconde (Bibl. T. 3) en 1792 ; une en allemand (T. 4) en 1798. La seconde édition française fut elle aussi traduite en anglais en 1824 et une nouvelle version revue et corrigée de cette dernière parut encore en 1842 (T. 10 et T. 11).

33. Lettre 39.
34. Bibl. Pc. 8 (avec Descotils) et P. 53.

35. Bibl. P. 62 (notice sur une méthode pour donner au lin et au chanvre les apparences du coton) ; il reçut pour cela l'aide de Gay-Lussac.

36. Elle s'intitule d'ailleurs « Avertissement » et comprend 3 pages ; l'introduction de la première édition comprend 48 pages.

37. Première partie, Section I : « Des propriétés générales des substances colorantes » ; chapitre Ier : « De la théorie des couleurs et des propriétés distinctives des parties colorantes ». Dans la première édition, ce premier chapitre porte le titre : « Des parties colorantes et de leurs applications ». Le texte en est différent. Le reste de la Section I présente peu de différences dans les deux éditions ; il en est de même pour la Section II et la Section III, devenue Section IV dans la seconde édition.

38. Section III : « Du blanchiment par l'acide muriatique oxigéné ». Elle comprend 84 pages réparties en 9 chapitres.

39. Bibl. Oc. 4.

40. Comme membre de la Chambre des pairs, il s'occupa, en 1814, de nouveau des produits sidérurgiques : voir Bibl. P. 96 et P. 97.

41. *Op. cit.*, p. II.

42. *Éléments...*, 1re éd., p. XLII.

NOTES DU CHAPITRE V

1. Elle comprend les années révolutionnaires passées par Berthollet à Paris (1790-1796), la mission en Italie, son premier retour en France et sa mission en Égypte.

2. Voir p. 157.

3. La formation du carbonate de sodium dans les lacs de Natrum, voir p. 155-156.

4. « Recherches sur les lois de l'affinité », Bibl. M. 66, P. 59 et O. 5.

5. Correspondant aux écoles secondaires actuelles ; sur ce sujet voir, par exemple, G. COIRAULT, *Les Écoles centrales dans le centre ouest, an IV à an XII*, Tours, 1940 (Introduction).

6. Cette façon d'interpréter son enseignement n'était pas toujours bien acceptée, comme en témoigne le futur mathématicien J. Fourier, alors élève de l'École normale : « Son cours n'est compris que de ceux qui étudient beaucoup ou qui savent déjà, c'est un assemblage de dissertations utiles, très sages et très savantes ; il a assez de peine à se faire entendre. » Cf. Lettre à Bonnard, du 18 mars 1795, *Bulletin de la Société des Sciences... de l'Yonne*, t. 12, p. 105-134. Dans la sixième séance, le 27 pluviôse (15 février 1795), Berthollet répond à un auditeur (Guillemet) qui demande des précisions parce qu'il trouve que la nomenclature nouvelle est trop souvent utilisée : « ... vous avez observé vous-même que je supposais, et je dois supposer la connaissance des éléments de chimie de ceux qui m'écoutent. » Cf. *Séances*, t. 7 (Débats), p. 153.

7. Ces cours sont publiés : *Séances des Écoles normales recueillies par des sténographes et revues par les professeurs*, Paris, an IV, an VI (1795, 1797), Paris, Imprimerie du cercle social, 8 vol. in-8°. Cette première édition comprend 6 volumes de cours et 2 consacrés aux débats ; elle fut suivie de plusieurs rééditions. Nous nous référons toujours à la première édition : voir Bibl. Oc. 4.

8. A.L. LAVOISIER, *Traité élémentaire de chimie*, Paris, 1789.

9. *Séances*, t. 1, p. 203-229 : exposé du programme que Berthollet se propose de suivre dans sa série de cours. Rappelons que le règlement (cf. p. 35-36) prévoyait 16 séances pour chaque professeur ; Berthollet en donna 12 avec une grande régularité ; jamais il ne s'absenta ni ne se fit remplacer comme certains confrères. Les cours se suivirent ainsi tous les dix jours les 2, 12, 22 de chaque mois, du 2 pluviôse au 22 floréal an IV.

10. *Séances*, t. 1, p. 203.
11. *Ibid.*, t. 1, p. 205.
12. *Essai de statique chimique*, t. 1, Introduction, p. 5.
13. *Séances*, t. 1, p. 206 et 208.
14. *Ibid.*
15. *Essai*, t. 1, p. 5.

16. Berthollet donne lui-même cette précision de vocabulaire : «L'attraction chimique s'appelle encore affinité, dénomination qui présente un sens métaphorique et qui lui convient moins ; cependant, comme cette dernière est surtout en usage, je me servirai indistinctement de l'une et de l'autre » (*Séances*, t. 1, p. 220).

17. *Séances*, t. 1, p. 203.

18. Cette conception est exprimée très nettement par Macquer et par Guyton de Morveau : P.J. MACQUER, *Dictionnaire de Chymie*, 2e éd., t. 1, p. 57-72 (article « Affinité ») et p. 290-333 (article « Causticité ») ; L.B. GUYTON DE MORVEAU, *Encyclopédie méthodique*, t. 1, p. 535-613 (article « Affinité »).

19. Lavoisier exprime la même opinion dans son *Traité élémentaire de chimie* : « Discours préliminaire », p. XII-XVIII.

20. *Séances*, t. I, p. 220.
21. *Ibid.*, t. 1, p. 219.

22. *Essai*, t. 1, p. 2 (Introduction) et plusieurs fois dans le courant des deux volumes; Rev. Essai, p. 3.

23. *Encyclopédie méthodique, Chimie*, t. 1 (Article « Affinité »), p. 547.

24. *Séances*, t. 1, p. 220 : « Les propriétés des tubes capillaires sont aussi un effet combiné de l'attraction chimique et d'une pression mécanique. » Cette idée peu développée dans l'*Essai* l'est beaucoup plus dans les deux textes ultérieurs importants : celui de 1809 (préface du *Système de chimie* de Thomson) et celui de la « Revue de l'Essai ».

25. P.J. MACQUER, *Dictionnaire de Chymie*, articles « Dissolution » et « Combinaison ».
26. Voir plus loin p. 197.
27. *Séances*, t. 1. p. 221.
28. *Ibid.*, t. 1, p. 222.

29. L.B. GUYTON DE MORVEAU, *Encyclopédie méthodique, Chimie*, t. I. Dans l'article « Affinité », cet auteur examine les différentes affinités distinguées par leurs effets (p. 548). Finalement, il n'en retient que quatre, ayant jugé les autres « oiseuses ». Ce sont : l'affinité d'agrégation (retenue plus tard par Berthollet comme responsable de la force de cohésion) ; l'affinité simple ; l'affinité de composition, qui régit aussi bien les réactions que les dissolutions ; enfin, l'affinité par concours, ou affinité double, qu'il juge la plus importante. Macquer, quant à lui, en considérait six (*Dictionnaire de Chymie*, 2e éd., 1778, t. I, p. 58-64.

30. *Séances*, t. 1, p. 221.
31. *Ibid.*, t. 1, p. 223.

32. Cette idée, qui fut très controversée, apparut dans les Mémoires lus en 1799 : « Recherches sur les lois de l'affinité » ; voir son développement, p. 156-157.

33. Sur la signification et l'utilisation de ces tableaux symboliques voir : *Encyclopédie méthodique, Chimie*, t. 1 (« Affinité », p. 552-558).

34. *Séances*, t. 1, p. 228. Peut-être Berthollet qui, sans les rejeter complètement, juge de manière très critique les tables basées sur les affinités électives, trouve-t-il ces tableaux qui les illustrent dans chaque cas particulier, insuffisamment basés sur des expériences solides. Voir aussi : *Séances*, t. 7 (Débats), p. 164.

35. *Séances*, t.1, p. 311-313.
36. *Ibid.*, p. 311.
37. Ce cours fut suivi d'un débat sur le même sujet (*Séances*, t. 7 p. 152-166).
38. *Séances*, t. 1, p. 311-315.
39. *Ibid.*
40. *Ibid.*, t. 1, p. 432-448, séance du 22 pluviôse.
41. *Ibid.*, t. 2, p. 188-202, séance du 2 ventôse.

42. Ces deux cours furent suivis d'un débat traitant de l'ensemble des deux questions (*Séances* (Débats), t. 2, p. 145-150).

43. *Séances*, t. 2, p. 369-388, séance du 12 ventôse.

44. J.M. RAYMOND-LATOUR, *Souvenirs d'un oisif*, Lyon, Paris, 1836, 2 t. en 1 vol., t: 1, p. 42-43. L'explosion, due à l'inflammation du mélange d'hydrogène et d'oxygène contenu dans des bulles de savon, fut paraît-il si forte que les vitres de l'amphithéâtre furent brisées, l'auditoire assourdi et Bernardin de Saint-Pierre, placé tout près, renversé de son siège.

45. *Séances*, t. 3, p. 107-122, séance du 22 ventôse.
46. *Ibid.*, t. 3, p. 356-377, séance du 2 germinal.
47. *Ibid.*, t. 4, p. 99-122, séance du 12 germinal.
48. *Ibid.*, t. 4, p. 320-338, séance du 22 germinal.
49. *Ibid.*, t. 4, p. 320.
50. *Ibid.*, t. 5, p. 67-89, séance du 2 floréal.
51. *Ibid.*, t. 5, p. 244-268, séance du 12 floréal.
52. *Ibid.*, t. 6, p. 136-163, séance du 22 floréal.
53. *Ibid.*, t. 6, p. 161.
54. *Ibid.*, t. 6, p. 162.
55. *Ibid.*, t. 6, p. 163.
56. Bibl. O. 5 et O. 6.

57. Signalons, à titre d'exception, un petit article de Dr P. Lemay : « Les leçons de Berthollet aux écoles normales de l'an III », *R.H.P.*, t. 90, juin 1935, p. 80-94.

58. Les quelques mois passés à Paris entre le retour d'Italie et le départ pour l'Égypte furent consacrés à la préparation scientifique de l'expédition (voir p. 43-44).

B. L'ÉPANOUISSEMENT DES IDÉES ET DES MÉTHODES, 1799-1816

1. Voir la partie biographique, I, p. 51-52.
2. I, chapitre VIII, p. 61-84.

NOTES DU CHAPITRE VI

1. Voir I, p. 47-48.

2. Celles-ci sont entendues comme les « forces » qui tendent à la combinaison de deux substances et qui, une fois cette dernière réalisée, les maintiennent unies.

3. « Observations sur le natron », mémoire lu devant l'Institut d'Égypte le 4 février 1799 (cf. *Décade Égyptienne*, t. 2, p. 128) ; *Mém. sur l'Égypte*, Paris, an VIII (1800), p. 271-279 ; *Ann. Ch.*, t. 33, 1800, p. 343-348 (extraits), Bibl. M. 63, P. 55.

4. L'expédition était commandée par le général Andréossy ; Berthollet dirigeait la commission nommée par l'Institut d'Égypte et formée de Berthollet, Fourier, Redouté jeune, Duchanoy et Regnault, élève de Berthollet (cf. *Décade Égyptienne*, t. 2, p. 194).

5. « Observations sur le natron », *Mém. sur l'Égypte*, p. 276-277.

6. « Observations sur le natron », *Mém. sur l'Égypte*, p. 277, note : « J'ai commencé la lecture de ce mémoire qui a pour titre *Recherches sur les lois de l'affinité chymique*, dans les dernières séances de l'Institut d'Égypte auxquelles j'ai assisté. A mon arrivée à Paris, je l'ai présenté à l'Institut National, où il a été lu. » Nous n'avons pas trouvé mention de cette lecture dans les comptes rendus des séances publiés par *La Décade Égyptienne*. Il s'agit sans doute d'un oubli, car Berthollet lut son mémoire à Paris quelques jours après son retour et précisa alors : « La lecture de ce mémoire a été commencée dans les séances de l'Institut du Caire en messidor an VII » (cf. Bibl. P. 58, *Mém. Inst.*, t. 3, 1re s., p. 1).

7. Bibl. M. 65 ; les 23, 28 octobre, 2, 17, 22 novembre 1799 (1, 6, 11, 16 brumaire et 1er frimaire an VIII).

8. Bibl. P. 58.
9. Bibl. O. 5.

10. Bibl. T. 5 : traduction allemande due à E.G. FISCHER ; ce dernier avait accompagné l'exposé de Berthollet de nombreuses notes et c'est par l'une d'elles que le chimiste français eut connaissance des travaux de Richter sur les proportions des éléments dans les combinaisons (cf. *Essai*, vol. 1, p. 134, note II), voir p. 169. Bibl. T. 6 (traduction anglaise).

11. Dans notre analyse nous nous référons à la première publication de ce texte : *Mém. Inst.*, t. 3, 1re s., 1801, p. 1-96.

12. En schématisant cette loi à l'aide du symbolisme utilisé actuellement, nous pourrions écrire : selon Berthollet, $A + BC \rightleftharpoons AC$; selon Bergman, $A + BC \rightarrow AC + B$.

13. Bibl. P. 58. « Recherches sur les lois de l'affinité », p. 3.
14. *Ibid.*, p. 4.
15. *Ibid.* 16.
16. Voir p. 160 et chap. VII, p. 187 sq.
17. « Recherches... », p. 5-10.
18. *Ibid.*, p. 11-19.

19. *Ibid.*, p. 19-24 : « Article IV. Des modifications de l'action chimique qui proviennent de l'insolubilité des substances »; *Ibid.*, p. 24-28 : « Article V. De la cohésion et de la cristallisation ».

20. *Ibid.*, p. 29-32 : « Article VI. De l'élasticité des substances qui exercent une action chimique ».

21. *Ibid.*, p. 33-37 : « Article VII : De l'action du calorique ».
22. *Ibid.*, p. 39-49 : « Article IX : De l'action des dissolvants ».
23. *Ibid.*, p. 49-64 : « Article X : De la détermination des affinités électives ».
24. *Ibid.*, p. 49-50.

25. Ce qui ne signifie pas qu'alors les substances n'aient plus aucune action réciproque l'une sur l'autre (*Ibid.*, p. 50, n° 2).

26. *Ibid.*, p. 53-54.
27. *Ibid.*
28. *Ibid.*, p. 89.

29. Rappelons que ces règles énoncent le fait suivant : quand on mélange deux solutions ioniques, si deux des catégories d'ions en présence sont susceptibles de produire, dans les conditions de l'expérience, un composé insoluble ou volatil, ce dernier s'élimine complètement du mélange réactionnel, par une réaction totale ; l'insolubilité ou la volatilité venant détruire l'équilibre dans lequel cet ensemble d'ions se trouvait.

30. *Ibid.*, p. 55-63.
31. *Ibid.*, p. 64-72.
32. *Ibid.*, p. 62.
33. *Ibid.*, p. 61.

34. L'interprétation actuelle, basée sur la notion de produit de solubilité donne l'explication quantitative de cette judicieuse remarque.

35. *Ibid.*, p. 55-63 : « Article XI : De quelques erreurs qui proviennent d'une idée fausse des affinités électives ».

36. *Ibid.*, p. 59.
37. *Ibid.*, p. 70 : Article XII.
38. *Ibid.*, p. 95 : « Article XV : Résumé ».
39. *Ibid.*

40. *Ibid.*, p. 73-80 : « Article XIII : De la précipitation des dissolutions métalliques par d'autres métaux. »
41. *Ibid.*, p. 80-88 : « Article XIV : De l'affinité résultante ».
42. *Ibid.*, p. 88-96 : « Article XV : Résumé ».
43. *Ibid.*, p. 89.
44. *Ibid.*, p. 90.
45. *Ibid.*,
46. Voir p. 159, les règles de Berthollet.
47. *Op. cit.*, p. 92.

48. *Ibid.*, p. 96 (fin de l'Article XV et de l'ensemble du mémoire). On voit dans ce passage que Berthollet est préoccupé de rechercher une théorie générale qui expliquerait tous les phénomènes chimiques sans faire apparaître d'anomalies. Il se contente ici de relever celles que présente la théorie des affinités électives ; ses recherches ne sont pas encore assez développées pour qu'il puisse se permettre de dénoncer celle-ci comme fausse et inutile ; cette attitude prudente est une conséquence de sa philosophie chimique dont nous avons déjà dégagé les principes (voir p. 127).

49. « Suite des recherches sur les lois de l'affinité ; de l'influence des proportions dans les affinités complexes », lu le 2 août 1800 ; *Mém. Inst.*, t. 3, 1re s., 1801, p. 207-228. Bibl. M. 68, P. 58 ter.

50. « Deuxième suite des recherches sur les lois de l'affinité ; des dissolutions et des précipités métalliques », lu le 25 juillet 1800 ; *Mém. Inst.*, t. 3, 1re s., 1801, p.229-245. Bibl. M. 67, P. 58bis.

51. Voir p. 109.

52. Bibl. O. 6 : *Essai de statique chimique*, par Cl.-L. Berthollet, membre du Sénat Conservateur, Demonville, Paris, 1803, 2 vol. in-8°, VIII-543 p. et VII-555 p.

53. *P.V.A.S.*, t. 2, p. 673, séance du 17 prairial an XI (6 juin 1803).

54. Les *Éléments de l'art de la teinture* que nous avons précédemment analysés ne sont cependant pas à négliger.

55. G. CUVIER, « Éloge historique de M. le Comte Berthollet... », *Recueil des Éloges de l'Institut*, t. 3, 1827, p. 180.

56. J.B. DUMAS, *Leçons de philosophie chimique...*, Paris, 1837, « Dixième leçon : Affinités », p. 411.

57. *Essai*, vol. 1, Introduction, p. 22.
58. *Essai*, vol. 2, Introduction, p. 4.

59. Elle constitue le Premier Volume et porte en sous-titre général : « De l'action chimique en général ».

60. Second Volume avec en sous-titre : « De l'action chimique des différentes substances et des phénomènes qui en dépendent ».

61. *Essai*, vol. 1., Introduction, p. 10.
62. *Essai*, vol. 1, Introduction, p. 1. Cette idée est permanente ; elle était déjà exposée dans les cours de 1795 à l'École normale ; nous la retrouverons dans les exposés ultérieurs à l'*Essai* et dans la « Revue de l'Essai ».

63. *Essai,* vol. 1, Introduction p. 1 et 2 ; nous avons nous-même souligné le passage. Cette conception de la nature des attractions chimiques, confirmée par la citation suivante, se retrouve inchangée jusqu'à la « Revue de l'Essai ».

64. *Essai,* vol. 1, Introduction, p. 2.

65. Soulignons ici la progression par rapport aux idées de 1795 : à cette époque, Berthollet ne semblait pas envisager une telle possibilité. Dans la « Revue de l'Essai », il se contentera de préciser : « L'attraction moléculaire ... ne s'exerce qu'à de très petites distances ; les lois qu'elles suit sont inconnues ; mais les faits prouvent évidemment que son intensité décroît toujours avec une rapidité extrême » (Rev. Essai, p. 3). La loi mathématique n'est pas encore trouvée.

66. *Essai,* vol. 1, Introduction p. 2.
67. *Ibid.,* vol. 1, Introduction, p. 4.
68. *Ibid,* vol. 1 : « De l'action chimique en général ».
69. *Séances,* t. 1, p. 205 et ci-avant p. 147.

70. Berthollet consacre le premier chapitre de l'*Essai* à cette force : 1re Section, Chapitre 1er, « De la force de cohésion », vol. 1, p. 23-34.

71. C'est ce qu'il fait lorsqu'il explique la précipitation de certains sels, en remarquant qu'ils sont insolubles dans les conditions de l'expérience : pour eux, la force de cohésion l'emporte sur les affinités chimiques proprement dites.

72. *Essai,* vol. 1, Introduction, p. 12.
73. *Essai,* vol. 1, p. 30.

74. Berthollet consacre deux chapitres de la première section à la dissolution : « Chapitre II : De la dissolution », p. 34-35 ; « Chapitre III : De l'action réciproque des substances qui sont tenues en dissolution », p. 45-59.

75. Voir p. 148.

76. La confusion entre dissolutions et réaction chimique, était en effet l'une des raisons qui avaient entraîné Berthollet à rejeter plus ou moins complètement la loi des proportions définies. Voir le chapitre VIII consacré à cette importante question.

77. Comme il arrive souvent en histoire des sciences, on se rend compte aujourd'hui que, dans cette polémique, Berthollet, autant que ses adversaires, avait à la fois partiellement raison et tort. En fait, la frontière n'est pas nette entre la réaction chimique et la dissolution considérée comme mettant en jeu des forces physiques ; ainsi, la dissolution du gaz chlorhydrique dans l'eau est une réaction chimique, tandis que celle du chlorure de sodium appartient au deuxième type de phénomènes.

78. *Essai,* vol. 1, Introduction, p. 13. Nous avons nous-même souligné le passage.

79. Cette idée était déjà exprimée dans les « Recherches sur les lois de l'affinité » (*op. cit.,* p. 11-19) ; elle le sera encore dans la « Revue de l'Essai ».

80. *Essai,* vol. 1, p. 35.
81. *Ibid.,* vol. 1, 1re s., « Chapitre IV : De la combinaison », p. 59-67.
82. *Ibid.,* vol. 1, p. 59-60.
83. *Ibid.,* vol. 1, p. 15 ; opinion reprise p. 69.
84. *Ibid.,* p. 15.
85. *Ibid.,* p. 71.

86. Intitulée « De l'acidité et de l'alcalinité », cette importante section comprend cinq chapitres : 1. « De l'action réciproque des acides et des alcalis » ; 2. « De l'action d'un acide sur une combinaison neutre » ; 3. « Des précipités produits par les acides ou par les alcalis » ; 4. De l'action réciproque des combinaisons neutres » ; 5. « De la capacité comparative de saturation des acides et des alcalis » (*Essai,* vol. 1, p. 68-139).

87. Bibl. T. 5.

88. *Essai,* vol. 1, p. 134, note II. Cette note est encore intégralement citée dans la « Revue de l'Essai » (p. 82-84), ce qui révèle l'importance que Berthollet lui accordait.

89. Pour illustrer cette affirmation, nous avons extrait du tableau rapporté par Berthollet, les résultats suivants transcrits en notations modernes. Pour neutraliser 859 parties de soude, il faut :

427	parties d'acide	fluorhydrique	HF
712	–	chlorhydrique	HCl
1 000	–	sulfurique	H_2SO_4
1 405	–	nitrique	HNO_3
988	–	formique	HCOOH

Si nous rapportons ces résultats en grammes, nous trouvons que 859 parties de soude représentent 21,5 moles de cette monobase et que les quantités d'acides correspondants représentent respectivement :

21,4	moles de	HF	
19	–	HCl	
10,2	–	H_2SO_4	(diacide)
22	–	HNO_3	
21	–	HCOOH	

90. *Essai,* vol. p. 71.

91. Dans la « Revue de l'Essai », Berthollet reconnaît que cette affirmation n'est pas exacte (cf. Rev. Essai, p. 35-36).

92. *Essai,* vol. 1, p. 71-72.
93. Cette idée est déjà exprimée plusieurs fois dans l'exposé de 1799.
94. *Essai,* vol. 1, p. 72: Dans l'introduction (p. 16), Berthollet avait donné cette définition : « Un acide a dans l'action [sur une base] une part qui est déterminée par sa capacité de saturation et par sa quantité ; je désigne ce rapport combiné par la dénomination de masse chimique . »

95. Rev. Essai, p. 35. Berthollet reprend exactement les mêmes termes et ajoute : « M. Fischer et Otto ont préféré de désigner par moment chimique cette puissance composée d'une substance qui exerce son affinité sur une autre. »

96. Dans un texte inédit (cf. lettre 94), – des notes adressées à G. Cuvier à la demande de ce dernier pour l'aider à rédiger son « Rapport sur les progrès des sciences... », présenté à l'Empereur en 1808 – Berthollet résume ses idées nouvelles sur les affinités. Il insiste particulièrement sur sa réfutation des affinités électives que nous étudions plus loin et sur son explication des précipitations salines ; il définit aussi la capacité de saturation, mais passe sous silence la notion de masse chimique, qu'il reprend cependant dans la « Revue de l'Essai ».

97. Voir p. 156 sq.
98. *Essai,* vol. 1, p. 15 (Introduction).
99. *Essai,* vol. 1, p. 76.
100. *Essai,* vol. 1, p. 76.

101. Nous avons souligné, p. 169, que la capacité de saturation, qui est un rapport de quantités pondérales, représente en réalité les nombres de moles d'acide et de base s'unissant entre eux ; elle est directement liée à la notion de valence. L'affinité ou l'activité d'une substance dans un système chimique, est, en revanche, un rapport de forces ; elle fait intervenir des notions énergétiques, et elle ne dépend pas des grandeurs et des notions précédentes. Nous reviendrons sur cette distinction qui nous paraît très importante, à propos de la controverse entre Proust et Berthollet.

102. Il convient de signaler que c'est grâce à la naissance de la thermodynamique chimique que cette loi fut établie.

103. J.B. DUMAS, *Leçons de philosophie chimique...,* Paris, 1937, p. 413. Rappelons que Dumas avait particulièrement étudié l'*Essai* ; son témoignage est donc très réfléchi.

104. Il s'agit de la lettre 94 adressée à Cuvier, citée dans la note 96.

105. Lettre 94, à Cuvier. Toutes ces considérations conduisent Berthollet à conclure que les affinités résultantes, celles qu'on observe au cours des réactions chimiques, quant l'équilibre est atteint, ne peuvent pas être constantes ; d'où sa réfutation de la théorie des affinités électives ; nous reviendrons sur ce sujet dans le chapitre VII qui lui est spécialement consacré.

106. *Essai,* Section III : « Du calorique », p. 139-264.

107. A.L. LAVOISIER et P.S. LAPLACE, « Mémoire sur la chaleur », *H.A.R.S., 1780* (1784), *Mém.*, p. 355-408.

108. J.L. GAY-LUSSAC, « Recherches sur la dilatation des gaz et des vapeurs », *Ann. Ch.*, t. 43, an X (1802), p. 137-177.

109. Th. de SAUSSURE, *Voyage dans les Alpes,* Genève, 1779-1796, 4 vol. ; *Essai sur l'hygrométrie,* Genève, 1783, 1 vol.

110. J.A. DELUC, *Recherches sur les modifications de l'atmosphère...,* Paris, 1784, 4 vol. ; M.A. PICTET, *Essai sur le Feu,* Genève, 1790.

111. *Essai,* vol. 1, « Des effets du calorique indépendants de ceux de la combinaison », p. 139-171.
112. *Ibid.,* « Des différents états du calorique », p. 171-189.
113. *Essai,* vol. 1, p. 171-172.
114. *Ibid.* vol. 1, p. 172.
115. *Ibid.*, vol. 1, p. 184.
116. *Ibid.*, vol. 1, « De l'action de la lumière et du fluide électrique », p. 189-217.
117. Décrites dans ses *Philos. Papers,* t. 1.
118. Cl. L. BERTHOLLET, « De l'influence de la lumière », *J. Phys.*, t. 29, 1786, p. 81-86.
119. *Essai,* vol. 1, p. 207.

120. Voir R.J. FORBES (éd.), *Martinus Van Marum, Life and Works,* Haarlem, 1969, t. I, chap. Ier, p. 1-72 et chap. V, p. 287-361 ; t. III, 1971, p. 329-370, « Electrical Researches » par W.D. Hackmann ; t. V, 1974, p. 1-292 (quatre textes de Van Marum sur la physico-chimie).

121. *Essai,* vol. 1, p. 209.
122. *Ibid.*, vol. 1, p. 217-240 : « Du calorique, considéré relativement aux combinaisons ».
123. *Essai.* vol. 1, Section IV (2 chapitres), p. 265-333.
124. *Ibid.*, vol. 1, chap. Ier : « Des propriétés caractéristiques des fluides élastiques », p. 265-308.
125. Voir p. 72.
126. *Essai,* vol. 1, Section VI, « De l'action de l'atmosphère », t. 1, p. 470-524.

127. Berthollet avait commencé à étudier la composition de l'air avec Lavoisier et son équipe ; en Égypte il continua, aidé de Descotils. Cf. « Observations eudiométriques », Bibl. M. 64, P. 54.

128. *Essai,* vol. 1, p. 475 : « Je ne présente ces résultats que j'ai recueillis de sa conversation, que d'une manière incomplète. »

129. *Essai,* vol. 1, p. 475 : « Dalton vient de publier un mémoire important sur le même sujet : je vais en présenter le précis tel qu'il se trouve dans la *Bibliothèque Britannique.* » Cf. *Bibl. Brit.*, t. 20 et 21, 1802.

130. *Essai,* vol. 1, p. 409-429 : « De la propagation de l'action chimique ».
131. « Mémoire sur la propagation de l'action chimique », lu le 7 novembre 1800, *P.V.A.S.*, t. 2, p. 270. Bibl. M. 69, non publié.
132. *Essai,* vol. 1, p. 409-410.
133. *Ibid.*, vol. 1, p. 425.
134. *Ibid.*, vol. 1, p. 410.

135. La question des vitesses de réaction ne fut étudiée sérieusement qu'après 1850, comme celle des équilibres.

136. Notons ici que Berthollet n'utilise pas explicitement ses remarques contre la composition fixe des corps chimiques ; mais l'argument est implicitement contenu dans tout l'exposé comme le marque également le fait que le chapitre correspondant soit inclus dans la Section V : « Des limites de la combinaison ».

137. *Essai,* vol. 1, Section V, p. 334-470 (4 chapitres).

138. C'est l'une des grandes différences de point de vue entre Berthollet et Proust, sur laquelle nous insisterons plus loin en étudiant la querelle qui a opposé les deux savants (p. 195-204).

139. Le problème est étudié dans son aspect général dans la première partie, mais également repris dans ses aspects particuliers dans la deuxième partie, à propos des oxydes et des sulfures.

140. Sous le titre général : « De l'action chimique des différentes substances et des phénomènes qui en dépendent ».

141. *Essai,* vol. 2, p. 4, citée p. 164.

142. Pas très habile par lui-même, il savait très bien diriger des expériences comme nous l'avons souligné à plusieurs reprises dans la première partie.

143. L'ensemble des citations est très large ; il s'étend d'un mémoire de G.F. Rouelle sur les sels, datant de 1754, aux derniers fascicules des *Annales de chimie,* du *Journal de physique* et du *Journal de l'École polytechnique.*

144. « Des substances oxigénales considérées dans leurs rapports avec l'oxigène et dans leurs rapports mutuels ».

145. J.L. GAY-LUSSAC, « Sur le rapport entre l'oxidation des métaux et leur capacité de saturation pour les acides », *Mém. Arcueil,* t. 2, 1809, p. 173 ; cité dans Rev. Essai, p. 92.

146. Voir p. 150.

147. *Essai,* vol. 2, p. 22-39, chap. II, « De l'action de l'oxigène et de l'hydrogène : de l'action de l'eau ».

148. *Essai,* vol. 2, p. 39-61, chap. III, « Du charbon et de l'acide carbonique ».

149. *Ibid.,* vol. 2, p. 61-94, chap. IV, « De l'hydrogène carburé et de l'hydrogène oxicarburé ».

150. *Ibid.,* vol. 2, p. 63.

151. Un document, récemment découvert dans les Archives du Conservatoire national des Arts et Métiers, apporte des précisions sur les relations de Berthollet avec Clément et Desormes. Cf. J. PAYEN, « Deux documents sur Nicolas Clément », *R.H.S.,* t. 24, 1971, p. 45-60. Le document en question est reproduit p. 48-52.

152. Le 26 mai 1801, Berthollet lut devant l'Institut un mémoire intitulé : « Réflexions sur la réduction des oxides de zinc par le charbon » (*P.V.A.S.,* t. 2, p. 355) qui ne fut pas publié. Bibl. M. 73. A la séance suivante, Guyton lut un mémoire de Desormes sur le même sujet ; Berthollet répondit dans un autre mémoire, le 15 juillet, « Mémoire sur le charbon et les gaz hydrogène carburés » (*P.V.A.S.,* t. 2, p. 375), *Mém. Inst.,* t. 4, 1re s., 1803, p. 269-318. Bibl. M. 74, P. 64. On trouve un bref compte rendu de ces discussions qui semblent avoir été assez vives, dans deux notices rédigées par Cuvier : « Notice sur les travaux de la classe des Sciences... de l'Institut », 2e trimestre an IX : *Mém. Inst.,* t. 16, 1re s., p. 17-19 et 3e trimestre an IX, *Mém. Inst.,* t. 17, 1re s., p. 17-18.

153. Voir p. 196 sq.

154. « Nouvelles observations sur les gaz inflammables désignés par les noms d'hydrogène carburé et oxicarburé », *Mém. Arcueil*, t. 2, 1809, p. 68-93. Bibl. P. 80.

155. *Essai*, vol. 2, chap. V, « Des combinaisons du soufre et du phosphore avec l'hydrogène et le carbone et des combinaisons mutuelles de ces substances ».

156. « Observations sur l'hydrogène sulfuré », Bibl. M. 58, P. 51.
157. *Essai*, vol. 2, p. 98.
158. *Ibid.*, p. 101 et 107.
159. *Ibid.*, p. 107.
160. *Ibid.*, p. 121-219, Section II, « Des acides binaires, considérés relativement à leur composition ».
161. Voir p. 151-152.
162. *Essai*, vol. 2, p. 122.
163. *Ibid.*, p. 123.
164. *Essai*, vol. 1, « Des acides sulfureux et sulfurique, phosphoreux et phosphorique », p. 121-135.
165. *Essai*, vol. 2, p. 135.
166. Voir p. 174, 175 et 178.
167. Le chapitre « De l'acide nitrique et de ses modifications » est le plus long de la Section II, p. 135-183.
168. Voir p. 123-125.
169. *Essai*, vol. 2, p. 183-207.
170. *Essai*, vol. 2, Section III, « Des acides ternaires », p. 219-278.
171. *Essai*, vol. 2, chap. Ier, « Des acides communément désignés par la dénomination d'acides végétaux », p. 219-247.

172. Donnée p. 221, cette liste comprend 15 acides bien connus et Berthollet précise qu'elle n'est pas limitative. Citons, parmi les plus courants, les acides acétique, citrique, tartrique, malique, oxalique, succinique et benzoïque.

173. Voir le chapitre VIII consacré à la question des proportions des éléments dans les combinaisons : p. 194 sq.

174. *Essai*, vol. 2, chap. II, « De l'acide prussique », p. 247-271.
175. *Ibid.*, p. 249.
176. « Mémoire sur l'acide prussique », Bibl. M. 44, P. 30.
177. Voir p. 135.

178. En 1792, Berthollet avait rédigé un « Mémoire sur l'usage des prussiates d'alcali et de chaux en teinture », lu par Fourcroy dans la séance publique du 18 avril 1792 (M. 56, non publié) ; preuve qu'il avait continué ses recherches dans le cadre des applications pratiques. J.L. PROUST, « Recherches sur le bleu de prusse », *Ann. ch.*, t. 29, 1797, p. 86-101.

179. *Essai*, vol. 2, p. 248.
180. *Ibid.*, p. 265-266.
181. Chapitre III, « De l'acide gallique », p. 271-277.
182. Section IV, « Des alcalis et des terres ». *Essai*, vol. 2, p. 278-320.
183. *Essai*, vol. 2, p. 286.
184. *Ibid.*, p. 301.
185. *Ibid.*, p. 278-285, « De l'ammoniaque ».
186. *Ibid.*, p. 285-320, « Des propriétés comparatives des alcalis et des terres ».
187. *Ibid.*, p. 302-314.
188. *Ibid.*, p. 314-317.
189. *Ibid.*, p. 317-319.
190. *Ibid.*, p. 320-340, « De l'action mutuelle des alcalis et des terres dans la liquéfaction ». Le passage relatif aux verres se trouve p. 325-331.
191. Rev. Essai, p. 77.

192. *Essai,* vol. 2, Section V, « Des substances métalliques », p. 339-446. Suivie d'une note importante constituée par un mémoire de A.-B. Berthollet, p. 447-481.

193. *Essai,* vol. 2, p. 339-341.
194. *Ibid.*, p. 341.
195. Chapitre Ier, « De l'action réciproque des métaux », p. 341-361.
196. Voir ci-après p. 205 et Rev. Essai, p. 76-77.
197. *Essai,* vol. 2, p. 361-391, chap. II, « Des oxides ».

198. Berthollet reconnaît deux oxydes de fer : le rouge (Fe_2O_3) et le noir, qui se forme par oxydation du métal à haute température (Fe_3O_4), cf. p. 375. Quant aux oxydes de plomb, il reconnaît le jaune (PbO) et le rouge (minium Pb_3O_4) et leurs transformations mutuelles (cf. p. 373). Le 3e brun (PbO_2) est décrit p. 379.

199. *Essai,* vol. 2, p. 383.
200. *Ibid.*
201. *Ibid.*, p. 384-386.
202. *Ibid.*, p. 386-391.
203. *Ibid.*, p. 393-433 : « Des dissolutions et des précipités métalliques ».
204. *Ibid.*, p. 393.
205. *Ibid.*, p. 393-394.

206. *Ibid.*, p. 433-446 : « De la combinaison des substances métalliques avec le soufre, le phosphore et le charbon ».

207. *Ibid.*, p. 447-481 : « Observations sur les précipités des dissolutions métalliques » présentées et lues à l'Institut le 23 ventôse an II et le 12 floréal an 11 ». Ce mémoire, lu pendant les deux séances des 11 mars et 2 mai 1803, venait tout juste d'être rédigé quand l'*Essai* fut imprimé : Berthollet présentta en effet les deux volumes le 6 juin (cf. *P.V.A.S.*, t. 2, p. 673).

208. *Essai,* vol. 2, p. 403.

209. Rappelons que l'*Essai* fut traduit en anglais dès 1804, en italien en 1805 et en allemand en 1811 (Bibl. T. 7, T. 8, T. 9).

NOTES DU CHAPITRE VII

1. Voir note 5, la bibliographie sommaire sur ce sujet. D'autre part, nous signalons que nous préparons un travail consacré à l'histoire du concept d'affinité chimique.

2. T. BERGMAN, *Traité des affinités chimiques ou attractions électives,* traductions et additions de F.J. Bonjour, Paris, 1788.

3. Nous avons vu comment Berthollet remplaçait ce principe par celui du partage de la base entre deux acides et réciproquement.

4. Introduction à l'*Essai sur le phlogistique* de Kirwan, p. 55.

5. Bibliographie sommaire sur la question des affinités en général :

1. Exposés contemporains de Berthollet, publiés avant l'*Essai.*

P.J. MACQUER, *Dictionnaire de Chymie,* Paris, 1776, « Affinité », t. 1, p. 57-73.
L.B. GUYTON DE MORVEAU, *Encyclopédie méthodique, Chimie,* t. 1, Paris, 1786, « Affinité », p. 535-613.

2. Exposés ultérieurs :

G. SALET, « Affinité », dans A. WURTZ (éd.), *Dictionnaire de Chimie pure et appliquée,* Paris, 1869, t. 1, p. 69-83.
J.B. DUMAS, *Leçons sur la philosophie chimique,* Paris, 1837, Dixième leçon, p. 409-422.
F.L. HOLMES, « From elective affinities to chemical equilibria : Berthollet's law of mass action », *Chymia,* t. 8, 1962, p. 105-145.

A.M. DUNCAN, « The functions of affinity tables and Lavoisier's list of éléments », *Ambix*, t. XVII, 1970, p. 28-43 ; « Some theoretical aspects of eighteenth tables of affinity », *Annals of Science*, t. XVIII, 1962, I, p. 177-194 ; II, p. 217-233.

6. Voir p. 149.
7. *Ibid.*, p. 156-162.

8. Nous avons cité p. 160, un passage montrant comment Berthollet exprime cette première réfutation des affinités électives.

9. « Recherches sur les lois de l'affinité », *Mém. Inst.*, t. 3, 1re s., 1800, p. 3. Bibl. P. 68.

10. Voir p. 171-172.
11. *Essai*, vol. 1, p. 89.
12. *Ibid.*, p. 91.
13. Lettre 94, adressée à Cuvier.
14. « Recherches sur les lois de l'affinité », *Mém. Inst.*, t. 3, 1re s., p. 3-4. Bibl. P. 58.

15. Voir les critiques opposées aux idées de l'*Essai* , en particulier les critiques de Pfaff, p. 192.

16. *Essai*, vol. 1, p. 16 (Introduction).
17. *Ibid.*, p. 76.
18. Lettre 94, adressée à Cuvier.
19. *Ibid.* ; conclusion du résumé de ses idées sur les affinités.
20. Voir p. 225, sq.

21. Une bonne étude de l'accueil réservé à cette théorie, tant par les chimistes contemporains que par ceux qui suivirent Berthollet, est donnée dans l'article de F.L. HOLMES, « From elective affinities to chemical equilibria , Berthollet's law of mass action », *Chymia*, t. 8, 1962, p. 105-145.

22. En France, les chimistes théoriciens de la génération de Berthollet étaient peu nombreux: Fourcroy et Guyton ne se prononcèrent pas vraiment ; quant aux plus jeunes, ils étaient pour la plupart élèves de Berthollet à Arcueil.

23. Bibl. P. 69.
24. *Ann. Ch.*, t. 49, 1804, p. 8.
25. *Ibid.*, p. 16.

26. C.H. Pfaff avait fait la connaissance de Berthollet au cours d'un séjour fait à Paris en 1801. Il s'occupait alors beaucoup de l'action chimique de l'électricité, sujet à la mode. Partant ensuite pour les Pays-Bas, le jeune homme (né en 1772) avait été chaudement recommandé par Berthollet à son correspondant M. Van Marum qui, à Haarlem s'intéressait à ce sujet (cf. lettre 72, du 11 octobre 1801).

27. C.H. Pfaff, « Expériences et observations relatives au nouveau principe d'action de l'affinité établi par M. Berthollet... », *Ann. Ch.*, t. 77, 1811, p. 259-288. Berthollet y répond immédiatement dans une note qui suit le mémoire (cf. p. 288-296 ; Bibl. P. 85).

28. Rev. Essai, p. 13-15.
29. *Ann. Ch.*, t. 77, p. 280.
30. *Ibid.*, p. 288.
31. *Ibid.*, p. 290.
32. Voir Rev. Essai, p. 13-14.

33. H. DAVY, *Elements of chemical philosophy*, London, 1812, vol. 1, p. 117-122. Cet ouvrage fut traduit en français par J.B. Van Mons, sous le titre *Éléments de philosophie chimique*, Paris, 1813 (cf. p. 87-97).

34. Il cite l'ouvrage anglais, à plusieurs reprises, en y répondant : voir Rev. Essai, p. 9, 34, 75, 101, 124, 125.

35. J. DALTON, *A new system of chemical philosophy,* London, vol. 1, 1808.

36. Th. THOMSON, *Système de Chimie,* 3e éd., trad. fr., 1809. Voir plus loin, p. 212.

37. C.H. Pfaff, dont nous avons plus haut mentionné le mémoire concernant son examen de la théorie de Berthollet, s'intéressait beaucoup à la question des affinités qu'il jugeait fondamentale. Il déplorait qu'elle intéressât si peu ses contemporains et, dans le mémoire cité, il s'exprimait ainsi : « Il serait temps ... qu'on s'entendît généralement sur les principes fondamentaux, soit que ceux établis par Mr Berthollet triomphassent, soit que le principe des affinités électives fût rétabli dans ses droits, quoique modifié et revu. Mais ce sont d'autres routes qui enlèvent maintenant la plupart des chimistes à ces discussions moins brillantes, subtiles et difficiles » (cf. *Ann. Ch.,* t. 77, 1811, p. 260).

38. Voir p. 219-233.
39. Voir Rev. Essai, p. 63-68.
40. II, chap. X, p. 219-233.

NOTES DU CHAPITRE VIII

1. K.F. WENZEL, *Théorie des affinités,* Dresde, 1777.
J.B. RICHTER, *Anfangsgründe der Stöchyometrie oder Messkunst chymischer Elemente,* Breslau-Hirschberg, 1792, 1793, 1794, 3 vol. , et *Ueber die neurn Gegenstände der Chymie,* Breslau-Hirschberg, t. 2, 1791-1802.

2. Bibliographie sur la naissance de la stoechiométrie :
J. BERZELIUS, *Essai sur la théorie des proportions chymiques, traduit du suédois, sous les yeux de l'auteur et publié par lui-même,* Paris, 1819, p. 2-7.
Th. THOMSON, ... *Essai sur les proportions définies dans la composition des corps...,* traduit de l'anglais, Paris, 1825.
J.R. PARTINGTON, *A History of Chemistry,* London, 1962, vol. 3, p. 640 sq. (La fondation de la stoechiométrie).

3. Proust fit paraître ses premières conclusions sur les proportions fixes, dès 1797, dans le mémoire : « Recherches sur le bleu de Prusse », *Ann. Ch.,* t. 29, 1797, p. 85-101. Il continua dans divers mémoires dont voici les principaux, parus avant la rédaction de l'*Essai* : « Recherches sur le cuivre », *Ann. Ch.,* t. 32, 1799, p. 26-54 ; « Sur quelques sulfures métalliques », *J. Phys.,* t. 53, 1801, p. 89-97 ; « Sur les sulfures natif et artificiel de fer », *J. Phys.,* t. 54, 1802, p. 89-95 ; « Mémoire pour servir à l'histoire de l'antimoine », *J. Phys.,* t. 55, 1802, p. 325.

4. *Essai,* vol. 1, Sect. V ; vol. 2, Sect. V, chap. II, III, IV.

5. *Essai,* vol. 1, p. 339, Section V, « Des limites de la combinaison ». La même opinion est exprimée en des termes analogues dans l'étude des oxydes : *Essai,* vol. 2, p. 370.

6. Voir p. 190-191.
7. *Essai,* vol. 1, p. 339-340.
8. *Ibid.,* p. 367-368.
9. *Ibid.,* p. 340 : « La force de cohésion ou l'élasticité deviennent prépondérantes pour produire ces séparations ». Berthollet développe plusieurs exemples dans la suite du chapitre.

10. *Essai,* vol. 1, p. 62-63.
11. *Ibid.*
12. *Ibid.,* p. 365.
13. *Ibid.,* p. 353.

14. Cet argument n'est pas réellement développé comme tel dans l'*Essai* ; il devient beaucoup plus important aux yeux de Berthollet dans ses deux derniers exposés de chimie théorique : *Introduction* et « Revue de l'Essai » (voir p. 205, et Rev. Essai, p. 76-77).

15. On trouvera une analyse détaillée de cette question, dans : S.C. KAPOOR, « Berthollet, Proust, and proportions », *Chymia,* t. 10, juin 1969, p. 53-110. Cette analyse est précédée d'une étude des idées de Berthollet sur les affinités.

16. *Essai,* vol. 2, p. 368.
17. *Ibid.*, p. 369.
18. *J. Phys.*, t. 59, 1804, p. 329.
19. « Recherches sur les lois de l'affinité », Bibl. O. 5, P. 58.

20. L.J. PROUST, « Recherches sur le bleu de Prusse », *Ann. Ch.*, vol. 23, 1797, p. 85-101. Au début du mémoire l'auteur affirme qu'il n'y a pas de combinaisons intermédiaires entre les deux degrés d'oxydation qu'il reconnaît pour le fer ; en conclusion il dit : « Le fer est comme plusieurs autres métaux assujetti par cette loi de la nature qui préside à toute combinaison vraie, assujetti dis-je à deux proportions constantes d'oxigène » (p. 191).

21. Les principaux mémoires ont été cités en début de chapitre, note 3. On trouve dans le dernier, consacré à l'antimoine, l'affirmation suivante que Berthollet conteste vivement : « ... il [l'antimoine] suit la loi de tous les métaux qui peuvent s'unir au soufre. Il s'en attache une dose invariablement fixée par la nature et qu'il n'est pas donné à l'homme de pouvoir augmenter ou diminuer » (cf. 325).

22. *Essai,* vol. 2, p. 341-446. Voir l'étude générale de cette section p. 182-184.

23. *Ibid.*, p. 369-370. Dans les pages qui suivent, Berthollet cite des exemples d'expériences où il croit trouver, dans la formation des oxydes, une variation continue des proportions.

24. *Essai,* vol. 2, p. 434-437.

25. Voir note 21. La phrase citée concernant la combinaison du soufre avec l'antimoine est reprise, p. 435, avec les résultats des mesures faites par Proust pour combiner le soufre avec l'oxyde d'antimoine que Berthollet commente ainsi : « Je ne vois pas comment *ceci sauve les oxides de ce métal du soupçon de pouvoir s'unir au soufre en toutes doses et sans égard aux invariables lois de la proportion* ; mais il faut bien qu'il admette que ces lois ne sont pas invariables et qu'il limite son apophtegme, pour les proportions du sulfure d'antimoine avec l'oxide. »

26. *J. Phys.*, t. 59, 1804 : « Sur les sulfures métalliques », p. 260-265 ; « Sur les sulfures alcalins », p. 265-273 ; « Sur les oxidations métalliques », p. 320-343 ; « Sur le sulfate de cuivre au minimum d'acide », p. 343-349 ; « Sur les muriates de cuivre vert et blanc », p. 350-354 ; « Sur les hydrates de cuivre », p. 393-402. Dans ce dernier mémoire, Proust critique principalement les résultats et les conclusions du fils de Berthollet, développées dans le mémoire lu à l'Institut en 1803 et publié dans l'*Essai,* vol. 2, p. 447-481 (note de la Ve Section).

27. « Sur les oxides métalliques », *J. Phys.*, t. 59, p. 325.

28. « Observations relatives à différents mémoires de Proust insérés dans le LIXe volume du Journal de Physique », *J. Phys.*, t. 60, 1805, p. 284-290, 347-351 . Bibl. P. 70.

29. Mémoire précédent, p. 284.

30. « Nouvelles recherches sur les lois de l'affinité », Bibl. M. 80 et P. 73. Objet d'une publication séparée, sous le même titre, à laquelle nous nous référons. Bibl. O. 7.

31. *Ibid.*, p. 1.
32. *Ibid.*, p. 30.
33. *Ibid.*

34. Suite du passage précédent : « ... mais que passé le terme que l'on regardait comme le terme de la saturation, elle pouvait encore produire souvent d'autres combinaisons qui différaient par les proportions... » Berthollet fait peut-être là allusion aux cas où deux éléments peuvent donner plusieurs composés différents : exemple les oxydes de fer ou de plomb dont nous avons vu (p. 293, note 198) qu'il connaissait l'existence ; mais il pensait aussi que tous les degrés intermédiaires pouvaient exister.

35. « Nouvelles recherches sur les lois de l'affinité », p. 30.
36. *Ibid.*, p. 31.
37. *Ibid.*
38. *Ibid.*
39. *Ibid.*
40. « Sur les oxidations métalliques », *J. Phys.*, t. 59, 1804, p. 320.
41. S.C. KAPOOR, *op. cit.*, p. 72, note 15.
42. « Nouvelles recherches... », p. 32.
43. *Ibid.*
44. L.J. PROUST, « Sur les oxidations métalliques », *J. Phys.*, t. 59, p. 329.
45. « Nouvelles recherches... », p. 36.
46. *Ibid.*, p. 37.
47. *Ibid.*
48. *Ibid.*
49. *Ibid.*, p. 38-39.
50. *Ibid.*, p. 35.
51. *Ibid.*

52. Les citations de Proust que Berthollet donne p. 35 de son mémoire, sont extraites du *J. Phys.*, t. 59, p. 329-330. Nous avons cité ce mémoire note 44.

53. *Ibid.*, p. 35.
54. « Nouvelles recherches... », p. 47.
55. Bibl. P. 81 et P. 82.

56. Th. THOMSON, *Système de chimie de M. Th. Thomson ..., traduit de l'anglais sur la dernière édition de 1807, par M. Riffault, précédé d'une Introduction de M. C.L. Berthollet...*, Paris, 1809, 9 vol. Il s'agit ici de cette *Introduction*, vol. 1, p. 1-70 (Bibl. Oc. 5).

57. *Ibid.*, p. 24. La même opinion concernant la dissolution est exprimée dans la « Revue de l'Essai » (cf. Rev. Essai, p. 3, 18 et 73).

58. *Ibid.*
59. Rev. Essai, p. 76-77.
60. *Introduction*, p. 25-26.
61. Voir plus haut, p. 95 et aussi Rev. Essai, p. IV-VII.
62. Rev. Essai, p. 72-151 ; c'est-à-dire jusqu'à la fin du texte qui comprend 151 p.
63. *Ibid.*, p. 72.
64. *Ibid.*, p. 73.
65. Rev. Essai, p. 79.
66. *Ibid.*, p. 81.
67. Rev. Essai, « Des causes qui déterminent les proportions définies dans les combinaisons », p. 93-96.
68. *Ibid.*, p. 93.
69. *Ibid.*, p. 94.
70. J. BERZELIUS, « Essay on the causes of chemical proportions... », *Ann. Philos.*, t. 2, 1813, p. 443-451.

71. *Ibid.*, p. 448 ; traduction personnelle. Dans la « Revue de l'Essai » (Rev. Essai, p. 94) Berthollet a aussi traduit ce passage mais sans le citer textuellement.

72. Rev. Essai, p. 95.

NOTES DU CHAPITRE IX

1. Gay-Lussac avait commencé ses recherches sur les gaz dès 1801 quand il devint assistant de Berthollet (voir 1re partie, p. 71). Les premières expériences furent faites dans le laboratoire de Berthollet à l'École polytechnique, puis dans celui d'Arcueil nouvellement installé. Berthollet utilisa les résultats obtenus par le jeune homme dans l'*Essai* (Section IV ; voir précédemment p. 174-175). Ensuite Gay-Lussac poursuivit seul ses recherches sur les gaz, toujours encouragé par Berthollet.

2. J.L. GAY-LUSSAC, « Mémoire sur la combinaison des substances gazeuses les unes avec les autres », *Mém. Arcueil,* vol. 2, 1809, p. 207-234.

3. Rev. Essai, p. 110 sq.

4. Berthollet expose et commente les deux points de vue dans son exposé général de 1809 : *Introduction au Système de Chimie de Th. Thomson,* que nous analysons plus loin.

5. A.B. BERTHOLLET, « Mémoire sur l'analyse de l'ammoniaque », *Mém. Arcueil,* vol. 2, 1809, p. 268-295.

6. Th. THOMSON, « On oxalic Acid », *Phil. Trans.,* 1808, p. 63-95 ; J.E. BÉRARD, « Observations sur les oxalates... », *Ann. Ch.,* t. 73, 1810. Ces textes sont cités dans Rev. Essai, p. 59.

7. Cf. Rev. Essai, p. 121-151.

8. Voir note 56, p. 297. Bibl. Oc. 5. Ce texte est signalé dans la suite sous l'abréviation *Introduction.*

9. Sur l'introduction des idées de Dalton en France on pourra consulter l'article de M.P. CROSLAND, « The first Reception of Dalton's Atomic Theory in France », in *John Dalton & the Progress of Science,* D.S.L. CARDWELL ed., Manchester, 1966.

10. J. DALTON, *A new System of chemical Philosophy,* Manchester, 1808, vol 1.
11. Lettre 100, adressée le 31 août 1808 à Charles Blagden.

12. Ces mémoires avaient été présentés devant la Société philosophique de Manchester. On trouvera une analyse des principaux travaux de J. Dalton sur la constitution de la matière dans les ouvrages récents suivants :
F. GREENAWAY, *John Dalton and the Atom,* London, 1966 ; D.S.L. CARDWELL ed., *John Dalton & the Progress of Science,* Manchester, 1968 ;
Sir A. HARTLEY, *Studies in the History of Chemistry,* Oxford, 1971, p. 58-91 ;
A. THACKRAY, *John Dalton, Critical Assessments of his Life and Science,* Cambridge, 1972.

13. Lettre 90, adressée le 27 septembre 1807 à Charles Blagden.
14. *Introduction,* p. 1-2.

15. Riffault des Hêtres était administrateur général de la fabrication des poudres et salpêtres à Paris.

16. Cf. lettre 100 adressée à Blagden le 31 août 1808 : « La traduction de Thomson n'est pas encore terminée... et je dois l'avouer, M. Riffault n'a pas entièrement rempli mon attente : sa traduction n'est pas aussi bonne que je l'espérais. » Plus loin Berthollet ajoute : « Je donnerai une introduction dans laquelle je fais un précis des progrès que la chimie a fait depuis deux ans. »

17. Bibl. Oc. 5.
18. Correspondance de Berzelius, fasc. 1, p. 16.
19. Lettre 121.

20. W. HENRY, *Éléments de chimie expérimentale... traduit de l'anglais sur la 6e édition, dédiée à M. Dalton, par H.F. Gaultier de Claubry...,* Paris, 1812, 2 vol.

21. La première édition de l'ouvrage de Thomson datait de 1803, comme l'*Essai,* la « nouvelle » de 1807 était la troisième.

22. *Introduction,* p. 3.
23. *Ibid.,* p. 4.
24. *Ibid.*
25. *Ibid.*
26. *Ibid.,* p. 2.
27. Lettres 100 et 121.
28. *Introduction,* p. 9.
29. On retrouve presque intégralement cette phrase dans Rev. Essai, p. 6.
30. Rev. Essai, p. 3-7.
31. *Introduction,* p. 20.
32. Voir p. 124.
33. *Introduction*, p. 21.
34. *Ibid.,* p. 21.
35. *Ibid..* p. 24
36. *Ibid.*
37. *Ibid.*
38. *Ibid.,* p. 25.
39. *Ibid.*
40. *Ibid.,* p. 26.
41. *Ibid.,* p. 26-27.
42. Voir plus loin, p. 228-233.

43. Les travaux de Malus publiés dans les *Mémoires d'Arcueil* (vol. 2, 1809), concernant la polarisation de la lumière par certaines substances chimiques dont la structure peut ainsi être mieux précisée, sont évoqués p. 11.

44. Ceux de Biot et Arago sur la réfraction de la lumière par les gaz sont évoqués p. 12.

45. A la page 36, Berthollet rend également compte des recherches de Thénard sur les éthers, puis, à la fin d'un paragraphe consacré aux analyses animales et végétales (p. 45-58), des résultats de l'analyse de la bile par Thénard (p. 58) ; ces divers travaux venaient d'être publiés dans les *Mémoires d'Arcueil,* vol. 1, 1807).

46. *Ibid.,* p. 27.

47. Rappel des analyses de Proust : sur les prussiates (p. 58-63), sur le cobalt et le nickel (p. 67), sur la blende (p. 71).

48. Berthollet consacre à ce sujet une place importante : p. 93-124. Il annonce que pour son analyse il a fait appel à A. Humboldt qui s'est lui-même beaucoup intéressé à la question : « Je l'ai consulté lui-même sur cette partie du Système de Chimie et je dois à mon illustre ami les notes que je joins ici » (p. 93).

49. *Ibid.,* p. 124-170.

50. *Ibid.,* p. 129-132. H. DAVY, « On some new phenomena of chemical changes », mémoire lu à la Royal Society le 19 nov. 1807, *Phil. Trans.,* 1808 ; J.L. GAY-LUSSAC et L.J. THÉNARD, « Mémoire... », lu le 7 mars 1808, *Ann. Ch.,* t. 66, 1808, p. 205-217.

51. *Introduction,* p. 141.

52. Le sodium et le potassium donnent avec l'ammoniac pur des réactions de substitutions avec dégagement d'hydrogène ; d'où l'opinion de Gay-Lussac et Thénard.

53. *Introduction,* p. 143-148.
54. *Ibid.,* p. 143-151. Voir précédemment p. 209-210.

55. Berthollet a adopté ces deux noms pour le sodium et le potassium, il l'a expliqué dans ce même texte : *ibid.,* p. 130.

56. *Ibid.,* p. 152.

57. H. DAVY, « De quelques effets chimiques de l'électricité », traduit par M. Berthollet, *Ann. Ch.*, t. 63, 1807, p. 172-224, 225-266.

58. *Introduction,* p. 159.
59. *Ibid.*, p. 159-160.
60. *Ibid.*, p. 160.
61. *Ibid.*, p. 161.
62. *Ibid.*, p. 162-163.

63. *Ibid.*, p. 164-165. Les cinq dernières pages de l'introduction écrite par Berthollet sont consacrées à la présentation d'un mémoire lu à l'Institut par Gay-Lussac et Thénard le 15 novembre 1809, après la première impression du texte.

NOTES DU CHAPITRE X

1. Dans une lettre à J.B. Van Mons que nous pouvons dater de la fin de 1812 (lettre 135), Berthollet répond à son correspondant qui l'avait interrogé à ce sujet : « Je ne pense pas à donner promptement une nouvelle édition de la Statique chimique. »

2. Rev. Essai (Introduction, p. IV-VII).

3. Michelle SADOUN-GOUPIL, *Claude-Louis Berthollet, 1748-1822, projet inédit de seconde édition de son* Essai de statique chimique, *précédé d'une étude sur sa vie et sur son œuvre,* Thèse de troisième cycle, École Pratique des Hautes Études, Paris, 1972.

4. Rev. Essai, p. 1-151. Nous y avons signalé dans de nombreuses notes les passages tirés de l'*Essai,* et précisé a leur propos les petites différences éventuelles entre les deux versions.

5. C'est en particulier le cas pour les réponses directes à Pfaff (Rev. Essai, p. 13) et à Davy (Rev. Essai, p. 8-9, 34, 75, 101, 124-125).

6. Comme nous le verrons plus loin, la partie descritpive de l'*Essai* correspondant au second volume, n'est pas abordée dans la « Revue de l'Essai ».

7. Rappelons que cette Première partie forme le premier volume de l'*Essai* (543 p. in-8°).

8. Pour les raisons que nous avons détaillées (Rev. Essai, Introduction, p. III), nous n'avons pas reproduit intégralement ce texte. Néanmoins, pour présenter d'une manière aussi complète que possible le travail et la pensée de Berthollet à la fin de sa carrière, nous avons donné un résumé de ce chapitre (Rev. Essai, pièce annexe 3, p. 158).

9. C'est sans doute pour cette raison que la dernière section de la « Revue de l'Essai », qui traite des proportions (sujets de la 5e section de l'*Essai),* ne porte pas de numéro.

10. Nous avons vu (cf. p. 213) que Berthollet, dans son dernier exposé publié en 1809, était revenu sur ces phénomènes, en raison de leur intérêt pour la connaissance des affinités chimiques. Dans la « Revue de l'Essai », il leur accorde une place importante : p. 3-7.

11. L'introduction de l'*Essai* comprend 22 pages ; celle-ci 2.

12. Le manuscrit n'est pas signé. Nous avons justifié son attribution à Berthollet en étudiant l'ensemble des questions qui se posent à son propos, dans l'introduction qui précède le texte (Rev. Essai, Introduction). Voici le début de cette première phrase : « Depuis que j'ai présenté au public mon Essai de statique chimique, la science a fait d'immenses progrès.. »

13. Voir p. 127.
14. Rev. Essai, p. 2.
15. *Ibid.*, p. 3-31.

16. Pour cette section, la différence entre le titre général et celui du premier chapitre est donc très nette, alors que pour les deux autres il n'en est pas de même (cf. Rev. Essai, notes 1 des p. 3, 31, 72).

17. Rev. Essai, p. 7.
18. *Ibid.*, p. 12-15.
19. *Ibid.*, p. 15-17.
20. *Ibid.*, p. 18-26.
21. *Ibid.*, p. 18.
22. *Ibid.*, p. 26-31.
23. *Ibid.*, p. 29.

24. J.L. GAY-LUSSAC, « Note sur la combinaison de l'iode avec l'hydrogène », *Ann. Ch.*, t. 88, p. 319-321.

25. Rev. Essai, p. 31-71.
26. *Ibid.*, p. 31.

27. Dans l'*Essai,* cette section porte le titre général : « De l'acidité et de l'alcalinité ». Ici, ce titre qui figure seul au début de la section nous a paru correspondre à celui du premier chapitre (cf. Rev. Essai, note 1, p. 31).

28. Dans l'*Essai,* le premier chapitre s'intitule : « De l'action réciproque des acides et des alcalis ».

29. Voir les notes de détail accompagnant le texte (cf. Rev. Essai)
30. Rev. Essai, p. 34-35.
31. *Ibid.* , p. 35 et *Essai,* vol. 1, p. 16.
32. *Ibid.*
33. Voir chap. VII, p. 187-194.
34. Rev. Essai, p. 40-52.
35. *Recherches sur les lois de l'affinité,* Bibl. O. 5 ; *Essai,* Bibl. O. 6 ; *Nouvelles recherches sur l'affinité,* Bibl. O. 7. Berthollet reprend des passages assez importants de ces trois exposés. Il cite parfois le premier et le dernier de ceux-ci, mais jamais l'*Essai.* Nous avons signalé les analogies et les identités de rédaction dans les notes qui accompagnent le texte.

36. Les références sont d'ailleurs celles d'ouvrages assez anciens (cf. Rev. Essai, p. 154-157 : liste des citations), sauf un mémoire de Dulong, daté de 1811, que Berthollet commente longuement dans le 5e chapitre (Rev. Essai, p. 63-68).

37. Rev. Essai, p. 53-58.
38. Voir l'apparition de ces lois p. 159, et leur développement comme argument contre les affinités électives, p. 188.
39. *Ibid.*, p. 58-63.

40. J.E. BÉRARD, « Observations sur les oxalates et les suroxalates alcalins et principalement sur les proportions de leurs éléments », *Ann. Ch.* t. 73, 1810 (cité dans Rev. Essai, p. 59).

41. Rev. Essai, p. 63-68.

42. P.L. DULONG, « Recherches sur la décomposition mutuelle des sels insolubles et des sels solubles », *Ann. Ch.*, t. 82, 1812 (lu à l'Institut, le 29 juillet 1811 (cité dans Rev. Essai, p. 63).

43. Rev. Essai, p. 68.

44. Berthollet avait fait, pour l'Académie qui l'en avait chargé, plusieurs rapports sur les mémoires de Chevreul concernant les corps gras (cf. *P.V.A.S.*, t. 5, 1812-1816, p. 233, 277, 388, 463, 553). Il avait donc une connaissance directe des résultats généraux établis par Chevreul, lorsqu'il rédigea ce passage de la « Revue de l'Essai ».

45. « De l'action des alcalis sur les corps d'une composition peu stable », Rev. Essai, p. 68-71, chap. 6.

46. M.E. CHEVREUL, « Recherches chimiques sur plusieurs corps gras et particulièrement sur leurs combinaisons avec les alcalis, 3e mémoire, De la saponification de la graisse de porc et de sa composition », *Ann. Ch.*, t. 94, 1815, p. 113-144. Ce mémoire est l'un des textes les plus tardifs cités par Berthollet, avec un autre de 1815, de Th. Thomson, dans les *Ann. Philos.*

47. Rev. Essai, p. 72-151. Comme pour la section précédente, Berthollet n'a inscrit qu'un seul titre à son début : «Des proportions définies dans les combinaisons ». L'étude du texte qui suit et la comparaison avec l'*Essai* nous ont conduit à attribuer ce titre au premier chapitre et non à la section elle-même (voir Rev. Essai, p. 72, note 1).

48. Voir p. 220.

49. Dans l'*Essai*, la 5e section est intitulée « Des limites de la combinaison ». Nous venons de remarquer que Berthollet n'avait pas donné de titre général à celle-ci.

50. Voir chapitre VIII, p. 206-208.

51. Elle est principalement exposée dans les chapitres 1 et 4.

52. Rev. Essai, p. 82-89 : « Du rapport des proportions entre les éléments des différentes combinaisons », et p. 89-93 : « Des rapports de l'oxigène entre les métaux qui forment les dissolutions » ; p. 68-72, « De l'action des alcalis sur les corps d'une composition peu stable ».

53. Voir p. 169.

54. Rev. Essai, p. 82-84.

55. *Ibid.*, p. 85-86.

56. *Ibid.*, p. 88.

57. Les conceptions actuelles considèrent qu'il y a un simple transfert d'électrons entre les deux métaux.

58. Rev. Essai, p. 90. En réalité, Berthollet cite, sans le dire, une phrase du mémoire de Gay-Lussac qu'il est en train de commenter : J.L. GAY-LUSSAC, « Sur le rapport entre l'oxidation des métaux et leur capacité de saturation pour les acides », *Mém. Arcueil*, vol. 2, 1809, p. 162. Voir Rev. Essai, p. 90, note 2.

59. *Ibid.*, p. 91.

60. *Ibid.*, p. 92.

61. Voir II, chap. VIII, p. 207.

62. Rev. Essai, chap. 4, p. 93-96 ; chap. 5, p. 96-106 ; chap. 6, p. 106-110.

63. J.L. GAY-LUSSAC, « Mémoire sur la combinaison des substances gazeuses les unes avec les autres », *Mém. Arcueil*, vol. 2, 1809, p. 207-234.

64. Rev. Essai, p. 112.

65. *Ibid.*, p. 110. Nous avons nous-même souligné les deux mots.

66. *Ibid.*, p. 113.

67. *Ibid.*, p. 114.

68. *Ibid.*

69. *Ibid.*, p. 115.

70. *Ibid.*, chap. 5 : « De la théorie atomistique de M. Dalton » ; chap. 6 : «De l'échelle synoptique des équivalents chimiques de M. Wollaston » ; chap. 8 : « De la théorie corpusculaire de M. Berzelius ».

71. Voir p. 211.

72. Th. THOMSON, « On the Daltonian Theory of Definite Proportions in Chemical Combinations », *Ann. Philos.*, t. 2, 1813, p. 32-52, 109-115, 167-172, 293-301 ; t. 3, 1814, p. 134-140, 375-378 ; t. 4, 1814, p. 11-18, 83-88.

73. Th. THOMSON, « Sketch of the latest improvements in the physical sciences », *Ann. Philos.*, t. 5, 1815, p. 1-95. Rappelons que nous avons fixé avec une assez bonne précision la rédaction de la « Revue de l'Essai » à l'hiver 1815-1816.

74. Rev. Essai, p. 96-99 : texte anglais p. 9-12, cité note 73.
75. Voir p. 212 sq.
76. Rev. Essai, p. 105.
77. *Ibid.*, p. 100-101.
78. *Ibid.*, p. 101. La citation est tirée de H. DAVY, *Elements of chemical philosophy*, London, 1812, vol. 1, p. 114-115.
79. Rev. Essai, p. 101.
80. *Ibid.*, p. 103.

81. On sait d'ailleurs que la théorie atomique ne fut en effet universellement adoptée par le monde scientifique qu'au début du XXe siècle, après que des preuves concrètes de l'existence des atomes eurent été établies.

82. Rev. Essai, chap. 6, « De l'échelle synoptique des équivalents chimiques de M. Wollaston », p. 106-110.

83. W.H. WOLLASTON, « A synoptic scale of chemical equivalents », *Trans. Phil.*, t. 104, 1814, p. 1-22.

84. Voir p. 169.

85. Rev. Essai, chap. 8, « Du système de M. Berzelius sur les proportions déterminées de la nature inorganique, p. 116-151.

86. Rev. Essai, p. 116-117.
87. *Ibid.*, p. 117.

88. J. BERZELIUS, « Essay on the causes of chemical proportions, and some circumstances relating to them ; together with a short and easy method of expressing them », *Ann. Philos.*, t. 2, 1812, p. 443-451.

89. J. DALTON, « Remarks on the Essay of Dr Berzelius on the causes of chemical proportions », *Ann. Philos.*, t. 3, 1813, p. 174-180.

90. Rev. Essai, p. 116, 121 sq.

91. Ces lois sont au nombre de 5 ; elles portent sur les proportions multiples, les combinaisons de plusieurs composés, de plusieurs oxydes et de plusieurs combustibles.

92. Rev. Essai, p. 116.
93. *Ibid.*, p. 117.
94. *Ibid.*, p. 129.
95. *Ibid.*, « Des hydrates », p. 132-143.
96. *Ibid.*, p. 132.
97. *Ibid.*, p. 136-137.
98. *Ibid.*, p. 137.

99. J. BERZELIUS, « Suite des expériences sur les proportions... », *Ann. Ch.*, t. 82, 1812, p. 28. Cité dans Rev. Essai, p. 136.

100. *Ibid.*, p. 136.
101. *Ibid.*, p. 143-151.
102. *Ibid.*, p. 143.

103. N. VAUQUELIN, « Expériences pour déterminer la quantité de soufre que les métaux peuvent absorber... », *Ann. Ch.*, t. 80, 1811, p. 259-271.

104. J.L. GAY-LUSSAC, « Note... », *Ann. Ch.*, t. 85, 1913, p. 199-207.
105. L.J. THÉNARD, « Observations sur les hydrosulfures », *Ann. Ch.*, t. 83, 1812, p. 132-137.

106. Rev. Essai, p. 150.
107. *Ibid.*, p. 151.

NOTES DU CHAPITRE XI

1. Rappelons les noms de F.J. Bonjour et de B. Welter qui s'illustrèrent dans la chimie industrielle et celui de Gay-Lussac qui fut le plus célèbre de ses élèves.

2. En revanche, dans le domaine expérimental, il utilisa très souvent les résultats obtenus par ses contemporains ou parfois par ses prédécesseurs.

3. Dans son *Traité de chimie élémentaire,* Thénard enseigna dès 1813 les fameuses « lois de Berthollet ».

4. Modérés chez Auguste Comte, ces éloges s'amplifient chez certains adeptes du comtisme d'Amérique du Sud : cf. Raymond TEIXEIRA-MENDES, *La philosophie chimique d'après A. Comte...,* Rio de Janeiro, au siège du Centre positiviste, 1887, p. 256.

5. A. COMTE, *Cours de philosophie positive,* Paris, 1830-1842, 6 vol ; 35e leçon, vol. III, p. 25.

6. A. COMTE, *cit.,* p. 25, note 1.

7. P. DUHEM, *Introduction à la mécanique chimique,* Paris, 1893, p. 9.

8. J. BÉNARD, *L'Évolution de la notion de composé défini dans la chimie,* Conférence du Palais de la Découverte, 20 février 1960, S2rie A, nº 258, p. 6.

9. J. BÉNARD, *op. cit.,* p. 16.

10. Dans un article paru en 1965, deux historiens des sciences russes, V.I. Kouznetsov et Z.I. Scheptounova, se fondant essentiellement sur les idées exposées dans l'Introduction de l'*Essai,* estiment que Berthollet avait une conception atomiste de la structure de la matière, mais que celle-ci a été totalement incomprise par les savants du XIXe siècle qui le considéraient comme un adversaire de l'atomisme ; incompréhension due à un développement insuffisant de la science de l'époque. Les auteurs soulignent ensuite que la découverte, au XXe siècle, des composés non stoechiométriques, confirme hautement les vues de Berthollet qui voulait concilier sa conception atomiste avec celle des composés à proportions variables. Ils concluent en insistant beaucoup sur la grande actualité des travaux de Berthollet dans la science contemporaine. Une telle interprétation nous semble trop « moderniste » ; si Berthollet avait, comme la plupart des chimistes de son époque, une conception corpusculaire de la matière qui se traduit par l'emploi des mots molécules et particules, cette conception était bien éloignée des idées actuelles. Son attitude vis-à-vis de la théorie atomique est analysée plus haut dans les chapitres IX et X, et la confrontation de son œuvre avec les découvertes du XXe siècle est évoquée au chapitre XI.

Cf. V.I. KOUZNETSOV et Z.I. SCHEPTOUNOVA, « Atomistique et individualité chimique dans l'œuvre de Berthollet », *Voprossi istorii estestvoznania i techniki,* 19, « Nauka », 1965, p. 79-87 (en russe). Je dois la connaissance de cet article à Mirjana Ilic, du Centre Alexandre Koyré (C.N.R.S.) qui a bien voulu m'en établir une traduction.

CATALOGUE SIGNALÉTIQUE DE LA CORRESPONDANCE DE BERTHOLLET

Les papiers de Berthollet, mort sans héritier direct, sont totalement dispersés. C'est en particulier le cas de sa correspondance, tant celle reçue que celle écrite par lui. Une longue enquête nous a permis de réunir une partie de cette dernière. Les 185 lettres que nous avons choisi de présenter ici sont toutes autographes, et, sauf celles adressées à J. Berzelius et à J. Watt qui sont publiées dans la correspondance de ces derniers, consultées sur les originaux ou leurs photocopies. Leur ensemble constitue une source précieuse de renseignements sur la vie et l'œuvre du chimiste français que nous avons largement utilisée dans la monographie qui précède, en nous référant aux numéros d'ordre figurant dans ce catalogue.

Un certain nombre de lettres portent des indications incomplètes concernant les dates, lieux d'émission ou noms de correspondants, ce que nous avons signalé par les abréviations : s.d., s.l., s.n. En général, les dates ont pu être précisées, nous les mettons alors entre parenthèses ; il en est de même pour les lieux d'émission. Par souci d'homogénéité, nous avons converti dans le calendrier grégorien les dates indiquées dans le calendrier révolutionnaire et signalé simplement ces dernières à la suite, entre parenthèses. Quant aux correspondants, certains n'ont pas encore pu être identifiés.

Chaque lettre est ainsi présentée : date, lieu d'émission, nom du correspondant ; bref résumé où sont soulignés les points les plus intéressants de la lettre ; dépôt d'Archives où la lettre est conservée, avec sa cote lorsque celle-ci existe.

LISTE DES DÉPOTS D'ARCHIVES CONCERNÉS ET ABRÉVIATIONS CORRESPONDANTES

Archives de la famille de Candolle	Arch. de Candolle
Archives de l'Académie de médecine de Paris	Arch. Ac. Méd.
Archives de l'Académie florimontane d'Annecy	Annecy Ac. Flor.
Archives de l'Académie royale des sciences de Paris	Arch. Ac. Sc.
Archives de l'Académie royale des sciences de Turin	Arch. Ac. Turin
Archives de l'École polytechnique	Arch. Éc. pol.
Archives de la Seine	Arch. Seine
Archives départementales de la Haute-Savoie	Annecy Arch. dép.
Archives générales du Royaume de Belgique à Bruxelles	Bruxelles Arch. Roy.
Archives municipales de Reims	Reims Arch. munic.
Bibliothèque de la Faculté de pharmacie	B. Pharmacie
Bibliothèque de l'Institut de France	B.I.
Bibliothèque nationale de Paris	B.N.
Bibliothèque nationale de Vienne (Osterreichische Nationalbibliothek)	B.N. Vienne
Bibliothèque publique et universitaire de Genève	B.P.U. Genève
Bibliothèque universitaire de Bâle (Offentliche Bibliothek der Universität Basel)	B.U. Bâle
Collection particulière	Coll. part.
Columbia University	
Cornell University	
Musée d'Annecy	
Royal Society of London	Royal Society
Société hollandaise des sciences de Haarlem (Hollandsche Maatschappij der Wetenschappen)	Soc. Haarlem
Wellcome Medical Historical Institute of London	Wellcome

1. 20 avril 1774, Château de Sainte-Assise
M. Chamoule (avocat à Annecy)

Cette lettre est adressée à un ancien camarade d'étude avec lequel Berthollet a été en étroite amitié ; mais depuis son arrivée à Paris il n'a reçu aucune nouvelle et s'inquiète de la raison de ce silence. Il espère une visite de son ami pour l'hiver suivant et donne à ce sujet des renseignements sur son installation, la protection qu'il reçoit de la part de Tronchin et du duc d'Orléans. Il se félicite de l'heureux sort qu'il a trouvé ; malheureusement, sa situation de fortune n'est pas brillante car il n'a rien reçu ni de sa famille ni de sa nouvelle place. C'est pourquoi il est obligé de faire appel à ses amis et c'est l'un des motifs de la lettre : à mots couverts, Berthollet demande que soit arrangée une opération financière dont lui a parlé le chevalier de Saint-Réal et sur laquelle il exige le secret.

Musée d'Annecy

2. 7 juillet (1776), Villers-Cotteret près de Soissons
P.F. Tingry

Longue lettre qui donne des informations intéressantes sur les préoccupations médicales de Berthollet. Ainsi, il vient de communiquer ses essais sur le « calcul » à M. Desault qui doit soutenir une thèse sur l'opération de la taille. Berthollet promet d'envoyer un exemplaire de cette thèse à son correspondant ainsi qu'un autre destiné au fils de M. Haller.

Fontana et Lavoisier préparent des « choses » sur l'air ; aussi Berthollet désire-t-il recevoir le plus vite possible les feuilles imprimées d'un travail personnel, vraisemblablement sur le même sujet et confiées à Tingry pour leur impression; il recommande beaucoup de précautions pour le transfert.

M. Roux vient de mourir. Rouelle vient de défendre « chaudement » Berthollet à propos de son mémoire sur l'acide tartareux ; l'affaire a eu lieu publiquement, au milieu du cours de Rouelle.

B.P.U. Genève : D o a

3. 12 décembre 1776, s.l.
P.F. Tingry

Berthollet envoie un projet de souscription pour les ouvrages de Priestley. Il donne aussi des indications pratiques pour préparer de l'acide tartareux.

B.P.U. Genève : D o a

4. s.d. (3 janvier 1779), s.l. (Paris)
Marguerite Baur

Berthollet écrit à sa future femme deux jours avant leur mariage. M. de Mary, qui sera leur témoin, recommande de ne pas envoyer de faire-part et de rendre simplement visite aux amis et relations.

B.N. Vienne : S 5059 E 4

5. s.d. (avril 1780), « Au château du Rinci »
P.J. Macquer

Berthollet remercie son correspondant de la protection qu'il lui a accordée lors de son élection à l'Académie et regrette de ne pas avoir pu lui rendre visite aussitôt. Il demande quelques conseils pour l'aider dans sa nouvelle carrière et souhaite que la réponse lui soit adressée à la « Chaussée d'Antin ».

B.N. : Ms. 12305, fol. 109

6. 24 avril 1781, s.l.
M. Chamoule (avocat à Annecy)

Cet ami vient de vivre des « événements » tristes et la situation de sa fortune n'est pas bonne. Berthollet l'« exhorte derechef à se consoler des pertes qu'il vient de faire ». Il vient de faire la commission dont son correspondant l'avait chargé : il s'agissait d'envoyer des couverts à M. Grattin. Il y a sans aucun doute entre les deux amis des affaires financières, dont le remboursement par Berthollet est en cours.

Musée d'Annecy

7. 4 octobre 1783, Paris
Ch. Blagden

Berthollet a tardé à répondre à la lettre de son correspondant à cause de ses obligations médicales qui l'ont retenu « en campagne »; maintenant il est « stable » à Paris.

Ses confrères et lui ont lu avec intérêt les mémoires de Kirwan, mais ils ne sont pas entièrement de l'avis de ce dernier. Monge a refait l'expérience de Priestley sur la combustion de l'hydrogène ; Berthollet en donne quelques détails.

On s'amuse beaucoup à Paris avec les ballons aérostatiques, sur lesquels il donne aussi quelques indications. Il a demandé à M. Pissot les « firsts livres of physic de Cullen » et envoyé à Fontana la « dissertation de Cavendish ». Berthollet précise encore qu'il donnera à M. Pissot deux exemplaires des mémoires qu'il a lus en 1780 à l'Académie, parmi lesquels il en destine un à Kirwan ; qu'enfin il communiquera dans sa prochaine lettre le récit des expériences que Monge vient de faire à Mézières sur la synthèse de l'eau et qui ont été présentées en août 1783 à l'Académie.

Royal Society : BLA. B. 148

8. 27 octobre 1783, s.l. (Paris)
Ch. Blagden

Berthollet joint à sa lettre le « précis de la main de Monge », des expériences sur la synthèse de l'eau, annoncé dans la précédente. « M. Méchain a reçu du P. Cotte une lettre peu satisfaisante sur les météores du 18 août et du 4 octobre... ».

Berthollet demande des renseignements sur une espèce de montre, « un garde de tems », apportée en France par « Milord Pembrok » ; puis il reparle des « globes aérostatiques ». Enfin, il annonce que Lavoisier et Laplace travaillent à des expériences sur la chaleur.

Royal Society : BLA. B. 123

9. 1er décembre 1783, s.l. (Paris)
Ch. Blagden

Berthollet relate, dès le soir même, le voyage en ballon de Charles et Robert. M. Méchain a découvert une nouvelle comète, vue également par M. Messier. Pressé par le temps, Berthollet promet de récrire le mercredi suivant.

Royal Society : BLA. B. 147

10. 4 décembre (1783), s.l. (Paris)
Ch. Blagden

Suite du récit du voyage en ballon fait par Charles et Robert d'après le compte rendu de Charles présenté à l'Académie.

Berthollet à reçu une lettre de M. Pigott qui a, lui aussi, vu la comète à Oxford. Il va remettre à M. Pissot l'ouvrage de Meusnier et Saint-Fond sur les globes aérostatiques. Enfin, il demande à son correspondant de lui indiquer le titre d'un ouvrage de M. Heberden concernant des observations médicales.

Royal Society : BLA. B. 146

11. 10 avril 1784, s.l. (Paris)
Ch. Blagden

Berthollet demande des excuses pour son long silence ; la cause en est la « disette de nouvelles ».

Il a envoyé le livre de Haüy sur les cristaux, celui de Laplace et encore d'autres choses, remises à M. Pissot ; elles ne semblent pas être arrivées. M. Pissot n'a pas, non plus, envoyé en France les ouvrages anglais demandés ; Berthollet conclut qu'il faut changer de commissionnaire.

Il donne ensuite, en avant-première, les résultats des dernières expériences de Lavoisier et Meusnier, résultats qui seront communiqués à la prochaine séance publique de l;Académie, le 21 (avril). Enfin, il annonce avec plaisir que les mémoires de l'Académie vont maintenant paraître plus vite , ceux des années 1780 et 1781 paraîtront très rapidement, ceux de 1781 et 1782 dans le cours de l'année.

Royal Society : BLA. B. 124

12. s.d. (vers mai 1784), s.l.
« Monsieur le Comte »

Curieuse lettre, réponse à une polémique où Berthollet est accusé d'avoir trahi un secret de doctrine, sans doute celle du mesmérisme. Berthollet affirme n'être « qu'un intermédiaire entre M. le duc d'Orléans et votre doctrine ». Il est ensuite question de « cahiers » que doivent recevoir « ceux qui suivent le cours ». Enfin, Berthollet se défend d'avoir été infidèle à son serment ; il n'a fait que dire sa façon de penser.

B.N. Vienne : S. 5059 E 4

Publ. dans M. SADOUN-GOUPIL, « Berthollet et le mesmérisme », *Revue de Synthèse,* t. 75-76, juill.-déc. 1974, p. 217-231.

13. 6 septembre 1784, Paris
Ch. Blagden

Berthollet annonce à Blagden qu'il vient d'être nommé correspondant de l'Académie et que lui-même est chargé officiellement de cette correspondance. Il déplore que les « recherches utiles » aient pâti de l'échauffement des esprits produit par les globes aérostatiques et par le magnétisme animal qu'il qualifie de « sottise ridicule ».

Berthollet donne ensuite un compte rendu intéressant des deux mémoires que Lavoisier vient de lire sur la décomposition de l'eau. Il a demandé à Coulomb et à l'Abbé Rochon les extraits des mémoires qu'ils viennent de lire, pour les envoyer à son correspondant. Enfin, il charge ce dernier d'une lettre pour Kirwan dont il vient de lire l'ouvrage avec plaisir.

Royal Society : BLA. B. 125

14. 19 mars 1785, Paris
Ch. Blagden

Longue lettre scientifique. Berthollet relate les circonstances et les détails de la réalisation de la célèbre expérience d'analyse et de synthèse de l'eau par Lavoisier devant ses confrères de l'Académie. Il s'étend plus longuement sur les résultats et les interprétations ; puis il rend compte d'un mémoire récemment lu par Lavoisier sur les précipitations mutuelles des métaux.

M. Méchain vient de découvrir une nouvelle comète et l'abbé Haüy a présenté plusieurs mémoires intéressants sur la cristallographie. Berthollet annonce encore l'impression prochaine d'un mémoire de Pelletier sur l'analyse de la plombagine et de la « molybdène » ainsi que l'envoi d'un mémoire de Laplace faisant suite à son dernier ouvrage.

Coll. part.

Publ. : D.I.D. DUVEEN & H.S. KLICKSTEIN, « A letter from Berthollet to Blagden... », *Annals of Science,* t. X, 1954, p. 58-62.

15. s.d. (milieu mai 1785), s.l. (Paris)
Ch. Blagden

Berthollet joint à sa lettre, sur un feuillet séparé, un extrait d'un mémoire lu par Coulomb, « il y a environ quinze jours ». Ce résumé, qui n'est ni de la main de Coulomb, ni de celle de Berthollet, contient la description schématique de la balance de torsion et l'énoncé de la loi d'attraction électrostatique en $1/d^2$ *.

Répondant à une question de Blagden, il décrit comment se présente le chlore à l'état liquide (« concret »). Il annonce aussi qu'il vient de faire l'analyse de l'esprit de vin et celle de l'éther.

Berthollet demande ensuite l'adresse de Kirwan et annonce que Broussonnet vient d'être élu à l'Académie.

Royal Society : BLA. B. 126 a

16. 17 juin 1785, Paris
Ch. Blagden

Longue lettre qui contient de nombreuses informations scientifiques. Elle commence par un commentaire des expériences de Cavendish décrites par Blagden dans une précédente lettre, et que Berthollet a présentées à ses confrères de l'Académie. Ces expériences concernent la combinaison de l'azote et de l'oxygène ; les interprétations de Cavendish sont contestées par les savants français. Pour appuyer cette différence d'opinion, Berthollet fait ensuite le compte rendu d'un mémoire de Lavoisier sur « la détonation du nitre avec le charbon privé de son gaz », accompagné des résultats numériques des expériences.

* Coulomb lut, le 4 mai 1785, un mémoire décrivant « un électromètre », c'est-à-dire la balance de torsion , le 8 juin, un autre mémoire où il énonce la loi en $1/d^2$. En comparant ces dates avec celle de la lettre suivante, et la précision du délai de « 15 jours », on peut fixer cette lettre vers les 15-18 mai.

Puis il donne le compte rendu de deux autres mémoires : l'un de Gengembre sur l'action de l'alcali caustique et de la chaux sur le soufre et le phosphore ; l'autre de M. Le Blanc (« médecin du Pérou ») concernant l'histoire naturelle « de la platine ». Enfin, Berthollet annonce qu'il doit lire, le lendemain, une analyse de l'alcali volatil et il donne à son correspondant, en avant-première, les résultats qualitatifs et quantitatifs de cette analyse.

Royal Society : BLA. B. 126 b

17. 27 octobre 1785, s.l. (Paris)
(Administration des teintures)

Ayant été chargé de faire l'analyse d'une substance colorante provenant de Tabago, Berthollet envoie un rapport détaillé contenant les résultats de ses analyses et ses remarques sur les qualités tinctoriales de cette substance : le curcuma. Il joint des échantillons de tissus traités à l'aide de ce colorant.

A.N. : F12 1329

18. 28 décembre 1785, s.l. (Paris)
L.B. Guyton de Morveau

Berthollet a reçu le « deuxième volume de Scheele », que Guyton lui a envoyé. Il le juge « une excellente acquisition parmi les bonnes productions de l'Allemagne comme le Journal de Crel et les mémoires des amateurs de la nature de Berlin ». Il a vu Tenant « à son passage ». Enfin, il déplore la mort du duc d'Orléans.

Wellcome

19. 5 juin 1786, Paris, Chaussée d'Antin
M. Van Marum

Lettre de remerciement pour son admission à la Société hollandaise des sciences de Haarlem. Berthollet s'engage à contribuer aux travaux de la Société.

Soc. Haarlem *

20. 27 octobre 1786, s.l. (Paris)
« Monseigneur »

Rapport sur un mémoire de MM. de La Luzerne et de Marbois au sujet de nouvelles sucreries installées à Saint-Domingue. Il est question de savoir si le traitement du sucre de canne dans des récipients de cuivre peut, ou non, donner des produits toxiques. Berthollet conclut, après un examen sérieux des différentes réactions possibles, que le procédé est sans danger pour la santé.

B.N. Vienne : S 5059 E 4

* L'ensemble des lettres de Berthollet à Martinus Van Marum, ainsi que les réponses de ce dernier, sont analysés et partiellement publiés dans M. SADOUN-GOUPIL, « La correspondance de Claude-Louis Berthollet et Martinus Van Marum (1786-1805) », *R.H.S.*, t. 25, juill.-sept. 1972, p. 221-252. Toutes ses lettres sont en outre intégralement publiées en traduction anglaise dans E. LEFEBVRE & J.G. de BRUIJN, *Martinus Van Marum, Life and Work*, vol. VI, Leyden, 1976, p. 23-34.

21. 21 juin 1787, Chaussée d'Antin no 62
Caluso
(Abate Tomaso di Caluso, secrétaire général de l'Académie des sciences de Turin)

Berthollet remercie l'Académie pour l'envoi des deux derniers volumes de ses Mémoires. A son tour, lui-même envoie un petit mémoire ; il regrette qu'il soit trop court et incomplet (sur les propriétés du chlorate de potassium) et promet d'y ajouter bientôt une suite. Il a employé la nouvelle nomenclature mise au point dans un ouvrage collectif dont il se propose d'adresser un exemplaire à l'Académie. Son propre mémoire fait appel à des faits exposés dans les Mémoires de l'Académie de Paris de 1785 auquel il renvoie ses lecteurs. Il demande à l'Académie de Turin de bien vouloir lui envoyer une douzaine d'exemplaires de son mémoire publié. Enfin, il promet l'envoi très prochain d'un petit flacon contenant du muriate oxygéné de potasse (le chlorate de potassium qui explose si facilement sous l'effet d'un choc !).

Arch. Ac. Sc. Turin

22. 30 juillet 1787, Paris, Chaussée d'Antin
M. Van Marum

Berthollet n'a pas reçu l'ouvrage dont son correspondant lui a annoncé l'envoi. Il demande un moyen sûr et commode pour envoyer, à son tour, la « nouvelle nomenclature chimique ». Il demande également des détails sur la fabrication du blanc de baleine. Enfin, il annonce un ouvrage de Haüy contenant des extraits du célèbre traité d'Aepinus.

Soc. Haarlem

23. s.l. (1787), s.l. (Paris)
A.L. Lavoisier

Court billet pour anoncer que M. Smith se charge d'ouvrages pour l'Angleterre et apporte une lettre de Guyton de Morveau. Par sa forme on voit que cette lettre a servi à envelopper un livre.

Wellcome

24. 14 décembre 1787, s.l.
L.B. Guyton de Morveau

Berthollet exprime d'abord ses remerciements pour les politesses dont il a été l'objet ainsi que sa femme, de la part de Guyton, lors de leur passage à Dijon. Il se rappelle au bon souvenir de MM. Picardet, Durande et Chaussier. Le reste de la lettre est consacré aux nouvelles scientifiques. Blagden, en accusant réception des mémoires de 1785 que Berthollet lui avait envoyés, écrit que « le combat sur le phlogistique cesserait bientôt faute de combattans » ; ce qui laisse présumer « que l'antique système n'a plus guère de partisans à la Société Royale ».

A propos des « annales chimiques », il n'y a rien de nouveau car le Garde des Sceaux ne donne pas d'audience à Paris et M. Lavoisier n'est pas là pour suivre la négociation. Pourtant « il nous faut trouver le moyen de nous soustraire aux erreurs de politesse de l'intrépide défenseur du phlogistique ».

L'absence de Lavoisier retarde l'impression de la traduction de Kirwan ; elle reprendra avec chaleur dès son retour. Berthollet va envoyer à son correspondant « une copie d'un mémoire très ennuyeux sur l'acide prussique ».

M. Landriani est à Paris pour quelques jours.

Berthollet termine en demandant l'adresse de M. Kirwan ainsi que le moyen de faire parvenir un exemplaire de la nomenclature chimique à l'Académie de Stockolm. Il présente son respect à M. le Président de Virly.

Coll. part.

25. 15 décembre 1787, Paris
M. Van Marum

Berthollet a bien reçu, en juillet, l'ouvrage de Van Marum. Il n'a pas écrit alors à cause des troubles politiques qui déchiraient la Hollande ; ensuite, il a fait un voyage dont il vient seulement de rentrer (voyage au Creusot : mission de l'Académie). Il rappelle qu'il a envoyé la *Nomenclature chimique* et annonce la traduction française de l'ouvrage de Kirwan : *Essai sur le phlogistique.*

Soc. Haarlem

26. 24 mars 1788, Tours
J. Sénebier

Berthollet est en voyage d'« affaires ». Une discussion s'établit à propos du phlogistique : Berthollet se réjouit de voir son correspondant disposé à admettre les arguments des « pneumatistes » qui se sont « fait une loi de rejeter tout ce qui n'est qu'hypothétique et de n'exprimer que les résultats de l'expérience ». Il exprime ensuite son opinion sur les hypothèses et le principe d'analogie. Puis il explique comment il conçoit la composition des verres et l'affinité pour l'oxygène observée dans les oxydes irréductibles. Il termine en indiquant, à l'intention de M. de Saussure, sa méthode de dosage de l'air vital dans l'air ordinaire (l'oxygène est absorbé par un sulfure alcalin).

B.P.U. Genève : Ms. Sup. 1039

27. 20 juillet 1788, Paris, rue de Bourbon, fg St-Germain n° 161
L.B. Guyton de Morveau

Berthollet répond à une série de questions posées par son correspondant. Les premières concernent M. de Bullion, ses activités, sa famille et sa fortune. Berthollet s'apprête à aller passer quelques jours dans une terre que le marquis possède près de Paris. Les autres sont relatives à des expériences de chimie. Il s'agit d'abord d'une pellicule métallique observée sur la « dissolution ammoniacale d'argent ». Berthollet pense que ce n'est pas de l'argent métallique ; il expose ses raisons dans un mémoire en préparation, sur les « métallates d'alcalis fixes, d'ammoniaque et de chaux ». Il donne ensuite des conseils pour préparer l'argent fulminant, recommandant beaucoup de précautions pour les yeux – « Mr Dupuget, gouverneur du Dauphin a pensé les perdre ». Il rappelle que M. Woulfe a décrit la décomposition du muriate d'ammoniaque par l'acide nitrique dans l'un des derniers journaux de physique et commente une expérience que Guyton lui a relatée.

L'imprimeur n'a pas envoyé d'épreuves depuis trois semaines ; il ne reste plus que « votre conclusion » à imprimer. Berthollet demande la liste des personnes auxquelles il faut envoyer des exemplaires, ainsi que l'état d'avancement « du dictionnaire de chimie ». Il annonce enfin qu'il envoie par Blagden le « volume de Turin ».

Coll. part.

28. 30 juillet 1788, s.l. (Paris)
Bureau du Commerce

Longue lettre adressée au Bureau du Commerce, pour soutenir une demande de privilège faite par F.J. Bonjour qui avait aidé Berthollet dans sa mise au point du procédé de blanchiment des tissus par le chlore. Bonjour désire monter une entreprise d'exploitation du procédé, dans la région de Valenciennes. Berthollet, dans cette lettre, fait un exposé précis et circonstancié des avantages du procédé, ainsi que des difficultés qui restent encore à surmonter pour le rendre rentable pour l'industrie ; il s'attache à montrer que ces difficultés peuvent être vancues par un chimiste tel que Bonjour.

Arch. Ac. Sc.

29. 4 août 1788, Paris, rue de Bourbon, Fg St-Germain
Morrozo
Major du régiment des gardes à Turin (président de l'Académie à partir du 30 nov. 1788)

Berthollet remercie son correspondant et l'Académie pour le volume de mémoires qu'il a reçu il y a quelque temps et demande quel est le dernier délai pour l'envoi d'un article qu'il voudrait voir publier dans le prochain volume.

Arch. Ac. Sc. Turin

30. 4 août 1788, Paris
s.n.

Berthollet écrit à un correspondant non identifé, au sujet de la maladie de « Madame de Saint-Cristau ». Il n'est pas de l'avis de M. Lucat et détaille ses raisons médicales en précisant que la malade a été par ailleurs suivie par MM. Petit et Sabatier. Il est aussi question de M. Bacher.

Wellcome

31. 6 août 1788, Paris, rue de Bourbon, Fg St-Germain
J. Watt

Commentaire sur les nouvelles expériences de Priestley concernant la combustion de l'hydrogène dans l'oxygène. On a fait à Paris de nouvelles expériences sur la formation d'eau. M. Lefèvre, professeur au Collège Royal en a fait une grande quantité, mais, comme son oxygène n'était pas pur, l'eau contenait beaucoup d'acide nitreux.

Publ. : J.P. MUIRHEAD, *The origin and progress of the mechanical inventions of James Watt illustrated by his correspondence...*, London, 1854, t. II, p. 224, n°292.

32. 8 octobre 1788, s.l.
J. Sénebier

Berthollet remercie son correspondant pour l'accueil que ce dernier a réservé à ses propres «essais » ; il attend avec impatience l'ouvrage de Sénebier sur l'« influence de la lumière ».

Il engage ensuite une discussion sur la composition du gaz hydrogène mélangé au charbon. Puis il critique les expériences que Priestley vient de publier. Enfin, il se plaint de ne pas pouvoir consacrer assez de temps à la chimie qui est, pour lui « une maîtresse qu'il ne [lui] est permis de cultiver qu'à la dérobée ». Il termine en envoyant ses amitiés à Tingry.

B.P.U Genève : Ms. Sup. 1039

33. 20 décembre 1788, Paris, rue de Bourbon, Fg St-Germain
M. Van Marum

Longue lettre contenant d'intéressantes informations scientifiques. Berthollet remercie son correspondant pour l'envoi du précis des expériences qu'il vient de faire avec Landriani.

Il engage une discussion à propos de la présence d'hydrogène dans le charbon. Il ne pense pas qu'il y en ait dans la plombagine ; il voudrait, à ce sujet, savoir si cette substance brûle moins bien dans l'air que le charbon. Van Marum pourrait-il le vérifier avec sa machine électrique ? et aussi vérifier si l'azote des substances animales ne peut pas se combiner à l'oxygène par l'action de cette puissante machine ?

Enfin, Berthollet annonce la création des *Annales de chimie*.

Soc. Haarlem

34. 30 avril 1789, Aulnay
J. Sénebier

Berthollet demande à son correspondant d'excuser le retard de sa réponse : il vient de s'installer à la campagne (Aulnay) où il se fait « construire un laboratoire dans ce moment ».

Il évoque la traduction française de l'ouvrage de Kirwan et parle de MM. Brian et Netter qui assurent le passage des livres. Le premier volume des *Annales de chimie* vient de paraître, mais il lui est impossible d'en envoyer un exemplaire ; pour terminer il explique le but poursuivi dans cette nouvelle publication.

B.P.U. Genève : Ms. Sup. 1039

35. 28 juillet 1789, Hôtel du Désir, Fg St-Denis
M. Tournier, maître en pharmacie à Nîmes.

Berthollet remercie ce correspondant de son « tableau ingénieux sur la chimie, destiné à en faciliter l'étude ». Il le recevra avec plaisir.

B.N. : n. a. 2760

36. 9 août 1789, Paris
J. Watt

Courte lettre où Berthollet donne un écho des premiers soulèvements de la Révolution.

Publ. : J.P. MUIRHEAD, *op. cit.*, t. II, p. 225, n° 293.

37. 29 septembre 1789, Aulnay et rue du Fg St-Denis, Hôtel du Désir
L.B. Guyton de Morveau

Berthollet est bien confus d'avoir eu l'indiscrétion de demander à son confrère de lui envoyer un extrait de trois mémoires de Vogler sur la teinture. Bien que peu satisfaisants, ils sont utiles à connaître car Berthollet « ne doit rien négliger de ce qui a rapport à la teinture qui [l'] occupe entièrement » ; il annonce l'esprit dans lequel il a conçu l'ensemble des *Éléments de l'art de la teinture*. Il attend avec impatience la parution du prochain volume de l'Encyclopédie (chimique).

Il apprend que M. de Virly est à Paris ; aura-t-il « l'humanité de rendre une visite au Solitaire d'Aulnay » ?

Les sciences lui semblent bien inactives et il espère que leur zèle se ranimera « dès que la patrie sera calme ». Le troisième volume des *Annales* va bientôt être envoyé. Toute la classe de chimie s'occupe de l'opération du départ et des problèmes qu'elle pose.

En terminant, il « imagine que, dans une république plus que romaine, il faut abandonner les formules gauloises et se contenter de dire du fond du cœur à ceux qu'on estime et qu'on aime, Vale et ama ».

Coll. part.

38. 9 novembre 1789, Paris, rue de Bourbon, Fg St-Germain
J. Watt.

Les auteurs de la nouvelle nomenclature, dont Berthollet est le porte-parole, sont « très flattés du jugement » de Watt. Ils regrettent que ce dernier n'ait pas pu collaborer à cette entreprise, car les caractères dont il se sert sont plus commodes que les leurs.

Berthollet envoie, en terminant, les salutations de Monge, Vandermonde et Lavoisier.

Publ. : J.P. MUIRHEAD, *op. cit.*, t. II, p. 228, nº 295.

39. 2 février 1790, s.l. (Paris)
J.F. de Tolozan

En réponse à une demande du Ministère, Berthollet fait un rapport précis et détaillé de ses travaux relatifs à la chimie appliquée depuis son accession au poste d'administrateur des Teintures. C'est donc une longue lettre (7 p. in-fol.) autobiographique, très intéressante.

A.N. : F12 1329

40. s.d. (août 1790)

Rapport d'activité, écrit sous forme de lettre, mais sans formules de politesse, sans en-tête, sur ses travaux, analogue à la lettre précédente, mais plus court.

A.N. : F12 1329

41. 10 avril 1790, Paris, rue du Fg St-Denis
M. Van Marum

Courte lettre où Berthollet exprime ses remerciements pour la description des frottoirs électriques mis au point par Van Marum (éléments importants de sa machine électrique), puis donne un écho des premiers troubles de la Révolution et enfin annonce que l'on réalise à Paris des expériences analogues à celles faites à Haarlem par Van Marum et Landriani (combustion du charbon dans l'oxygène).

Soc. Haarlem

42 4 août 1790, s.l. (Paris)
J.F. de Tolozan

Berthollet demande une aide financière au Bureau du Commerce pour terminer l'impression de ses *Éléments de l'art de la teinture*. Il expose comment il a conçu l'ouvrage.

En P.-S. : « M. Brown m'a dit que vous désiriez blanchir deux pièces de mousseline. »

A.N. : F12 1329

43. 26 août 1790, rue du Fg St-Denis, Hôtel du Désir
J.F. de Tolozan

Berthollet demande à son correspondant d'intervenir auprès du contrôleur général pour savoir si le traitement qu'il perçoit le soumet au nouveau décret de suppression de l'Assemblée nationale.

A.N.

44. 1er octobre 1790, s.l. (Paris)
J.F. de Tolozan

Nouvelle lettre à propos du financement de l'édition des *Éléments de l'art de la teinture.*

A.N. : F12 1329

45. 9 novembre 1790, Aulnay
J. Sénebier

Berthollet est chargé par ses confrères de remercier Sénebier pour le mémoire qu'il a envoyé et qui sera imprimé dans le 4e volume des *Annales.* Il se réjouit de penser que son correspondant admettra bientôt la doctrine antiphlogistique et il termine en annonçant qu'il va passer « toute l'année dans une retraite qu'[il s'est] choisie à trois lieues de Paris ». Sa nouvelle adresse à Paris est : « Faubourg Saint-Denis, Hôtel du Désir ».

B.P.U. Genève : Ms. Sup. 1039

46. s.d. (1790), s.l., s.n.

Rapport technique sur un pigment colorant employé en teinture, l'orseille ; Berthollet y compare les propriétés des orseilles provenant de diverses origines.

Il accuse réception d'une lettre écrite à propos d'un lichen de Götembourg et d'un mémoire de M. de Lisle, consul de France, adressé à M. de La Luzerne. Il a également reçu une lettre du 8 septembre avec un échantillon d'une pierre d'Espagne qu'il va analyser.

Enfin, il craint que « les troubles de Versailles » aient fait changer son correspondant de séjour ; aussi a-t-il attendu la rentrée de l'Académie pour demander à Borda et à d'autres amis, sa nouvelle adresse.

B.N. Vienne : S. 5059 E 4

47. 30 (janvier) 1791, Paris, rue du Fg St-Denis
H.B. de Saussure

L'occasion de la lettre est l'élection de son ami à l'Académie : « C'est la vive amitié qui a vaincu les obstacles que les circonstances vous opposaient. »

Berthollet attend le dernier volume des *Mémoires de Turin* pour y lire le mémoire que de Saussure lui a annoncé. Il doit, lui-même, adresser à son correspondant « dans quelques jours » ses *Éléments de l'art de la teinture*, il lui en confiera un exemplaire pour l'Académie de Turin et un autre pour Landriani.

B.P.U. Genève: Ms. de Saussure 9

48. 11 février 1791, Paris, rue du Fg St-Denis
M. Van Marum

Longue lettre, riche en informations scientifiques. Berthollet, qui a fait « sa résidence habituelle à la campagne », explique longuement comment préparer l'oxygène et l'hydrogène nécessaires à la synthèse de l'eau. Le rapport de Laplace concernant cette expérience se trouve dans le premier cahier des *Annales,* le mémoire de Seguin dans le second. Il annonce qu'il vient de recommander au libraire Cuchet d'envoyer régulièrement les *Annales de chimie* en Hollande, mais, craignant que l'utilisation de la poste soit « un moyen fort dispendieux », il en cherche un autre pour l'envoi de ses *Éléments de l'art de la teinture.*

Il signale enfin qu'il vient de recevoir une lettre de Kirwan où ce dernier se rallie à la doctrine antiphlogistique ; Black a fait de même dans une lettre à Lavoisier qui va paraître dans les *Annales.*

Soc. Haarlem

49. 14 juin 1791, Paris, rue du Fg St-Denis
Comte Morozzo (Président de l'Académie des sciences de Turin)

Berthollet annonce la publication de son ouvrage sur les teintures. Il craint que son libraire, F. Didot, ait, par négligence, oublié d'en adresser un exemplaire à l'Académie ; dans ce cas, il prie son président de le lui faire savoir, afin de pouvoir réparer l'oubli.

Arch. Ac. Sc. Turin

50. 5 juillet 1791, Paris, rue de Fg St-Denis
M. Van Marum

Comme la lettre 48, celle-ci contient de nombreuses informations scientifiques. Berthollet regrette d'abord de n'avoir trouvé aucun moyen d'envoyer en Hollande l'oxyde de manganèse demandé ; mais il explique comment on peut, d'une part obtenir de l'oxygène pur avec ce produit impur, d'autre part comment on peut préparer l'oxygène par décomposition thermique du chlorate de potassium.

Ensuite, il confirme qu'il a bien envoyé à Haarlem un exemplaire des *Éléments de l'art de la teinture,* et que les *Annales de chimie* y sont régulièrement adressées par la poste. Remerciant Van Marum du mémoire décrivant une nouvelle machine électrique, il pense qu'il est inutile de le publier dans les *Annales* puisqu'il paraît déjà dans le *Journal de physique.*

Berthollet demande une adresse par Bruxelles pour l'envoi éventuel du bioxyde de manganèse, tout en suggérant à son correspondant d'en réclamer de sa part à M. Bonjour à Valenciennes.

Soc. Haarlem

51. 31 juillet 1791, Paris, rue du Fg St-Denis
J. Sénebier

Parlant de ses *Éléments de l'art de la teinture,* Berthollet explique comment il a conçu l'ouvrage et les défauts qu'il lui reconnaît. Il expose quelques idées sur la constitution des parties colorantes des végétaux et sur l'arôme des plantes. Il demande des récits d'expériences et d'observations sur l'huile d'amande douce. Il est heureux d'apprendre que Sénebier est chargé de la physique végétale pour l'Encyclopédie. Enfin, il serait heureux de savoir si MM. de Saussure, Butini et Tingry ont reçu les exemplaires de ses *Eléments.*

B.P.U. : Ms. Sup. 1039

52. 3 février 1792, Paris
M. Van Marum

Courte lettre où Berthollet accuse réception du mémoire sur le gazomètre et l'appareil de synthèse de l'eau imaginés par Van Marum et se plaint des agitations politiques qui le distraient contiuellement de ses recherches.

Soc. Haarlem

53. 10 avril 1792, Paris
M. Van Marum

Cette nouvelle lettre répète la précédente, mais en des termes qui laissent penser que Berthollet a reçu entre temps un rappel pressant de Van Marum concernant la publication de ses deux derniers mémoires. Elle se termine par un rapide commentaire des événements politiques.

Soc. Haarlem

54. 4 mai 1792, Aulnay
« Monsieur et cher Confrère »

Cet ensemble comprend un court billet – « Je vous adresse le mémoire que vous m'avez conseillé de faire ... je le confie à votre bienveillance pour le faire parvenir ... au comité de liquidation », signé : « Le juge de paix d'Aulnay Berthollet » – et un manuscrit où Berthollet expose sa situation financière depuis la suppression de son poste d'administrateur ; ayant perdu son traitement de 6 000 livres par an, il demande une indemnité.

B.I. : Ms. 2003

55. 24 mai 1792, Paris, s.n.

Simple billet : « J'ai reçu de M. Firmin Didot la somme de mille livres à compte pour les Éléments de l'art de la teinture dont je lui ai confié la vente. A Paris, ce 24 mai 1792, Berthollet. »

Wellcome

56. 22 septembre 1792, Paris, Hôtel des Monnaies
M. Van Marum

Très courte lettre où Berthollet explique pourquoi il n'a pas pu répondre aux dernières lettres de son correspondant : les sciences ont été complètement « négligées » et il y a eu des « moments bien critiques ».

Soc. Haarlem

57. 30 septembre 1792, Compiègne
(Rapport)

« État sommaire des matières propres à être converties en monnaies et qui se trouvent dans le château de Compiègne. »

Wellcome

58. 16 mai 1793, « l'an II de la République », au café de l'Intérieur
Citoyen Servière

Court billet : « Je reçois à l'instant une réponse du ministre de l'Intérieur ; il recevra les commissaires du Bureau de Consultation ce soir entre 8 et 9 heures. »

Coll. part.

59. 11 décembre 1793 (21 frimaire an II), s.l. (Paris)
Ch. Dupin

« Au citoyen Dupin, adjoint au Ministre de la guerre ». La Commission des Poids et Mesures demande « 15 milliers » de cuivre jaune pour la fabrication des étalons. Projet de réponse sur la lettre elle-même.

Wellcome

60. 12 novembre 1794 (22 brumaire an III), s.l. (Paris)
J.E. Lamblardie

Court billet, où Berthollet sollicite une place d'aide de laboratoire en faveur d'Alexandre Joseph Le Fuel, âgé de quinze ans, qui est aussi recommandé par Monge.

Arch. Éc. Pol.

61. 30 juillet 1795, v.s. (12 thermidor an III), Paris
M. Van Marum

En répondant à la longue lettre que Van Marum lui a adressée il y a deux mois, Berthollet regrette que les lourdes charges qui lui sont imposées le détournent des études scientifiques. Les *Annales de chimie* sont interrompues et il ignore quand elles pourront reprendre. Il termine en exprimant l'opinion personnelle qu'il a exposée dans ses leçons d'École normale sur la nature de l'électricité.

La signature est intéressante : « Berthollet, Membre de la Commission d'Agriculture et des Arts, rue Dominique ».

Soc. Haarlem

62. Octobre 1795 (vendémiaire an IV), (Paris)
Billet administratif

Attestation justifiant son absence de l'École polytechnique, pendant les journées des 12, 13 et 14 vendémiaire. Berthollet est resté « à son poste à la Commission d'Agriculture et des Arts ».

Arch. Éc. Pol.

63. 7 janvier 1796 (17 nivôse an IV), Paris
J.B. Van Mons

Berthollet signale à son « citoyen collègue » qu'il a reçu, dans un paquet, « les trois premiers cahiers de Green ». Il est étonné par les expériences révélant l'action que le phosphore exerce sur différents gaz, surtout par l'absorption des constituants de l'air. Il conteste que ce soit l'oxygène qui reste alors, comme certains (Lampadius) ont pu l'affirmer. Il a aussi reçu le diplôme « de votre société » et prie son correspondant de témoigner à celle-ci sa reconnaissance et son désir de coopérer à ses travaux.

Arch. Ac. Sc.

64. 13 novembre 1797 (23 brumaire an VI), Milan
Mme Berthollet

Berthollet écrit à sa femme, sur la route du retour d'Italie. Il vient de Venise et compte revenir sans interruption à Paris où il se réjouit de revoir ses amis et de rentrer travailler. La résidence d'Aulnay ne lui plaît plus, il désire la louer.

Il évoque les dispositions à prendre pour certaines rentes et en laisse entièrement le soin à sa femme.' Il doit repartir de Milan le 26 (brumaire) et ne pense s'arrêter qu'un jour à Turin. Il espère arriver à Paris le 12 frimaire.

B.N. Vienne : S 5059 E 4

65. 29 juillet 1800 (10 thermidor an VIII), Paris, rue de Bellechasse, n° 215
Citoyen Truchet

Berthollet n'a pas oublié son « cher parent » ; lors de deux passages à Turin il a essayé de le voir, en vain. Il regrette la mort de la « respectable mère » de son correspondant. Celle-ci lui avait envoyé un mémoire sur le citoyen Turbil et quelques autres ; il l'a fait admettre mais c'est tout ce qu'il peut faire « relativement à une émigration ». Il souhaite que son parent trouve le bonheur dans son pays natal.

Annecy Arch. Dép.

66. 21 septembre 1800 (3e complémentaire an VIII), Paris
J. Sénebier

Berthollet adresse à son correspondant « citoyen » un exemplaire de ses recherches sur les lois de l'affinité ; il en fait la critique. Il annonce son futur *Essai de statique chimique* : « Je m'occupe d'un tableau général des phénomènes chimiques... » Il prévoit l'envoi des deux mémoires qui constituent la suite des lois de l'affinité. Il étudie l'ouvrage de Sénebier et en est au quatrième volume.

B.P.U. Genève : Ms. Sup. 1039

67. 3 janvier 1800 (13 nivôse an IX), s.l.
Préfet de Police

Lettre en faveur du citoyen Tissot qui vient d'être mis en état d'arrestation. Berthollet affirme que c'est une erreur : il a lui-même été en liaison particulière avec ce citoyen lorsqu'ils étaient tous les deux membres de la Commission d'agriculture et des arts ; c'était un homme plein de probité, très attaché à la république, rien n'annonçait chez lui violence et anarchie. Depuis, il a établi une manufacture très utile et s'y est entièrement dévoué malgré les nombreuses difficultés q'il a rencontrées pour l'exploiter. Berthollet demande que les faits qu'on reproche à son ancien collaborateur soient examinés avec soin afin que « ce citoyen zélé » et respectable « ne soit pas victime de quelque haine particulière » et « de quelque dénonciation hasardée ».

Annecy Ac. Florimontane

68. 19 janvier 1801 (29 nivôse an IX), Paris, s.n.

Berthollet « écrit à la hâte » à un « cher collègue », par « l'occasion du citoyen Cassigni, jeune ingénieur digne de votre amitié ». Il donne des nouvelles de la famille de son correspondant ; ce dernier n'est pas délaissé, malgré les apparences, par le gouvernement ; il sera bientôt rappelé à Paris, par égard pour son âge et les grands services qu'il a rendus à la république. Berthollet envoie ses salutations au fils de son correspondant et à « tous nos camarades » ; enfin, il se rappelle au souvenir du citoyen Conté.

B.U. Bâle : Autographes Geygy, Ms. 810

69. 29 mai 1801 (9 prairial an IX), Paris, rue de Bellechâsse n° 215
Maire d'Annecy

Berthollet vient de remettre au ministre de la Guerre la pétition que son correspondant lui a envoyée : elle sollicite la conservation d'un commandement spécial à Annecy. Le ministre, par mesure d'économie, désire y laisser seulement un régiment de cavalerie. Berthollet fera tout son possible pour « défendre les intérêts de sa ville natale ».

Musée d'Annecy

70. 11 septembre 1801 (24 fructidor an IX), Arcueil
Citoyen Berlioz (chef d'escadron au 5e Régiment de cavalerie, Versailles)

Berthollet accuse réception d'une lettre du citoyen Borgé que son correspondant lui a adressée. Borgé, qui sollicite une place, est parent de Berthollet mais ce dernier ne le connaît pas ; il assure cependant qu'il fera son possible pour intervenir auprès des commissaires compétents.

Annecy Arch. Dép. : 1 J 653

71. 3 octobre 1801 (11 vendémiaire an X), Arcueil
J. Sénebier

Berthollet remercie Sénebier du nouvel ouvrage reçu : « réunion de vos lumières à la patiente sagacité d'un observateur aussi intéressant que Huber ». Il vient de s'installer à la campagne. Il engage ensuite une discussion sur trois sujets : la composition du gaz « oxicarburé », la formation de la potasse, l'origine de l'azote dans les substances végétales.

B.P.U. Genève : Ms. Sup. 1039

72. 11 octobre 1801 (19 vendémiaire an X), Arcueil, près de Paris
M. Van Marum

Courte lettre où Berthollet recommande à Van Marum le jeune chimiste Pfaff qui se rend à Haarlem et qui lui donnera, de vive voix, les dernières nouvelles scientifiques intéressantes.

Soc. Haarlem

73. 12 décembre 1810 (11 frimaire an X),
Arcueil, près de Paris, ou Paris, rue d'Enfer n° 153
M. Van Marum

Berthollet accuse réception d'une lettre de Van Marum, accompagnée d'un mémoire qu'il s'empresse de faire imprimer dans les *Annales de chimie*. Son correspondant lui ayant demandé du fil de platine, il envoie immédiatement quelqu'un en chercher chez Janety.

Il rend compte de deux mémoires lus par Volta à l'Institut, qui vont être imprimés dans les *Annales* ; on y verra l'exposé de la théorie des phénomènes galvaniques. Berthollet termine en exprimant son opinion sur la décomposition de l'eau par le courant galvanique:

Soc. Haarlem

74. 21 décembre 1801 (30 frimaire an X), Paris, rue d'Enfer n° 153
M. Van Marum

Berthollet déplore le retard de la poste qui lui a fait recevoir seulement la veille une lettre du 4 décembre. Il confirme qu'il « n'a pas perdu un instant » pour lire le mémoire de son correspondant à l'Institut et le faire publier dans les *Annales.* Janety n'ayant pas de fil de platine prêt, il en a commandé et l'enverra au plus vite. Berthollet remercie Van Marum de son compte rendu des expériences sur la décomposition de l'eau, qu'il lui avait demandé de faire par l'intermédiaire de Pfaff.

Soc. Haarlem

75. 9 janvier 1802 (19 nivôse an X), Paris, rue d'Enfer n° 153
M. Van Marum

Berthollet n'a pas pu envoyer plus tôt le fil de platine, l'ouvrier chargé de le préparer étant malade. Les deux mémoires qu'il a reçus de son correspondant vont paraître dans le prochain cahier des *Annales.*

Soc. Haarlem

76. 24 janvier 1803 (4 pluviôse an X), Paris, rue d'Enfer n° 153
M. Van Marum

Par une très courte lettre Berthollet répond à son correspondant : une maladie dont il sort à peine l'a empêché de le faire plus tôt.

Soc. Haarlem

77. 30 avril (1803) (10 floréal an XI), Arcueil
J. Sénebier

Berthollet remercie Sénebier pour l'envoi de son dernier livre et il annonce celui de ses « rêveries, dans un mois » (*Essai de statique chimique).* Il poursuit sa discussion sur la composition du gaz oxyde de carbone qu'il croit formé de gaz carbonique et de gaz « oxicarburé ».

B.P.U. Genève : Ms. Sup. 1039

78. s.d. (fin mai 1803), Paris, rue d'Enfer n° 153
M. Van Marum

Courte lettre non datée, qui commence ainsi : « Je désire vous présenter deux volumes de Statique Chimique dont l'impression finit... » (l'*Essai* fut présenté, imprimé, à l'Institut le 6 juin 1803).

Soc. Haarlem

79. 8 juin (1803) (19 prairial an XI), Arcueil
J. Sénebier

Berthollet envoie son *Essai* par l'intermédiaire de M. Maginel, ainsi qu'il en était convenu avec Pictet. Il a lu la « production de Spallanzani » et il demande en terminant des éclaircissements sur l'azote qui se dégage au début de la putréfaction.

B.P.U. Genève : Ms. Sup. 1039

80. 22 juin 1803 (3 messidor an XI), Arcueil
M. Van Marum

Berthollet répond à une lettre du 5 juin, dans laquelle Van Marum se montre inquiet et impatient au sujet de la publication, dans les *Annales,* d'un mémoire sur l'extinction des incendies par de petites quantités d'eau. Il fait allusion à la lettre, non datée, envoyée « il y a environ un mois » (lettre 78), dans laquelle il annonçait son *Essai.* Il signale son prochain voyage d'un mois du côté de Bruxelles.

Soc. Haarlem

81. 8 novembre 1803 (16 brumaire an XI), Arcueil
M. Van Marum

Berthollet remercie son correspondant pour les frottoirs destinés à la machine électrique du laboratoire d'Arcueil qu'il lui a fait construire ; ils sont arrivés avec beaucoup de retard car l'adresse inscrite sur la caisse était fausse. Quel prix ont-ils coûté ? Il espère que Van Marum a bien reçu l'*Essai de statique chimique* dont il avait prié le ministre de la République batave à Paris de se charger.

Soc. Haarlem

82. 7 décembre 1803, Arcueil
M. Van Marum

Berthollet est heureux d'annoncer la grande réussite de sa machine électrique construite sur les indications et avec les frottoirs de Van Marum.

Soc. Haarlem

83. 19 avril 1804, Arcueil
P. Prévost

Berthollet annonce qu'il vient d'envoyer le mémoire de son correspondant à la rédaction des *Annales* qui se chargera de l'imprimer. Il le remercie de ses éloges pour ses « spéculations de chimie ».

B.P.U. Genève : Ms. Sup. 1048

84. Août 1804 (fructidor an XII), s.l.
Cl. Lermina

Court billet pour fixer rendez-vous avec Lermina, Le Brun et Labey, commissaires avec Berthollet pour vérifier « la caisse » (sans doute d'un laboratoire de l'École polytechnique).

Arch. Éc. pol.

85. 23 septembre 1805 (1er vendémiaire an XIV), s.l. (Paris)
Lacuée, « Général, Gouverneur de l'École Polytechnique »

Lettre de démission au poste de professeur de chimie à l'École polytechnique dans laquelle Berthollet recommande vivement Gay-Lussac.

Arch. Éc. pol.

Publ. : A. FOURCY, *Histoire de l'Ecole Polytechnique*, Paris, 1828, p. 265

85 bis. s.d. (début 1806), s.l.
« Monsieur et cher Confrère »

Courte lettre relative au voyage de Gay-Lussac et de Humboldt en Allemagne. Le premier avait demandé une prolongation de son congé mais Berthollet lui a écrit pour lui déconseiller de rester à Berlin. En réponse, Gay-Lussac vient d'annoncer son retour vers le 15 avril ; Berthollet prie son correspondant « d'en prévenir son excellence. Mr de Lucherne n'enverra pas l'autorisation qu'il avait demandée ».

Cornell University

86. 3 avril 1806, Arcueil
Ch. Blagden

Berthollet répond à une lettre du 19 décembre qui l'a affligé, car son ami y semble très mélancolique. Il a été très sensible à l'ouvrage que Thomson lui a envoyé. Il pense traduire la troisième édition (du *Système de chimie)* et confiera le travail à Riffault des Hêtres.

Les graines envoyées à Mme Le Monnier sont bien arrivées. Il indique un moyen pour envoyer les lettres et colis , il faut les adresser à M. de Chapeaurouge, qui les remettra à Bourrienne.

Biot a commencé à lire un mémoire sur la réfraction dans les gaz. Berthollet lui-même a lu devant l'Institut un long mémoire dans lequel il modifie certaines théories présentées dans l'*Essai.* Il en enverra un exemplaire pour Blagden et un autre pour Thomson. Laplace a envoyé un exemplaire de son mémoire sur les tubes capillaires. Enfin, il est question d'un prochain voyage de Blagden en France et d'un grand danger que Chenevix vient de courir.

Royal Society : BLA. B. 127

87. 26 mai 1806, Arcueil
P. Prévost

Courte lettre où il est question d'échanges d'ouvrages. Berthollet vient de recevoir les quatre mémoires de M. Hatchett et l'ouvrage du Dr Marcel annoncé dans une lettre du 9 mai. Pictet doit lui prêter les « Conversations of chemistry » dont Darcet doit faire le compte rendu pour les *Annales.*

B.P.U. Genève : Ms. Sup. 1043

88. 14 mai 1807, s.l. (Paris)
Napoléon

Lettre de remerciement pour le don de 100 000 F que l'Empereur lui a fait remettre afin de lui permettre de rembourser ses dettes.

A.N. : AF IV 873

89. 5 (?) 1807, s.l.
« Monsieur »

Berthollet décline « l'honneur que veut [lui] faire l'Athénée de la langue française », car il se trouve trop étranger à ses travaux. Il prie son correspondant d'accepter et de faire accepter ses excuses.

Columbia University : Coll. D.E. Smith

90. 27 septembre 1807, s.l. (Paris ou Arcueil)
Ch. Blagden

Berthollet vient de recevoir le « dernier volume de M. Thomson », c'est la dernière édition du *Système de chimie.* La traduction française qui est entreprise ne pourra paraître qu'au commencement de l'année prochaine. Il va adresser en Angleterre sept exemplaires du premier tome des *Mémoires d'Arcueil :* un pour Blagden, un pour la Royal Society, un pour la Société de Manchester, un pour Davy, un pour Hatchett, un pour Nicholson et un pour Thomson ; mais il n'a pas encore pu trouver le moyen de faire parvenir cet envoi.

Il regrette à nouveau la mélancolie de son ami et lui recommande de voyager. Il espère un séjour en France. Arcueil a été transformé depuis le dernier passage de Blagden.

Royal Society : BLA. B. 128

91. 9 octobre 1807, s.l. (Paris ou Arcueil)
Ch. Blagden

Berthollet a écrit il y a environ quinze jours ; il profite ici des offres de M. Hall. Il a reçu le cinquième volume de Thomson. M. Chenevix vient de lui écrire ; il compte arriver à Paris le 25 du mois. Berthollet prie encore M. Hall de se charger de trois exemplaires des *Mémoires d'Arcueil* ; un pour son ami, un pour la Royal Society et un pour Thomson. Il attendra une autre occasion pour envoyer les quatre autres prévus.

Biot n'a pas continué ses observations en Espagne.

Ce jour est celui de la réunion de la Société d'Arcueil.

Royal Society : BLA. B. 129

92. 13 décembre 1807, s.l.
« Monsieur le Conseiller d'État et cher Confrère »

Lettre de recommandation en faveur de M. Le Chartreux, directeur de l'Enregistrement à Rodez, qui désire que son second fils remplace le premier au lycée. Berthollet joint à sa lettre celle de M. Pedenat et de M. de St-Forein, préfet de l'Aveyron, appuyant cette recommandation.

B.N. : Ms. n a 717

Publ. : AULARD, *Napoléon et le monopole universitaire*, Paris, 1911, p. 45.

93. s.d. (1807), s.l. (Paris)
G. Cuvier

Berthollet vient de faire l'une des expériences que son correspondant lui avait demandées : celle sur l'acide carbonique. Avant d'en donner les détails, il exprime le plaisir qu'il aura de « pouvoir contribuer au projet que vous exécutez de donner un tableau fidèle de nos connaissances en physique et en chimie » (voir la lettre suivante).

B.I. : Fonds Cuvier, liasse 3139

94. s.d. (1807), s.l. (Paris)
G. Cuvier

Berthollet envoie un précis de ses travaux et un résumé de ses idées sur les affinités chimiques pour aider Cuvier dans la rédaction du tableau sur le développement des sciences qu'il doit présenter à l'Empereur (rapport présenté le 6 février 1808). Intéressant exposé de 8 pages in-folio.

B.I. : Fonds Cuvier, liasse 3139

95. 12 janvier 1808, s.l.
« Monsieur le Ministre »

Court billet à propos d'une sollicitation en faveur de Diégo Domenech, de Perpignan ; Berthollet vient d'écrire à ce sujet, mais il oublié de joindre une pétition à sa lettre ou, « plus probablement, lui a substitué un autre papier »; il envoie maintenant le bon.

Bruxelles Arch. Roy. : Autographe B. de Stassart

96. 29 janvier 1808, s.l. (Paris)
Ch. Blagden

Berthollet vient de recevoir les deux lettres qui donnent les extraits des « belles expériences de M. Davy ». L'Institut a donné le prix annuel du galvanisme à ce dernier. Tout le monde s'intéresse à ses expériences et s'est inquiété de sa récente maladie. Cependant Berthollet conteste les résultats de Davy sur la composition de l'ammoniaque. Chenevix est revenu ; il habite un quartier éloigné : rue de la Chaussée d'Antin.

Royal Society : BLA. B. 130

97. 13 février 1808, s.l. (Paris ou Arcueil)
N. Th. de Saussure

Berthollet complimente son correspondant sur ses travaux. Son propre fils a lu le dernier mémoire à la Société Philomatique et, maintenant, le texte est envoyé aux *Annales* (de chimie). Ce mémoire, qui traite de la décomposition des phosphates et fait intervenir l'affinité lui fait un grand plaisir. Berthollet reconnaît que, contrairement à ce qu'il avait affirmé en 1785, les substances organiques qui contiennent de l'azote, ne contiennent pas nécessairement du phosphore sous forme de phosphate de chaux acidulé ; c'était une « fausse supposition ».

Il fait part à son correspondant de la préparation d'une « pile à laquelle Sa Majesté a consacré 20 000 F et qui nous apprendra probablement jusqu'où s'étend cette puissance dont l'énergie surpasse celle de tous les agens qui étaient à notre disposition ». Il lui adresse les compliments de sa femme et de son fils, ainsi que ses hommages personnels à Mme N. de Saussure.

B.P.U. Genève : Ms. 206.

98. 20 mars 1808, s.l. (Paris)
Ch. Blagden

Berthollet déplore les difficultés de communication ; il a remis sa dernière lettre à M. Lee qui « partait pour l'Amérique ». Gay-Lussac et Thénard ont obtenu le sodium et le potassium par des moyens chimiques. Son fils a refait les expériences sur la composition de l'ammoniaque ; les résultats sont incompatibles avec l'existence d'oxygène dans cette substance. La Société d'Arcueil est très active en physique et en chimie. Laplace vient de faire une nouvelle édition de son *Système du monde*. La traduction de Thomson ne paraîtra pas avant juin.

Royal Society : BLA. B. 131

99. 20 juin 1808, Arcueil
Ch. Blagden

Berthollet s'inquiète de savoir si ses dernières lettres sont arrivées ; lui n'a pas reçu les paquets de graines que Blagden lui a envoyés. Il donne un compte rendu des expériences de Gay-Lussac et Thénard sur le sodium et le potassium, en croyant démontré que ces substances ne sont pas des métaux mais des combinaisons d'alcali pur et d'hydrogène. MM. Chenevix et Descotils se sont occupés à Arcueil d'expériences sur la combinaison du platine avec le mercure.

Royal Society : BLA. B. 132

100. 31 août 1808, s.l. (Arcueil)
Ch. Blagden

Tout en regrettant encore les difficultés de communication, Berthollet remercie Blagden, pour l'ouvrage de Dalton ; il est pressé de lire « les objections qu'il me fait ». Il discute les résultats de Davy à propos de l'analyse de l'ammoniaque, puis il exprime son jugement, sévère, sur la traduction faite par Riffault du *Système de Chimie* de Thomson.

Gay-Lussac s'est retiré près de Limoges après son grave accident. MM. Allen et Fessys ont fait un travail sur la respiration. Lui-même doit publier le résultat de ses expériences sur ce sujet en précisant l'antériorité de celles de ses confrères anglais.

Royal Society : BLA. B. 133

101. 26 octobre 1808, s.l. (Paris)
Napoléon

Berthollet a été chargé par l'Empereur d'analyser des papiers jugés suspects ; il donne le résultat de ses expériences et les raisons de ses conclusions (le papier est ordinaire).

Wellcome

102. 4 novembre 1808, s.l. (Paris)
Ministre de la Guerre

Berthollet intercède en faveur d'Oberkampf, afin que ses deux émissaires, Ludwig Hutzenberger et Maillé, obtiennent un passeport vers l'Espagne où ils doivent aller chercher du coton acheté au Portugal.

Wellcome

103. 5 décembre 1808, Chambéry
Abrial : « Cher collègue sénateur »

Berthollet regrette de n'avoir pu réussir dans la démarche demandée par son collègue. A son tour il demande si celui-ci peut intercéder « près du grand juge » pour M. Dumas, avocat qui voudrait devenir procureur impérial.

Wellcome

104. 29 mars 1809, s.l.
« Monsieur »

Court billet pour transmettre une lettre du ministre de l'Intérieur, réponse négative à une sollicitation.

Wellcome

105. 19 avril 1809, s.l.
Ch. Blagden

L'équipe d'Arcueil est toujours en opposition avec certaines opinions de Davy : « la science ne peut qu'y gagner parce que la différence d'opinion et la discussion engagent à multiplier les faits ». Le deuxième tome des *Mémoires d'Arcueil* se termine ; il contient le compte rendu des expériences de Gay-Lussac et Thénard, objet de discussions avec Davy, ainsi que les recherches de Malus sur la réfraction. La traduction du *Système de chimie* de Thomson est terminée ; deux exemplaires sont prêts pour l'Angleterre, il faut attendre une occasion.

Royal Society : BLA. B. 134

106. 17 mai 1809, s.l.
M. Berthier (secrétaire de la Société des fondateurs de l'Athénée)

Berthollet décline un rendez-vous qui lui a été demandé car, vivant dans la retraite, il n'aura pas « l'honneur d'entrer dans la nouvelle société ». Il précise qu'il « renonce à tous les droits provenant de [son] ancienne action ».

Arch. Ac. Méd. : 74 (55)

107. 9 juillet 1809, s.l.
Ch. Blagden

Berthollet profite de « l'occasion de M. Chenevix », pour envoyer les exemplaires du deuxième tome des *Mémoires d'Arcueil* destinés à Blagden, la Royal Society, Thomson, Davy, Wollaston, Hatchett et Dalton. Laplace adresse aussi quelques ouvrages et quelques observations astronomiques à la Royal Society. Chenevix emportera aussi le dernier ouvrage de cristallographie publié par Haüy.

Royal Society : BLA. B. 135

108. 1er janvier 1810, s.l.
Ch. Blagden

Berthollet a une occasion d'envoyer des nouvelles, mais, pressé par le temps, il ne peut écrire qu'une courte lettre. Gay-Lussac et Thénard ont continué leurs expériences ; ils doivent, demain, recevoir un prix, de même que Malus pour ses expériences concernant la réfraction. Quant à lui, il a lu un mémoire sur l'analyse végétale et l'analyse animale.

Royal Society : BLA. B. 136

109. 26 février 1810, Paris, rue St-Jacques nº 37
J. Berzelius

Berthollet donne à son correspondant diverses indications au sujet de la publication de ses ouvrages et de leur éventuelle traduction en français. Il est plus longuement question de la série des extraits des études sur les proportions chimiques en cours de publication dans les *Annales de chimie,* traduites par Böker puis Vögel.

Publ. : H.G. SÖDERBAUM, *Correspondance de J. Berzelius...*, t. I, fasc. 1, p. 5-6.

110. 13 mars 1810, s.l.
Ch. Blagden

Longue lettre où Berthollet, après avoir accusé réception d'une lettre du 16 janvier et d'un paquet de graines pour Mme de Sarmenteau, donne de nombreuses informations scientifiques. Gay-Lussac et Thénard ont mis au point un procédé d'analyse végétale et animale, qu'il décrit et juge bien meilleur que le sien popre, exposé dans un mémoire précédent. Le jeune Bérard a répété, sous son contrôle, les analyses des oxalates faites par Thomson. On vient de trouver un moyen commode pour déterminer avec précision la quantité d'alcool contenue dans le vin.

Royal Society : BLA. B. 137

111. s.d. (vers le 15 mars 1810)
Mme Vimeux (amie de Mme Berthollet)

Très émouvant billet où Berthollet, qui vient d'apprendre la mort de son fils, demande à cette amie de prévenir sa femme « qu'elle n'a plus de fils » (le jeune homme s'est suicité le 14 mars à Martigues).

Coll. Part.

112. 13 avril 1810, s.l. (Arcueil)
A.P. de Candolle

Berthollet remercie son correspondant pour ses témoignages de sympathie au sujet du suicide de son fils. Il lui annonce l'envoi de quelques exemplaires du dernier recueil des *Mémoires d'Arcueil* et demande sa contribution pour le prochain.

Arch. de Candolle

113. 13 mai 1810, s.l.
« Monsieur le grand Chancelier et cher collègue »

Courte lettre de recommandation en faveur d'un compatriote, M. Brunier, officier.

Wellcome

114. 21 mai 1810, s.l.
Ch. Blagden

Berthollet demande à son ami de rendre service à M. Girard, « artiste très ingénieux » auquel il prend de l'intérêt. Après une discrète allusion à la mort de son fils, il regrette la perte de Cavendish, « modèle pour ceux qui cultivent les sciences physiques ».

Le débat entre Gay-Lussac et Thénard, d'une part, Davy, de l'autre, continue ; on en trouve l'écho dans le *Journal de physique*. Ses deux amis ont fait des expériences intéressantes sur l'identité des effets de la lumière et de la chaleur. Thénard et Roard ont fait des recherches sur l'action des différents mordants employés en teinture.

Royal Society : BLA. B. 138

115. 5 juin 1810, s.l.
« Monsieur le Comte »

Berthollet demande une intervention de son correspondant pour récupérer des lettres adressées à Laplace et à lui-même, apportées à Caen par M. Berger, médecin de Genève ; elles ont été envoyées dans ses bureaux par M. Méchain, préfet de Caen.

Réponse au dos du billet : les lettres ont été remises à M. le Conseiller.

Wellcome

116. 28 septembre 1810
Arcueil, près de Paris, ou rue d'Enfer n° 37
J. Berzelius

Berthollet remercie son correspondant pour l'envoi d'un ouvrage qu'il vient de recevoir. Il l'invite à résider chez lui lors du voyage projeté, en précisant qu'il « habite à la vérité à la campagne mais elle n'est éloignée que d'une lieue de Paris et elle peut être regardée comme un faubourg ».

Publ. : H.G. SÖDERBAUM, *Correspondance de Berzelius,* t. I, fasc. 1, p. 8-9.

117. 8 novembre 1810, s.l.
J.L. Proust

Berthollet a tardé à répondre à la lettre du 25 septembre, car il espérait revoir son correspondant en France ; mais M. Bose lui a apprit que Proust se fixait quelque temps à Noyon à cause de la santé de sa femme.

Dès la réception de sa communication, Berthollet a écrit à tous ceux qu'intéresse le sucre de raisin : Chaptal, M. Touque près d'Avignon, M. Reboul de Pézenas ; lui-même a fait quelques expériences sur le sujet.

Arch. Ac. Sc.

118. 21 novembre (1810), s.l.
J.L. Proust

Cette lettre reprend le début de celle du 8 novembre : M. Descroizille a dit à Berthollet que Proust ne l'avait pas reçue. Berthollet n'a pas cru pouvoir imprimer la lettre de son correspondant (sur le sucre de raisin) sans son accord et la suppression de quelques réflexions ; mais il a communiqué le procécé à tous ceux que la préparation du sucre de raisin intéresse ; il renvoie la lettre pour que son auteur y fasse les changements nécessaires. Il l'invite à dîner « mardi prochain » ou tout autre jour à sa convenance.

Arch. Ac. Sc.

119. 11 décembre 1810, s.l.
« Monsieur le Duc »

Lettre de recommandation en faveur de Domenech Diego qui sollicite une place d'assesseur auprès du tribunal impérial des Douanes de Perpignan.

Wellcome

120. 23 décembre 1810, Paris, rue d'Enfer n° 37
J. Berzelius

Berthollet remercie Berzelius pour l'extrait qu'il vient de recevoir et qui paraîtra dans les *Annales de chimie* du mois prochain. Böker lui a remis la traduction de l'ouvrage sur les proportions chimiques mais seulement jusqu'à la composition des alcalis et de la chaux. Cet « excellent ouvrage » sera inséré par parties dans les *Annales*. Il a trouvé très intéressant de faire traduire l'ouvrage sur les substances animales.

Publ. : *Correspondance de Berzelius*, t. I, fasc. 1, p. 11-12.

121 5 avril 1811, s.l.
J. Berzelius

Berthollet annonce l'envoi de la traduction française du *Système de chimie* de Thomson. Il donne des nouvelles sur les publications des textes de son correspondant dans les *Annales*, dont il envoie le dernier numéro. Il l'invite à nouveau à loger à Arcueil, précisant qu'ainsi il « n'aura que ses frais de route ».

Publ. : *Correspondance de Berzelius*, t. I, fasc. 1, p. 17.

122. 16 juin 1811, s.l.
J. Berzelius

Berthollet évoque à nouveau le projet de voyage à Paris de Berzelius. Puis il rend compte de l'édition des textes de son correspondant dans les *Annales* – c'est en général Gay-Lussac qui corrige les épreuves. Il répond ensuite en détail à une question concernant le procédé de blanchiment par le chlore.

Publ. : *Correspondance de Berzelius,* t. I, fasc 1, p. 18-19.

123. 30 juillet 1811, s.l.
Baron Larrey

Berthollet répond à une sollicitation d'intervention à l'Institut : « Je suis sans influence et le choix de l'institut dépendra surtout de la section qui fera son rapport sur les candidats. »

Coll. Part.

124. 23 août 1811, s.l. (Arcueil)
A.P. de Candolle

Berthollet remercie son correspondant de l'envoi de graines de dahlias pour le jardin d'Arcueil et demande sa collaboration pour le troisième volume des *Mémoires d'Arcueil.*

Arch. de Candolle

125. 27 septembre 1811, s.l.
Monsieur le Grand Maître

Lettre de recommandation en faveur de M. Le Cointe, Lieutenant-Colonel, qui sollicite une place d'économe dans un lycée du sud de la France.

Wellcome

126. octobre 1811, s.l.
Ph. Dessaignes (professeur de physique au collège de Vendôme)

Berthollet remercie son correspondant pour le don « d'une excellente bête ». Gay-Lussac s'occupe d'un ouvrage sur les expériences qu'il a faites avec Thénard. Les expériences de Dessaignes sont intéressantes ; Gay-Lussac s'occupe de son Mémoire et lui-même l'a déjà communiqué aux savants anglais.

Arch. Ac. Sc.

127. 14 octobre 1811, s.l.
J. Berzelius

Nouvelles indications au sujet du voyage que Berzelius projette de faire en France.

Publ. : *Correspondance de Berzelius,* t. I, fasc. 1, p. 29-30.

128. 10 novembre 1811, s.l.
J. Berzelius

Berthollet rend compte de l'impression en cours de plusieurs textes de son correspondant ; en particulier, l'article sur la nomenclature paraît dans le *Journal de physique* du mois dernier ; malheureusement, « quoiqu'il ait revu deux fois les épreuves, il se sera sans doute glissé des fautes car on imprime fort incorrectement dans ce journal ».

Publ. : *Correspondance de Berzelius,* t. I, fasc. 1, p. 30-31.

129. 27 février 1812, s.l.
J. Berzelius

Berthollet est heureux que la date du voyage soit enfin fixée. Il vient de faire la présentation difficile d'un manuscrit de Berzelius à l'Institut. Pour les textes sur les proportions publiés dans les *Annales,* il faudra faire un erratum général.

Publ. : *Correspondance de Berzelius,* t. I, fasc. 1, p. 35.

130. 6 avril 1812, s.l.
J. Berzelius

Berthollet vient seulement de recevoir la lettre du 5 février. Il s'occupe de faire obtenir à son correspondant un passeport et « toutes les facilités » pour son voyage en France.

Publ. : *Correspondance de Berzelius,* t. I, fasc. 1, p. 37.

131. 30 mai 1812, s.l. (Arcueil)
A.P. de Candolle

Berthollet remercie encore son correspondant pour l'envoi de graines (georgines et caracoles) et réitère sa demande de collaboration au troisième volume des *Mémoires d'Arcueil.*

Arch. de Candolle

132. 8 juin 1812, Arcueil
Comtesse Laplace

Curieux et amusant billet où Berthollet annonce la naissance des « enfants » de sa chienne Anette Lubin.

B.N. Vienne : S 5059 E 4

133. 20 juillet 1812, s.l.
« Monsieur »

Berthollet recommande son parent François Paccret, de Chambéry, qui sollicite un emploi de percepteur, en remplacement de M. Pissard, démissionnaire.

Wellcome

134. s.d. (fin 1812), s.l.
J. Berzelius

Court billet dans lequel Berthollet regrette vivement le voyage manqué par Berzelius à cause d'un « accident imprévu » et remercie son correspondant pour la lettre envoyée de Londres.

Publ. : *Correspondance de Berzelius,* t. I, fasc. 1, p. 44.

135. mai (1813), s.l.
J.B. Van Mons

Berthollet remercie Van Mons des « dernières feuilles » de son ouvrage. Lui-même « n'entend plus rien aux nouveaux systèmes de chimie » et s'aperçoit qu'il « ne peut plus suivre les nouvelles idées ». Il attendait avec impatience la visite de Berzelius, mais son correspondant lui a appris que les événements ont empêché ce voyage. Il ne pense pas « à donner promptement une nouvelle édition de la Statique Chimique », il voudrait auparavant « voir quelques nuages s'éclaircir »*.

Arch. Ac. Sc.

136. 1813, s.l. (Arcueil)
A.P. de Candolle

Par son contenu, cette lettre ressemble à la lettre 131 ; elle contient des remerciements pour un envoi de graines et la demande d'une collaboration pour les *Mémoires d'Arcueil.*

Arch. de Candolle

137. 8 avril 1813, s.l. (Arcueil)
A.P. de Candolle

Berthollet remarque qu'il doit toujours ses remerciements pour les envois de graines et rappelle la Société d'Arcueil.

Arch. de Candolle

138. 21 avril 1813, s.l. (Arcueil)
A.P. de Candolle

Berthollet félicite son correspondant pour sa nomination comme lecteur et lui raconte le résultat de sa démarche auprès « du grand Maître ».

Arch. de Candolle

Publ. : *Mémoires et souvenirs* de A.P. de CANDOLLE, Genève, 1862, p. 555.

139. 4 août 1813, s.l.
« Monsieur le Duc »

Mot pour intercéder en faveur d'un prisonnier espagnol, M. Sagueti.

Wellcome

139 bis. 20 août 1813, s.l.
Monsieur le Comte

Lettre de recommandation, signée aussi de Chaptal, en faveur d'Isaac Bérard qui a mis au point un procédé « rendant un grand service au commerce important des eaux de vie ». Ce dernier sollicite un secours financier que Berthollet et Chaptal appuient très favorablement.

Annecy Arch. Dép. : 1 J 759

* Éléments pour la datation de la lettre : le voyage manqué de Berzelius à Paris se situe à la fin de 1812. Les « nuages » dont parle Berthollet sont sans doute les troubles de politique intérieure et extérieure qui agitèrent la France en 1813.

140. 27 avril 1814, s.l. (Arcueil)
« Monsieur le Préfet »

Réclamation, au nom des habitants d'Arcueil, contre les « brutalités et les exigences » des soldats occupant la ville.

Arch. Seine : D 4 Az 523

141. 7 juin 1814, s.l.
Monsieur le Comte

Lettre de recommandation en faveur du « Sieur Arnould », « commis dans l'administration des droits réunis », employé à Bercy depuis cinq ans, pour qu'il conserve son poste lors de la réorganisation qui va avoir lieu.

Reims Arch. mun. : Coll. Tarbe, Carton XXII, p. 278

142. 16 juin 1814, Arcueil
J. Berzelius

Berthollet se réjouit du rétablissement des relations avec l'étranger, « sans craindre qu'elles soient de nouveau interrompues par les orages qui ont si malheureusement troublé l'Europe ».

Il évoque les travaux de Gay-Lussac sur l'iode dont il envoie un flacon. Il invite à nouveau son correspondant à venir séjourner à Arcueil. Davy est resté à Paris pendant assez longtemps. Wollaston, Backe et Marcet n'ont fait que passer depuis l'entrée des alliés.

Publ. : *Correspondance de Berzelius*, t. I, fasc. 1, p. 48-49.

143. 13 août 1814, Arcueil
J. Watt

Berthollet est heureux que la reprise des relations avec l'Angleterre lui permette enfin de recevoir des nouvelles de son correspondant. Il est encore très troublé par les événements qui viennent de se produire et sa maison de campagne est occupée par les soldats ; cependant il s'y est entièrement retiré.

Publ. : J.P. MUIRHEAD, *op. cit.*, t. II, p. 359-360, nº 397.

144. 22 septembre 1814, s.l.
Ch. Blagden

Court billet. Berthollet attend avec joie la visite de son ami ; il lui propose un « excellent domestique », qui était au service de M. Gérandeau et doit être connu de Delessert.

Royal Society : BLA. B. 139

145. 25 décembre 1814, s.l.
« Monseigneur »

Berthollet intercède en faveur de M. Dubasty qui sollicite la place de juge de paix à Saint-Léonard, département de la Haute-Vienne. C'est un ancien trésorier de France, neveu de l'abbé Tandeau, conseiller au Parlement de Paris.

Wellcome

146. 26 décembre 1814, s.l.
J. Berzelius

Berthollet se plaint des perturbations que les « événements » provoquent dans la vie scientifique. Il déplore la perte du petit flacon d'iode qu'il avait envoyé et va de nouveau envoyer une once de ce produit par l'intermédiaire de M. de Staël , employé à la Chancellerie royale de Suède.

Publ. : *Correspondance de Berzelius,* t. I, fasc. 1, p. 52-54.

147. 19 février 1815, Arcueil
J. Watt

Berthollet vient de recevoir la visite des amis de Watt ; mais elle a été trop courte pour tout ce qu'il avait à dire et à entendre. Il a manqué la visite de M. Lee et le regrette beaucoup. Watt a été choisi comme l'un des huit associés étrangers de l'Institut ; Berthollet se fera un plaisir d'aider tous ceux que son correspondant lui adressera et il espère que ce dernier lui rendra le même service si l'occasion se présente. Il s'est complètement retiré à la campagne où son laboratoire reprend vie.

Publ. : J.P. MUIRHEAD, *op. cit.,* t. II, p. 360, n° 399.

148. 23 mars 1815, s.l. (Arcueil)
E.F. Jomard

Napoléon vient de rentrer à Paris ; Berthollet est à la fois bouleversé et ruiné. L'objet de la lettre est le travail pour la publication de la *Description de l'Égypte.* Mais Berthollet presse aussi son correspondant de revenir au plus vite d'Angleterre afin de ne pas être accusé de trahison.

B.N. : Ms. Fr n a 6264

149. 23 mars 1815, Arcueil
Ch. Blagden

Bouleversé par le retour inespéré de Napoléon, Berthollet est obligé de renoncer à ses travaux, en particulier à son projet de seconde édition de l'*Essai de statique chimique.* Carnot vient d'être nommé Ministre de l'Intérieur : « les choix de l'Empereur sont presque tous très approuvés ».

Royal Society : BLA. B. 140

150. 25 mars 1815, Arcueil
Ch. Blagden

Berthollet ne veut rien dire des affaires publiques, mais il explique les circonstances dans lesquelles il a signé l'acte de déchéance et d'abdication de l'Empereur. Plusieurs militaires sont logés chez lui.

Royal Society : BLA. B. 141

151. 30 mars 1815, s.l.
« Votre Excellence »

Témoignage en faveur de M. Ruphy, « sous-préfet d'Annecy, dép. du Mont-Blanc », qui est sa ville natale. M. Ruphy a rendu beaucoup de services à la commune d'Annecy dont il a été maire pendant longtemps. Il a toujours été opposé aux prêtres et aux nobles. Berthollet ne parle pas de lui... sa gratitude égale sa profonde estime.

Annecy Arch. Dép.

152. 4 mai 1815, s.l.
E.F. Jomard

Billet par lequel Berthollet transmet à Jomard une lettre du Ministre de l'Intérieur ; il évoque un « acte civique » important rempli auprès de la municipalité du 11e arrondissement et propose d'envoyer une circulaire à tous les coopérateurs et agents (*Description de l'Égypte).*

Wellcome

153. 27 août 1815, s.l.
J. Berzelius

Berthollet se plaint à nouveau de l'état des études scientifiques en France et engage son correspondant à ne pas venir en ce moment. Il profite de l'occasion de M. Alfort pour lui envoyer les *Annales*.

Publ. : *Correspondance de Berzelius,* t. I, fasc. 1, p. 54-55.

154. 2 octobre 1815, s.l.
Ch. Blagden

En réponse tardive à la lettre du 8 août, Berthollet écrit une longue lettre riche en informations personnelles et scientifiques. Après avoir exprimé, ce qui est rare, son jugement sur les affaires politiques, il répond à une question de Blagden relative au traitement de la rouille des blés ; il donne le procédé de M. Jivard.

De Candolle a lu à l'Institut un mémoire sur l'ergot du seigle. Gay-Lussac a fait une analyse de l'acide prussique dont Berthollet reproduit les résultats, en précisant quelques propriétés du « radical prussique ».

M. Delessert lui a remis les deux derniers tomes de Thomson.

Royal Society : BLA. B. 142

155. Octobre 1815, s.l. (Arcueil)
J.L. Proust

Berthollet est heureux d'avoir des nouvelles de Proust et de sa femme, après la « tourmente du commencement de l'année ». Il déplore la fâcheuse situation de son correspondant ; il essaye de faire des démarches en sa faveur, auprès de l'Espagne, mais c'est difficile. Il s'est fixé à Arcueil et reprend, là, ses « occupations de chimie » en corrigeant son projet « informe » de seconde édition de « la statique chimique ».

Arch. Ac. Sc.

156. 30 octobre 1815, s.l.
« Monseigneur »

Courte lettre de recommandation en faveur de son neveu Falquet, magistrat à la cour de Grenoble, qui sollicite l'obtention – ou le maintien – d'un poste, mais qui ne veut pas se faire naturaliser.

Arch. Ac. Sc. : Coll. Gilles Bertrand

157. s.d. (janvier 1816), s.l. (Arcueil)
J.L. Proust

« Ce n'est pas au commencement de l'année, mais toujours, que je fais des vœux pour que la fortune devienne moins injuste à votre égard. » Berthollet vient de faire une démarche auprès du duc de Richelieu, Ministre des Affaires Étrangères, en faveur des intérêts de Proust en Espagne.

Guyton de Morveau vient de mourir. Sur la liste de candidature, à sa place à la section de chimie de l'Institut, Proust sera présenté en premier.

Arch. Ac. Sc.

158. 3 février 1816, s.l.
Ch. Blagden

Berthollet fait part à son ami de ses derniers arrangements financiers et de ses opinions politiques. Il conserve son petit appartement de Paris et retrouve l'entière jouissance de la maison d'Arcueil ; il y espère la visite de Blagden.

Il a fait les commissions demandées auprès de Brongniart et Biot. L'impression du troisième volume des *Mémoires d'Arcueil* a repris et il va l'envoyer bientôt. Les *Annales de chimie* sont réorganisées ; elles changent de nom ; Arago et Gay-Lussac en sont les rédacteurs. Il a reçu le premier cahier des *Annales de philosophie.*

Un de ses proches parents, M. Mauris est à Londres, il sollicite pour lui l'appui de son ami. Laplace est malade et lui-même a souffert d'une sciatique pendant un mois.

Royal Society : BLA. B. 143

159. 14 mars 1816, s.l.
Ch. Blagden

A nouveau, Berthollet parle de ses finances et de ses opinions politiques. Il explique à son ami le traitement qu'il a suivi contre la sciatique qui l'a fait souffrir pendant un mois. Il lui rappelle son parent Mauris, auquel il envoie, par Delessert, 300 F. Il envoie également le premier volume des *Annales de physique et de chimie* ; on y rend compte de toutes les séances de l'Institut.

Royal Society : BLA. B. 144

160. 8 avril 1816, s.l.
Ch. Blagden

Berthollet attend la visite de son ami qui ne doit « redouter aucun mouvement révolutionnaire ». Il évoque à nouveau son parent Mauris, que son père a complètement abandonné ; mais il est trop fatigué et trop ruiné lui-même pour pouvoir le soutenir.

Il a reçu le « mois de mars des annales de philosophie » et envoie le deuxième volume des *Annales de physique et de chimie.* La santé de Laplace est meilleure.

Royal Society : BLA. B. 145

161. 8 avril 1816, s.l.
J. Berzelius

La vie scientifique reprend en France ; Berthollet est heureux de pouvoir en donner de bonnes nouvelles. Il y a des changements dans la présentation des *Annales* : Arago dirige la physique, Gay-Lussac la chimie. Le troisième volume des *Mémoires d'Arcueil* va paraître enfin.

Publ. : *Correspondance de Berzelius,* t. I, fasc. 1, p. 57.

162. 21 août 1816, Paris
J. Berzelius

Berthollet répond à Berzelius qui lui a demandé comment son essai sur la nature de l'acide chlorhydrique a été accueilli en France (lettre du 26 juin 1816).

Publ. : *Correspondance de Berzelius,* t. I, fasc. 1, p. 60-61.

163. 21 juillet 1817, Paris
J. Berzelius

Berthollet vient de voir M. d'Hosson. Il ne s'occupe presque plus de chimie mais continue de suivre et d'admirer les travaux de son correspondant sur l'analyse chimique. Il déplore vivement « l'aigreur » qui s'installe dans les discussions scientifiques et dont Berzelius vient de subir les effets.

Publ. : *Correspondance de Berzelius,* t. I, fasc. 1, p. 62.

164. 26 mars 1818, s.l.
J. Berzelius

La dernière lettre – du 9 février 1818 – de Berzelius est publiée dans les *Annales.* Vauquelin, qui a eu connaissance de la découverte de la lithine a répété les expériences et a donné les propriétés de ce nouvel alcali. Berzelius doit être au courant de ce qui se fait en France par les *Annales de chimie.* Le volume d'Arcueil contient des « vieilleries » mais Berthollet serait bien fâché que son correspondant ne l'ait pas reçu.

Publ. : *Correspondance de Berzelius,* t. I, fasc. 1, p. 68-69.

165. 23 septembre 1818, Arcueil
Court billet à un « Cher Collègue »

Berthollet recommande son ami Jomard pour « le 2 octobre prochain, jour où votre Académie doit s'occuper de lui ».

B. Pharmacie

166. 22 décembre 1818, s.l.
« Cher confrère »

Berthollet adresse son « esquisse » et demande les observations qu'elle suggère à son correspondant. Il lui demande aussi une indication sur les travaux à faire « pour lundi » (sans doute au sujet de la *Description de l'Égypte*).

Wellcome

167. 19 décembre 1819, Arcueil
« Mr le Préfet »

En tant que maire d'Arcueil, Berthollet intercède en faveur du Dr Nicolas Victor Dieu qui, pour raison de santé, désire être exempté du service des armées. En regrettant de n'avoir pas rencontré son correspondant chez lui, lorsqu'il s'y est rendu, Berthollet le remercie de sa « lettre bienveillante » et l'assure de son « vieil attachement ».

Arch. Seine : Dz 5

168. 20 décembre 1819, Arcueil
J. Berzelius

Berthollet s'est beaucoup réjoui du séjour que Berzelius vient de faire à Aruceil et il l'engage à y revenir ; il doit savoir qu'il y aura toujours « un appartement, un laboratoire, un cabinet de physique, une petite bibliothèque ; je ne parle pas d'un jardin : Uranie vous fait négliger Flore et Pomone ». Après une léthargie de six ans, Berthollet se réveille aux études scientifiques ; il remet son laboratoire en état.

Publ. : *Correspondance de Berzelius,* t. I, fasc. 1, p. 70-71.

169. 25 janvier 1820, 18, rue d'Enfer (Paris)
A.P. de Candolle

Berthollet pressent son correspondant pour une élection à la section de botanique de l'Académie.

Arch. de Candolle

Publ. : *Mémoires et Souvenirs* de A.P. de Candolle, Genève, 1862, p. 563.

170. 27 mars 1820, Arcueil, Paris
Sir J. Banks

Berthollet annonce la mort de son ami Sir Charles Blagden ; le 26 mars il a soudain été pris de malaise en dînant avec lui-même, Laplace et d'autres amis.

Coll. art. : Lord Brabourne

171. s.d. (1820), s.l.
« Monsieur le Sous-Préfet »

Berthollet renouvelle sa démission des fonctions de Maire d'Arcueil, dans lesquelles il vient d'être maintenu ; les fatigues de son grand âge en sont la raison.

Arch. Seine : D o Arcueil (M 1)

172. 4 septembre 1820, Paris
J. Berzelius

Berthollet demande à son correspondant de lui pardonner son long silence et donne des nouvelles de sa santé.

Publ. : *Correspondance de Berzelius*, t. I, fasc. 1, p. 73.

173. 4 mai 1821, s.l.
J. Berzelius

Berthollet félicite son correspondant pour la distinction suédoise qu'il vient de recevoir et le remercie du présent qu'il vient de faire à l'Académie des sciences, le crâne de Descartes.

Publ. : *Correspondance de Berzelius,* t. I, fasc. 1, p. 76.

174. 21 octobre 1821, s.l.
J. Berzelius

Berthollet répond à la longue lettre de Berzelius datée du 23 juillet contenant des notes sur le soufre et l'antimoine. Aussitôt, il l'a communiquée à son ami Gay-Lussac qui ne l'a pas publiée puisque Berzelius a promis le mémoire entier sur les sulfures. L'arrivée du crâne de Descartes a provoqué une intervention de Delambre à l'Institut.

Publ. : *Correspondance de Berzelius,* t. I, fasc. 1, p. 83-84.

175. 13 décembre 1821, Paris, rue d'Enfer n° 18
« M. Souchard, ancien commis des guerres à Paris »

Berthollet répond à son correspondant qui a sollicité sa collaboration pour un ouvrage qu'il se propose d'entreprendre, que depuis quelques années les maladies de son grand âge l'ont obligé d'abandonner activement la carrière des sciences ; il s'intéresse encore cependant aux travaux des autres et s'inscrit comme souscripteur à l'ouvrage.

Bruxelles Arch. Roy. : Autographe B. de Stassart

176. 28 décembre 1821, Arcueil
Marquis de Saint-Giron

Court billet d'excuse : Berthollet ne peut pas assister à la prochaine réunion de la commission.

B.P.U. Genève : Ms. Sup. 359

Lettres dont la date n'a pas encore pu être précisée

177. s.d., s.l.
Ancien camarade d'études à Turin

Ce camarade est à Turin ; Berthollet est heureux de recevoir des nouvelles des gens chez lesquels il a demeuré avec son ami. Il s'inquiète de M. Laneiri auquel il aimerait pouvoir rendre service. Il a appris avec plaisir le sort de l'abbé Ropillon auquel il vient d'écrire et espère que sa lettre est arrivée. Il se rappelle au bon souvenir de M. Bartolomei. Il conclut : « Vous devez avoir trouvé bien des changemens dans notre capitale, trouvez-y le bonheur pendant que je m'occupe au sein des sciences et des arts ».

Annecy Musée

178. s.d., s.l.
« Au citoyen Vic d'Azir, Secrétaire de la Société de Médecine, au Louvre »

Court billet pour demander à son correspondant de faire faire des expériences médicales dans un hôpital en vue de contrôler un remède proposé par le citoyen Baillif pour soigner le scorbut.

Arch. Ac. Méd.

179. 2 brumaire, Arcueil
J.L.S. Julia

Berthollet vient d'envoyer le mémoire de son correspondant sur les analyses des eaux de Rennes aux *Annales de chimie* ; il lui adresse ses critiques et ses remarques sur les résultats présentés. Il annonce également qu'il écrit aux Inspecteurs de Santé pour les prier d'accorder la place demandée.

Wellcome

180. 14 vendémiaire, s.l., s.n.

Court billet pour prier le correspondant inconnu d'envoyer à la Société des Monuments d'Égypte les plans du Caire et de Damiette dont il s'est occupé.

B.N. : Ms. fr. 11275

181. 13 septembre, s.l.
E.F. Jomard

Billet sans en-tête ni adresse relatif aux dispositions concernant la réalisation de la *Description de l'Égypte*. A qui doit-on faire la dédicace problématique ? Il faut en parler à M. Marcel. Berthollet réitère ses instances auprès de MM. Savigni et Geoffroy.

B.N. : Ms. fr. n a 6264

182. 19 décembre, s.l.
E.F. Jomard

Nouvelle lettre au sujet de la *Description de l'Égypte*, relative aux subventions et récompenses octroyées par « Sa Majesté » aux coopérateurs de l'ouvrage.

Publ. : P. JOLLOIS, *Journal d'un ingénieur*, p. 29

183. 27 septembre, s.l.
« Tochon, rue Caumartin »

Berthollet transmet à son « cher parent » ce qu'il sait concernant les tribunaux d'Annecy et de Saint-Jean de Maurienne ; Abrial lui a dit que le premier serait conservé. Berthollet remercie encore son correspondant pour les reblochons et lui demande s'il passera l'été à Lagny.

Coll. part.

BIBLIOGRAPHIE

INTRODUCTION

I. BIBLIOGRAPHIE DE BERTHOLLET

Comme nous l'avons déjà fait remarquer, la bibliographie de Berthollet n'a jamais été faite d'une manière systématique et complète ; celles que l'on trouve dans la plupart des notices biographiques et des études consacrées à notre chimiste ne sont ni détaillées ni rigoureusement exactes*.

Celle que nous avons établie regroupe à la fois les ouvrages publiés : livres, brochures et articles parus dans différentes revues, mémoires et rapports présentés devant les grandes institutions scientifiques. Nous avons essayé de faire une classification méthodique de tout cet ensemble, en le présentant d'une manière que nous voudrions aussi claire que possible, suivant quatre tableaux chronologiques.

1. Ouvrages publiés à part

On trouvera dans cette liste les livres et les brochures publiés sous la signature de Berthollet. Pour que le lecteur puisse apprécier dès l'apparition du titre s'il s'agit d'un véritable ouvrage ou d'une simple brochure, nous avons adopté les abréviations suivantes :

O. ouvrage publié par Berthollet seul,
Oc. ouvrage collectif auquel Berthollet a participé,
B. brochure (nombre de pages inférieur à 50),
Bc. brochure collective,
T. traduction.
Les différentes traductions d'un même ouvrage le suivent immédiatement, indépendamment de la chronologie.

Chacune de ces lettres est suivie d'un numéro d'ordre permettant de retrouver l'œuvre correspondante.

Nous avons indiqué pour chaque ouvrage cité sa cote à la Bibliothèque Nationale ou, à défaut, dans une autre bibliothèque.

* Nous devons signaler ici la bonne bibliographie donnée dans une thèse américaine récente : H.E. LEGRAND, *Berthollet and the oxygen's theory of acidity,* University of Visconsin (U.S.A.), 1971, 326 pages (dactylographiées).

2. Mémoires et articles publiés dans diverses revues

Nous avons rassemblé dans ce tableau chronologique les nombreux textes publiés par Berthollet dans les revues scientifiques de l'époque. Ils sont notés par la lettre P. suivie d'un numéro d'ordre ; certains ont fait l'objet d'une publication séparée, ce qui est indiqué par une référence placée à la fin de la notice, renvoyant à l'ouvrage correspondant du tableau précédent. Les notations bibliographiques adoptées sont également précisées en note au début de chacune des listes**.

3. Mémoires

Dans ce troisième tableau nous présentons les nombreux textes lus par Berthollet devant les grandes institutions scientifiques de l'époque : Académie royale des sciences, Faculté de médecine, Première classe de l'Institut, Institut d'Égypte et enfin Académie des sciences de l'Institut de France réorganisé en 1816. Chaque mémoire est noté M. suivi d'un numéro d'ordre ; la numérotation est continue suivant l'ordre chronologique de lecture.

4. Rapports

Ce dernier tableau complète le précédent en présentant les rapports présentés par Berthollet devant les mêmes institutions. Chaque rapport est noté R. suivi d'un numéro d'ordre. Les notices des mémoires et des rapports sont établies suivant les mêmes normes bibliographiques précisées au début de la liste 3.

Les références figurant à la fin des notices renvoient aux textes (ouvrages, brochures, articles publiés) auxquels mémoires ou rapports correspondent. Réciproquement, unc correspondance analogue est établie pour les ouvrages publiés (O., B. ou P.) avec les mémoires et rapports.

II. BIBLIOGRAPHIE D'AMÉDÉE-BARTHÉLEMY BERTHOLLET

La courte bibliographie du fils de Berthollet est présentée à la suite de celle de son père et suivant les mêmes normes.

** Pour les listes 1 et 2, et dans le but d'alléger la présentation de cette bibliographie, les noms d'auteurs ou de traducteurs sont indiqués en caractères romains et non en capitales, comme ils l'étaient dans les notes.

I. BIBLIOGRAPHIE DE BERTHOLLET

1. Ouvrages publiés à part

1776

O. 1 *Observations sur l'air,* par M. Berthollet, Docteur en Médecine, Paris, 1776, in-12, 59 p. (Fac. Méd. *Mélanges,* t. 10, 90958).

1778

B. 1a ... Quaestio Medica, Cardinalitis Disputationibus ... (29 mai 1778), Joanne-Jacobo Nollan, Doctore Medico, Praeside. *De variorum Liquorum Vinosorum diaeteticis proprietatibus,* Paris, Quillau, 1778 (B.N. : S. 5905 et Th. P. 2 [25]).

1779

B. 2 *Cours de matière médicale chymique et pharmacologique,* par M. Berthollet, Prospectus, Paris, Didot l'aîné, 1779, in-8°, 15 p. (B.N. : Te 138159).

B. 1b ... Dissertatio medica, Quodlibetariis Disputationibus ... (2 mars 1779). M. Joanna-Baptista Le Roux des Tillets, Doctore Medico, Praeside. *De lacte animalium medicamentoso,* Paris, Quillau, 1779 (B.N. : Th. P. 2 [26]).
Texte reproduit dans : E.G. Baldinger, *Sylloge Selectorum Opusculorum argumenti Medico-Practici,* vol. VI, Gottingae, 1782, p. 107.

B. 1c ... Quaestio Medico-Chirurgica, Quodlibetariis Disputationibus ... (20 avril 1779). M. Joanne-Augustino Coustavoz, Doctore-Medico, Praeside. *Num Bubones critici in febribus malignis statim incidendi ?* Paris, Quillau, 1779 (B.N. : Th. P. 2 [27]).

1780

B. 1d ... Dissertatiuncula, Quodlibetariis Disputationibus ... (17 février 1780). M. Ludovico-Alexandro de Cezan, M. Henrici Raimond, vices gerente, Doctore Medico, Praeside. *De Aquarum Hepatisatarum naturâ, compositione artificiali & virtutibus,* Paris, Quillau, 1780 (B.N. : Th. P. 2 [28]).

1787

Oc. 1 *Méthode de nomenclature chimique proposée par MM. de Morveau, Lavoisier, Berthollet et de Fourcroy.* On y a joint un nouveau système de caractères chimiques adaptés à cette nomenclature par MM. Hassenfratz et Adet, Paris, Cuchet, 1787, in-8°, 314 p., 5 pl. (B.N. : R. 43726).

1788

Oc. 2 *Essai sur le phlogistique et la composition des acides, traduit de l'anglais de M. Kirwan, avec des notes de MM. Monge, Berthollet et Lavoisier,* Paris, Cuchet, 1788, in-8°, 344 p. Notes de Berthollet : p. 134-144, 155-158, 163-165 (B.N. : R. 40015).

T. (Oc. 2) *An Essay on Phlogiston, and the Constitution of Acids. A New Edition.* By R. Kirwan ... To wich are added Notes ... by Messrs. de Morveau, Lavoisier, de la Place, Monge, Berthollet, and de Fourcroy. Transl. by William Nicholson, London, 1789.

1789

O. 2 *Précis d'une théorie sur la nature de l'acier et ses différentes espèces,* Paris, Cuchet, 1789, in-12, 78 p. (B.I. : HR6* t. 8, n° 4).

1790

T. 1 *Essay on the new method of bleaching by means of oxigenated muriatic acid; with an account of the nature ... of that acid and its application to several other useful purposes in the art.* From the French, with figures ... by Robert Kerr ..., Dublin, 1790, in-8°, XXVII, 139 p.

T. 1bis *Ibid.*, 2nd ed., Edinburgh, 1791, in-12, 350 p.

1791

Oc. 3 *Instructions sur l'Art de la teinture et particulièrement sur la teinture des laines,* par M. Poerner. Traduit de l'allement par M. .... Revu et augmenté de notes par MM. Desmarets et Berthollet, Paris, 1791, Cuchet, in-8°, VIII, 487p. (B.N. : V. 25739).

O. 3 *Éléments de l'art de la teinture,* par M. Berthollet, Docteur en médecine des facultés de Paris et de Turin, des Académies des sciences de Paris, Londres, Turin, Haarlem et Manchester, Paris, F. Didot, 1791, 2 vol. in-8°, XVIII, XLVIII, 312 p., VII, 365p. (B.N. : V. 25693-25694).

T. 2 *Elements of the Art of Dyeing by M. Berthollet* ... Translated ... by William Hamilton, London, S. Cauchman, 1791, 2 vol., in-8°, 369 p., 372 p.

T. 3 *Elements of the Art of Dying* [sic], *containing the theory of Dying in general as far as it respects the properties of colouring substances.* Translated from the French, Edinburgh, 1792, in-8°, II, 119 p.

T. 4 *Handbuch der Färbekunst. Aus dem Französischen des Herrn Berthollet* ... mit Anmerkungen von J.F.A. Göttling, Jena, J.M. Mauke, 1792, 2 parties en 1 vol., in-8°, 358 p. (B.N. : V. 25697).

1793

Bc. 1 *Avis aux ouvriers en fer sur la fabrication de l'acier,* publié par ordre du Comité de Salut Public, par Vandermonde, Monge, Berthollet, Paris, an II (1793), in-4°, 34 p., 5 pl. (B.N. : Lb^{41} 3005) (Pc. 7).

1794

Bc. 2 *Mort aux Tyrans. Programme des cours révolutionnaires sur la fabrication des salpêtres, des poudres et des canons,* faits à Paris, par ordre du Comité de Salut Public, dans l'amphithéâtre du Muséum d'Histoire Naturelle et dans la salle des Grands Électeurs ... les 1, 11 et 20 ventôse, 2e année de la République, par les citoyens Guyton, Fourcroy, Dufourny, Berthollet, Carny, Pluvinet, Monge, Hassenfratz et Perrier, Paris, an II (1794), 8 cours sur la fabrication du salpêtre et de la poudre (B.I. : 4° n 114 B).

B. 3 *Commission d'Agriculture et des Arts. Économie animale. Circulaire ordonnant le recensement des animaux ruraux.* Berthollet, Paris, 16 vendémiaire an III (7 octobre 1794), in-4° 7 p. (B.N. : 4° S. Pièce 1219).

Bc. 3 *Commission d'Agriculture et des Arts. Division végétale. Circulaire ordonnant la diffusion de la « feuille du cultivateur ».* Berthollet, L'Héritier, Tissot, Paris, 2 nivôse an III (22 décembre 1794), in-4°, 2 p. (B.N. : 4° S. Pièce 1220).

Bc. 4 *Rapport général sur les étangs* fait au Comité d'Agriculture et des Arts par la commission d'Agriculture et des Arts, le 5 nivôse an III (25 décembre 1794). Berthollet, L'Héritier, Tissot, Paris, an III, in-8°, 133 p. (B.N. : S. 21951).

1795

Bc. 5 *Instruction sur la conservation et l'usage des pommes de terre,* publiée par la commission d'Agriculture et des Arts, Berthollet, L'Héritier, Tissot, Paris, 17 nivôse an III (6 janvier 1795), in-8°, 38 p. (B.N. : S. 21956).

Bc. 6 *Moyens propres à rendre plus économique l'emploi des farines ... et à augmenter la qualité du pain,* publié par la commission d'Agriculture et des Arts, Berthollet (commissaire), Dubois (comm. adjoint), Paris, Fructidor an III (août 1795), in-8°, 4 p. (B.N. : Sz 759).

Bc. 7 *La commission d'Agriculture et des Arts aux autorités constituées. Extraction de l'huile de faîne.* Berthollet, L'Héritier, Tissot (s.d.), Paris, (s.d.), in-8°, 48 p. (B.N. : S. 21968).

B. 4 *Description du blanchiment des toiles et des fils par l'acide muriatique oxigéné et de quelques autres propriétés de cette liqueur relative aux arts,* Paris, Fuchs, 1795, in-8°, 46 p., 1 pl. (B.I. : H. R. 6* t. 25, n° 4) (1).

O. 4 *Description de l'art du blanchiment par l'acide muriatique oxigéné,* Paris, Impression de la Feuille du cultivateur, 1795, in-8°, 64 p., 1 pl. (B.I. : H. R. 6* t. 25, n° 5) (P. 48).

Oc. 4 *Séances des Écoles Normales recueillies par des Sténographes et revues par les Professeurs,* Paris, Imprimerie du Cercle social, an IV à an VI (1795 à 1797), 8 vol. in-8° :
1, p. 203-229 (2 pluv.) ; p.311-321 (12 pluv.) ; p. 432-448 (22 pluv.) ;
2, p. 188-202 (2 vent.) ; p. 369-388 (12 vent.) ;
3, p. 107-122 (22 vent.) ; p. 356-377 (2 germ.) ;
4, p. 99-122 (12 germ.) ; p. 320-338 (22 germ.) ;
5, p. 67-89 (2 flor.) ; p. 244-268 (12 flor.) ;
6, p. 136-163 (22 flor.) ;
7, débats, p. 152-159 (27 pluv.) ;
8, débats, p.145-150 (7 vent.). (B.N. : R. 22215-22222)

1801

O. 5 *Recherches sur les lois de l'affinité,* Paris, Baudouin, 1801, in-8°, 104 p. (B.I. : H.R. 12 [1800]) (M. 65) (P. 58).

T. 5 *Über die Gesetze der Verwandschaft in der Chemie.* Aus dem Französischen übersetzt mit Anmerkungen zusätzen und einer synthetischen Darstellung von Berthollet's Theorie versehen von Ernst Gottfried Fischer, Berlin G.C. Nauch, 1802, XII, 332 p. (2). Republ. in Ostwald's Klassiker der exacten Wissenschaften, n° 74.

T. 6 *Researches into the laws of chemical affinity by C.L. Berthollet* ... Translated from the French by M. Farrell, London, J. Murray, 1804, VII, 213 p. *Ibid.,* Baltimore, 1809.

(1) Ce texte fut publié sans le consentement de Berthollet qui, dans le suivant (O. 4), fait cette mise au point : « On a publié cette année sans ma participation, une édition du mémoire que j'ai donné en 1789, dans les *Annales de Chimie* et qui par conséquent ne fait connaître que les premières tentatives. »

(2) Les notes de E.G. Fischer sont nombreuses et importantes, voir 2e partie, p. 169.

1802

Bc. 8 *Rapport sur la restauration du tableau de Raphaël connu sous le nom de « Vierge de Foligno »*, adopté par les classes des Sciences mathématiques et physiques et de Littérature et Beaux-Arts, dans les séances des 1er et 3 nivôse an X, par les citoyens Guyton, Vincent, Taunay et Berthollet, Paris, Baudouin, pluviôse an X (janvier 1802), in-4°, 16 p. (B.N. : Vp.1693) (R. 80).

1803

Bc. 9 *Rapport fait à la classe des Sciences physiques et mathématiques de l'Institut National, le 11 fructidor an 11* (29 août 1803), *sur les moyens de désinfecter l'air.* Hallé, Vauquelin, Berthollet, Paris, an 11 (1803), in-8°.
(B.I. : in-8° M 1648 M*).

O. 6 *Essai de statique chimique,* par C.L. Berthollet, membre du Sénat conservateur, Paris, Demonville, 1803, 2 vol. in-8°, VIII-543 p., VIII-555 p.
(B.N. : R. 28406-28407) (M. 79).

T. 7 *Saggio di Statica Chimica,* di C.L. Berthollet. Traduzione di V. Dandolo, Cosme, L. Nosedo, 1804.

T. 8 *An Essay of Chemical Statics,* with copious explanatory notes and an appendix on vegetable and animal substances, faithfully translated from the original French of C.L. Berthollet, by B. Lambert, London, J. Mawman & W. Flint, 1804, 2 vol., in-8°.

T. 9 *Claude-Louis Berthollet's Versuch einer chemischen Statik, das ist einer Theorie der chemischen Naturkräfte.* Aus dem Französischen übersetzt von Georg Wilhelm Bartholdy und mit Erlaüterungen begleitet von Ernst Gottlieb Fischer..., Berlin, Duncher und Humblot, 1811.

1804

Bc. 10 *Instruction sur les procédés découverts par M. Bralbe d'Amiens, pour rouir le chanvre en deux heures de temps, sans en altérer la qualité, sur le rapport de MM. Monge, Berthollet (Sénateurs), Tessier (Membre de l'Institut) et Molard (Administrateur des biens du conservatoire des Arts et Métiers),* Paris, Impr. Impériale, messidor an 12 (juin 1804), in-8°, 12 p.
(B.I. : H. R. 6* 55, Pièce n° 6).

Oc. 4 *Éléments de l'art de la teinture, avec une description du blanchiment par l'acide muriatique oxigéné,* 2e édition, revue, corrigée et augmentée par C.L. et A.B. Berthollet, Paris. F. Didot, 1804, 2 vol. in-8°, VIII-478 p., 357 p., 2 pl.
(B.N. : V. 2569-25696).

T. 10 *Elements of the art of dyeing* ..., 2nd ed. ... by C.L. and A.B. Berthollet ... Transl. ... with notes and engraving ... by Andrew Ure, London, Thomas Tegg, 1824, 2 vol.in-8°.

T. 11 A new edition (titre précédent), revised and corrected by an experienced pratical dyer and calico printer, London, 1841, XVI-540 p.

1806

O. 7 *Nouvelles recherches sur les lois de l'affinité,* extrait des mémoires de l'Institut de France, classe de physique et mathématiques pour 1806, Paris, Baudouin, in-8°, 122 p. (M. 80) (P. 73).

1808

Bc. 11 *Mémoires présentés à l'Institut sur la distillation du bois et l'emploi de ses produits, par J.B. Mollerat, et rapports faits à ce sujet,* par MM. Berthollet, Fourcroy et Vauquelin, Paris, 1808, in-4°, 40 p. Rapport de Berthollet (15 février 1808), p. 13-25. (B.N. : V. 47005) (R. 110).

1809

Oc. 5 Introduction, dans *Système de Chimie,* de M. Th. Thomson, professeur à l'Université d'Edimbourg, traduit de l'anglais sur la dernière édition de 1807, par M. J. Riffault, précédé d'une Introduction de M. C.L. Berthollet, membre de l'Institut, Paris, 1809, 9 vol. in-8°, t. 1, 170 p. (B.N. : R. 52434).

1810

Bc. 12 *Instruction sur la fabrication du sucre de raisin:* Chaptal, Vauquelin, Proust, Parmentier, Berthollet, Paris, Impr. Impériale, 1810, in-8°, 31 p. (B.N. : Sp.2397).

T (Bc. 12) *Anweisung zur Verfertigung des Traubenzuckers.* Chaptal, Vauquelin, Proust, Parmentier, Berthollet, Colmar, Impr. de la Préfecture, s.d., in-8°, 51 p. (B.N. : 8° S.9354).

T (Bc. 12) *Istruzione per la fabbricazione dello zucchero d'uva.* Chaptal, Vauquelin, Proust, Parmentier, Berthollet, Spoleto, Bassoni, 1810, in-8°, 26 p., et extrait (14 p.), Fuligno ..., 1810, in-8° (B.N. : Vz. 2053-2054).

1811

Oc. 6 Rapport fait à la classe des Sciences mathématiques et physiques de l'institut par M. Berthollet, au nom d'une commission composée de MM. Laplace, Monge, Chaptal, Haüy et Berthollet, dans J.L. Gay-Lussac & L.J. Thénard, *Recherches physico-chimiques faites à l'occasion de la grande Batterie voltaïque...,* Paris, de Crapelet, 1811, 2 vol. in-8° (Rapport, t. 2, p. 351-424) (B.N. : R. 36816-17).

1814

Bc. 13 *Rapport fait le 29 mai à l'Institut National,* sur le « Mémoire sur les couleurs inaltérables pour la teinture, découvertes par M. de la Boulaye-Marillac », Paris, Pillet, 1814, in-4°, 19 p. (B.N. : Vp. 26100) (R. 132).

*

Bc. 14 Dans le catalogue des auteurs de la B.N., on trouve une brochure attribuée à Berthollet et Fourcroy, intitulée : *Instruction sur les moyens que l'on peut employer pour connaître la qualité des salpêtres ...,* Paris, Impr. Royale, 1787, in-4°, 28 p. (Vz. 472). En réalité cette *Instruction* est due aux régisseurs des poudres et fut présentée par eux, sous la direction de Lavoisier, qui en était peut-être l'auteur, à l'Académie. Berthollet et Fourcroy, nommés commissaires, présentèrent leur rapport le 9 mai 1787 ; ce dernier est publié à la fin de l'*Instruction* (p. 25-28). La signature de Fourcroy et de Berthollet figure donc à la fin de la brochure, au titre seulement d'auteurs du rapport ; ceci est sans doute la cause de l'erreur que nous signalons ici (R. 41).

2. Articles et mémoires publiés dans diverses revues scientifiques.

Ces textes sont classés par années successives ; quand ils sont publiés dans plusieurs revues à des dates différentes, ils sont présentés à l'année de leur première apparition, les autres publications suivant immédiatement. Voici les normes bibliographiques adoptées dans cette liste , chaque article est noté P. suivi d'un numéro d'ordre, s'il est publié par Berthollet seul et Pc. suivi d'un numéro d'ordre, s'il est publié en collaboration avec d'autres savants. La notice comprend ensuite, le titre de l'article, celui abrégé (1) de la revue, le tome, l'année, les pages où il se situe pour la première publication, puis les références, données de la même manière, pour les autres publications.

Les références placées entre parenthèses, O. ou B., renvoient aux ouvrages de la liste précédente dont l'article cité reproduit, intégralement ou sous forme d'extraits, le texte ; les références M. renvoient aux mémoires de la liste suivante, lus devant les grandes institutions scientifiques, dont l'article est une version fidèle ou révisée.

1776

P. 1 Mémoire sur l'acide tartareux, *J. Phys.*, 7, 1776, p. 130-148.

1779

P. 2 Lettre à Monsieur d'Arcet sur l'acide animal, *J. Méd.*, 51, 1779, p. 537-545.

1780

P. 3 Essai sur la causticité des sels métalliques, *J. Méd.*, 53, 1780, p. 50-69. (M. 7)

1784

P. 4 Mémoire sur la combinaison des huiles avec les terres, les alcalis et les substances métalliques, *H.A.R.S., 1780* (1784), *Hist.*, p. 23, *Mém.*, p. 1-9 *J. Phys.*, 26, 1785, p. 114-120 (extrait des Mémoires de l'Académie), *J. Nicholson,* 1, 1797, p. 170-174. (M. 5) (M. 5bis).

P. 5 Recherches sur la nature des substances animales et sur leur rapport avec les substances végétales, *H.A.R.S., 1780* (1784), *Hist.*, p. 30, *Mém.,* p. 120-125 ; *J. Phys.,* 27, 1785, p. 88-91 (extraits des Mémoires de l'Académie, avec en sous-titre : « Recherches sur l'acide du sucre ») ; J. *Crell.,* 5, 1796, p. 539-543 (M. 15) (M. 15bis)

P. 6 Essai sur la causticité des sels métalliques, *H.A.R.S., 1780* (1784), *Hist.*, p. 28, *Mém.,* p. 448-470 ; *J. Crell.,* 5, 1786, p. 549-560 (M. 8) (M. 9) (M. 16)

P. 7 Observations sur la combinaison de l'alkali fixe avec l'acide crayeux, *H.A.R.S., 1780* (1784), *Hist.*, p. 27, *Mém.*, p. 125-129. (M. 17)

p. 8 Observations sur l'acide phosphorique de l'urine, *H.A.R.S., 1780* (1784), *Hist.*, p. 31, *Mém.*, p. 10-12 ; *J. Crell.*, 5, 1786, p. 544-546. (M. 18)

Pc. 1 Rapport sur l'opération du départ, *H.A.R.S., 1780* (1784), *Mém.*, p. 613-615. Macquer, Cadet, Lavoisier, Baumé, Cornette, Berthollet ; A.L. Lavoisier, *Œuvres,* IV, p. 362-364 ; *J. Crell.*, 6, 1786, p. 66-68. (R. 3) (Mc. 1)

P. 9 Observations sur la décomposition du nitre exposé sans mélange à l'action de la chaleur *H.A.R.S., 1781* (1784), *Hist.*, p. 28, *Mém.*, p. 21-33. (M. 20)

P. 9bis Observations sur la décomposition de l'acide nitreux, suite du mémoire précedent, même référence, *Mém.*, p. 228-233. (M. 20)

P. 9ter Suite ou troisième mémoire sur la décomposition du nitre, même référence, *Mém.*, p. 234-248 ; les 3 mémoires dans *J. Crell.*, 9, 1788, p. 236-260. (M. 20)

1785

P. 10 Observations sur la causticité des alkalis et de la chaux, *H.A.R.S., 1782* (1785), *Hist.,* p. 27, *Mém.*, p. 616-619 ; *J. Crell.*, 11, 1789, p. 346-350. (M. 21)

P. 11 Recherches sur l'augmentation de poids qu'éprouvent le soufre, le phosphore et l'arsenic, quand ils sont changés en acide, *H.A.R.S., 1782* (1785), *Hist.*, p. 25, *Mém.*, p. 602-607 ; *J. Crell.*, 11, 1789, p. 334-339. (M. 22)

(1) Voir au début de cet ouvrage la liste des abréviations utilisées pour les revues, les périodiques et les collections.

P. 12 Expériences sur l'acide sulfureux, *H.A.R.S., 1782* (1785), *Hist.*, p. 24, *Mém.*, p. 597-601 ; *J. Crell.*, 11, 1789, p. 330-334. (M. 23)

P. 13 Observations sur la décomposition spontanée de quelques acides végétaux, *H.A.R.S., 1782* (1785), *Hist.*, p. 26, *Mém.*, p. 608-615 ; *J. Crell.*, 11, 1789 . p. 340-346. (M. 24) (M. 31)

P. 14 Mémoire sur l'acide marin déphlogistiqué, *J. Phys.*, 26, 1785, p. 321-330. (M. 33)

1786

P. 15 Mémoire sur la différence entre le vinaigre radical et l'acide acéteux, *H.A.R.S., 1783* (1786), *Mém.*, p. 403-407 ; *J. Crell.*, 11, 1789, p. 536-542. (M. 26)

P. 16 Mémoire sur la préparation de l'alcali caustique, sa cristallisation et son action sur l'esprit de vin, *H.A.R.S., 1783* (1786), *Mém.*, p. 408-415 ; *J. Phys.*, 27, 1786, p. 401-406 ; *J. Crell.*, 11, 1789, p. 542-551. (M. 28) (M. 28 bis).

P. 17 Précis d'observations sur l'analyse animale comparée à l'analyse végétale, *J. phys.*, 28, 1786, p. 272-275 ; *J. Méd.*, 67, 1786, p. 469-478. (M. 39)

P. 18 De l'influence de la lumière, *J. Phys.*, 29, 1786, p. 81-86. (M. 41)

P. 19 Lettre de Berthollet à M. de La Métherie sur la décomposition de l'eau, 17 juillet 1786, *J. Phys.*, 29, 1786, p. 138-139.

P. 20 Extraits du mémoire sur l'analyse de l'alcali volatil et la composition de l'ammoniaque, *J. Phys.*, 29, 1786, p. 175-177. (M. 36) (P. 22)

Pc. 2 Extraits du mémoire de MM. Monge, Vandermonde et Berthollet, sur la fonte, le fer, l'acier et la plombagine, *J. Phys.*, 29, 1786, p. 210-221, p. 281-285. (Mc. 2) (Pc. 3)

1787

P. 21 Observations sur quelques combinaisons de l'acide muriatique oxigéné, *Mém. Ac. Turin*, 8, 1786-1787, p. 385-96 ; *J. Phys.*, 33, 1788, p. 217-224. (M. 42) ? (M. 43) ?

1788

P. 22 Mémoire sur l'analyse de l'alcali volatil et la composition de l'ammoniaque, *H.A.R.S., 1785* (1788), *Mém.*, p. 316-326 ; *J. Crell.*, 16, 1791, p. 169-178. (M. 36) (P. 20)

P. 23 Observations sur l'eau régale et sur quelques affinités de l'acide marin, *H.A.R.S., 1785* (1788), *Mém.*, p. 296-307 ; J. *Crell.*, 16, 1791, p. 156-168. (M. 34)

P. 24 Mémoire sur la décomposition de l'esprit de vin et de l'éther par le moyen de l'air vital, *H.A.R.S., 1785* (1788), *Mém.*, p. 308-315 ; *J. Crell.*, 16, 1791, p. 81-88. (M. 35) (M. 35bis)

P. 25 Observations sur la combinaison de l'air vital avec les huiles, *H.A.R.S., 1785* (1788), *Mém.*, p. 327-330 ; *J. Crell.*, 16, 1791, p. 259-269. (M. 37)

P. 26 Mémoire sur l'acide marin déphlogistiqué *H.A.R.S., 1785* (1788), *Mém.*, p. 276-285. (M. 38)

P. 27 Suite des recherches sur la nature des substances animales et sur leurs rapports avec les substances végétales, *H.A.R.S., 1785* (1788), *Mém.*, p. 331-349. (Extraits dans *J. Phys.*, 29, p. 389-395). (M. 29) (M. 29bis)

Pc. 3 Mémoire sur le fer considéré dans ses différents états métalliques, par MM. Vandermonde, Berthollet et Monge, *H.A.R.S., 1786* (1788), *Mém.*, p. 132-300. (Mc. 2) (Pc. 2)

P. 28 Note sur l'analyse du sable vert cuivreux du Pérou, *H.A.R.S., 1786* (1788), *Mém.*, p. 474-477. (M. 40)

P. 29 Procédé pour rendre la chaux d'argent fulminante, *J. Phys.*, 32, 1788, p. 474-475; *J. Crell*, 10, 1788, p. 390-393.

1789

P. 30 Mémoire sur l'acide prussique, *H.A.R.S., 1787* (1789), *Mém.*, p. 148-162 ; *Ann. Ch.*, 1, 1789, p. 30-39. (M. 44)

P. 31 Extraits d'observations sur la combinaison des oxides métalliques avec les alcalis et la chaux, *Ann. Ch.*, 1, 1789, p. 52-64 ; *H.A.R.S., 1788* (1791), p.728-741. (M. 45) (P. 42)

P. 32 Extraits par M. Berthollet, du second mémoire de M. Pelletier, sur le phosphore..., *Ann. Ch.*, 1, 1789, p. 98-106.

P. 33 Sur la combinaison des oxides métalliques avec les parties astringentes et les parties colorantes des végétaux, *Ann. Ch.*, 1, 1789, p. 239-243.

P. 34 Suite des expériences sur l'acide sulfureux, *Ann. Ch.*, 2, 1789 p. 54-72 (suite de P. 12) ; *J. Crell*, 13, 1790, p. 360-368. (M. 50)

P. 35 Description du blanchiment des toiles et des fils par l'acide muriatique oxigéné et de quelques autres propriétés de cette liqueur relativement aux arts, *Ann. Ch.*, 2, 1789, p. 151-190. (B. 4)

Pc. 4 Rapport fait à l'Académie Royale des Sciences, le 20 juin 1789, par MM. Berthollet et de Diétrich sur un mémoire de M. Chaptal, envoyé par l'Académie de Montpellier ; observations sur la manière de former un alun par la combinaison directe de ses principes constituants, *Ann. Ch.*, 3, 1789, p. 46-54. (R. 60)

P. 36 Considérations sur les expériences de M. Priestley, relatives à la composition de l'eau et sur un article du nouveau dictionnaire de M. Keir, *Ann. Ch.*, 3, 1789, p. 63-114.

1790

P. 37 Recueil d'observations sur la garance, *Ann. Ch.*, 4, 1790, p. 102-104.

P. 38 Extraits par M. Berthollet, du traité de la culture du Nopal et de l'éducation de la cochenille dans les colonies françaises de l'Amérique ... par M. Thiery de Menonville, *Ann., Ch.*, 5, 1790, p. 107-137 ; *J. Crell*, 18, 1792, p. 448-450.

P. 39 Extraits, par M. Berthollet, des *Éléments de chimie* de M. Chaptal, *Ann. Ch.*, 6, 1790, p. 197-203.

P. 40 Additions à la description du blanchiment, *Ann. Ch.*, 6, 1790 , p. 204-209, (additions à P. 35) ; *J. Crell*, 20, 1793, p. 243-257.

P. 41 Mémoire sur l'action que l'acide muriatique oxigéné exerce sur les parties colorantes, *Ann. Ch.*, 6, 1790, p. 210-240. (M. 51)

1791

P. 42 Mémoire sur la combinaison des alcalis avec les oxides métalliques, *H.A.R.S., 1788* (1791), *Mém.*, p. 728-741. (M. 45) (P. 31)

Pc. 5 Rapport sur un ouvrage de M. Loysel, qui a pour titre : *Essai sur les principes de l'art de la verrerie*, par MM. d'Arcet, Fourcroy et Berthollet, *Ann. Ch.*, 9, 1791, p. 113-137, 235-260. (R. 71)

P. 43 Extraits par M. Berthollet de ses *Éléments de l'art de la teinture, Ann. Ch.*, 9, 1791, p. 138-156 ; *J. Phys.*, 38, 1791, p. 302-310.

P. 44 Extraits par M. Berthollet, des Mémoires de chimie de l'Académie Royale des Sciences de Turin, *Ann. Ch.*, 10, 1791, p. 38-48, 148-154. (M. 55)

P. 45 Observations sur le nouveau dictionnaire de chimie de M. Keir, *Ann. Ch.*, 10, p. 131-147 ; *J. Crell*, 23, 1795, p. 70-86.

P. 46 Observations sur quelques faits que l'on a opposés à la doctrine antiphlogistique, *Ann. Ch.*, 11, 1791, p. 3-26 ; *J. Crell*, 25, 1796, p. 33-41.

1792

P. 46' Réponse de M. Berthollet à la lettre de M. Charles Bartholdi sur ses expériences sur l'acide gallique, *Ann. Ch.*, 12, 1792, p. 312-314 ; *J. Crell*, 24, 1795, p. 460-462.

P. 47 Observations sur l'usage des prussiates d'alcalis et de chaux en teinture, *Ann. Ch.*, 13, 1792, p. 76-86 ; *J. Crell*, 25, 1796, p. 185-190. (M. 56)

Pc. 6 Rapport de MM. Berthollet et Pelletier, fait au Bureau de Consultation, sur les moyens proposés par M. Jeanety pour travailler le platine, *Ann. Ch.*, 14, 1792, p. 20-33.

1793

Pc. 7 Extraits d'un Avis aux ouvriers en fer sur la fabrication de l'acier, par Vandermonde, Monge et Berthollet, *J. Phys.*, 43, 1793, p. 373-386 ; *Ann. Ch.*, 19, 1797, p. 13-46. (Bc. 1)

1795

P. 48 Description de l'art du blanchiment, *J. des Arts et Manufactures*, 1, an III (1795), p. 192-255. (O. 4)

P. 49 Cours de chimie : Substances animales (compte rendu), *J.E.P.*, 1, 1er cahier, 1795, p. 136-137.

1796

P. 50 Observations sur les propriétés eudiométriques du phosphore, *J.E.P.*, 1, 3e cahier, 1796, p. 274-278 ; *Bull. Soc. Phil.*, 1, n° 1, 1796 (compte rendu), p. 99-100. (M. 57)

1798

P. 51 Observations sur l'hydrogène sulfuré, *Ann. Ch.*, 25, 1798, p. 233-271 ; *J. Phys.*, 46, 1798, p. 436-452 (extrait des *Ann. Ch.)*. (M. 58)

P. 52 Observations sur un acide retiré des substances animales ou acide zoonique, *Ann. Ch.*, 26, 1798, p. 86-88 ; *J. Phys.*, 46, 1798, p. 385-386 ; *J. Tilloch.*, 1, 1798, p. 68-69 ; *Bull. Soc. Phil.*, 2, n° 14, p. 109 (compte rendu) ; *J. Nicholson*, 2, 1799, p. 367-368 ; *J. Crell*, 31, 1799, p. 474-477. (M. 59)

Pc. 7' Réflexions *Sur la doctrine du phlogistique... par J. Priestley... Ouvrage traduit de l'anglais et suivi d'une réponse par P. Adet* (rapport, non signé, de Berthollet et Fourcroy), *Ann. Ch.*, 26, 1798, p. 302-309. (R. 75)

1799

Pc. 8 Observations sur les propriétés tinctoriales du hennê, par Descotils et Berthollet, *Décade Égyptienne*, 2, 1799, p. 264-266 ; *Mém. sur l'Égypte*, an VIII (1799-1800), p. 280-283. (Mc. 3)

P. 53 Mémoire sur la teinture du coton et du lin par le carthame, *Décade Égyptienne*, 2, 1799, p. 129-131 ; *Mém. sur l'Égypte*, an VIII (1799-1800), p. 162-164 ; *Bull. Soc. Phil.*, 3, n° 26, 1799, p. 14 (compte rendu). (M. 62).

P. 54 Observations eudiométriques, *Mém. sur l'Égypte,* an VIII (1799-1800), p. 284-294 ; *Ann. Ch.,* 34, 1800, p. 73-85 ; *J. Gehlen,* 6, 1800, p. 424-427 ; *J. Nicholson,* 4, 1801, p. 214-219. (M. 64)

P. 55 Observations sur le natron, *Mém. sur l'Égypte,* an VIII (1799-1800), p. 271-279 ; *Ann. Ch.,* 33, 1800, p. 343-348 (extraits) ; *J. Phys.,* 51, 1800, p. 5-9 (extraits) (M. 63)

1800

P. 56 Remarques de M. Berthollet sur le mémoire dans lequel M. Girtanner examine si l'azote est un corps simple ou composé, *Ann. Ch.,* 35, 1800, p. 23-31 ; *J. Nicholson,* 4, 1801, p. 371-374 ; *J. Tilloch,* 7, 1800, p. 221-225.

P. 57 Notice des expériences faites sur les principes constituants de l'acide muriatique, *J. Phys.,* 50, 1800, p. 477 (compte rendu d'un mémoire lu à l'Institut et qui n'a pas été publié) ; *ibid.,* dans *Bull. Soc. Phil.,* 3, n° 40, 1800, p. 126-127.

1801

P. 58 Recherches sur les lois de l'affinité *Mém. Inst.,* 3 (1re série), 1801, p. 1-96 ; *Ann. Ch.,* 36, 1801, p. 302-317; *Ibid.,* 37, 1801, p. 151-181 (extraits par Bouillon-Lagrange). (M. 65)

P. 58bis Suite des recherches sur l'affinité : des dissolutions et des précipités métalliques, *Mém. Inst.,* 3 (1re série), 1800 (1801), p. 229-245 ; *Ann. Ch.,* 38, p. 113-134 ; *Bull. Soc. Phil.,* 3, n° 41, 1800, p. 134 (compte rendu, sous le titre : Observations sur les dissolutions et précipités de mercure); *ibid.,* dans *J. Nicholson,* 4, 1801, p. 377-379, 405-406. (M. 67)

P. 58ter Suite des recherches sur les lois de l'affinité : de l'influence des proportions dans les affinités complexes, *Mém. Inst.,* 3 (1re série), 1800 (1801), *Mém.,* p. 207-228; *Ann. Ch.,* 38, 1801, p. 3-29 ; *J. Nicholson,* 5, 1802, p. 16-21, 97-109, 179-187.

P. 59 Observations sur l'action que le sulfate de fer exerce sur le gaz nitreux, *Ann. Ch.,* 38, 1801, p. 334-337, et 39, 1801, p. 3-17 ; *Bull. Soc. Phil.,* 3, no 40, 1800, p. 125-126 (compte rendu); *ibid.* dans *J. Nicholson,* 4, 1801, p. 377-379.

P. 60 Notice des expériences sur le mercure fulminant de Howard, *Bibl. Brit.,* 48, 1801, p. 259-264 ; *Bull. Soc. Phil.,* 3, n° 56, 1801, p. 57-58 (compte rendu).

1802

P. 61 Observations sur la strontiane, *J.E.P.,* 4, 11e cahier, 1802, p. 315-318.

P. 62 Notice sur une méthode pour donner au lin et au chanvre les apparences du coton, *J.E.P.,* 4, 11e cahier, 1802, p. 319-321.

P. 63 Notes sur le mémoire des citoyens Clément et Desormes intitulé : Expériences sur le charbon, *Ann. Ch.,* 42, 1802, p. 282-288 ; *J. Tilloch.,* 13, 11e cahier, 1802, p. 315-318, p. 276-279.

1803

P. 64 Observations sur le charbon et le gaz hydrogène carboné, *Mém. Inst.,* 4 (1re série), an VI-X (1803), *Mém.,* p. 269-318.

P. 64bis Addition aux observations sur le charbon et le gaz hydrogène carboné, même référence, p. 319-324.

P. 64ter Seconde suite au mémoire précédent ; même référence, p. 325-333.

P. 65 Réflexions de M. Berthollet sur un ouvrage intitulé : *Remarques sur la nomenclature chimique,* par M. Chenevix, *Ann. Ch.,* 44, 1803, p. 316-320. (R. 81')

N.-B. Les numéros Pc. 9 et P. 66 n'ont pas été attribués.

1803

P. 67 *Essai de statique chimique,* extraits, *Ann. Ch.,* 46, 1803, p. 288-293 ; *J. Phys.,* 47, 1803, p. 24-32 (extraits). (M. 79) (0. 6)

1804

P. 68 Extraits par M. Berthollet, du Traité théorique et pratique sur l'art d'appliquer les vernis ... de P.F. Tingry, de Genève, *Ann., Ch.,* 48, an XII (1804), p. 84-97.

P. 69 Rapport fait à la classe des sciences mathématiques et physiques de l'Institut, sur un ouvrage allemand qui lui a été présenté par M. L. Scnaubert et qui a pour titre : *Recherches sur l'affinité des oxides métalliques pour les acides, précédées d'un examen de la nouvelle théorie de M. Berthollet, Ann. Ch.,* 49, 1804, p. 1-20. (R. 86)

P. 69' Extrait des Recherches chimiques sur la végétation de M. de Saussure, *Ann. Ch.,* 50, 1804, p. 225.

1805

P. 70 Observations relatives à différents mémoires de Proust insérés dans le 59e volume (de ce journal), *J. Phys.,* 60, 1805, p. 284-290, 347-351 ; *J. Gehlen,* 1, 1806, p. 153-188.

P. 70bis Suite des observations... Proust, *J. Phys.,* 61, 1805, p. 352-362.

Pc. 10 Rapport de MM. Berthollet et Chaptal, sur un mémoire présenté par MM. Humboldt et Gay-Lussac , expériences sur les moyens eudiométriques ; *Ann. Ch.,* 53, 1805, p. 239-259 ; *Gilbert Ann.,* 20, 1805, p. 93-98. (R. 94)

P. 71 Sur les fabriques de fer du pays de Galles et sur le palladium, *Ann. Ch.,* 54, 1805, p. 196-199.

1806

Pc. 11 Rapport fait à l'Institut le 13 janvier 1806, par MM. Vauquelin et Berthollet, sur le mémoire de M. Descotils concernant les mines de fer spathique, *Ann. Ch.,* 57, 1806, p. 51-60. (R. 97)

Pc. 12 Extraits du rapport du juge de paix du canton de Verzenorbes, 1er arrondissement du Gard, sur une pierre tombée à Valence, le 15 mars 1806, suivi de son analyse, par MM. Monge, Fourcroy, Berthollet et Vauquelin, *Ann. Ch.,* 59, 1806, p. 34-40. (R. 100)

P. 72 Note sur les moyens de conserver l'eau dans les voyages de long cours et leur application à la conservation des vins, *Ann. Ch.,* 59, 1806, p. 96-102. (M. 78)

Pc. 13 Rapport sur des échantillons résultants d'expériences faites par M. le Chevallier Hallé, adressés par lui à l'Institut National ; sur les effets de la compression pour modifier l'action de la chaleur, *Ann. Ch.,* 59, 1806, p. 170-179. (R. 102)

Pc. 13' Rapport sur un mémoire de MM. Thénard et Roard relatif à l'emploi comparé des aluns en teinture, *Ann. Ch.,* 59, 1806, p. 90-95. (R. 101)

Pc. 14 Rapport sur un mémoire de M. Thénard, sur l'éther nitreux, par MM. Guyton, Vauquelin et Berthollet, *Ann. Ch.,* 61, 1807, p. 282-290 ; *J. Nicholson,* 18, 1807, p. 144-148 ; *J. Gehlen,* 4, 1807, p. 18-24. (R. 104)

1807

P. 73 Troisième suite des recherches sur les lois de l'affinité, *Mém. Inst.,* 7 (1re série), 1806 (1807), *Mém.,* p. 229-300 ; *J. Phys.,* 64, 1807, p. 168-187 et p. 193-219 ; *J. Gehlen,* 3, 1807, p. 248-322. (M. 80) (O. 7)

Pc. 15 Rapport fait à la classe des sciences mathématiques et physiques de l'Institut, sur un mémoire de M. Descotils, relatif au fer spathique, par MM. Berthollet, Lelièvre et Vauquelin, *Ann. Ch.*, 62, 1807, p. 135-144 ; *J. Nicholson,* 18, 1807, p. 315-320. (R. 106)

Pc. 16 Rapport fait à la classe des sciences mathématiques et physiques de l'Institut, sur un mémoire de M. Théodore de Saussure, relatif à la composition de l'alcool et de l'éther sulfurique, par MM. Deyeux, Vauquelin et Berthollet, *Ann. Ch.*, 62, 1807, p. 225-241. (R. 107)

P. 74 Description d'un manomètre nouveau ..., *Ann. Ch.*, 64, 1807, p. 330-332 ; *Mém. Arcueil,* 1, 1807, p. 282-303 ; *Gilbert Ann.*, 27, 1807, p. 121-147 ; *J. Gehlen,* 5, 1808, p. 388-408 ; *Tilloch P.M.*, 36, 1810, p. 458-467.

P. 75 Note sur l'altération que l'air et l'eau produisent dans la chair, *Ann. Ch.*, 64, 1807, p. 333-334 ; *Mém. Arcueil,* 1, 1807, p. 333-336 ; *J. Phys.*, 65, 1807, p. 465-467 ; *J. Gehlen,* 5, 1808, p. 318-320 ; *J. Nicholson,* 23, 1809, p. 302-303 ; *Tilloch P.M.*, 37, 1811, p. 63-65.

1808

Pc. 17 Rapport de MM. Carnot et Berthollet, sur une nouvelle machine inventée par MM. Niepce et nommée par eux pyréolophore, *Mém. Inst.*, 8 (1re série), 1er semestre 1807 (1808), p. 146-153. (R. 105)

Pc. 18 Rapport d'un mémoire sur les cuves d'indigo de M. Gariga, docteur en médecine et pensionnaire du roi d'Espagne, par MM. Vauquelin, Gay-Lussac et Berthollet, *Ann. Ch.*, 65, 1808, p. 99-106. (R. 109)

P. 76 Observations de feu M. Rôse sur le carbonate de soude et Notice sur les travaux de ce chimiste, *Ann. Ch.*, 65, 1808, p. 316-324.

Pc. 19 Rapport d'un mémoire de M. Mollerat, concernant la carbonisation du bois en vaisseau clos et l'emploi des différents produits qu'elle fournit, par MM. Fourcroy, Berthollet et Vauquelin, *Ann. Ch.*, 66, 1808, p. 174-187. (Bc. 11) (R. 110)

P. 77 Note sur les expériences de M. Chenevix et de M. Descotils sur le platine, *Ann. Ch.*, 67, 1808, p. 86-89 ; *J. Gehlen,* 7, 1808, p. 447-450 ; *J. Nicholson,* 25, 1810, p. 65-67.

Pc. 20 Rapport sur un mémoire présenté par M. Curaudau, ayant pour titre : Expériences sur le soufre et sa décomposition, par MM. Vauquelin et Berthollet, *Ann. Ch.*, 67, 1808, p. 151-164. (R. 111)

Pc. 20' Rapport sur les expériences de M. Curaudau relatives à une prétendue décomposition du phosphore, par MM. Deyeux, Guyton, Chaptal, Fourcroy et Berthollet, *Ann. Ch.*, 68, 1808, p. 94-105. (R. 112)

P. 79 Extraits du *Système de chimie* de M. Th. Thomson ... traduit de l'anglais sur la dernière édition de 1807, par M. J. Riffault ; précédé d'une Introduction de M. Cl. L. Berthollet, *Ann. Ch.*, 68, 1808, p. 191-202. (Oc. 5)

1809

P. 80 Nouvelles observations sur les gaz inflammables désignés par les noms d'hydrogène carburé et d'hydrogène oxicarburé, *Mém. Arcueil,* 2, 1809, p. 68-93 ; *Gilbert Ann.*, 34, 1810, p. 390-416 (suite de P. 65, P. 65bis, P. 65ter).

P. 81 Observations sur les proportions des éléments de quelques combinaisons, *Mém. Arcueil,* 2, 1809, p. 42-67.

P. 82 Notes sur divers objets, *Mém. Arcueil,* 2, 1809, p. 440-486 : sur la chaleur produite par le choc et la compression, p. 440-448 ; sur les bézoards orientaux, p. 448-454 ; sur les changements que la respiration produit dans l'air, p. 454-463 ; sur le mélange réciproque des gaz, p. 463-470 ; sur les rapports de quantités des éléments dans les combinaisons, p. 470-484 ; sur l'azote retiré du charbon par action de la chaleur, p. 484-486.

Pc. 20" Rapport sur une prétendue découverte de M. Vinterl, professeur de chimie à Pest (sur l'andronia), par MM. Fourcroy, Guyton de Morveau, Berthollet et Vauquelin, *Ann. Ch.*, 71, 1809, p. 225-253. (R. 115)

1811

P. 83 Rapport fait ... le 21 janvier 1811... sur les expériences physico-chimiques de MM. Gay-Lussac et Thénard, faites à l'occasion ..., *Mém. Inst.*, 11 (1re série), 1810 (1811), 2e partie, *Mém.*, p. 58-104. (Oc. 6) (R. 117)

P. 84 Considérations sur l'analyse végétale et l'analyse animale, *Mém. Inst.*, 11 (1re série), 1810 (1811), 2e partie, *Mém.*, p. 121-141 ; *Mém. Arcueil*, 3, 1817, p. 64-76 ; *J. Schweigger*, 29, 1820, p. 90-97. (M. 81)

P. 85 Note sur le mémoire de C.H. Pfaff : ... observations relatives au nouveau principe d'action de l'affinité établi par M. Berthollet, *Ann. Ch.*, 77, 1811, p. 288-296 (le mémoire de Pfaff précède immédiatement la note ; p. 259-288).

Pc. 21 Extrait du rapport sur les couleurs inaltérables de M. de La Boulaye-Marillac, fait à l'Institut, par MM. Fourcroy, Vauquelin, Berthollet, Vansprendonck et Vincent, *Ann. Ch.*, 77, 1811, p. 337-341.

Pc. 22 Rapport et suite du rapport sur un mémoire de M. Curaudau, fait par MM. Chaptal, Vauquelin et Berthollet, *Ann. Ch.*, 80, p. 54-61, p. 129-139. (R. 122)

1812

Pc. 23 Rapport sur un mémoire de M. Cluzel, répétiteur à l'École polytechnique, ayant pour objet l'analyse du soufre liquide de Lampadius, par MM. Berthollet, Thénard et Vauquelin, *Ann. Ch.*, 83, 1812, p. 252-275. (R. 124)

1813

Pc. 24 Rapport sur un mémoire de M. Bérard, relatif aux propriétés physiques et chimiques des divers rayons qui composent la lumière solaire, par MM. Berthollet, Chaptal et Biot, *Ann.Ch.*, 85, 1813, p. 309-325. (R. 126)

Pc. 25 Rapport sur un mémoire de M. Dulong, sur une nouvelle substance détonante, par MM. Thénard et Berthollet, *Ann. Ch.*, 86, 1813, p. 37-43. (R. 127)

Pc. 26 Exposition des faits recueillis jusqu'à présent concernant les effets de la vaccination et examen des objections qu'on a faites en différents temps et que quelques personnes font encore à cette pratique, *Ann. Philos.*, 1, 1813, p. 135-143 et p. 271-293 ; *Mém. Inst.*, 13, (1re série), 1812 (1814), 2e partie, *Mém.*, p. 227-288.

1814

Pc. 27 Rapport sur un mémoire concernant les couleurs inaltérables pour la teinture, découvertes par M. de La Boulaye-Marillac, par MM. Vauquelin, Gay-Lussac et Berthollet, *Ann. Ch.*, 92, 1814, p. 329-333. (Bc. 13) (R. 132)

1815

P. 85' Note de M. Berthollet, *Ann. Ch.*, 93, 1815, p. 150-154.

Pc. 28 Rapport sur un mémoire de M. Vogel, ayant pour titre : De l'action décomposante du principe sucré sur les sels et sur les oxides métalliques, par MM. Thénard et Berthollet, *Ann. Ch.*, 95, 1815, p. 294-298. (R. 134)

N.-B. P. 78 n'a pas été attribué.

1816

P. 86 Extraits par M. Berthollet du *Traité de chimie élémentaire théorique et pratique* de M. L.J. Thénard, *Ann. Ch.*, 1 (2e série), 1816, p. 416-421.

P. 87 Note relative au mémoire de MM. Colin et Robiquet, *Ann. Ch.*, 1 (2e série), 1816, p. 426-429.

P. 88 Extraits par M. Berthollet du *Traité de physique expérimentale et mathématique* de M. Biot, *Ann. Ch.*, 2 (2e série), 1816, p. 54-58.

P. 88' Note relative à un mémoire sur la matière huileuse des chimistes hollandais, *Mém. Inst.*, 1 (2e série), 1816, p. 246.

1817

P. 89 Observations sur les précipités mercuriels et sur ceux de sulfate d'alumine, *Mém. Arcueil.*, 3, 1817, p. 77-93.

P. 90 Suite des observations sur les gaz inflammables ... (suite de P. 80), *Mém. Arcueil*, 3, 1817, p. 148-164.

P. 91 Expériences sur les proportions des éléments de l'acide nitrique, *Mém. Arcueil*, 3, 1817, p. 165-170 ; *Ann. Philos.*, 12, 1818, p. 350-355.

P. 92 Observations sur la composition de l'acide oximuriatique, *Mém. Arcueil*, 3, 1817, p. 171-179.

P. 93 Note sur la décomposition du sulfate de baryte et du sous-carbonate de chaux par la potasse, *Mém. Arcueil*, 3, 1817, p. 453-461 ; *J. Schweigger*, 29, 1820, p. 480-486.

P. 94 Note sur la composition de l'acide oximuriatique (16 avril 1816), *Mém. Arcueil*, 3, 1817, p. 603-610.

1821

Pc. 29 Rapport sur un mémoire de M. Chevreul, intitulé : Recherches chimiques sur les corps gras, *Ann. Ch.*, 16 (2e série), 1821, p. 197-204. (R. 146)

Nous avons classé à part les 4 publications suivantes, concernant des interventions de Berthollet à la Chambre des pairs ; elles sont toutes insérées dans les recueils d'*Impressions diverses de la Chambre des Pairs.*

1814

Opinion de M. le Comte Berthollet sur le projet de loi relatif à l'importation des fers étrangers, 29 octobre 1814, *Impressions diverses. Chambre des Pairs*, session de 1814, t. 2, nº 69, Paris, 1814, in-8º, 15 p.

Rapport fait à la Chambre des Pairs, par M. le Comte Berthollet, au nom d'une commission spéciale chargée de l'examen du projet de loi sur l'importation des fers étrangers, 26 novembre 1814, *Impressions diverses. Chambre des Pairs*, session de 1814, t. 3, nº 95, Paris, 1814, in-8º, 28 p.

1819

Rapport ... (titre prcédent) ... projet de loi relatif au commerce et à la fabrication des salpêtres, 6 mai 1819, *Impressions diverses. Chambre des Pairs*, session de 1818, t. 1, nº 40, Paris, 1818-1819, in-8º, 18 p.

Opinion de M. le Comte Berthollet sur le projet de loi relatif à la fixation du budget des recettes de 1819, *Impressions diverses. Chambre des Pairs*, session de 1818, t. 4, nº 137, Paris, 1818-1819, in-8º, 19 p.

3. Mémoires présentés devant les grandes institutions scientifiques

La majorité des mémoires présentés par Berthollet le furent devant l'Académie royale des sciences, de 1777 à 1793, puis devant l'Institut, de 1795 à 1816 et, pour le dernier, lu en octobre 1816, devant la nouvelle Académie des sciences de l'Institut de France. Cependant, quelques-uns furent lus devant d'autres institutions, comme la Faculté de médecine et l'Institut d'Égypte.

Pour dresser d'une manière claire le tableau chronologique de ces différents mémoires, nous avons choisi les conventions suivantes. Ils sont tous notés M. suivis d'un numéro d'ordre, et groupés en deux parties :

1re partie : de 1777 à 1793, depuis le premier mémoire lu devant l'Académie royale des sciences, jusqu'à la disparition de celle-ci ;

2e partie : de 1795 à 1816, depuis la fondation de l'Institut jusqu'au dernier mémoire lu devant l'Institut, remanié après la Seconde Restauration de Louis XVIII.

Dans ces deux listes, nous ne préciserons l'Institution devant laquelle chaque mémoire a été lu, que si ce n'est pas l'Académie royale des sciences pour la première, l'Institut national ou de France, pour la deuxième.

Mémoires présentés à l'Académie royale des sciences de 1777 à 1793

Voici les notations adoptées : comme dans les deux autres listes, la classification est faite par année ; pour chaque mémoire, nous donnons d'abord la date de lecture (ou de présentation selon les cas) sans répéter l'année, la référence de la source de l'information, puis le titre du mémoire. Pour ceux qui furent lus avant avril 1780, date d'entrée de Berthollet à l'Académie, nous avons également précisé les noms des commissaires désignés et la date de leur rapport avec la référence correspondante ; quand le rapporteur est nommé, son nom est suivi d'une astérisque.

Les références entre parenthèses placées à la fin des notices de nombreux mémoires renvoient aux publications des deux listes précédentes qui leur correspondent.

1777

M. 1 20 décembre, R.M.A.S., p. 570, *Mémoire sur l'acide sulfureux,* Commissaires Macquer et Cadet, rapport le 28 février 1778 (R.M.A.S., p. 63).

1778

M. 1bis 7 janvier, R.M.A.S., p. 4, « Suite du mémoire précédent ».

M. 2 17 janvier, R.M.A.S., p. 28, *Mémoire sur la décomposition de l'acide nitreux,* Commissaires Macquer et Lavoisier*, rapport le 11 mars 1778 (R.M.A.S., p. 87-90) ; publié dans *Œuvres* de Lavoisier, IV, p. 298-300.

M. 3 24 janvier, R.M.A.S., p. 35, *Mémoire sur l'air fixe sulfureux tiré de l'hépato-sulfuris,* Commissaires Macquer et Cadet, rapport le 28 février 1778 (R.M.A.S., p. 66).

M. 4 7 février, R.M.A.S., p. 50, *Mémoire sur la production de l'alcali fixe volatil,* Commissaires Macquer et Lavoisier*, rapport le 11 mars 1778 (R.M.A.S., p. 82-84) ; publié dans *Œuvres* de Lavoisier, IV, p. 306-308.

M. 5 14 février, R.M.A.S., p. 54, *Mémoire sur la combinaison des huiles avec les terres, les alcalis volatils et les substances métalliques,* Commissaires Lavoisier et Bucquet*, rapport le 11 mars 1778 (R.M.A.S., p. 84-87) ; publié dans *Œuvres* de Lavoisier, IV, p. 301-304. (M. 5bis) (P. 4)

M. 6 28 février, R.M.A.S., p. 64, *Mémoire sur l'or fulminant,* Commissaires Bucquet et Macquer, rapport le 11 mars 1778 (R.M.A.S., p. 90-91).

1779

M. 7 1er décembre, R.M.A.S., p. 302, *Essai sur la cause de la causticité des alcalis et des précipités métalliques,* pas de commissaires désignés. (P. 3)

1780

M. 8 1er février et 9 février, R.M.A.S., p. 22 et 25, *Deuxième mémoire sur la causticité des sels et des précipités métalliques.* (P. 6)

M. 9 19 février, R.M.A.S., p. 30, *Troisième mémoire sur le même sujet,* Commissaires Macquer et Lavoisier*, rapport des 3 mémoires le 12 avril (R.M.A.S., p. 80-85) ; publié dans *OEuvres* de Lavoisier, IV, p. 343-350. (P. 6)

M. 10 12 février, R.M.A.S., p. 27, *Observations sur l'arsenic,* Commissaires Macquer et Lavoisier, rapport le 12 avril 1780 (plumitif) ; publié dans *OEuvres* de Lavoisier, IV, p. 350-353.

M. 11 19 février, R.M.A.S., p. 31, *Mémoire sur les combinaisons du soufre qui forment les minerais métalliques, le sel d'alun et le phosphore de Homberg,* Commissaires Cadet et Sage, pas de rapport.

M. 12 23 février, R.M.A.S., p. 34, *Recherches sur la vitrification,* Commissaires Macquer et Cornette.

M. 13 4 mars, R.M.A.S., p. 38, *Deuxième mémoire sur la vitrification, chaux métalliques vitrifiées,* même commissaires, Macquer et Cornette, rapport sur les deux mémoires le 12 avril (R.M.A.S., p. 89).

M. 14 8 mars, R.M.A.S., p. 45, *Observations sur le tartre émétique et particulièrement sur sa préparation avec la poudre d'algaroth,* Commissaires Cadet et Cornette, pas de rapport.

M. 15 17 mars, plumitif de Lavoisier, *Recherches sur la nature des substances animales et sur leurs rapports avec les substances végétales,* pas de commissaires , mémoire relu le 9 décembre. (M. 15bis) (P. 5)

M. 16 15 juillet, R.M..A.S., p. 185, *Mémoire sur la cause de la causticité.* (P. 6)

M. 17 26 juillet, R.M.A.S., p. 190, *Mémoire sur l'alcali fixe végétal saturé d'acide crayeux.* (P. 7)

M. 5bis 2 et 9 août, R.M.A.S., p. 198 et 200, Berthollet relit en tant qu'Académicien le mémoire M. 5.

M. 15bis 9 décembre, R.M.A.S., p. 265, Berthollet relit en tant qu'académicien le mémoire M. 15.

M. 18 20 décembre, R.M.A.S., p. 270, *Mémoire sur l'acide phosphorique de l'urine.*

Mc. 1 22 décembre, R.M.A.S., p. 272, *Observations sur l'opération du départ,* Macquer, Cadet, Lavoisier, Baumé, Cornette, Berthollet*. (R. 3) (Pc. 1)

1781

M. 20 24 janvier, 3 et 17 février, R.M.A.S., p. 9, 17, 27, *Mémoire sur la décomposition du nitre.* (P. 9bis, 9 ter).

M. 10bis 23 juin, R.M.A.S., p. 140, Berthollet relit en tant qu'académicien le mémoire M. 10 sur l'arsenic.

M. 20' 27 juin, R.M.A.S., p. 140, Berthollet présente un ouvrage de chimie qu'il se propose de publier ; Commissaires Macquer et Lavoisier*, rapport le 22 décembre 1781 (plumitif) ; publié dans *OEuvres* de Lavoisier, IV, p. 379-387.

1782

M. 21 9 et 12 janvier, R.M.A.S., p. 2 et 5, *Observations sur la causticité des alcalis et de la chaux.* (P. 10)

M. 22 31 août, R.M.A.S., p. 165, *Remarques sur les changements qu'éprouvent le phosphore, la chaux d'arsenic, etc., quand ils sont changés en acides.* (P. 11)

M. 23 27 novembre, pulimitf de Lavoisier, *Expériences sur l'acide sulfureux.* (P. 12)

M. 24 18 décembre, plumitif de Lavoisier, *Observations sur la décomposition spontanée de quelques acides végétaux.* (P. 13)

1783

M. 25 24 mai, R.M.A.S., p. 128, *Note sur un moyen d'avoir l'alcali caustique beaucoup plus pur que par les procédés connus ;* sur une suggestion de Lavoisier, la publication de cette note fut différée et, après vérifications, Berthollet l'abandonna.

M. 25' 18 juin, R.M.A.S., p 144, Mémoire sur la plombagine.

M. 26 12 juillet, R.M.A.S., p. 154, *Mémoire sur la différence entre le vinaigre radical et l'acide acéteux.* (P. 15)

M. 27 6 décembre, R.M.A.S., p. 225, *Sur un moyen d'avoir l'air inflammable à meilleur marché,* après un mémoire de Lavoisier sur le même sujet.

17 décembre, R.M.A.S., p. 231, Berthollet présente pour retenir date :

M. 28 *Mémoire sur l'alcali fixe caustique, sa cristallisation et son action sur l'esprit de vin,* lu le 9 avril 1785. (M. 28bis) (P. 16) ;

M. 29 *Suite des recherches sur la nature des substances animales,* lu en plusieurs séances fin 1785 début 1786. (M. 29bis) (P. 27) ;

M. 30 *Mémoire sur différentes combinaisons du soufre,* non lu.

1784

M. 31 20 mars, R.M.A.S., p. 70, *Observations sur la décomposition des acides végétaux.* (P. 13)

M. 32 27 mars, R.M.A.S., p. 79, *Observations sur deux ballons enlevés l'un à Paris, l'autre à Barcelone.*

1785

M. 33 6 avril, R.M.A.S., p. 55, séance du 8 avril, *Mémoire sur l'acide marin déphlogistiqué,* lu en séance publique. (P. 14)

M. 28bis 9 avril, R.M.A.S., p. 57, *Mémoire sur la préparation de l'alcali caustique,* avec la mention : « ce mémoire est pour 1783 ». (P. 16)

M. 34 20 avril, R.M.A.S., p. 67, *Observations sur l'eau régale et sur quelques affinités de l'acide marin.* (P. 23)

M. 35 27 avril, R.M.A.S., p. 71, Berthollet présente pour retenir date : *Mémoire sur la décomposition de l'esprit de vin et de l'éther,* lu le 5 août 1786. (M. 35bis) (P. 24)

M. 36 18 juin, R.M.A.S., p. 128, *Mémoire sur l'alcali volatil.* (P. 20) (P.22)

M. 37 3 décembre, R.M.A.S., p. 227, *Observations sur la combinaison des huiles avec l'air vital.* (P. 25)

M. 38 21 décembre, R.M.A.S., p. 243, *Mémoire sur l'acide marin déphlogistiqué.* (P. 26)

M. 39 29 décembre, séance publique de la Faculté de médecine, *J. méd.*, 67, 1786, p. 469, *Précis d'observations sur l'analyse animale comparée à l'analyse végétale.* (P. 17)

1786

M. 29bis 21 janvier, R.M.A.S., p. 17, *Suite du mémoire sur l'analyse des substances animales et végétales.* (M. 29) (P. 27)

M. 29bis 24 et 29 mars, R.M.A.S., p. 120-125, *Suite du mémoire sur la nature des substances animales et comparaison avec les substances végétales.* (M. 29) (P. 27)

M. 40 26 avril, R.M.A.S., p. 149, *Note sur l'analyse du sable vert cuivreux du Pérou.* (P. 28)

Mc. 2 17, 24, 27 et 31 mai, R.M.A.S., p. 180, 193, 202, lu par Monge, *Mémoire sur le fer considéré dans ses différents états métalliques.* (Pc. 2) (Pc. 3)

M. 41 15 juillet, séance publique de la Faculté de médecine, *De l'influence de la lumière* (*J. Phys.*, 29, 1786, p. 81). (P. 18)

M. 42 26 et 29 juillet, R.M.A.S., p. 279 et 286, *Second mémoire sur quelques combinaisons de l'acide marin déphlogistiqué.* (P. 21) ?

M. 35bis 5 août, R.M.A.S., p. 301, *Mémoire sur la décomposition de l'esprit de vin et de l'éther par le moyen de l'air vital.* (P. 24)

1787

M. 43 2 mai, R.M.A.S., p. 157, *Notice sur deux sels muriatiques oxigénés.* (P. 21) ?

M. 44 15 décembre, R.M.A.S., p. 395, *Mémoire sur l'acide prussique.* (P. 30)

1788

M. 45 23 décembre, R.M.A.S., p. 296, *Mémoire sur la combinaison des alcalis avec les oxides métalliques.* (P. 31) (P. 42)

1789

M. 50 21 et 25 février, R.M.A.S., p. 53 et 54, *Mémoire sur l'acide sulfureux, ou suite des expériences sur l'acide sulfureux.* (P. 34)

1790

M. 51 5 mai, R.M.A.S., p. 103, *Mémoire sur l'action que l'acide muriatique oxigéné exerce sur les parties colorantes.*

M. 52 18 août, R.M.A.S., p. 165, présentation des *Éléments de l'art de la teinture*, Commissaires Lavoisier, Fourcroy, d'Arcet, rapport le 28 août 1790 (R.M.A.S., p. 176-181) ; publié dans *OEuvres* de Lavoisier, IV, p. 539-545.

1791

M. 53 2 mars, R.M.A.S., p. 297, *Observations sur la décomposition du tartrite de potasse antimonié ou tartre émétique et du muriate mercuriel corrosif ou sublimé corrosif par quelques substances végétales.*

M. 54 9 mars 1791, R.M.A.S., p. 299, présentation des 2 volumes imprimés des *Éléments de l'art de la teinture.*

M. 55 9 mars 1791, R.M.A.S., p. 299, *Extraits des Mémoires de l'Académie de Turin.* (P. 44)

1792

M. 56 18 avril, R.M.A.S., p. 118, lu par Fourcroy en séance publique, Berthollet étant absent, *Mémoire sur l'usage des prussiates d'alcali et de chaux en teinture.* (P. 47)

N.-B. Les numéros M. 46 à M. 49 n'ont pas été attribués.

Mémoires présentés à l'Institut de 1795 à 1816 (1)

Pour chaque mémoire, les notices sont construites de la même manière que dans la liste précédente : date de lecture ou de présentation, sans répéter l'année, référence de la source (2), puis titre du mémoire. Durant la période s'étendant d'août 1798 à juillet 1799, les mémoires furent lus devant l'Institut d'Égypte, nous l'avons précisé. Enfin, nous signalons aussi que, comme dans le catalogue de la correspondance, et dans un but de clarté et d'homogénéité, nous avons établi toute notre chronologie dans le calendrier ordinaire, les correspondances avec le calendrier révolutionnaire étant indiquées entre parenthèses.

1796

M. 57 26 janvier (6 pluviôse an IV), *P.V.A.S.*, 1, p. 7, *Mémoire sur les propriétés eudiométriques du phosphore.* (P. 50)

M. 58 11 mars (21 ventôse an IV), *P.V.A.S.*, 1, p. 18, *Observations sur l'hydrogène sulfuré.* (P. 51)

1798

M. 59 31 mars (11 germinal an VI), *P.V.A.S.*, 1, p. 370, *Mémoire sur l'acide zoonique.* (P. 52)

Mémoires lus devant l'Institut d'Égypte (3)

M. 60 3 septembre (16 fructidor an VI), *Déc. Égypt.*, 1, p. 13-14, *Mémoire sur la formation de l'ammoniaque dans plusieurs circonstances où on n'en avait pas soupçonné l'existence.*

M. 61 20 septembre (1er jour complémentaire de l'an VI), *Déc. Égypt.*, 1, p. 78, *Compte rendu des procédés actuellement en usage en Égypte, pour la fabrication de l'indigo.*

Mc. 3 1er novembre (12 brumaire an VII), *Déc. Égypt.*, 1, p. 221, *Observations sur les propriétés tinctoriales du henné.* (Pc. 8)

M. 62 6 décembre (16 frimaire an VII), *Déc. Égypt.*, 1, p. 295, *Note concernant la teinture du coton et du lin par le carthame.* (P. 53)

1799

M. 63 4 février (16 pluviôse an VII), *Déc. Égypt.*, 2, p. 128, *Observations sur le natron.* (P. 55)

M. 64 9 juillet (21 messidor an VII), *Déc. Égypt.*, 2, p. 292, *Observations sur l'action eudiométrique des sulfures alcalins et du phosphore.* (. P. 54)

1. Il s'agit de la Première classe de l'Institut national, puis : Classe des sciences mathématiques et physiques de l'Institut national, enfin : l'Académie des sciences ... de l'Institut de France.

2. Nous rappelons l'abréviation *P.V.A.S.*, utilisée pour : *Procès-verbaux des séances de l'Académie tenues depuis la fondation de l'Institut jusqu'au mois d'août 1835*, publiés ... Hendaye, Impression de l'observatoire d'Abbadia, t. 1, 1795-1799 (an IV-VII) Hendaye, 1910 ; t. 2, 1800-1804 (an VIII-XI), Hendaye, 1912 ; t. 3, 1804-1807, Hendaye, 1913 ; t. 4, 1808-1811, Hendaye, 1913 ; t. 5, 1812-1815, Hendaye 1914 ; t. 6, 1816-1819, Hendaye, 1915.

3.Les procès verbaux des séances de cet Institut sont publiés dans la *Décade Égyptienne*, Le Caire, 1799-1800, 3 vol. in-8°.

M. 65 23, 28 octobre, 2, 17, 22 novembre (1, 6, 11, 26 brumaire, 1er frimaire an VIII), *P.V.A.S.*, p. 18, 20, 21, 38, 39, *Recherches sur les lois de l'affinité.* (P. 58) (O. 5)

1800

M. 66 21 mai (1er prairial an VIII), *P.V.A.S.*, 2, p. 169, *Observations sur l'action que le sulfate de fer exerce sur l'acide nitreux et sur la nature du gaz nitreux.* (P. 59)

M. 67 25 juin (6 messidor an VIII), *P.V.A.S.*, 2, p. 182, *Mémoire sur les dissolutions et les précipités métalliques, principalement sur ceux de mercure.* (P. 58bis)

M. 68 2 août (21 thermidor an VIII), *P.V.A.S.*, 2, p. 213, *Suite des recherches sur les lois de l'affinité ou : De l'influence des proportions dans les affinités complexes.* (P. 58ter)

M. 69 7 novembre (16 brumaire an IX), *P.V.A.S.*, 2, p. 265, *Mémoire sur la propagation de l'action chimique.*

M. 70 17 novembre (26 brumaire an IX), *P.V.A.S.*, 2, p. 270, *Réflexions sur l'application de la chimie à la physiologie végétale.*

M. 71 27 novembre (6 frimaire an IX), *P.V.A.S.*, 2, p. 272, *Mémoire intitulé : Discussion de l'opinion du Citoyen de Rumford sur la communication de la chaleur dans les liquides.*

1801

M. 72 16 janvier (26 nivôse an IX), *P.V.A.S.*, 2, p. 293, *Observations sur les procédés les plus avantageux pour opérer l'extraction de la soude.*

M. 73 26 mai (6 prairial an IX), *P.V.A.S.*, 2, p. 355, *Réflexions sur la réduction des oxides par le charbon.* (P. 63)

M. 74 15 et 16 juillet (26 et 27 messidor an IX), *P.V.A.S.*, 2, p. 375-376, *Mémoire sur le charbon et le gaz hydrogène carboné.* (P. 64)

M. 75 26 juillet (6 thermidor an IX), *P.V.A.S.*, 2, p. 377, *Nouvelles observations sur le charbon.* (P. 64bis)

M. 76 4 août (16 thermidor an IX), *P.V.A.S.*, 2, p. 380, *Suite des observations sur le charbon et le gaz hydrogène carboné.* (P. 64 ter)

M. 77 13 octobre (21 vendémiaire an X), *P.V.A.S.*, 2, p. 417, *Notice d'une expérience sur le mercure fulminant.* (P. 60)

1803

M. 78 15 mars (23 ventôse an XI), *P.V.A.S.*, 2, p. 636, *Notice d'une expérience sur la purification de l'eau par le charbon.* (P. 72)

M. 79 6 juin (17 prairial an XI), *P.V.A.S.*, 2, p. 673, Présentation de l'*Essai de statique chimique*, 2 vol. in-8°. (O. 6)

1806

M. 80 10 mars, 14 et 28 avril, 19 mai, *P.V.A.S.*, 3, p. 323, 340, 344, 352, *Mémoire intitulé : Troisième suite des recherches sur les lois de l'affinité.* (P. 73) (O. 7)

1809

M. 81 26 décembre, *P.V.A.S.*, 4, p. 292, *Considérations sur l'analyse végétale et l'analyse animale.* (P. 84)

1810

M. 82 5 février 1810, *P.V.A.S.*, 4, p. 316, *Remarques sur les deux espèces de refroidissements.*

M. 83 12 mars, *P.V.A.S.*, 4, p. 332, *Note sur le procédé pour former le muriate de mercure ou mercure doux.*

1812

M. 84 11 mai, *P.V.A.S.*, 5, p. 57, *Mémoire sur les précipités de mercure et ceux de sulfate d'alumine.* (P. 89)

M. 85 18 mai, *P.V.A.S.*, 5, p. 57, *Observations sur la composition de l'acide oximuriatique.* (P. 92)

M. 86 23 novembre, *P.V.A.S.*, 5, p. 120, *Suite des observations sur les gaz inflammables désignés par les noms d'hydrogène carburé et d'hydrogène oxicarburé.* (P. 90)

1816

M. 87 21 octobre, *P.V.A.S.*, 6, p. 101, *Mémoire sur les combinaisons du phosphore et de l'oxigène.* Le mémoire lu à cette séance, et qui est le dernier présenté par Berthollet, n'a pas été publié ni retrouvé sous forme manuscrite ; nous n'en avons connaissance que par la mention des procès-verbaux de l'Académie ainsi libellée : après le rapport sur un mémoire de Dulong concernant les combinaisons du phosphore et de l'oxygène, présenté par Berthollet mais lu par un autre membre, « on lit un mémoire de M. Berthollet sur le même sujet ».

4. Rapports

Comme le précédent, ce tableau chronologique comprend deux listes distinctes séparées par la coupure révolutionnaire (1792-1796). La première de ces listes contient les rapports présentés par Berthollet devant l'Académie royale des sciences ou envoyés aux intendants du Commerce, en tant qu'académicien ou administrateur des teintures. Dans la mesure du possible nous nous sommes efforcé de rechercher la participation effective de Berthollet dans ces rapports le plus souvent collectifs. Lorsque nous avons pu retrouver le manuscrit du rapport, le fait est signalé par une astérisque suivant le lieu de conservation. Par souci de simplicité, nous n'avons pas retenu dans cette liste les rapports uniquement cosignés avec Lavoisier et qui sont publiés dans les *OEuvres* de ce dernier (cf. D.I. Duveen & H.S. Klickstein, *Bibliography ... of A.L. Lavoisier ...*).

La seconde liste comprend les rapports présentés par Berthollet de 1796 à 1821 devant la Première classe de l'Institut national (puis impérial), redevenue Académie royale des sciences en 1816. Là encore et pour les cas les plus certains, nous avons écarté de notre liste les rapports dont Berthollet n'était que le cosignataire (cf. *P.V.A.S.),* ne retenant que ceux où Berthollet était le réel rapporteur et les cas douteux.

Chaque notice est ainsi constituée : date de la présentation, référence de la source d'information, lieu de conservation du manuscrit suivi d'une astérisque lorsque le manuscrit existe, nom des autres commissaires, précédés de l'abréviation a.c., puis, en capitales, le nom de l'auteur (lorsqu'il est précisé), du mémoire rapporté. L'abréviation doss. désigne les dossiers de séances de l'Académie des sciences, classés par date, dans les archives de cette Insitution.

I. Liste des rapports présentés par Berthollet de 1780 à 1791 devant l'Académie royale des sciences ou envoyés aux Intendants du Commerce.

1780

R. 1 7 juin, R.M.A.S., p. 170, a.c. Macquer. De LA PEYROUSE, « Sur les propriétés du manganèse ».

R. 2 9 décembre, doss.*, a.c. Macquer. Lavoisier, « Sur les expériences de la grotte du chien ».

R. 3 22 décembre, R.M.A.S., p. 122, a.c. Macquer, Cadet, Lavoisier, Baumé, Cornette. « Sur l'opération du départ ». (Pc. 1) (Mc. 1)

1781

R. 4 15 décembre, R.M.A.S., p. 296, a.c. Macquer. JARS, « Observations sur l'alun ».

1782

R. 5 10 août, R.M.A.S., p. 151-152, doss.*, a.c. Macquer, Sage (ajourné). De BULLION, « Examen chimique de l'aurum musicum, procédé pour l'obtenir constamment beau ».

1783

R. 6 26 mars, R.M.A.S., p. 103-104, doss.*, a.c. Lavoisier, Cadet. « Sur un étamage présenté par M. DUHAU (ou DUHAN), publ. dans *OEuvres* de Lavoisier, IV, p. 389.

R. 7 21 mai, R.M.A.S., p. 120-121, doss.*, a.c. Cadet. GENGEMBRE, « Sur un nouveau gaz obtenu par l'action des alcalis sur le phosphore de Kunckel ».

R. 8 24 mai, R.M.A.S., p. 128-135, doss.*, a.c. Cadet, Baumé. CASSIGNY, « Mémoire sur la fabrication des eaux de vie du sucre ... et observations sur la fabrication du sucre ».

R. 9 18 juin, R.M.A.S., p. 143-144, doss.*, a.c. Leroy, Lavoisier. De PRUNELAY, « Observations sur la putréfaction ».

R. 10 18 juin, R.M.A.S., p. 142-143, doss.*, a.c. Cadet, Macquer, « Sur une poudre distribuée pour guérir les maladies vénériennes sous le nom de poudre de Godernau».

R. 11 21 juin, R.M.A.S., p. 145, a.c. Cassini, « Sur l'encre présentée par le Sieur Salmon ».

R. 12 3 décembre, R.M.A.S., p. 223-224, doss.*, a.c. Macquer, Sage. FOURCROY, « Sur la décomposition du tartre vitriolé ».

1784

R. 13 27 mars, R.M.A.S., p. 77-79, doss.*, a.c. Cadet. FOURCROY, « Mémoire sur les difficultés que présente la préparation des alcalis fixes caustiques ».

R. 14 5 mai, R.M.A.S., p. 113-115, doss.*, a.c. Cadet, Baumé, Cornette. FOURCROY, « Mémoire sur le kermès ».

R. 15 8 mai, R.M.A.S., p. 120-121, a.c. Lavoisier. FOURCROY, « Sur la combinaison qui résulte de l'air fixe avec le fer ».

R. 16 1er septembre, R.M.A.S., p. 230, a.c. Cadet. PELLETIER, « Mémoire sur les sels déliquescents ».

R. 17 27 novembre, R.M.A.S., p. 246-248, a.c. Tillet, Haüy, Sage. MONGE, « Mémoire sur les usages du chalumeau pour l'essai des mines ».

1785

R. 18 29 janvier, R.M.A.S., p. 17, a.c. Monge. DULUBRE, CHALAP, CLOUET, « Mémoire sur la sydérite ».

R. 19 23 février, R.M.A.S., p. 48, a.c. Sage. De DIETRICH, « Sur la pierre magnétique et sonore ».

R. 20 11 mai, R.M.A.S., p. 82-84, a.c. Baumé. FOURCROY, « Expériences sur une huile de vitriol fumante de Saxe ».

R. 21 11 mai, R.M.A.S., p. 92-94, a.c. Cadet. GENGEMBRE, « Mémoire sur la composition du gaz phosphorique inflammable et du gaz hépatique ».

R. 22 15 juin, R.M.A.S., p. 125, a.c. Monge, Darcet. De LAMANON, « Expérience sur la scintillation produite par le choc de deux morceaux de quartz ».

R. 23 27 août, R.M.A.S., p. 156-159, a.c. Baumé. De LUNEL, « Sur le kermès minéral ».

R. 24 3 décembre, R.M.A.S., p. 227, a.c. Sage. PELLETIER, « Mémoire sur un sel particulier analogue aux sels essentiels acides des végétaux ».

1786

R. 25 15 mars, R.M.A.S., p. 96-98, B.N. ms. 5152*, a.c. Vandermonde. « Examen d'un acier de cémentation présenté par M. ZOLLER le 2 février 1786 ».

R. 26 18 mars, R.M.A.S., p. 107, a.c. Tillet, Haüy*. POUJET, « Mémoire sur la cristallisation ».

R. 27 24 mars, R.M.A.S., p. 116, B.N. ms. 5152*, a.c. Fourcroy. CHAPTAL, « Observations sur la cristallisation de l'huile de vitriol ».

R. 28 17 avril, Arch. Ac. Sc., don Bérard*. « Analyse d'une eau envoyée par M. de Tolozan ».

R. 29 17 mai, R.M.A.S., p. 184, 189, a.c. Brisson, Monge, Meusnier. « Examen d'une lampe présentée par le Sieur Leclerc ».

R. 30 17 mai, R.M.A.S., p. 189-191, doss.*, a.c. Lavoisier, Desmarest. HASSENFRATZ, « Mémoire sur le sel gemme ».

R. 31 Non attribué.

R. 32 14 juin, R.M.A.S., p. 216, a.c. Lavoisier*, Cadet, Baumé, Darcet. « Sur la fabrication des cidres de Normandie ».

R. 33 16 juin, Arch. Ac. Sc., don Bérard*. « Sur les prétendus secrets de M. Jourdan ».

R. 34 8 juillet, R.M.A.S., p. 251-252, doss.*, a.c. Lavoisier. HASSENFRATZ, « Mémoire sur la décomposition des pyrites dans les mines ».

R. 35 7 novembre, Arch. Ac. Sc., don Bérard*. Rapport adressé à M. de Montaran : « Analyses des impressions indélébiles sur toiles ».

1787

R. 36 27 janvier, R.M.A.S., p. 17, a.c. Lavoisier, Sage. « Sur le papier présenté par M. Amisson et fabriqué par M. de Lisle ».

R. 37 3 février, R.M.A.S. p. 28-30, doss*, a.c. Darcet, Haüy. LE BLANC, « Observations sur la décomposition de plusieurs sels ».

R. 38 21 février, R.M.A.S., p. 42, a.c. Vandermonde, Monge, de Diétrich*. AUBIN de CELIS, « Sur un morceau de fer ».

R. 39 17 mars, R.M.A.S., p. 92, 104-124*, a.c. Vandermonde, Fourcroy, Lavoisier. Controverses au sujet d'un procédé de teinture en noir.

R. 40 17 mars, R.M.A.S., p. 104, doss.*, a.c. Lavoisier. FOURCROY, « Ouvrage de chimie intitulé *Principes de chimie, d'après les découvertes modernes, à l'usage de l'École royale vétérinaire de Paris* ».

R. 41 9 mai, R.M.A.S., p. 160-162, a.c. Fourcroy. « Instruction sur ... les salpêtres » (Bc. 14)

R. 42 19 mai, R.M.A.S., p. 189, a.c. Lavoisier, Darcet. De LOYSEL, « Mémoire sur les sels employés à faire le verre ».

R. 43 9 juin, R.M.A.S., p. 200-203, a.c. Lavoisier, Fourcroy. CHAPTAL, « Sur l'acide charbonneux fourni par la fermentation des raisins et par l'acide acéteux ».

R. 44 13 juin, R.M.A.S., p. 208-215, doss.*, a.c. Fougeroux, Desmarest, Tessier. BRULLEY, « Essai sur la culture du nopal, l'éducation et la préparation de la cochenille ».

P. 45 16 juin, R.M.A.S., p. 224-226, doss.*, a.c. Lavoisier. HASSENFRATZ, « Mémoire sur les mines de fer phosphoriques ».

R. 46 23 juin, R.M.A.S., p. 240, doss.* a.c. Brisson, Lavoisier, Laplace. De BRIDGE, « Sur la fonte des canons en bronze ».

R. 47 4 juillet, R.M.A.S., p. 263-265, doss.*, a.c. Darcet. CROHARÉ, « Analyse du kermès minéral ».

R. 48 4 juillet, R.M.A.S., p. 267-268, doss.*, a.c. Sage, Jussieu. « Examen de l'extrait d'un arbre appelé sinapi et de son usage pour la teinture ».

1788

R. 49 19 janvier, R.M.A.S., p. 11, a.c. Lavoisier. FOURCROY, « Analyse des eaux d'Enghien ».

R. 50 26 avril, R.M.A.S., p. 90-92*. PUYMAURIN, « Sur l'acide fluorique ».

R. 51 30 avril, R.M.A.S., p. 102-103, a.c. Lavoisier, Fourcroy. HASSENFRATZ, « Sur l'acide phosphorique qui se trouve dans les mines ».

R. 52 16 juin, Arch. Ac. Sc., don Bérard*. « Sur le procédé de blanchiment de la soie de M. Mathieu ».

R. 53 26 juillet, R.M.A.S., p. 196. PUYMAURIN, « Sur l'acide fluorique ».

R. 54 2 août, R.M.A.S., p. 206-207, a.c. Lavoisier (ms. de ce dernier inclus). ADET, « Sur le muriate d'étain fumant ou liqueur de Libavius ».

R. 55 (1788), Arch. Ac. Sc., don Bérard*, a.c. Tillet, Baumé, Darcet, Fourcroy. Résumé d'un rapport envoyé au ministre des Finances sur des observations au sujet des essais d'or.

1789

R. 56 4 février, R.M.A.S., p. 24-33, doss.*, a.c. Darcet, publ. dans *OEuvres* de Lavoisier, I, p. 409-415. *Traité élémentaire de chimie.*

R. 56' 11 février, R.M.A.S., p. 35-37, doss.*, a.c. Lavoisier. CHAPTAL, « Observations sur l'acide muriatique oxigéné », devant être imprimées dans les mémoires de 1787.

R. 57 10 mars, Arch. Ac. Sc., don Bérard*, a.c. Daubenton, Fougeroux. « Sur le procédé de Mme Bellete pour l'épurement des laines », adressé à de Tolozan.

R. 58 15 mars, Arch. Ac. Sc., don Bérard. « Observations sur la partie colorante de bois de campèche, de fernambouc et sur la garance ».

R. 59 mai, Arch. Ac. Sc., don Bérard*. GÉRAUD de FONTMARTIN et CARNY, « Mémoire relativement à la décomposition du sel marin pour en retirer la soude», rapport adressé à de Tolozan.

R. 60 10 juin, R.M.A.S., p. 154-159, a.c. de Dietrich. CHAPTAL, « Mémoire relatif à l'alun ». (Pc. 4)

R. 61 1er juillet, R.M.A.S., p. 171-172, doss.*, a.c. Fourcroy. « Sur les poudres et salpêtres ».

R. 62 6 août, Arch. Ac. Sc., don Bérard*. « Étude d'un échantillon d'indigo envoyé au ministre des Finances par M. Bary et provenant d'une manufacture installée dans l'Ile de France ».

R. 63 août, Arch. Ac. Sc., don Bérard*. SAUDIÈRES, « Mémoire relativement à plusieurs secrets ».

R. 64 19 août, R.M.A.S., p. 208, a.c. Baumé, Vandermonde, Fourcroy. MONNET, « Sur une nouvelle méthode ou art de blanchir le linge ».

R. 65 23 décembre, R.M.A.S., p. 247-252, a.c. Fourcroy. LE BLOND, « Sur l'art de l'indigo ».

1790

R. 66 27 janvier, R.M.A.S., p. 7-20, a.c. toute la classe de chimie. « Sur l'essai de l'or».

R. 67 27 janvier, R.M.A.S., p. 20, doss. (*signé seulement), a.c. Cadet. VAUQUELIN, « Sur un nouvel acide végétal extrait du tamaris ».

R. 68 3 février, R.M.A.S., p. 23-27, a.c. Desmarest, Tessier. BRULLEY, « Mémoire sur la culture du nopal, l'éducation et la préparation de la cochenille ».

R. 69 10 février, R.M.A.S., p. 36, a.c. Vandermonde. « Examen d'un liniment présenté par M. Paroisse pour préserver les armes à feu de la rouille ».

R. 70 27 novembre, R.M.A.S., p. 249, a.c. Chabert, Tillet, Vandermonde, Monge. « Sur un nouveau mastic propre à conserver le bois de construction et sur un nouveau levier présentés par M. Lardier », terminé le 4 décembre 1791.

1791

R. 71 12 janvier, R.M.A.S., p. 267, a.c. Darcet, Lavoisier, Fourcroy. LOYSEL, « Sur l'*Art de la verrerie* ». (Pc. 5)

R. 72 6 avril, R.M.A.S., p. 319. STOWE, « Sur un ouvrage imprimé en allemand de M. Stowe, envoyé par M. Dumouthier ».

R. 73 3 août, R.M.A.S., p. 397-405, a.c. Baumé, Darcet, Fourcroy. « Examen des procédés destinés à constater le titre des salpêtres ».

II. Liste des rapports académiques présentés par Berthollet de 1796 à 1821 (1).

1796

R. 74 15 janvier (26 nivôse an IV), *P. V.A.S.*, 1, p. 4-5, a.c. Bayen, Fourcroy, Pelletier Vauquelin. « Sur une poudre annoncée comme pouvant remplacer la poudre à tirer ».

1. Ces rapports sont presque tous reproduits dans les *P. V.A.S.*, la référence précise la ou les pages selon les cas, où il apparaît. Dans le cas contraire, la mention « non reproduit » signale le fait. Les références entre parenthèses placées à la fin de quelques notices, renvoient aux publications correspondantes.

1798

R. 75 7 mars (16 ventôse an VI), *P.V.A.S.*, 1,p. 358-359, a.c. Fourcroy. ADET, «Observations sur un ouvrage de M. PRIESTLEY, intitulé *Réflexions sur la doctrine du phlogistique et la composition de l'eau »*. (Pc. 7')

1800

R. 76 13 mars (21 ventôse an VIII), *P.V.A.S.*, 2, p. 122, a.c. Vauquelin. « Sur une note de M. BONJOUR relative au mémoire de M. NICOLAS sur les salines nationales».

R. 77 26 mai (6 prairial an VIII), *P.V.A.S.*, 2, p. 170-172, a.c. Desmarets, Tessier. « Sur les échantillons de lin et de chanvre présentés par M. LE BRUN ».

R. 78 25 juillet (6 thermidor an VIII), *P.V.A.S.*, 2, p. 202-203, a.c. L'Héritier, Tessier. CÉRÉ, « Recherches sur la cochenille introduite à l'Isle de France ».

R. 79 7 novembre (16 brumaire an IX), *P.V.A.S.*, 2, p. 265, a.c. Hallé, Vauquelin. « Rapport verbal de plusieurs observations sur les moyens de désinfecter l'air atmosphérique ».

1801

R. 80 22 décembre (1er nivôse an X), *P.V.A.S.*, 2, p. 447, a.c. Guyton, Vincent, Taunay. « Sur la restauration du tableau de Raphaël connu sous le nom de « Vierge de Foligno »... (non repr.). (Bc. 8)

1802

R. 81 13 octobre (21 vendémiaire an XI), *P.V.A.S.*, 2, p. 581-582, a.c. Tessier. NECTOU, « Sur l'agriculture d'Égypte et la fertilité de cette région ».

R. 81' 14 décembre (24 frimaire an XI), *P.V.A.S.*, 2, p. 604. CHENEVIX, « Ouvrage sur la nomenclature chimique », rapport verbal. (P. 65)

1803

R. 82 11 avril (21 germinal an XI), *P.V.A.S.*, 3, p. 647, a.c. Fourcroy. THÉNARD, « Sur la fermentation vineuse » (non repr., les conclusions étant renvoyées à une séance ultérieure). (R. 82bis)

R. 82bis 16 mai (26 floréal an XI), *P.V.A.S.*, 2, p. 663-666, a.c. Fourcroy. Conclusions sur le rapport précédent.

R. 83 16 mai (26 floréal an XI), *P.V.A.S.*, 2, p. 662, a.c. Vauquelin. « Sur l'examen d'un procédé de M. CASTEL pour la teinture en noir ».

R. 84 3 août (11 fructidor an XI), *P.V.A.S.*, 2, p. 697-700, a.c. Hallé, Vauquelin. « Sur les moyens de désinfecter l'air atmosphérique ».

R. 85 24 octobre (1er brumaire an XII), *P.V.A.S.*, 3, p. 18, a.c. Vauquelin. DESCOTILS, « Notice sur les couleurs qu'affectent certains sels de platine ».

R. 86 26 décembre (4 nivôse an XII), *P.V.A.S.*, 3, p. 37. « Rapport verbal sur l'ouvrage allemand de M. SCHNAUBERT, sur les affinités » (non repr.). (P. 69)

1804

R. 87 16 janvier (25 nivôse an XII), *P.V.A.S.*, 3, p. 53, a.c. Fourcroy. TOURNU, « Sur deux alliages nouveaux propres à remplacer le cuivre pour le doublage des vaisseaux ».

R. 88 7 mai (17 floréal an XI), *P.V.A.S.*, 3, p. 94-95, a.c. Monge. DARTIGUES, « Sur la dévitrification du verre ».

R. 89 29 mai (9 prairial an XII), *P.V.A.S.*, 3, p. 104. « Rapport verbal sur un ouvrage de Th. de SAUSSURE : *Recherches sur la végétation* » (non repr.).

R. 90 16 juillet (27 messidor an XII), *P.V.A.S.*, 3, p. 110-112, a.c. Vauquelin. FOURNY, « Sur les corps vitreux colorés par les métaux ».

R. 91 3 octobre (16 vendémiaire an XIII), *P.V.A.S.*, 3, p. 139, a.c. Guyton. CURAUDAU, « Sur les modèles de fourneaux ».

R. 92 31 octobre (14 brumaire an XIII), *P.V.A.S.*, 3, p. 148-149, a.c. Monge. THÉNARD, « Considérations sur l'oxidation des métaux en général et en particulier sur l'oxidation du fer ».

1805

R. 93 28 janvier (8 pluviôse an XIII), *P.V.A.S.* 3, p. 177-178, a.c. Tessier. ROARD, « Sur l'influence des différentes espèces de laines en teinture ».

R. 94 11 mars (20 ventôse an XIII), *P.V.A.S.*, 3, p. 189, a.c. Chaptal. GAY LUSSAC et HUMBOLDT, « Sur l'eudiométrie » (non repr., Berthollet, rapporteur, ayant dit qu'il faisait imprimer son rapport). (Pc. 10)

R. 95 5 novembre (13 brumaire an XIV), *P.V.A.S.*, 3, p. 267-268, a.c. Vauquelin. DRAPIER, « Analyse de la mine de fer ».

R. 96 16 décembre (25 frimaire an XIV), *P.V.A.S.*, 3, p. 286-287, a.c. Chaptal. DESCOTILS, « Sur le rhodium et le palladium ».

1806

R. 97 13 janvier, *P.V.A.S.*, 3, p. 300-302, a.c. Vauquelin. DESCOTILS, « Sur la mine de fer spathique ». (Pc. 11)

R. 98 17 février, *P.V.A.S.*, 3, p. 315, a.c. Guyton, Vauquelin. CLÉMENT et DESORMES, « Sur l'outremer ».

R. 99 28 avril, *P.V.A.S.*, 3, p.346-347, a.c. Lelièvre, Guyton. HASSENFRATZ, « Sur la mine de fer spathique ».

R. 100 23 juin, *P.V.A.S.*, 3, p. 380-381, a.c. Fourcroy, Vauquelin, Monge. « Sur un aérolithe tombé à Valence ». (Pc. 12)

R. 101 30 juin, *P.V.A.S.*, 3, p. 384-386, a.c. Chaptal, Vauquelin. « Sur les aluns et leur emploi en teinture ». (Pc. 13')

R. 102 14 juillet, *P.V.A.S.*, 3, p. 389, a.c. Vauquelin. HALLÉ, « Sur les effets de la compression pour modifier l'action de la chaleur ». (Pc. 13)

R. 103 1er septembre, *P.V.A.S.*, 3, p. 417-419, a.c. Guyton. CLÉMENT et DESORMES, « Sur la théorie de la fabrication de l'acide sulfurique par combustion du soufre mêlé au nitrate de potasse ».

R. 104 15 décembre, *P.V.A.S.*, 3, p. 467-469. THÉNARD, « Sur les éthers, principalement l'éther nitreux ». (Pc. 14)

R. 105 15 décembre, *P.V.A.S.*, 3, p. 456-467, a.c. Carnot. « Sur la nouvelle machine inventée par MM. NIEPCE et appelée pyréolophore ». (Pc. 17)

1807

R. 106 27 avril, *P.V.A.S.*, 3, p. 520-522, a.c. Vauquelin, Lelièvre. DESCOTILS, « Mémoire relatif au fer spathique ». (Pc. 15)

R. 107 4 mai, *P.V.A.S.*, 3, p. 525-528, a.c. Vauquelin, Deyeux. N. Th. de SAUSSURE, « Mémoire concernant l'analyse de l'alcool ». (Pc. 16)

R. 108 3 août, *P.V.A.S.*, 3, p. 558-560, a.c. Vauquelin, Deyeux. THÉNARD, « Sur l'éther muriatique ».

R. 109 9 novembre, *P.V.A.S.*, p. 615-616, a.c. Vauquelin, Gay-Lussac. GARRIGA, « Mémoire relatif à l'indigo ». (Pc. 18)

1808

R. 110 15 février, *P.V.A.S.*, 4, p. 17, a.c. Fourcroy, Vauquelin. MOLLERAT, « Sur la distillation du charbon de bois ». (Bc. 11) (Pc. 19)

R. 111 1er août, *P.V.A.S.*, 4, p. 83, a.c. Vauquelin. CURAUDAU, « Expériences sur le soufre et sa décomposition ». (Pc. 20)

R. 112 17 octobre, *P.V.A.S.*, 4, p. 115-117, a.c. Deyeux, Guyton, Chaptal. CURAUDAU, « Sur le phosphore ». (Pc. 20')

R. 113 19 décembre, *P.V.A.S.*, 4, p. 145-147, a.c. Laplace, Haüy, Chaptal. MALUS, « Sur la double réfraction ».

1809

R. 114 20 mars, *P.V.A.S.*, 4, p. 180-181. « Sur les mémoires qui ont concouru au prix ayant pour sujet : les différents modes de phosphorescence ; principalement celui de J. Ph. DESSAIGNES qui a remporté le prix ».

R. 115 12 juin, *P.V.A.S.*, 4, p. 214-220, a.c. Vauquelin, Fourcroy, Guyton. « Sur l'andronia ». (Pc. 20")

1810

R. 116 15 janvier, *P.V.A.S.*, 4, p. 299, a.c. Biot, Gay-Lussac. DELAROCHE, « Causes du refroidissement qu'on observe dans les animaux qu'on expose à une forte chaleur ».

1811

R. 117 21 janvier, *P.V.A.S.*, 4, p. 418-433, a.c. Laplace, Monge, Chaptal. « Sur l'ouvrage de MM. GAY-LUSSAC et THÉNARD . *Recherches physico-chimiques...* (Oc. 6) (P. 83)

R. 118 4 février, *P.V.A.S.*, 4, p. 446-447, a.c. Gay-Lussac, Guyton. GENGEMBRE, « Sur une nouvelle poudre à tirer ».

R. 119 20 mai, *P.V.A.S.*, 4, p. 479-480, a.c. Chaptal, Thénard. CURAUDAU, « Nouveau procédé pour évaporer les liquides d'une manière économique et simple ».

R. 120 22 juillet, *P.V.A.S.*, 4, p. 506-508, a.c. Gay-Lussac. OBERKAMPF, « Sur les diverses combinaisons de l'or ».

R. 121 16 septembre, *P.V.A.S.*, 4, p. 534-535, a.c. Thénard. DULONG, « Décomposition des sels insolubles et des sels solubles » (lu par Thénard au nom de Berthollet).

R. 122 23, 30 septembre, *P.V.A.S.*, 4, p. 541, a. c. Vauquelin, Chaptal. CURAUDAU, « Sur l'acide muriatique oxigéné » (non repr.). (Pc. 22)

R. 123 18 novembre, *P.V.A.S.*, 4, p. 555-556, a.c. Gay-Lussac, Thénard. CHEVREUL, « Examen chimique des feuilles de pastel et du principe extractif qu'elles contiennent ».

1812

R. 124 31 août, *P.V.A.S.*, 5, p. 90-95, a.c. Vauquelin, Thénard. CLUZEL, « Sur l'analyse du soufre de Lampadius » (lu par Thénard). (Pc. 23)

R. 125 14 décembre, *P.V.A.S.*, 5, p. 122-124, a.c. Biot. DELAROCHE, « Influence de la chaleur sur l'intensité de la respiration ».

1813

R. 126 18 janvier, *P.V.A.S.*, 5, p. 146-149, a.c. Chaptal, Biot. BÉRARD, « Propriétés chimiques des divers rayons qui composent la lumière solaire ». (Pc. 24)

R. 127 1er février, *P.V.A.S.*, 5, p. 155-156, a.c. Thénard. Arch. Ac. Sc. don Bérard*. DULONG, « Combinaisons de l'acide oximuriatique avec l'azote » (lu par Thénard pour Berthollet). (Pc. 25)

R. 128 2 août, *P.V.A.S.*, 5, p. 233-235, a.c. Vauquelin. CHEVREUL, « Recherches chimiques sur les corps gras et particulièrement sur leurs combinaisons avec les alcalis ».

R. 129 26 décembre, *P.V.A.S.*, 5, p. 277, a.c. Vauquelin. CHEVREUL, « Deuxième mémoire sur les corps gras ».

1814

R. 130 7 février, *P.V.A.S.*, 5, p. 311, a.c. Thénard. LAUGIER, « Sur le platine et l'osmium ».

R. 131 22 août, *P.V.A.S.*, 5, p. 388, a.c. Vauquelin. CHEVREUL, « Troisième mémoire sur les corps gras ».

R. 132 24 octobre, *P.V.A.S.*, 5, p. 411-412, a.c. Vauquelin, Gay-Lussac. LA BOULAYE-MARILLAC, « Sur les couleurs inaltérables ». (Bc. 13) (Pc. 27)

1815

R. 133 27 février, *P.V.A.S.*, 5, p. 463-464. CHEVREUL, « Cinquième mémoire sur les corps gras ».

R. 134 24 avril, *P.V.A.S.*, 5, p. 485-486, a.c. Thénard. VOGEL, « Action décomposante du principe sucré sur les sels et les oxides métalliques ». (Pc. 28)

R. 135 18 septembre, *P.V.A.S.*, 5, p. 553-554, a.c. Vauquelin, Thénard, Gay-Lussac. CHEVREUL, « Sur la margarine ».

1816

R. 136 21 octobre, *P.V.A.S.*, 6, p. 101-103, a.c. Thénard. DULONG, « Sur les combinaisons du phosphore et de l'oxigène » (lu par un autre membre, pour Berthollet).

R. 137 28 octobre, *P.V.A.S.*, p. 107-108, a.c. Vauquelin. DULONG, « Sur quelques combinaisons de l'azote et de l'oxigène » (lu par Vauquelin pour Berthollet).

R. 138 23 décembre, *P.V.A.S.*, 6, p. 129-131, a.c. Vauquelin. CHEVREUL, « Sixième mémoire sur les corps gras ».

1818

R. 139 4 mai, *P.V.A.S.*, 6, p. 311-313, a.c. Thénard. CHEVREUL, « Septième mémoire sur les corps gras ».

R. 140 31 août, *P.V.A.S.*, 6, p. 355, a.c. Thénard. LAUGIER, « Sur le traitement du cobalt et du nickel ».

R. 141 23 novembre, *P.V.A.S.*, 6, p. 382-383. HOUTON de La BILLARDIÈRE, « Sur l'acide pyromucique ».

1819

R. 142 1er février, *P.V.A.S.*, 6, p. 412-423, a.c. Thénard, Vauquelin. « Sur un nouvel alcali découvert par MM. PELLETIER et CAVANTOU ».

R. 143 26 juillet, *P.V.A.S.*, 6, p. 469-470, a.c. Thénard. CHEVREUL, « Sur le beurre de vache » (lu par Thénard pour Berthollet).

R. 144 11 décembre, *P. V.A.S.*, 7, p. 109-111, a.c. Gay-Lussac, Thénard. MAGENDIE, « Mécanisme de l'absorption chez les animaux à sang rouge et chaud » (lu par Gay-Lussac pour Berthollet).

1821

R. 145 Numéro non attribué.

R. 146 15 janvier, *P. V.A.S.*, 7, p. 128-130, a.c. Thénard. CHEVREUL, « Essai sur l'analyse élémentaire des corps gras ». (Pc. 29)

R. 147 11 juin, *P. V.A.S.*, 7, p. 202-203, a.c. Thénard. CHEVREUL, « Théorie des alcalis » (lu par Thénard pour Berthollet).

R. 148 29 octobre, *P. V.A.S.*, 7, p. 239-240, a.c. Thénard. CHEVREUL, « Influence que l'eau exerce sur plusieurs substances azotées solides » (lu par Thénard pour Berthollet).

II. BIBLIOGRAPHIE D'AMÉDÉE-BARTHÉLEMY BERTHOLLET

Nous avons établi ici la courte bibliographie du fils unique de Berthollet qui, pendant un certain temps, collabora avec son père pour quelques recherches et travailla assez activement au sein de la Société d'Arcueil.

Nous mentionnerons d'abord sa participation à la deuxième édition des *Éléments de l'art de la teinture*, dont la première, rédigée uniquement par Claude-Louis, parut en 1791 (0. 3).

Cl. L. et A.B. BERTHOLLET, *Éléments de l'art de la teinture, avec une description du blanchiment par l'acide muriatique oxigéné*, seconde édition revue et augmentée avec deux planches, Paris, F. Didot, an XII (1804).

La suite de cette bibliographie comporte uniquement des mémoires publiés dans quelques revues scientifiques et dont certains furent présentés devant l'Institut ; en voici la liste (1) :

1803

1. « Observations sur les précipités et les dissolutions métalliques », *Essai de statique chimique*, 2, p. 447-466, 467-485 (notes de la Ve Section), lu en 2 mémoires les 11 mars et 2 mai 1903 (*P. V.A.S.*, 2, p. 637 et 659), Commissaires Guyton* et Vauquelin ; Rapport le 9 août 1803 (*P. V.A.S.*, 2, p. 690-691).

1807

2. « Actions réciproques du soufre et du charbon », *Mém. Arcueil*, 1, p. 304-322, lu le 30 juin 1806 (*P. V.A.S.*, 3, p. 388), Commissaires Vauquelin* et Deyeux ; Rapport le 23 décembre 1806 (*P. V.A.S.*, 3, p. 473-476).

3. « Mémoire sur les combinaisons du soufre avec l'oxigène et l'acide muriatique », *Mém. Arcueil*, 1, p. 161-180, lu le 12 janvier 1807 (*P. V.A.S.*, 3, p. 492), Commissaires Chaptal et Vauquelin* ; Rapport non communiqué.

4. « Expériences sur les combinaisons du soufre et du carbone et sur l'hydrogène contenu dans ces substances », *J. Phys.*, 64, p. 273-284.

1. Elle est établie par ordre chronologique des publications.

1808

5. « Mémoire sur l'analyse de l'ammoniaque », *Mém. Arcueil,* 2, 1809, p. 268-295, lu le 28 mars 1808 (*P.V.A.S.*, 4, p. 41), Commissaires, Fourcroy, Vauquelin et Guyton ; Rapport non communiqué, résumé commenté paru dans *Bull. Soc. Phil.*, 1, 1808, p. 150-152.

Enfin, A.B. Berthollet publia une traduction du mémoire du chimiste et physicien anglais W.H. WOLLASTON :

« Mémoire sur l'analyse du palladium avec des observations sur les autres substances par M. W.H. WOLLASTON », traduit de l'anglais par A.B. BERTHOLLET, *Ann. Ch.*, 61, 1807, p. 89-110.

III. BIBLIOGRAPHIE GÉNÉRALE

A. SOURCES MANUSCRITES

Paris

Archives de l'Académie des sciences : Dossier Berthollet et dossiers des séances où Berthollet est intervenu.

Archives de la Seine : DC^6 21 (naturalisation ; DQ^{14} 846 (succession), DO^1 (personnel communal), DZ^5 (maire d'Arcueil).

Archives nationales, Minutier central : Étude XLVI, registre 472 (contrat de mariage).

Archives nationales : diverses séries, principalement F 12, F 17, AF IV, AA, BB, CC.

Bibliothèque centrale de l'École polytechnique. Registres des Procès-verbaux des séances du Conseil d'Instruction et du Conseil de Perfectionnement ; documents divers classés par années (principalement Cartons 1794 III et IV).

Bibliothèque de l'École des Ponts et Chaussées : Ms. 2453.

Bibliothèque de l'Institut : Ms. divers et Fonds Cuvier.

Bibliothèque nationale : Ms. divers fonds français et nouv. acquis. (n.a.).

Annecy

Académie florimontane.

Archives départementales de la Haute-Savoie.

Musée.

Turin

Archives de l'Académie royale des sciences. Registres des Procès-verbaux de séances ; Correspondance.

Archives de l'ancienne Faculté de médecine. Registre des examens.

A cette liste il faut ajouter celle des dépôts d'archives conservant les lettres de Berthollet, présentée en introduction au Catalogue signalétique de sa correspondance (p. 306).

B. OUVRAGES ET ÉTUDES PUBLIÉS

Ces publications sont classées dans l'ordre alphabétique des auteurs, à l'intérieur de trois grands groupes :

1. Études consacrées à Berthollet, sa vie et son œuvre : monographies ou articles de dictionnaires, études spéciales concernant son œuvre.

2. Ouvrages concernant l'histoire de l'époque où vécut Berthollet, en particulier biographies des savants qui eurent de fréquents contacts avec lui (sauf celles de Monge qui, apportant des renseignements nombreux et intéressants sur la vie de son ami, figurent dans le groupe précédent).

3. Ouvrages relatifs à la science de l'époque ou à son histoire : les uns sont contemporains de Berthollet, les autres, ultérieurs, traitent de l'histoire de la chimie aux XVIIIe et XIXe siècles.

Cette classification comportant une part d'arbitraire que nous n'avons pu éviter, certains ouvrages qui pourraient appartenir à plusieurs catégories ne sont toutefois cités qu'une fois.

1. Ouvrages et études concernant Berthollet, sa vie, son œuvre

Sources

L.S. AUGER, « Notice nécrologique sur M. Berthollet », *Annales de littérature étrangère*, t. 9, 1822, p. 290-299.

J.A. CHAPTAL, « Discours prononcé par M. le Comte Chaptal à l'occasion de la mort de M. le Comte Berthollet », Chambre des Pairs, Session de 1822, Séance du mardi 19 février, 1823, *Chambre des Pairs. Impressions diverses*, 1823, t. 1.

G. CUVIER, « Éloge historique de M. le Comte Berthollet, lu le 7 juin 1824 devant l'Institut », *Recueil des Éloges de l'Institut*, t. 3, 1827, p. 179-227.

– *Rapport historique sur les progrès des sciences naturelles depuis 1789 et sur leur état actuel*, présenté à S.M. l'Empereur et Roi ... le 6 février 1808 ... Paris, 1810, 394 p.

P. DAVI et E. LOCARD, édit., *Dictionnaire des protées modernes ; biographies des personnages vivants qui ont figuré dans la Révolution française*, Paris, 1815, p. 24.

P. EYMERY, édit., *Dictionnaire des girouettes, ou nos contemporains peints par eux-mêmes*, Paris, 1815, p. 42.

E.F. JOMARD, *Notice sur la vie et les ouvrages de Claude-Louis Berthollet*, Annecy, 1844, 58 p.

– *Souvenirs sur Gaspard Monge et ses rapports avec Napoléon*, Paris, 1853.

J.S. JULIA-FONTENELLE, *Notice historique sur M. le Comte Berthollet, Pair de France, Grand Officier de la Légion d'Honneur*, lu à la Société royale académique des sciences de Paris, s.l.n.d., 12 p.

E. PARISET, « Éloge de M. le Comte Berthollet », lu en 1826, *Histoire des membres de l'Académie royale de médecine*, t. 1, 1850, p. 164-208.

J.M. RAYMOND-LATOUR, *Souvenirs d'un oisif*, Paris, Lyon, 1836, 2 parties en un vol.

Th. THOMSON, *History of chemistry*, London, 1830, vol. 2, p. 141-165.

Université de Turin, *Constitutions de Sa Majesté pour l'Université de Turin*, Torino, 1772 (texte bilingue).

2. Études ultérieures

P.V. AUBRY, « Claude-Louis Berthollet », *Revue Savoisienne*, 87-90, 1948, 3e trimestre, p. 120-139.

– *Monge, le savant ami de Napoléon Bonaparte, 1746-1818*, Paris, 1954.

O. BASTIEN, Notice dans *Dictionnaire de biographie française*, t. 6, 1954, p. 224.

L. de BROTONNE, *Les Sénateurs du Consulat et de l'Empire*, Paris, 1895.

M. DAUMAS, *Les Savants d'Arcueil et la science du XIXe siècle*, Conférences du Palais de la Découverte, Série D, nº 30, 15 mai 1954.

F.L. HOLMES, « From elective affinities to chemical equilibria : Berthollet's lauw of mass action », *Chymia*, t. 8, 1962, p. 105-145.

S.C. KAPOOR, « The Proust-Berthollet controversy », *Ithaca (Actes du 10e Congr: Intern. Hist. Sci.*, Paris, 1962, t. 2, p. 880 ;

– « Berthollet, Proust and proportions », *Chymia*, t. 10, juin 1965, p. 53-110.

– « Berthollet », *Dictionary of Scientific Biography*, New York, 1970, t. II, p. 73-82.

L. de LAUNAY, *Monge, fondateur de l'École polytechnique*, Paris, s.d., 282 p.

P. LEMAY, « Berthollet et l'emploi du chlore pour le blanchiment des toiles », *R.H.P.*, nº 78, juin 1932, p. 79 (1) ;

– « La lessive de Berthollet et l'eau de Javel », *R.H.P.*, nº 82, juin 1933, p. 99 ;

– « Berthollet en Égypte », *R.H.P.*, no 83, août 1933, p. 121.

– « Berthollet et la Société d'Arcueil », *R.H.P.*, nº 84, déc. 1933.

– « Berthollet et le baptême de la quinine », *R.H.P.*, nº 88, déc. 1934, p. 401 ;

– « Berthollet et l'art de la teinture », *R.H.P.*, no 89, mars 1935, p. 46 ;

– « Les leçons de Berthollet aux Écoles normales de l'an III », *R.H.P.*, nº 90, juin 1935, p. 80-84.

– « Berthollet, le pharmacien Curaudau et l'identification du chlore », *R.H.P.*, nº 145, avril 1955, p. 80-83.

– « Berthollet découvre la composition de l'ammoniaque », *R.H.P.*, nº 165,

– « Ber

– « Berthollet cherche la composition de l'acier », *R.H.P.*, nº 167, oct. 1960, p. 436-440.

– « Berthollet invente des explosifs », *R.H.P.*, nº 169, avril 1961, p. 53-57.

H.E. LEGRAND, *Berthollet and the oxygen's theory of acidity*, Thèse pour le doctorat de philosophie, Univ. of. Wisconsin (USA), 1971, 326 p. dactyl.

P. LEMAY et R.E. OESPER, « Claude-Louis Berthollet (1748-1822) », *Journal of chemical education*, t. 23, 1946, p. 158-230.

A. LIEVYNS, *Fastes de la Légion d'Honneur ; Biographies de tous les décorés*, Paris, 2e éd., 1843, t. 2, p. 238-240.

H. MICHAUD, *Biographie universelle, ancienne et moderne*, nouv. éd., Paris, 1843, t. 4, p. 141-149.

J.R. PARTINGTON, *A History of chemistry*, London, 1962, t. 3, p. 496-516.

– « Berthollet and the antiphlogistic theory », *Chymia*, t. 5, 1959, p. 130-137.

J.M. QUÉRARD, *La France littéraire ou Dictionnaire biographique*, Paris, rééd. photogr., 1969, t. 1, p. 304.

1. Les numéros indiqués sont ceux de la série générale.

A. RÉVÉREND, *Armorial du Premier Empire,* Paris, 1894, t. 1, p. 87.

– *Titres, Anoblissements et Pairies de la Restauration, 1814-1830,* Paris, 1901, t. 1, p. 206.

A. ROBERT, E. BOURLOTON, G. COUGNY, *Dictionnaire des Parlementaires français...,* Paris, 1891, t. 1, p. 291-292.

S. ROCCHIETTA et D. CAVANNA, « Claudio-Berthollet, gloria italiana e francese », *Actes du Symposium international sur les sciences naturelles...,* Collection des travaux de l'Académie Internationale d'Histoire des Sciences n° 12, Vinci, 1962, p. 109-122.

M. SADOUN-GOUPIL, « La correspondance Berthollet-Blagden », *Actes du XIIe Congrès international d'histoire des sciences, Paris, 1968,* Paris, 1971, t. VI, p. 91-97.

– « La correspondance de Claude-Louis Berthollet et Martinus Van Marum (1786-1805) », *R.H.S.,* t. 25, 1972, p. 221-252.

– « Science pure et science appliquée dans l'œuvre de Claude-Louis Berthollet », *R.H.S.,* t. 27, 1974, p. 127-145.

– « Berthollet et le mesmérisme », *Revue de Synthèse,* 3e s., n° 75-76, 1974, p. 217-232.

– « Un manuscrit inédit de Claude-Louis Berthollet », *Physis,* t. 16, 1974, p. 347-376.

– *Claude-Louis Berthollet, 1748-1822, projet inédit de seconde édition de son* Essai de statique chimique, *précédé d'une étude sur sa vie et sur son œuvre,* Thèse de troisième cycle, École pratique des hautes études, Paris, 1971 (t. 1, 440 p., t. II, 226 p.).

P. TAPPONIER, « Recherches à l'occasion du bicentenaire de la naissance de Berthollet », *Revue Savoisienne,* t. 87-90, 3e trim. 1948, p. 114-118.

Inventaire de la bibliothèque

Catalogue des livres de la bibliothèque de feu M. le Comte Berthollet, membre de l'Institut, dont la vente aura lieu le lundi 26 décembre ..., Paris, 1825. B.N. : Δ 14411

2. Histoire générale ; biographies de savants

W.C. AHLERS, *Pierre-Joseph Macquer, (1718-1784), Aspects de sa vie et de son œuvre,* Thèse présentée en vue de l'obtention du doctorat de 3e cycle, Ecole pratique des hautes études, VIe Section, Paris, 1969.

Almanach Royal, puis *National,* et *Impérial* (années 1770-1822).

F.D. ARAGO, Notices biographiques, dans *OEuvres,* Paris, t. 1-2, 1854, t. 3, 1855.

L. AUCOC, *Institut de France,* Paris, 1889.

A. AULARD, *Recueils des Actes du Comité de Salut Sublic,* Paris, 1889-1911, 21 vol.

BÉCHAMP, « Discours de M. Béchamp prononcé à l'Hôpital général sur la tombe de M. Bérard, le 13 juin 1869 », *Union Nationale,* Montpellier, 1869.

J. BERZELIUS, *Correspondance,* publiée au nom de l'Académie royale des sciences de Suède par H.G. SODERBAUM: Correspondance avec Berthollet, t. 1, fasc. 2 ; Correspondance avec P.L. Dulong, t. 2, fasc. 1.

G. BOUCHARD, *Guyton-Morveau, chimiste et Conventionnel,* Paris, 1938.

– *Prieur de la Côte d'Or, un organisateur de la victoire,* Paris, 1946.

L.A.F. BOURRIENNE, *Mémoires de M. de Bourrienne sur Napoléon, le Directoire, le Consulat, l'Empire et la Restauration*, Paris, 1829, 10 vol.

A. BRITSCH, *La maison d'Orléans à la fin de l'Ancien Régime : la jeunesse de Philippe Égalité (1747-1785)*, Thèse présentée à la Faculté des lettres de l'Université de Paris, Paris, Payot, 1926, 480 p.

A.P. de CANDOLLE, *Mémoires et souvenirs d'Augustin Pyramus de Candolle*, écrits par lui-même et publiés par son fils, Paris, 1862.

J.A. CHAPTAL, *La vie et l'œuvre de Chaptal*, Mémoires personnels rédigés par lui-même de 1756 à 1804, continués d'après ses notes par son arrière-petit-fils, jusqu'en 1832, Paris, 1893.

M. DAUMAS, *Lavoisier, théoricien et expérimentateur*, Paris, P.U.F., 1955.

– « Gay-Lussac, 1778-1850 », *R.H.S.*, t. 3, 1950, p. 335-342.

P. DELAUNAY, *Le monde médical parisien au 18e siècle*, Paris, 1906.

R.N. DESGENETTES, *Souvenirs d'un médecin de l'Expédition d'Égypte*, Paris, 1893.

F. DUBOIS, *Éloge de M. Thénard*, prononcé à l'Académie impériale de médecine, Paris, 1863, 31 p.

P. DUPUY, « L'École normale de l'an III, », dans *Le Centenaire de l'École normale, 1795-1895*, Paris, 1895.

École polytechnique, *Livre du Centenaire, 1794-1894*, Paris, 1895, 3 vol.

P.M.J. FLOURENS, *Éloge historique de A.P. de Candolle*, lu à la séance publique de l'Institut royal, le 19 décembre 1842, Paris, s.d., 48 p.

R.J. FORBES, ed., *Martinus Van Marum, Life and Works*, Haarlem, t. I, 1969, t. II, 1970, t. III, 1971 ; édition reprise par E. LEFEBVRE et J.G. DE BRUIJN, Leyde, t. IV, 1973, t. V, 1974, t. VI, 1976.

A. FOURCY, *Histoire de l'École polytechnique*, Paris, 1828.

J.L. GAY-LUSSAC, « Notice sur H.V. Descotils », *Ann. Ch.*, 2e s., t. 4, 1817, p. 213-220.

É. GEOFFROY SAINT-HILAIRE, *Lettres écrites d'Égypte*, par Geoffroy Saint-Hilaire à Cuvier, Jussieu ..., HAMY édit., Paris, 1901.

Ch. C. GILLISPIE, ed., *Dictionary of Scientific Biography*, New Yor, Scribner's, 1970-1976, 14 vol.

J. GIRARDIN et Ch. LAURENS, *Dulong, de Rouen, sa vie et ses ouvrages*, Rouen, 1954.

E. GRIMAUX, *Lavoisier (1743-1794)*, d'après sa correspondance, ses manuscrits, ses papiers de famille et d'autres documents inédits, Paris, Alcan, 1888.

G. GUÉMARD, « Essai d'histoire de l'Institut d'Égypte », *Bulletin de l'Institut Égyptien*, t. 4, 1924.

J. GUILLAUME, *Procès-verbaux du Comité d'Instruction publique*, Paris, 1889-1907, 6 vol.

R. HAHN, *The Anatomy of a scientific Institution : the Paris Academy of Sciences, 1666-1803*, Berkeley, 1971.

– « Scientific careers in eighteenth century France », in *The Emergence of science in western Europe*, M. CROSLAND ed., London, 1975, p. 127-138.

B. HYSLOP, *L'apanage de Philippe Égalité duc d'Orléans (1785-1791)*, Paris, 1965.

P. JOLLOIS, *Journal d'un ingénieur attaché à l'Expédition d'Égypte, 1798-1802*, Paris, 1904.

L. KELLNER, *Alexandre von Humboldt*, London, 1969.

G. KERSAINT, *Antoine-François de Fourcroy, 1755-1809, sa vie et son œuvre*, Paris, 1966.

A. LABOUCHÈRE, *Oberkampf, 1738-1815*, Paris, 1866.

P. LEMAY, R.E. OESPER, « Pierre-Louis Dulong, his life and works », *Chymia*, t. 1, 1948, p. 171-190.

E. MAINDRON, *L'Académie des sciences*, Paris, 1888.

A. MATHIEZ, « La mobilisation des savants de l'an III », *Revue de Paris*, 1er décembre 1917.

J. MAYER, « Portrait d'un chimiste, Guillaume-François Rouelle », *R.H.S.*, t. 23, 1970, p. 305-322.

J.P. MUIRHEAD, *The origins and progress of the mechanicals inventions of J. Watt, illustrated by his correspondence*, London, 1854, vol. 1-2.

NAPOLÉON 1er, *Correspondance*, publiée par ordre de l'empereur Napoléon III, Paris, Impr. Impériale, 32 vol.

J. NICOLAS, *Annecy sous la Révolution, 1792-1799*, Annecy, 1965.

G. PARISET, *Histoire de France contemporaine* ; t. 3, *Le Consulat et l'Empire, 1799-1815*, Paris, 1921.

J. PAYEN, « Deux documents nouveaux sur Nicolas Clément », *R.H.S.*, t. 24, 1971, p. 64-150.

– *Capital et machine à vapeur au XVIIIe siècle, les frères Périer et l'introduction en France de la machine à vapeur de Watt*, Paris, 1969.

Cl. PERROUD, édit., *Lettres de Madame Roland*, Paris, 1927.

E. PICARD, *La vie et l'œuvre de J.B. Biot*, Paris, 1927.

G. POUCHET, *Les Sciences pendant la Terreur*, J. GUILLAUME édit., Paris, 1896.

Cte REMACLE, *Relations secrètes des agents de Louis XVIII à Paris, sous le Consulat*, Paris, 1802-1803.

C. RICHARD, *Le Comité de Salut Public et les fabrications de guerre sous la Terreur*, Paris, 1922.

L. SCHELER, *Lavoisier et la Révolution française* ; t. 1, *Le Lycée des Arts*, Paris, 1957.

W.A. SMEATON, *Fourcroy, Chemist and Revolutionary, 1755-1809*, Cambridge, 1962.

R. TATON, édit., *Enseignement et diffusion des sciences en France au XVIIIe siècle*, Paris, 1964.

– *L'œuvre scientifique de Monge*, Paris, 1951.

J. THIRY, *Le Sénat de Napoléon (1800-1814)*, Paris, 2e éd., 1949.

P. TRIAIRE, *Dominique Larrey et les campagnes de la Révolution et de l'Empire 1768-1842, d'après des documents inédits ...*, Tours, 1902.

H. TRONCHIN, *Un médecin du XVIIIe siècle, Théodore Tronchin, 1709-1781*, Paris, 1906.

L. TUETEY, *Procès-verbaux de la Commission temporaire des Arts*, Paris, 1912, 3 vol.

L.L. VEYSSEIRE, *Un village et un hameau du Hurepoix ... Arcueil et Cachan*, Cachan, 1947.

3. Ouvrages et études de caractère scientifique

Annales de chimie, ou *Recueils de mémoires concernant la chimie et les arts qui en dépendent,* 1re série, 1789-1816.

Annals of Philosophy, by Th. THOMSON, t. 1-2, 1813 ; 3-4, 1814 ; 5, 1815.

A. BAUMÉ, *Chymie expérimentale et raisonnée,* Paris, 1773.

T. BERGMAN, *Opuscules chymiques et physiques,* traduits par Guyton de Morveau, Dijon, 1780-1785, 2 vol.

– *Opuscula phisica e chimica,* Uppsala, 1779-1790, 6 vol.

– *Traité des affinités chimiques ou attractions électives,* traduction avec additions de P.J. BONJOUR, Paris, 1788.

M. BERTHELOT, *La Révolution chimique, Lavoisier,* 2e éd., Paris, 1890.

J. BERZELIUS, *Essai sur la théorie des proportions chimiques,* traduit du suédois ... Paris, 1819.

– *Traité de chimie,* Paris, 1831, t. 1.

J.B, BIOT, *Essai sur l'histoire générale des sciences pendant la Révolution française,* Paris, an XI (1803).

J.A. CHAPTAL, *Éléments de chimie,* 3e éd., Paris, 1796, 3 vol.

– *Chimie appliquée aux arts,* Paris, 1807, 4 vol.

– *Chimie appliquée à l'agriculture,* Paris, 1809, 4 vol.

M. CROSLAND, *Historical studies in the language of chemistry,* London, 1962.

– *The Society of Arcueil, a view of french science at the time of Napoléon,* London, 1967.

– « The first reception of Dalton's atomic theory in France », in *John Dalton, the progress of science,* D.S.L. CARDWELL ed., Manchester, 1968.

– « The development of a professional career in science in France », in *The emergence of science in western Europe,* M. CROSLAND ed., London, 1975, p. 139-159.

J. DALTON, *A new system of chemical philosophy,* Manchester, vol. 1, 1808 (part. I), 1810 (part. II) ; vol. II, 1827.

M. DAUMAS, *L'acte chimique, Essai sur l'histoire de la philosophie chimique,* Bruxelles, 1946.

– *Les instruments scientifiques aux XVIIe et XVIIIe siècles,* Paris, 1953.

H. DAVY, *Elements of chemical philosophy,* London, 1872.

– *Éléments de philosophie chimique,* trad. fr. de J.B. VAN MONS, Paris, 1813, 2 vol.

J.B. DUMAS, *Leçons sur la philosophie chimique,* professées au Collège de France, en 1836, Paris, 1837.

D.I. DUVEEN et H.S. KLICKSTEIN, *A bibliography of the works of Antoine-Laurent Lavoisier (1743-1794).,* London, 1954.

– « A letter from Guyton de Morveau to Macquart... » (sic), *Osiris,* t. 12, 1956, p. 320.

A.F. FOURCROY, *Système des connaissances chimiques,* t. 1, Paris, 1801.

– *Encyclopédie méthodique, Chimie,* t. 3, Paris, an IV (1796).

J.L. GAY-LUSSAC et L.J. THÉNARD, *Recherches physico-chimiques* ..., Paris, 1811, 2 vol.

H. GUERLAC, « Some french antecedents of the chemical revolution », *Chymia*, t. 5, 1959, p. 73-113.

– « Chemistry as a branch of physics : Laplace's collaboration with Lavoisier », *Historical studies in the physical language*, t. 7, 1976, p. 193-276.

L.B. GUYTON de MORVEAU, *Encyclopédie méthodique, Chimie*, t. 1, Paris, 1786.

J.P.N. HACHETTE, *Correspondance sur l'École polytechnique*, t. 1, 1804-1808, Paris, 1808.

W. HENRY, *Éléments de chimie expérimentale*, par W. Henry ... traduit ... sur la 6e édition ... par H.F. GAULTIER de CLAUBRY, Paris, 1812, 2 vol.

Journal de physique, de chimie, d'histoire naturelle et des arts, suite des *Observations sur la physique, sur l'histoire naturelle et sur les arts*, t. 13-69, 1779-1809.

R. KIRWAN, *An essay on phlogisticon and the constitution of acids*, 1re édition, London, 1784.

– *Essai sur le phlogistique et la constitution des acides*, traduit de l'anglais de M. Kirwan, avec des notes de MM. de Morveau, Lavoisier, de La Place, Monge, Berthollet et de Fourcroy, Paris, 1788.

P.S. LAPLACE, *Exposition du Système du Monde*, 4e éd., Paris, 1813.

– *Mécanique céleste*, Paris, 1806.

A.L. LAVOISIER, *Opuscules physiques et chimiques*, Paris, 1774.

– *Traité élémentaire de chimie*, Paris, 1789, 2 vol.

– *OEuvres de Lavoisier, Correspondance*, recueillie et annotée par R. FRIC, Paris, 1955-1957, 2 vol.

A.L. LAVOISIER et P.S. LAPLACE, « Mémoire sur la chaleur », *H.A.R.S. 1780* (1784), *Mém.*, p. 355-408.

G.A. de LUC, *Recherches sur les modifications de l'atmosphère*, Paris, 1784, 4 vol.

P.J. MACQUER, *Éléments de chymie pratique*, Paris, 1756, 3 vol.

– *Dictionnaire de chymie*, Paris, 2e éd., Paris, 1776, 4 vol.

H. METZGER, *Les doctrines chimiques en France, du début du XVIIe siècle à la fin du XVIIIe siècle*, Paris, 2e éd., 1969.

– *Newton, Stahl, Boerhaave et la doctrine chimique*, Paris, 1930.

E. von MEYER, *A history of chemistry*, London, 1891.

W. OSTWALD, *L'évolution d'une science, la chimie*, Paris, 1909.

J.R. PARTINGTON, *A history of chemistry*, London, vol. 2, 1961 ; vol. 3, 1962 ; vol. 4, 1964.

M.A. PICTET, édit., *Bibliothèque britannique*, t. 20-54, 1802-1813.

Recueils de Mémoires de physiques et de chimie de la Société d'Arcueil, t. 1, 1807 ; t. 2, 1809 ; t. 3, 1817.

J.B. RICHTER, *Steuchyométrie chymique, ou mathématique des éléments chymiques*, Breslau, 1793, 1794, 4 vol.

– Ouvrage périodique publié de 1794 à 1807 sous le titre : *Sur les nouveaux objets de la chimie*.

G. SALET, « Affinité », dans A. WURTZ, *Dictionnaire de chimie pure et appliquée*, Paris, 1869, t. 1, p. 69-83.

H.B. de SAUSSURE, *Voyage dans les Alpes,* Genève, 1779-1796, 4 vol.

– *Essai sur l'hygrométrie,* Genève, 1783.

Th. de SAUSSURE, *Recherches chimiques sur la végétation,* Paris, an XII (1804).

Séances des Écoles normales recueillies par des sténographes et revues par les professeurs, Paris, Imprimerie du cercle social, an IV-an VI (1795-1797), 8 vol. : 6 vol. de Cours, 2 vol. de Débats.

R. TATON, édit., *Histoire générale des sciences,* Paris, 1969, t. 2, 2e éd. ; t. 3, 1961.

L.J. THÉNARD, *Traité de chimie élémentaire, théorique et pratique,* Paris, 1824, t. 1.

Th. THOMSON, *Système de chimie,* traduit ... sur la dernière édition de 1807, par M. J. RIFFAULT, précédé d'une introduction de M. Cl.L. BERTHOLLET, Paris, 1809, 9 vol.

– *An attempt to establish the first principles of chemistry by experiment,* London, 1825.

– *Principes de la chimie établis par les expériences, ou Essai sur les proportions définies dans la composition des corps ...,* traduit de l'anglais, Paris, 1825, 2 vol.

K.F. WENZEL, *Théorie des affinités,* Dresde, 1777.

W.H. WOLLASTON, « A synoptic scale of chemical equivalents », *Philosophical Transactions,* London, 104, 1814, p. 1-22.

INDEX DES NOMS DE PERSONNES*

* Les dates ou périodes ne sont pas indiquées dans le cas de personnages contemporains.

Joseph FLOCH, Maître-Imprimeur à Mayenne - 6 - 6 - 1977 - N° 6039

L'HISTOIRE DES SCIENCES

TEXTES

Claude Bernard. *Leçons sur les phénomènes de la vie communs aux animaux et aux végétaux.* Préface de Georges Canguilhem. In-8 de 452 pages avec 45 figures.

C. Linné. *L'Équilibre de la nature.* Traduction de Bernard Jasmin, introduction et notes de Camille Limoges. In-8 de 172 pages.

G. W. Leibniz. *Marginalia in Newtoni Principia Mathematica.* In-8 de 128 pages.

Les nouvelles Pensées de Galilée, par Marin Mersenne. Édition critique par P. Costabel et M.-P. Lerner. 2 vol. in-8 de 320 pages.

Thomas Hobbes. Critique du *De Mundo* de Thomas White. Édition critique par J. Jacquot et Harold Whitmore Jones. In-8 de 546 pages.

G. Bachelard. *Étude sur l'évolution d'un problème de physique : la propagation thermique dans les solides.* Préface de A. Lichnerowicz. In-8 de 192 pages.

Johann Kepler. *L'étrenne ou la neige sexangulaire.* Traduction critique de R. Halleux. Préface de R. Taton. In-8 de 176 pages.

Louis Poinsot. *La théorie générale de l'équilibre et du mouvement des systèmes.* Édition critique par P. Bailhache. In-8 de 328 pages.

Florimond de Beaune. *La doctrine de l'Angle Solide construit sous trois angles plans.* Texte et commentaire par P. Costabel et B. Barbiche. In-8 de 160 pages.

ÉTUDES

Conry (Y.). *L'introduction du Darwinisme en France au XIXe siècle.* In-8 de 480 pages.

Courtès (F.). *La raison et la vie.* Idéal scientifique et idéologie en Allemagne de la Réforme jusqu'à Kant. In-8 de 320 pages.

Dugac (P.). *Richard Dedekind et les fondements des mathématiques.* Avec de nombreux textes inédits. Préface de Jean Dieudonné. In-8 de 336 pages.

Koyré (A.). *Chute des corps et mouvement de la terre de Kepler à Newton.* In-8 de 222 pages.

Lenoble (R.). *Mersenne ou la naissance du mécanisme.* In-8 de LXV-634 pages.

Ulmann (J.). *De la gymnastique aux sports modernes.* Histoire des doctrines de l'éducation physique. In-8 de 444 pages avec 4 planche

Youschkevitch (A. P.). *Les* … *(VIII*e*-XV*e *siècles).* In-8 de 218